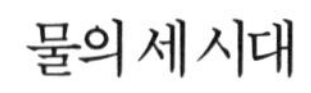
물의 세 시대

물의 세 시대

지은이 피터 글릭
옮긴이 (재)물경제연구원
펴낸이 엄종화
펴낸곳 세종연구원

출판등록 1996년 8월 22일 제1996-18호
주소 05006 서울시 광진구 능동로 209
전화 (02)3408-3451~3
팩스 (02)3408-3566

초판 1쇄 발행 2024년 9월 10일

ISBN 979-11-6373-019-4 03530

* 잘못 만들어진 책은 바꾸어드립니다.
* 값은 뒤표지에 있습니다.
* 세종연구원은 우리나라 지식산업과 독서문화 창달을 위해 세종대학교에서 운영하는 출판 브랜드입니다.

THE THREE AGES OF WATER

물과 인류의 위기

물의 세 시대

피터 글릭 지음 | (재)물경제연구원 옮김

모든 것을 가치 있게 만드는

니키 노먼에게 바칩니다.

• 추천사 •

"피터 글릭은 수문학(水文學)의 역사와 미래, 그리고 인류의 행성에 대한 저서에서 물이 우리를 만들었다고 했다. 하지만 우리는 지금 물을 어떻게 사용하고, 그것으로 무엇을 만들어낼까? 우리가 인류세라 생각하고, 다가오는 지구 온난화에 대해 걱정하는 것은 여러 면에서 물의 위기이지만 풀 수 있는 문제다. 그리고 이 위기나 해결책에 대해 글릭보다 더 좋은 안내자는 없다."

_ 데이비드 월리스웰스,

저널리스트, 『2050 거주불능 지구The Uninhabitable Earth』 저자

"이 사랑스럽고 푸른 행성의 정직한 이름은 아마도 지구의 대부분을 덮고 있는 '물'이어야 했다. 글릭이 전례 없이 방대하고도 꼭 필요한 이 책에서 분명히 밝히듯이, 실현 가능한 미래에 대한 우리의 기회는 우리를 둘러싸고 있는, 어쩌면 우리의 세포를 채우고 있는 바다, 호수, 강, 대수층에 대해 얼마나 진지하게 받아들이느냐에 달려 있다. 이 책은 여러분의 깊은 시각과 동기 부여 방식을 바꿔줄 것이다."

_ 빌 매키번,

『자연의 종말The End of Nature』 저자

"글릭은 인류 역사와 미래에서 물의 중심 역할을 설명한다. 『물의 세 시대』는 권위 있고 광범위하면서도 흥미로운 책이다."

_ 엘리자베스 콜버트,

저널리스트, 『화이트 스카이Under a White Sky』 저자

"지구의 수자원에 대한 모든 수요의 균형을 맞추려고 노력하는 오늘날, 글릭은 우리가 어디에 와 있는지 이해하는 데 도움이 되는 렌즈를 통해 인류와 물의 상호작용에 대한 풍부한 이야기를 담은 책을 출간했다. 그가 말한 과거의 관점은 모든 사람이 기본적 인권으로서 물을 이용할 수 있도록 균형을 맞추는 미래의 방향성을 제시한다. 그의 이야기 전개 방식 덕분에 누구나 쉽게 읽을 수 있다는 것이 장점이다. 이는 사실, 연구, 분석에 근거한 희망적인 행동 촉구다."

_ 게리 화이트와 맷 데이먼,

워터닷오알지(Water.org)와 워터 에퀴티Water Equity 공동 설립자

"격렬한 정치적 분열과 환경 파괴가 심화하는 이 시기에 글릭은 인류의 물 사용과 오용에 대한 시의적절하고 훌륭한 보고서를 발표했다. 그는 초기 문명부터 현대에 이르기까지 물이 얼마나 놀랍고 다양하게 사용되었는지 추적한다. 그는 믿을 수 없을 정도로 놀라운 기술적 업적이 기후 변화와 생명 유지 시스템의 막대한 파괴로 위협받고 있다고 지적한다. 또한 그는 인류가 암울하고 디스토피아적 미래를 맞이할 것인지, 아니면 지속 가능한 방식으로 물을 관리하면서 살아갈 방법을 찾을 것인지 엄중한 선택의 기로에 서 있다고 경고한다."

_ 제리 브라운,
전 캘리포니아 주지사

"정말 멋진 책이다! 물을 이해한다는 것은 우리 자신과 우리의 기원, 그리고 우리 앞에 놓여 있는 미래를 이해하는 것이다. 글릭은 우리가 직면한 위험에 대해 경고할 뿐만 아니라 희망찬 미래에 대해 비전을 제시하며, 접근하기 쉬운 방식으로 물에 대한 이야기를 들려준다."

_ 그레타 툰베리,
스웨덴의 환경운동가

• 머리말 •

우리가 살고 있는 시대를 인류세Anthropocene, 즉 인간이 서식지 변화와 종의 생존을 주도하고, 유전자 코드를 다시 쓰며, 경관과 바다를 바꾸고, 기후를 변화시키는 지구의 지배적 세력이 된 시대라고 생각하는 것이 유행처럼 퍼지고 있다. 인류세가 최초의 농경사회에서 시작되었다는 의견도 있고, 최초의 원자폭탄이 터지면서 시작되었다는 의견도 있는데, 두 사건은 1만 년의 간격을 두고 있다. 모호하지만, 그 핵심은 좋든 나쁘든 간에 인간이 이제 자신과 수많은 다른 종의 운명을 통제하고 있다는 것이다.

이 책에서 소개하는 물 이야기는 선사 시대부터 긍정적인 미래에 대한 전망까지 비슷한 흐름을 따르고 있다. 하지만 물은 특별하기에, 우리는 물을 자연계의 다른 요소와 다르게 이해할 필요가 있다. 물은 우리 조상들이 생존을 위해 의지했던 기본적인 천연자원이며, 인류 문명의 종교, 예술, 문화를 형성하는 동시에 우리를 둘러싼 환경을 가꿔온 생물학과 진화 역사의 일부다. 우리는 지구의 물과 동떨어진 것이 아니라 물의 일부이며, 물이 없으면 우리는 존재할 수 없다. 〈스타트렉: 넥스트 제너레이션Star Trek: The Next Generation〉(1987~1994년 미국에서 방영된 SF 드라마—옮긴이)의 18번째 에피소드 '고향의 흙Home Soil'에 등장하는 결정질 생명체가 말했듯이, 인간은 실제로 "대부분 물이 담긴 못생긴 거대한 가방"에 불과하다. 우리가 물을 통제하고 관리하고 조작하기 훨씬 전부터 물이 우리를 만들었다. 우리의 몸과 마음에서 특별한 심장과 뇌의 73% 이상이 물로 이루어져 있다. 인류의 발달사에서도 물은 핵심적 역할을 한다.

모든 시대가 독특하지만, 나는 오늘날 인류가 새 시대의 기로, 즉 생존의 갈림길에 서 있다고 믿는다. 인류는 2세기도 채 안 되는 짧은 기간에 누구도 예측하지 못한 속도로 우주로 뻗어나가는 동시에 지구의 생명 유지 시스템 자체를 훼손하는 거대한 세력이 되었다. 가장 먼 강과 가장 깊은 바다에서도 발견되는 작은 플라스틱 입자에서부터 어류, 양서류, 조류의 혈액과 조직에 남아 있는 산업 화학 물질의 흔적, 기후 변화, 그리고 팽창하는 문명을 오랫동안 괴롭혀온 홍수와 가뭄의 확산에 이르기까지, 인간의 간섭은 모든 곳에서 분명하게 나타나고 있다.

어색한 시기다. 지구에서 지속 가능한 삶을 살아야 한다는 생각을 완전히 받아들이지도 못했고, 편견과 증오, 문화적 차이, 우리의 존재 자체를 위협하는 원초적 본능을 내려놓을 만큼 정치와 사회적으로 성숙해지지도 않았으며, 우리를 파괴하거나 구할 기술을 완전히 습득하기도 전에 지구를 재편할 수 있는 놀라운 힘이 우리에게 찾아왔기 때문이다.

이제 인류는 결정을 내려야 한다. 우리는 지구의 자연사에서 한순간에 사라지거나 다른 멸종 종이 될 수도 있다. 물이 인류의 지속적인 생존에 필수 요소라는 사실을 인식하고, 물과 공존하는 새로운 방법을 찾고 관리하고 보호해야 한다. 나쁜 미래는 가능하다. 선택권이 있다면 선택할 수 있는 미래가 아니다. 다행히 우리에게는 선택권이 있고, 긍정적인 미래와 그 미래로 가는 길을 상상할 수 있으며, 그 길을 따라 한 걸음씩 나아갈 수 있다. 우리에게 기본적으로 제공된 숨 쉬는 공기와 더불어 물은 바로 우리의 몸이다. 우리는 물이라는 과학적 서사시에 등장하는 작은 인물이다. 그리고 우리는 그 사실과 그로 인한 결과를 인정하고, 지속 가능하고 공평한 미래로 나아갈지, 아니면 재앙적인 부정으로 나아갈지 결정해야 하는 선택의 기로에 서 있다. 『물의 세 시대』의 이야기에서는 모든 것이 위기다.

2023년 캘리포니아 버클리에서

_ 피터 글릭

• 차례 •

3부_ 세 번째 물의 시대

· 서문 ·

물은 모든 것 중에서 최고다.

_ 핀다로스 Pindaros

태초에, 아니 적어도 빅뱅 이후 우주의 눈이 깜짝할 사이에 물이 존재했다. 정말 좋은 일이었지만, 항상 좋았던 것은 아니다.

폭발하는 별들도 있었고, 소용돌이치는 성간星間 먼지구름과 강렬한 우주방사선도 있었다. 떠돌이 행성과 은하 충돌, 생명을 파괴하는 소행성, 폭발하는 화산과 산성비의 급류, 그리고 오랫동안 냉혹한 빙하기와 엄청난 홍수도 있었다.

하지만 우리은하, 태양계, 그리고 지구가 형성되기 훨씬 전 우주의 탄생부터 수소와 산소라는 두 가지 기본 원소의 놀랍고도 단순한 혼합물인 물은 항상 존재했다. 과학자들은 빅뱅 이후 불과 몇 분 또는 몇천 년 이내에 안전한 수소 원자가 형성되었을 것으로 추정한다.[1] 산소의 생성은 좀 더 오래 걸렸다. 초기의 별이 합쳐지고, 불이 붙고, 가벼운 원소인 수소와 헬륨이 산소와 탄소 같은 무거운 원소로 융합된 후 폭발하면서 그 원자들이 팽창하는 우주로 퍼져나가는 데 수억 년이 걸렸다.[2] 이러한 초기 원소들로부터 우리가 알고 있는 생명의 기초를 형성하는 놀라운 분자 물(H_2O)이 탄생했다. 두 개의 작은 수소 원자가 한 개의 더 큰 산소 원자에 결합되어 있다.

물이 없으면 생명도 없다는 말이 있다. 아마 그럴지도 모른다. 확실히 물이 없으면 우리도 없을 것이며, 우리가 알고 이해하는 지구상의 생명체도 없을 것이다. 물 이야기와 인류 역사는 인류의 초기 진화부터 다가올 디스토피아dystopia(이상향인 유토피아와 대비되는 부정적 모습의 공동체 또는 사회—옮긴이) 또는 지속 가능한 미래에 이르기까지 내가 '물의 세 시대Three Ages of Water'라고 부르는 것과 연결되어 있다.

첫 번째 물의 시대는 지구의 생성부터 6,500만 년 전 공룡의 멸종, 치명적인 소행성에서 살아남은 포유류의 긴 전환기, 그리고 호모 사피엔스의 최종 진화까지 수십억 년을 포괄하는 기간이다. 지구의 물은 대기에서 육지로, 바다로, 그리고 광대한 만년설로 이동하고 흐르면서 오랜 세월에 걸쳐 녹다가 사라졌다. 인류가 어둠과 추위에서 벗어나 최초의 산업화 이전 문화, 종교, 언어, 예술, 그리고 제국을 창조하기 시작한 약 1만 2,000년 전 마지막 빙하기가 끝날 때까지 첫 번째 물의 시대는 계속되었다.

첫 번째 물의 시대에 물과 인간의 초기 관계는 중심적이고 계획적이지는 않았지만 늘 친밀했다. 호모 사피엔스의 가장 오래된 증거는 아프리카 동부의 습한 삼림지대 서식지에 있는 고대 강 유역에서 발견되었다. 인간은 자연에 의존해 물을 공급받았고, 깨끗한 물이 없으면 물을 찾을 때까지 이동하거나 죽어야만 했다. 강, 하천, 샘은 모두 물의 공급원이자 쓰레기와 인간의 배설물을 처리하는 곳이었다. 지구에 인구가 적고 널리 퍼져 있었기에 이 방식이 잘 통했다. 어쨌든 대부분 사람에게 삶은 먹을 것과 피난처를 찾고, 맹수를 피하고, 극심한 날씨를 견디고, 영양실조와 질병의 끔찍한 결과와 싸우고, 출산의 합병증을 겪고, 바꿀 수 없는 환경에서 오로지 생존해야 하는 어려움 때문에 짧고도 잔인한 시간이었다.

초창기 인류의 인구는 수천 명에서 수백만 명으로 증가해 메소포타미아와 이집트, 남부 아시아의 인더스 유역 범람원, 중국의 큰 강, 호주, 그리고 마침내 아메리카 대륙의 광활한 열대우림, 초원, 사바나 지역으로 퍼져나갔다. 첫 번째 물의 시대는 수렵·채집 부족에서 고정된 공동체와 조직화된 문화로 전환하는 시기였다. 이 시대에 문자, 종교, 농업이 탄생했다. 초기 제국들은 초보적인 댐과 수로를 건설하고, 필요한 관개 시설을 개발하고, 물과 관련된 법과 제도를 만들고, 물을 둘러싸고 전쟁을 벌이는 등 세계와 그 주변의 물을 조작하기 시작했다.

인구 증가, 도시 팽창, 야생 동식물의 지역적 고갈, 물과 관련된 질병의 확산, 천연자원에 대한 수요 증가가 인류에게 물과 새로운 관계를 맺을 것을 요구하면서 이 시대는 막을 내렸다. 이러한 과제의 해답은 두 번째 물의 시대를 정의하는 과학, 공학 및 사회적 발전에서 찾을 수 있다.

두 번째 물의 시대는 문명의 지식적, 문화적, 철학적 꽃을 피운 시기다. 고대 그리스인과 로마인의 뛰어난 수력발전, 이슬람 황금시대와 르네상스 시대의 철학적·예술적·과학적 발전, 그리고 궁극적으로 현대의 지식과 기술 혁명이 이루어졌다. 이 시기의 인구는 수백만에서 80억 명 이상으로 엄청나게 증가했다. 이 시기에 인류는 자신의 이익을 위해 자연 수문 순환을 조작하는 방법을 배웠고, 물의 생물학적·화학적·물리적 특성을 밝혀냈으며, 새로운 과학적 이해에 도움을 주는 도구를 만들었고, 지구 전체를 새롭게 재건했다. 우리는 모두 두 번째 물의 시대의 자손이다.

두 번째 물의 시대는 17~18세기에 전 세계 도시가 급격히 성장하고 상수원이 오염되는 등 도시 규모가 한계치에 도달하면서 번성했다. 몇 세기 전 흑사병이 유럽, 아프리카, 아시아를 황폐화시켜 안전한 물이나 적절한 위생 시설이 없는 상황에서 인구 증가와 의학 지식의 부족으로 상황은 더욱 악화되었다. 이후 르네상스 시대는 예술과 음악의 꽃을 피웠을 뿐만 아니라, 자연과 우리 주변 세계를 이해하는 혁명을 가져왔다.

이 혁명의 중요한 부분은 경험적 증거와 가설을 세우고 검증하고 수정하는 것에 중점을 둔 '과학적 방법'의 개발이었다. 갈릴레오 갈릴레이Galileo Galilei가 지구가 우주의 중심이 아니라고 주장했다는 이유로 로마 가톨릭 종교재판소에서 유죄판결을 받고 가택연금을 당한 것처럼, 이런 생각에 호응하는 초기 지지자들은 이념적 측면에서 반대에 부딪혔다. 하지만 이러한 과학적 방법은 의학, 천문학, 생물학, 물리학의 큰 발전을 이루었고 설계, 건축, 건설 분야의 기술도 발전시켰다. 인류는 물에도 이러한 진보를 적용했다.

두 번째 물의 시대에 인류는 최초로 거대한 규모의 댐을 건설해 홍수를 막고 건기에 물을 저장했으며, 안정적으로 깨끗한 전기를 생산하고 세균과 질병, 더러운 물과의 관련성도 배웠다. 다량의 폐수를 물리적, 화학적, 생물학적으로 처리하는 시스템도 처음 개발했다. 메소포타미아와 로마의 조상처럼 흙과 돌로 만든 수십 킬로미터 길이의 수로가 아니라, 빙하에서 사막에 이르기까지 산을 통과하거나 넘기면서 수천 킬로미터에 이르는 수로도 건설했다. 과거에는 불가능했던 곳에서도 농부들이 식량을 재배할 수 있도록 대규모 관개 시스템과 심부 지하에서 물을 끌어 올리는 기술도 도입했다. 더불어 우리의 시야와 장비를, 더 나아가 기계 아바타를 통해 다른 행성과 별을 향해 물과 함께 우주에 우리만 있는 것이 아니라는 증거를 찾기 시작했다.

현대 문명은 두 번째 물의 시대의 발전 위에 세워졌으며, 우리는 다양한 방법으로 이러한 발전의 혜택을 누리고 있다. 우리는 모두 더 오래, 더 건강하게 살고 있으며 경제적, 사회적, 문화적으로 더 풍요해졌다. 기술과 정보에 대한 접근성은 물론 우리 주변 세계를 이해하고 통제할 능력 역시 엄청나게 증가했다. 부유한 나라에서는 콜레라, 장티푸스, 이질 등이 사라졌으며, 녹색 혁명과 관개농업의 발전으로 80억 명의 사람에게 식량을 제공하고 있다. 정교한 물 시스템은 홍수와 가뭄으로부터 우리를 어느 정도 보호하고, 비교적 안전한 식수를 공급하며 폐수를 처리한다. 그리고 우리는 이러한 것을 당연하게 여긴다.

하지만 이제 이러한 발전으로 인해 의도하지 않은 부정적 결과에도 직면하고 있다. 20세기 중반 산업혁명의 가속화와 인구의 기하급수적 증가, 제1차 세계 대전, 천연자원의 수요 급증으로 인한 자연 파괴와 환경 문제가 대두했다는 증거를 목격하고 이를 이해하기 시작했다.

폐기물을 버리는 쓰레기장으로 취급되던 강에서 불이 나고 사람이 죽어가기 시작했다. 의학의 발전에도 불구하고 수은, 납, 살충제, 복잡한 농업 및 산업용 화학 물질과 관련된 새로운 질병을 포함해 물과 관련된 다양한 질병이 여전히 나타나고 있다. 전 세계에서 지역적, 종교적, 경제적, 이념적 갈등이 고조되면서 수자원 시스템에 대한 의도적인 공격도 늘어나고 있다. 강이 마르고 대수층이 고갈되고 생태계가 파괴되면서 수자원의 최대 한계에 도달하고 있는 것이다.

두 번째 물의 시대는 처음으로 글로벌 위기도 가져왔다. 물리학의 발전과 원자 분열에 따라 핵폭발의 위험이 뒤따랐다. 산업과 가정에서 사용하는 화학 물질은 태양 복사로부터 생명을 보호하는 대기 오존층을 파괴하고 있다. 발전소와 공장에서 발생하는 오염으로 인한 문제는 지구의 가장 외딴곳에 있는 만년설과 산 정상, 그리고 갓 태어난 신생아, 동식물의 조직에서도 발견되고 있다. 우리는 숲이 우거진 땅과 물고기가 사는 바다를 탐사하면서 무수한 동식물을 멸종으로 몰아넣고 있다. 지금부터 수천 년 후 미래의 고고학자들이 발견할 수 있는, 거의 분해되지 않는 플라스틱 폐기물을 마구 버리고 있다. 수자원과 인류의 미래에 가장 걱정스러운 것은 기후 변화다. 20세기가 끝나가면서 과학자들은 화석 연료의 연소와 산림 파괴로 인해 지구의 기후가 변화하고 있으며, 모든 지역사회와 모든 천연자원, 특히 수자원에 대한 영향이 가속화되어 홍수와 가뭄의 위험이 증가하고, 만년설·빙하·산의 눈이 녹으며, 식량 재배에 필요한 물 수요가 증가하고, 수생 생태계가 손상되고 있다는 분명한 과학적 징후도 찾아냈다.

이러한 생태적·사회적 악화 징후는 자원과 자연에 대한 경제력과 패권을 유지하려는 정치적 이념과 민주주의, 인권, 지속 가능한 미래를 추구하는 정치적 이념 사이의 긴장이 고조되면서 더욱 확대되고 있다. 요컨대, 두 번째 물의 시대의 끝은 생태 붕괴, 대규모 경제적 불평등, 정치적 갈등의 위험 증가와 우리가 어렵게 얻은 지식과 기술을 전 세계적 재난을 방지하는 데 적용하려는 노력 사이의 경쟁이라고 할 수 있다.

헨리 데이비드 소로Henry David Thoreau, 존 뮤어John Muir, 알도 레오폴드Aldo Leopold, 레이철 카슨Rachel Carson, 조지 퍼킨스 마시George Perkins Marsh와 같은 초기 환경 작가들은 자연이 사라지고 현대인이 주변 세계와 정신적, 육체적으로 단절된 것을 개탄했다. 유니스 푸트Eunice Foote, 존 틴들John Tyndall, 스반테 아우구스트 아레니우스Svante August Arrhenius 등 19세기 과학자들은 인간이 대기권을 광범위하게 변화시킬 때 생기는 잠재적 위험에 주목했다. 이 시기에 디스토피아적 미래에 대한 최초의 공상과학소설과 더불어 지구 종말에 대한 최초의 문헌이 등장한 것은 그리 놀랄 일도 아니다. 이러한 디스토피아적 전망은 모든 형태의 엔터테인먼트 미디어에서 계속 묘사되었으며, 세계는 생태 붕괴, 기아, 질병, 정치적 불안정, 혼돈으로 치닫고 있다.

하지만 두 번째 물의 시대의 위협이 가속화되면서, 우리는 더 나은 미래에 대한 첫 단추를 끼우는 것도 목격했다. 20세기 들어 다양한 분야의 과학자들이 에너지, 농업, 임업, 어업, 기후, 그리고 그 모든 것의 근간이 되는 물이라는 개별적 문제의 해결 방안을 함께 모색하기 시작했고, 긍정적인 미래로 갈 수 있는 다른 비전도 제시하기 시작했다. 이제는 두 번째 물의 시대가 가져다준 혜택과 우리 주변에서 더욱 심각해지는 실패를 해결하고, 지속 가능한 기술과 사회적 전환을 이루는 세 번째 물의 시대로 바꿔야 한다. 물론 이러한 전환이 쉽지는 않겠지만 필요하고, 가능할 것이다.

우리 앞에는 서로 다른 두 길이 있다. 하나는 디스토피아적 미래로 가는 것이고, 다른 하나는 긍정적이고 지속 가능한 세계로 가는 것이다. 재앙적인 미래를 상상할 수 있는 것처럼, 인간과 자연이 조화를 이루고, 평등과 사회적 통합력이 커지며, 건강하고 안정된 긍정적인 미래도 상상할 수 있다. 이것이 바로 내가 세 번째 물의 시대에 초점을 맞추고 있는 미래이며, 물 문제에 대한 명쾌하고 성공적이며 지속 가능한 해결책을 포함하는 미래다. 우리는 두 번째 물의 시대에 해결되지 않은 물 문제를 해결하기 위해 전 세계 개인, 지역사회, 국가의 행동, 결정, 정책을 때로는 경이로운 장소와 방식으로 엮어내는 방법을 배우고 있다.

우리는 지구상의 모든 사람에게 안전한 물과 위생을 제공하는 방법을 알고 있으며, 물을 더 생산적이고 효율적으로 사용해 우리가 원하는 일을 하는 방법도 알고 있다. 우리는 가장 오염된 폐수를 정화하고 재사용하는 방법을 알고 있으며, 과거에 남용으로 고통받았던 자연 생태계를 복원하고 보호하는 방법을 배우고 있다. 이제 우리는 물 분쟁을 폭력이 아닌 평화적이고 외교적으로 해결해야 할 필요성을 서서히 깨닫고 있다. 더불어 기후를 변화시키는 가스의 배출량을 줄이는 동시에 더 이상 피할 수 없는 기후 영향에 대해 수자원 시스템을 보다 탄력적으로 만드는 에너지와 물 정책을 시행하고 있다.

이 책의 마지막 장에서는 세 번째 물의 시대에 대한 긍정적 비전을 제시한다. 앞으로 몇 년간 우리가 세 번째 물의 시대로의 전환을 어떻게 선택하느냐에 따라 암울한 미래로 빠져들지, 아니면 우리를 괴롭히는 위기를 해결하고 지속 가능하고 정의롭고 평화로운 세상으로 전환할지 결정될 것이다. 나는 긍정적인 미래가 가능하다고 확신한다. 나는 개인, 회사, 지역사회, 국가와 함께 물 문제의 해결 방안을 마련하기 위해 계속 협력해왔다. 긍정적인 세 번째 물의 시대를 가로막는, 극복할 수 없는 기술적·경제적 장애물은 없다. 하지만 여전히 남아 있는 정치적·사회적·문화적 장애물을 극복할 수 있는지는 우리가 어떤 선택을 하고 얼마나 빨리 행동하느냐에 달려 있다.

THE THREE AGES OF WATER

1부

첫 번째 물의 시대

...

미래를 정의하려면 과거를 연구하라.

— 공자

· 1장 ·

우주의 물

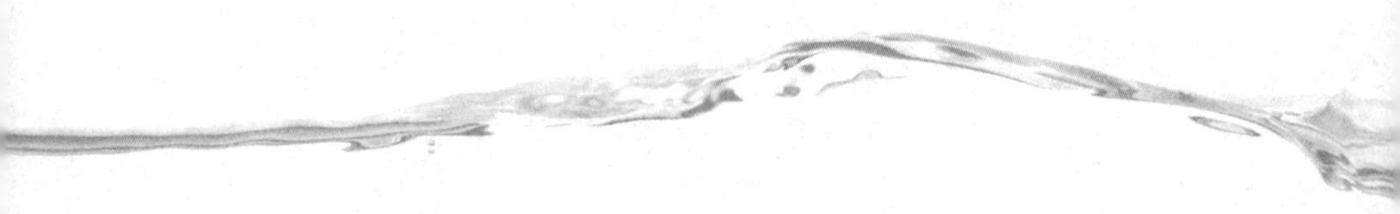

이 행성은 분명 바다인데 땅Earth 행성이라고 부르는 것은
얼마나 부적절한가?
_아서 클라크Arthur C. Clarke

천문학자들은 태양 주위를 도는 지구에 대해, 생명체에게 필요한 물이 존재하기에 적절한 온도를 가진 생명체 거주 가능 영역habitable zone◆이라고 말한다. 물이 없다면 우리가 알고 있는 생명체는 생존이 불가능하다. 지구는 바다, 강, 호수, 만년설, 토양, 모든 생물의 세포, 심지어 우리가 숨 쉬는 공기까지 다양한 형태의 물로 둘러싸여 있다.

그렇다면 과연 물은 어디에서 왔을까? 과학자들이 몇 가지 가설을 세우고 우주와 태양계에 대해 더 많은 것을 알게 되면서 확실한 답을

◆ 골디락스 존Goldilocks Zone이라는 별명이 붙어 있고, 너무 덥지도 너무 춥지도 않고 딱 적당한 곳.

찾는 데 도움이 되는 새로운 증거가 나타나고 있다. 오늘날 우리는 우주 전체에 물이 존재하며, 먼 은하계, 성간 우주, 심지어 별 주위를 돌고 있는 일부 외계 행성의 대기에서도 물이 관찰된다는 것을 알고 있다.

2021년 천문학자들은 거의 130억 광년◆이나 떨어진 아주 먼 은하 중 하나에서 물을 발견했다.[1] 물은 우리 태양계 어디에나 존재하며, 심지어 질량 대비 물의 비율이 지구보다 훨씬 큰 행성과 위성도 있다. 예를 들어, 지구의 내부 맨틀과 핵에 갇혀 있는 물의 대략적인 추정치를 포함하더라도 물은 지구 질량의 약 2%에 불과하다. 반면에 태양계에서 가장 바깥쪽에 있는 거대 얼음 행성인 천왕성과 해왕성은 60~70%가 물과 얼음으로 이루어진 것으로 알려져 있다.

지구상 물의 기원에 관해서는 세 가지 이론이 있다. 첫 번째는 물이 항상 존재했다고 가정하는 태양 원반 이론Solar Nebula Theory이다. 우리 태양계는 약 45억 년 전에 성간 가스와 먼지로 이루어진 거대한 구름이 천천히 응축되어 태양과 행성(그리고 그 사이를 떠다니는 모든 작은 물질)으로 합쳐져 형성되었다. 그 원시 구름에 수소와 산소가 풍부해서, 소용돌이치는 가스와 먼지로 형성된 지구를 포함해 태양계 전체에 물이 존재할 수 있었다는 이론이다. 하지만 이에 대한 반론은 태양에 가까워지면 물이 기화되고 소멸한다는 것이다(이를 근거로 지구가 형성된 이후 태양계 외곽의 혜성이나 소행성이 전달했을 거라는 두 번째 가설이 힘을 얻었다—옮긴이). 즉, 화성과 목성 궤도 사이의 '설선snow line' 또는 '서리

◆ 아이러니하게도 지구상에서 가장 건조한 지점에 있는 전파 망원경 ALMA로 관측되었다.

선frost line'이라고 불리는 것을 지나 더 멀리 떨어진 곳에서는 물이 응축되어 얼음 행성이 생기는데, 지구는 설선보다 태양에 더 가까워 지구가 형성되는 과정에서 뜨거워져 많은 물을 보유하지 못했을 수도 있다는 것이다. 하지만 태양계 내부 소행성의 조성과 지구 자체의 물 동위원소 성분을 조사한 새로운 연구에 따르면, 지구의 물은 처음부터 존재했다. 이는 내부 행성을 만든 기체 물질로 형성되었다는 이론(석질구립운석enstatite chondrite의 수소와 중수소의 동위원소 비율 분석을 통해 수소 함량이 이전에 추정했던 것보다 훨씬 많으며, 이들이 현재 지구 바다가 가진 양의 적어도 3배에 달하는 물을 제공한 것으로 분석했다—옮긴이)을 뒷받침한다.[2]

지난 몇 년 동안, 매우 역동적인 일련의 사건이 젊고 건조한 암석으로 된 지구에 물을 가져왔다는 또 다른 생각을 뒷받침하는 증거가 등장했다. 이 건조한 지구/습한 소행성 이론Dry Earth/Wet Asteroid Theory에 따르면, 태양계 내부가 처음에는 너무 뜨거워 물이 생성되거나 유지될 수 없었다. 지구의 지각과 맨틀의 방사성 핵종에 대한 증거에 따르면, 지구가 현재 크기의 60~90%에 도달할 때까지 물이 유지되지 않았음을 알 수 있다. 이 시점에서 태양계의 더 차가운 외곽에서 형성된 물이 풍부한 천체와의 충돌로 물이 지구로 이동했다는 것이다.[3] 태양계에서 가장 오래된 운석 중 하나인 탄소질 콘드라이트 운석은 행성들과 동시에 형성되었으며, 바닷물과 유사한 화학 성분을 가진 물을 포함하고 있다. 2018년에는 물을 함유한 수십억 개의 소행성이 충돌해 지구의 대부분 물이 생성되었다는 추가적 증거가 발표되었다.[4]

건조한 지구/습한 소행성 이론의 또 다른 유형은 지구에 있는 대부분의 물이 지구가 생성된 후에 도달했지만, 약 45억 년 전 달을 만든 행성체와 같은 대규모 충돌을 통해 한꺼번에 도달했다는 주장도 있다.[5] 이 가설의 맹점은 다른 태양계 행성들과 거의 같은 시기에 형성된 것으로 추정되는 이 거대한 물체가 왜 지구가 건조할 때 많은 양의 물을 가졌는지 설명하는 것이지만, 이 가설은 외부 태양계의 설선 너머에서 기원했다고 가정한다.

세 번째 가설은 지구가 생성된 이래 물을 운반하는 혜성에 의해 주기적으로 충격을 받아 오늘날 우리가 보는 물을 조금씩 가져왔다는 습식 혜성 이론Wet Comet Theory이다. 혜성은 태양계가 형성될 때 생성된 먼지, 얼음 및 기타 분자로 이루어진 커다란 천체다. 해왕성 궤도 너머 카이퍼대의 태양계 외곽과 명왕성 궤도 너머의 더 먼 오르트 구름에서 많은 혜성이 돌고 있다. 지구가 존재한 첫 수십억 년 동안 지구와 이러한 혜성 간의 충돌로 인해 지구에 물이 유입되었을 수 있다는 것이다.

이 이론에 대한 초기 논점 중 하나는 혜성에서 발견되는 물의 화학성분이 지구의 주요한 물 공급원으로서 혜성을 배제할 만큼 우리의 것과 매우 다르다고 생각한 것이다. 하지만 2018~2019년에 카이퍼대 혜성(46P/Wirtanen으로 명명됨)을 관측하고 분석한 결과, 지구의 바다와 동일한 화학적 특징을 가진 물이 발견되었다. 연구자들은 태양계가 형성된 후 시간이 지나면서 지구에 물을 가져온, 얼음이 풍부한 유사 혜성이 많이 있었을 수 있다고 제안했다.[6]

지구에 있는 물의 기원만큼이나 흥미로운 것은 가장 가까운 이웃 행성에서는 비슷한 흔적을 찾을 수 없는데도 지구에 물이 이렇게 많이 남아 있는 이유다. 수성이나 금성, 화성의 바다는 어디에 있을까? 물, 물의 증거 또는 물에 필요한 수소와 산소는 다른 모든 내부 행성(수성, 금성, 지구, 화성—옮긴이)에서 발견되었지만, 시간이 지남에 따라 그들이 가졌던 대부분의 물은 우주로 사라졌다. 지구가 대부분의 물을 유지할 수 있었던 이유는 크게 두 가지다. 첫째, 지구는 태양계에서 물이 증발되지 않도록 태양으로부터 충분히 멀리 떨어져 있으면서도 지구가 얼어붙지 않도록 충분히 가까이 태양 주위를 돌고 있기 때문이다. 둘째, 지구가 가진 강한 자기장으로 인해 다른 태양계 행성에서 많은 물을 날려버린 태양풍으로부터 보호받기 때문이다.

태양에서 가장 가까운 수성은 매우 뜨겁고 물을 보유할 수 있는 대기가 부족하다. 수십억 년 전 수성에 존재했던 엄청난 양의 물은 엄청난 태양풍에 의해 기화되어 우주로 날아갔을 것이다. 하지만 과학자들은 수성에서 물이 남아 있는 흔적을 발견했다. 2012~2017년에 미국 항공우주국NASA의 위성 '메신저Messenger'는 수성의 북극 근처, 햇빛이 전혀 비치지 않는 분화구 깊숙한 곳과 태양을 마주 보는 표면에서 물 얼음의 존재를 감지했다.[7]

금성도 지옥처럼 뜨거운 행성이다. 수성과 달리 금성은 이산화탄소와 기타 가스가 압력을 견디지 못할 정도로 밀도가 높은 대기를 가지고 있다. 표면 온도는 납을 녹일 정도로 뜨거운 섭씨 450도를 넘을 수 있다. 표면과 대기는 물을 액체로 유지하기에 너무 뜨겁지만, 금성에도 조건만 맞으면 물을 형성할 수 있는 수소와 산소 원자가 있다. 하지만 금성에는 보호 자기장이 없어 이러한 원자들이 끊임없는 태양풍에 의해 서서히 우주로 날아가고 있다. 유럽우주국ESA의 탐사선 '비너

스 익스프레스Venus Express'는 금성에서 날아가는 수소와 산소 원자의 흐름을 측정했다.[8]

화성은 수성이나 금성에 비해 습기가 많은 편이다. 화성의 물에 대한 추측은 윌리엄 허셜Sir William Herschel의 망원경 관측을 통해 화성에 만년설과 사계절이 존재한다는 사실을 발견한 1700년대로 거슬러 올라간다. 현재 화성의 남극과 북극에서 얼어붙은 이산화탄소와 물로 알려진 물질이 얼었다가 녹는 현상이 관찰되었다. 1870년대 후반, 이탈리아의 천문학자 조반니 스키아파렐리Giovanni Schiaparelli는 개선된 망원경으로 화성의 지도 작업을 시작했고, 수로로 보이는 것을 관찰했다.◆ 1890년대 퍼시벌 로웰Percival Lowell은 미국 애리조나에 있는 천문대에서 더 자세한 관측을 통해 수로가 인공적인 것이며 생명체의 존재를 암시한다고 주장했다. 심지어 로웰은 극지방에서 건조한 적도 지역으로 물을 이동시킬 수 있는 지능적이고 진보된 문명이 건설한 운하라고 주장하기도 했다. 로웰은 1906년에 저서 『화성과 운하Mars and Its Canals』에서 이렇게 썼다.

> 따라서 망상형 운하 시스템이 한 극에서 다른 극까지 전체 행성을 아우르는 정교한 실체라는 사실에서 우리는 이들 건설자의 현명함을 증명할 수 있으며, 물과 같은 보편적인 필수품만이 그 근본 원인이 될 수 있다는 사실을 암시하는 측면을 발견할 수 있었다. (…) 따라서 화성의 상태를 볼 때 고

◆ 스키아파렐리가 사용한 이탈리아어 '카날리canali'는 자연 수로를 의미했지만, 영어로 '운하canals'로 잘못 번역되어 화성에 지적인 존재가 살고 있는 것으로 여겨져 대중을 흥분시켰다.

도로 지능적인 생명체의 발견을 기대할 수 있다.[9]

스키아파렐리의 운하와 로웰의 지능적인 화성 건설자는 실제가 아니라 당시의 열악한 광학 기술, 우연에 의한 인공적인 지형의 배열, 공상적인 사고가 만들어낸 인공물이다. 하지만 스키아파렐리와 로웰 등이 관찰했다고 생각한 물은 실제로 존재한다. 오늘날 지구와 화성 궤도, 화성 표면의 정교한 탐사선에서 표면과 지하 얼음, 대기 중의 수증기, 토양의 액체 염수, 더 깊은 지하 대수층에서 상당한 양의 물을 발견했다. 화성의 구름에서 눈이 내리는 것도 관찰되었다. 2018년 화성 궤도 위성 '마스 익스프레스Mars Express'의 레이더 측정 결과, 남극 만년설 하부 1.5킬로미터 아래에 액체 상태의 물이 있는 지하 호수가 있을 수 있다는 단서가 발견되었지만, 이에 대한 증거는 아직 모호한 상태다.[10]

먼 과거에 화성은 대기가 더 조밀하고, 지표면의 온도와 압력이 더 높았으며, 물이 있는 바다를 가졌음이 거의 확실하다. 액체 상태의 물에서만 형성되는 특정 광물과 암석뿐만 아니라 표면의 홍수 수로, 강 계곡, 삼각주, 해저 등에 대한 지구물리학적 증거가 있다. 2022년 중국 과학자들은 탐사선 '주룽Zhurong, 祝融'의 자료를 분석해 7억 년 전에도 대량의 지표수가 존재했을 수 있다는 증거를 찾았다.[11] 그러나 화성은 수십억 년 전에 보호 자기장을 잃었고, 대기를 우주로 방출하는 소행성 충돌과 다른 행성에서 수소와 다른 기체의 원자를 쓸어내는 태양풍으로 인해 자유 수분의 상당 부분이 사라졌다.[12]

내부 행성과 달리 화성 궤도 너머의 태양계는 놀랍도록 습하다. 태양계에는 목성, 토성, 천왕성, 해왕성의 거대한 가스와 얼음덩어리, 바위와 얼음으로 이루어진 소행성대, 정말 놀랍고 때로는 기괴한 달, 행성 고리와 같은 다양한 행성이 있다. 망원경의 성능이 개선되고 태양계 외부를 탐사하기 위한 탐사선이 점점 더 많이 발사됨에 따라 과학자들은 엄청난 양의 물을 발견했다. 현재 추정되는 지구 밖 태양계 물의 양은 지구 물의 25~50배에 달한다. 이는 외계 행성의 대기에서 발견되는 수증기가 아니라 액체 또는 얼어붙은 물의 추정치만 계산한 것이다.[13] 이 액체 또는 얼어붙은 물의 대부분은 태양계에서 가장 큰 위성인 가니메데, 타이탄, 칼리스토, 엔켈라두스, 유로파의 단열 얼음판 아래에 대량의 액체 물이 있는 천체, 즉 '해양 세계'에서 발견된다.[14]

가스 행성인 목성은 태양계에서 가장 큰 행성이며 아마도 다른 행성보다 먼저 형성되었을 것이다. 오랫동안 과학자들은 목성의 대기에 물이 얼마나 있는지 궁금해했다. 최근 관측에 따르면 목성의 대기는 대부분 수소로 이루어져 있으며, 구름에 수증기 형태의 산소가 약간 포함된 것으로 밝혀졌다. 2016년 목성에 도착한 미국의 탐사선 '주노Juno'는 탑재된 계측기를 통해 물이 적도 부근의 목성 대기 분자의 약 0.25%를 구성한다는 것을 확인했다.[15] 대기의 다른 부분에서도 수분 함량 측정이 진행 중이다.

더 놀라운 사실은 목성의 수십 개 위성 중 일부에서 막대한 양의 물이 발견되었다는 것이다. 네 개의 갈릴레이 위성 중 하나인 유로파는 명왕성보다 크고 지구의 달보다 약간 작다. 유로파는 표층이 수십 킬로미터 두께의 얼음으로 덮여 있으며, 지구보다 2배나 많은 물을 함유한 약 100킬로미터 깊이의 거대한 물바다 위에 있다. 이 때문에 우주생물학자들 사이에서는 생명체의 존재에 대한 의문이 제기되었고, 유로파에 대한 새로운 탐사 계획이 추진되고 있다. 태양계에서 가장 큰 위성인 목성의 가니메데와 칼리스토에도 100킬로미터 깊이의 지하 바다가 있을 수 있다.◆

토성은 목성과 마찬가지로 거대한 가스 행성이다. 고밀도 금속과 암석으로 이루어진 핵과 주로 수소와 헬륨으로 구성된 대기를 가지고 있으며, 상층 대기에서 물이 검출되었다. 토성은 경이로워 보이는 고리 세트를 가지고 있는데, 이들 대부분 물이 얼어서 생긴 얼음 알갱이, 소행성과 혜성의 깨진 조각, 먼지 입자로 구성되어 있다. 또한 목성과 마찬가지로 토성에는 태양계에서 몇 개의 가장 크거나 가장 작은 위성을 포함해 이 글을 쓰는 시점 기준 80개가 넘는 위성이 인상적으로 모여 있다. 토성계 물의 대부분은 타이탄과 엔켈라두스를 비롯한 이들 위성 안에 있다.

엔켈라두스와 태양계에서 두 번째로 큰 위성 타이탄 모두 물이 풍부하다. 타이탄은 대기가 두껍고 표면에 액체(탄화수소)의 증거가 있는 유일한 위성이다. 얼음층으로 둘러싸인 암석 중심부와 물과 암모니아로 이루어진 수백 킬로미터 깊이의 해저 바다가 있는 것으로 추정된다. 엔켈라두스의 물바다는 두껍고 깨진 얼음 표층으로 덮인 10킬로미터 표층에 있을 것이다. NASA의 우주선 카시니가 엔켈라두스를 비

◆ 비교를 위해, 지구 해양의 평균 깊이는 4킬로미터 미만이고, 가장 깊은 챌린저 해연의 깊이도 약 11킬로미터에 불과하다.

행하는 동안 광물질이 풍부한 따뜻한 수증기, 이산화탄소, 유기물질이 우주로 방출되는 광대한 기둥이 목격되었다. 이 물은 실제로 토성의 고리 중 하나를 형성하고 있다(그림 1 참조). 과학자들은 엔켈라두스의 바다가 광범위하고 염분이 많으며 해저의 열수 분출공에 의해 따뜻해졌을 가능성이 높다고 결론지었다. NASA 제트추진연구소의 카시니 프로젝트팀 과학 책임자 린다 스필커Linda Spilker는 이러한 특징이 "지구의 거주 가능 구역을 훨씬 넘어서는 해양 세계가 존재할 가능성을 시사한다. 이제 행성 과학자들은 엔켈라두스를 생명체가 살 수 있는 서식지로 고려할 수 있게 되었다"라고 했다.[16]

그림 1. 토성의 위성 엔켈라두스의 표면에서 분출하는 얼음물 입자. 2009년 11월 NASA의 우주선 카시니는 엔켈라두스 표면에서 분출하는 얼음물 입자와 가스가 달 주위에 얼음 먼지의 후광을 만들고 토성의 E 고리에 물질을 공급하는 아름다운 이미지를 촬영했다.

출처: NASA/JPL/Space Science Institute, 2010년 2월 23일 발표(PIA 11688), http://ciclops.org/view/7908/Bursting-at-the-Seams-the-Geyser-Basin-of-Enceladus.html

가장 바깥쪽에 있는 두 행성 천왕성과 해왕성은 맨틀, 고리, 위성에 막대한 양의 얼어붙은 물을 포함하는 아이스 자이언트ice giant다. 천왕성과 해왕성은 우주선이 면밀히 탐사한 적이 없어 아직 밝혀지지 않은 것이 많다.

태양계의 물에 대한 관심은 단순한 과학적 호기심을 넘어선다. 현재 우리가 알고 있는 생명체의 형성에는 물이 필요하기 때문에 화성이나 유로파, 엔켈라두스와 같이 물이 풍부하고 흐르는 곳에서는 과거 또는 현재 지구에서 진화한 생명체와 다른 형태의 생명체가 존재할 가능성이 제기되고 있다.

지구상의 물은 고체, 액체, 기체의 세 가지 형태로 존재한다. 대부분의 물(97%)은 해수이며, 지구 표면의 3분의 2를 덮고 있다. 지구에서 한정된 담수 자원은 남극 대륙과 그린란드의 빙하와 만년설, 산이나 고위도 지역의 눈 덮인 곳, 현실적인 이유◆로 접근할 수 없는 깊은 지하수, 그리고 대기 중에 수증기 형태로 얼어붙은 채 발견된다. 강, 지표 호수, 얕은 지하수, 토양 수분 또는 강우 등에서 인간이 이용할 수 있는 물은 극히 일부에 불과하다.[17] 지구의 물은 증발, 응결, 강수라는 자연적인 수문 순환을 통해 끊임없이 흐르고 있으며, 태양의 힘과 오랜 기간 일정한 온도, 습도, 강수 형태, 구름, 바람의 복합체인 기후의 영향을 받아 한 저장고에서 다른 저장고로 계속 이동한다. 대륙이 천천히 이동하고 대기의 구성이 변동하며 산맥이 솟아오르고 침

◆ 물론 더 많은 양의 물이 지구의 맨틀과 핵 깊은 곳에 갇혀 광물과 결합되어 있지만 우리가 전혀 접근할 수 없다.

식되고 지구의 궤도 역학이 변화함에 따라 빙하기와 온난기를 거치며 오랜 세월 끊임없이 변화해왔다.◆

과거의 기후와 물 상태를 재구성하는 과학을 고기후학 또는 고수문학이라고 한다. 과학자들은 바다와 호수 퇴적물의 층, 얼음의 중심에서 채취한 고대 공기, 화석 조개껍데기와 뼈의 화학적 구성, 종유석이나 석순의 동위원소 분석, 식물 물질과 꽃가루의 시료, 심지어 지구의 궤도, 기울기와 자전의 변화까지 해독해 과거의 기온과 대기의 구성을 파악하고 얼음의 형태, 강우량, 유출수 등을 활용해 물의 활용성과 물이 풍부하거나 부족했던 시기 등을 파악하고 있다.

기후의 느린 자연적 변화 원인은 잘 알려져 있다.◆◆ 이는 주로 지구가 받는 햇빛의 양이 시간에 따라 변하면서 자전하는 행성 자체의 세 가지 공전 주기(행성 기후학을 창시한 세르비아의 과학자 밀루틴 밀란코비치 Milutin Milankovitch의 이름을 따서 밀란코비치 주기Milankovitch cycles라고 부름)의 상호작용에 의해 변화한다. 이러한 우주 주기는 계절의 길이와 세기, 대기의 구성, 빙하기와 따뜻한 간빙기의 썰물과 밀물, 물의 분포, 더 나아가 생물권의 특성과 생명체 자체의 조건에 영향을 끼친다.

◆ 심지어 달에서도 물이 발견되었는데, 분화구 깊은 곳과 표면 광물의 구성에 얼어붙은 물이 있다.

◆◆ 인간이 주도하는 급격한 기후 변화의 원인도 있지만, 그 자체에 대해서는 나중에 다루겠다.

• 2장 •

생명의 기적

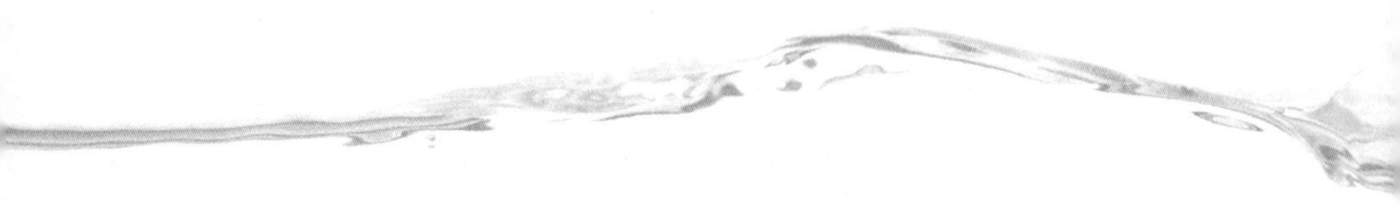

이 행성에 마법이 있다면, 그것은 물에 담겨 있다는 것이다.
_ 로렌 아이즐리Loren Eiseley

지구상의 생명체 창조는 과학과 문화 모두에서 물에 관한 이야기와 밀접한 관련이 있다. 진화에 대한 과학적 증거를 받아들이든 다양한 문화와 종교적 전통이 공유하는 아름답고 신비로운 창조 이야기 중 하나를 믿든 간에, 모든 사회는 사물의 신비로운 시작, 즉 세계가 어떻게 형성되었고 인간이 어떻게 창조되었는지에 대한 설명을 추구해 왔다. 이러한 이야기 중 일부는 신성한 존재의 생각이나 말 또는 행동을 통해 창조를 설명하고 있다. 어떤 이야기는 창조주가 보낸 신성한 동물이 태초의 바다에서 땅과 생명을 끌어냈다는 내용이고, 또 다른 이야기는 우주의 알이 깨지거나 신성한 존재의 한 조각이 떨어져 나와 혼돈에서 질서를 가져오면서 모든 생명체를 창조한다는 내용이 담겨 있다. 이 모든 이야기에서 물이 중심적 역할을 한다.

4,000년 전 수메르의 창조 신화에 따르면, 여신 남무에 의해 물의 혼돈에서 천지가 형성되었다. 3,000년 전 바빌로니아 신화의 창조 서사시 『에누마 엘리시Enuma elish』에는 마르두크 신이 민물의 신 아프수와 바닷물의 신 티아마트가 합쳐진 후 천지를 창조한 과정이 묘사되어 있다. 이집트의 창조 이야기에는 계절에 따라 나일강이 범람한 후 물이 물러가고 육지가 다시 드러나는 것에서 영감을 얻어 물의 홍수로부터 지구가 출현했다고 묘사되어 있다.[1] 고대 이집트에서 미라와 함께 관 속에 넣어 매장한 사후세계 안내서라고 할 수 있는 『사자의 서Book of the Dead』에는 약 3,600년 전부터 무한히 펼쳐진 물에서 세상이 창조되는 과정을 묘사하고 있다.[2]

고대 그리스의 오르픽 전설에 따르면, 히드로스는 물의 신이자 창조의 첫 번째 신 중 하나였으며, 태초에는 히드로스, 테시스, 머드만 존재했다. 가이아는 진흙이 땅으로 굳어지면서 생성되었고, 히드로스와 함께 크로노스(시간), 아난케(필요성)를 만들었다. 크로노스와 아난케는 차례로 우주의 알에서 파네스(생명)를 낳아 혼란에서 질서를 찾았다.[3] 다른 그리스 전설에서는 우주의 기원을 평평한 지구를 돌고 있는 오케아노스강에서 찾기도 한다. 호메로스Homeros는 오케아노스를 "모든 것의 생성자"라고 묘사했다.[4]

서양의 3대 종교인 유대교, 기독교, 이슬람교는 모두 메소포타미아 문화를 모태로 최초의 물을 포함한 천지가 창조되고, 혼돈에서 질서와 빛을 가져다주는 신을 묘사하고 있다. 히브리어 성경과 기독교 구약성서의 첫 장인 〈창세기〉 첫 구절에는 빛이나 하늘 또는 태초가 있기 전에 물이 있었다고 언급되어 있다. "태초에 하나님이 천지를 창조하시니라. 땅이 혼돈하고 공허하며 흑암이 깊음 위에 있고 하나님의 영은 수면 위에 운행하시니라."[5]

이슬람교에서 물은 모든 생명의 기본 요소이자 기원이다. "엿새 동안 하늘과 땅을 창조하신 분은 바로 그분이시며, 그의 보좌는 물 위에 계셨느니, (…) 우리는 모든 생물을 물로 만들었다."[6]

아메리카 원주민과 동아시아 신화에서 흔히 볼 수 있는 '지구 잠수부Earth-diver' 창조 이야기에는 종종 절대자가 동물을 원시 바다로 보내 모래와 진흙을 찾아 사람이 살 수 있는 지구를 만들게 하는 이야기가 등장한다. 세계에서 가장 오래된 이야기 중 하나인 호주 원주민의 꿈속 이야기에는 비를 내리고 강과 수로를 만든 정령 완드지나, 위위, 무지개뱀과 같이 물이 중심이 되는 내용이 많다.[7]

또한 물은 생명의 기원에 대한 과학적 이해의 중심에 있다. 138억 년 전 빅뱅으로 우주가 시작되었다는 증거가 있다면, 생명체는 생물학자들이 자연 발생이라고 부르는 무생물 물질의 조합에서 시작되었을 것이다. 지구는 약 45억 년 전에 생성되었고, 얼마 지나지 않아 물이 생겼다. 지구를 만든 원시 물질에서 형성되었거나, 물을 품은 혜성이나 소행성에 의해 지구로 옮겨졌을 것이다. 물이 없었다면 우리가 알고 있는 생명체는 존재하지 않았을 것이다.

사실 지구물리학적 측면에서 보면 생명은 매우 빠르게 발생했다. 가장 초기 생명체는 캐나다의 고대 암석층에서 화석으로 발견된 초기 수중 열수 분출공과 관련된 최소 37억 년(아마도 42억 8,000만 년)된 미생물로 알려져 있다.[8] 약 35억 년 전에 원시 광합성을 하는 두 종을

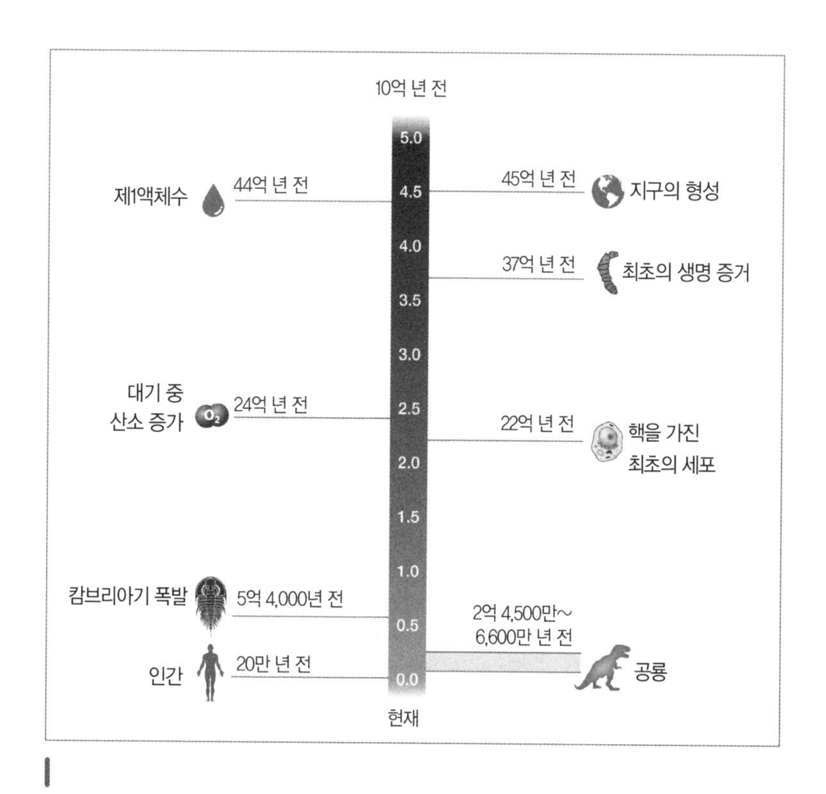

그림 2. 45억 년 지구의 역사와 최근 인류의 진화

포함해 메탄을 생산하거나 소비하는 고대 미생물 화석이 호주에서 발견되었다.[9] 복잡한 다세포 생물이 진화하기까지 20억 년이 더 지났고, 더 큰 식물과 동물이 나타나기까지 10억~15억 년이 더 지났다. 불과 5억 4,000만 년 전, 캄브리아기의 (생물) 대폭발로 알려진 이 시기에 지구에서는 해양생물이 엄청 빠르게 진화했다. 그전에는 지구상 대부분의 생명체가 단순한 단세포 또는 다세포 생물로 구성되어 있었다. 그런데 이 폭발 기간에 해양과 담수 환경이 오늘날의 거의 모든

어류, 양서류, 파충류, 조류가 진화한 생명체의 형태를 만들어냈다. 2억 년 전에 최초의 포유류가 출현했고 6,600만 년 전 거대한 소행성 충돌로 공룡이 멸종한 후에야 번성했다. 유인원과 다른 호미닌은 2,000만 년 전에 등장하기 시작했고, 우리 종인 호모 사피엔스는 지구의 오랜 역사에 비하면 얼마 되지 않는 수십만 년 전에 처음 등장했다(그림 2).

거의 한 세기 동안 과학자들은 물, 메탄, 암모니아, 수소 등 지구 초기의 단순한 원소와 분자로 이루어진 '원시 수프primordial soup'가 전기 폭풍이나 화산 또는 태양의 에너지에 노출되면 생명체를 만드는 데 필요한 조건을 만들 수 있다는 가설을 입증하려고 노력해왔다. 스탠리 밀러Stanley Miller와 해럴드 유리Harold Urey는 1952년 시카고대학교에서 수십억 년 전 물에서 일어난 화학 반응으로 생명체에 필요한 아미노산이 생성될 수 있음을 확인했다. 이후 수행된 실험에 따르면, 지구의 초기 대기는 생명체의 RNA와 DNA 가닥을 만드는 데 필요한 다른 주요 분자를 생성할 수 있었으며, 2020년에 발표된 연구에서 고대 DNA 형성을 위한 핵심 단백질이 지구의 초기 화학 작용 때 나온 아미노산에서 생성될 수 있다는 사실을 밝혀냈다.[10]

또한 생명체를 형성하는 화학 물질을 생성하는 조건은 우주 전체에서 공통적이고, 초기에 지구를 강타한 혜성과 운석을 통해 이러한 화학 물질이 지구로 옮겨졌을 가능성이 있으며, 이는 지구의 생명 형성 요소가 우주의 다른 곳에서 기원했다는 것(범종설로 알려진 가설)에 신빙성을 두고 있다. 1969년 호주의 머치슨 근처에 떨어진 대형 운석에는 물이 풍부한 환경에서 화학 작용을 통해 생성된 수십 개의 아미노산이 포함되어 있었다.◆ 이 운석 물질의 연대는 지구의 나이보다 훨씬 오래된 70억 년 전으로 측정되었다. 2010년에 이 운석의 원시 물질을 재분석한 결과, 70가지 아미노산[11]을 포함해 1만 4,000개 이상의 분자 화합물이 발견되었다. 그리고 멀리 떨어진 얼음 혜성에서도 아미노산이 관찰되었다.[12]

중요한 생명체 생성에 복잡한 화학 반응이 태양계의 다른 곳에서 발생하고 있다는 추가 증거, 즉 복잡한 용해성 및 불용성 유기 화합물이 포함된 액체 염수의 증거가 운석에서 나왔다. 왜소 행성 세레스를 탐사한 돈Dawn 우주선은 생명체 형성에 중요한 탄산염 화학 물질을 발견했으며,[13] 모로코와 텍사스에서 발견된 45억 년 된 두 개의 운석에서도 이러한 액체 염수가 발견되었다.[14] 이 운석에는 염수와 함께 소금 결정과 생명체의 전구물질(다른 화합물을 생성하는 화학 반응에 참여하는 화합물—옮긴이)인 복잡한 유기물질이 포함되어 있었다. 두 운석은 화성과 목성 사이의 태양 궤도를 도는 6헤베Hebe라는 초대형 소행성과 동일한 모 천체에서 생성된 것으로 추정된다.◆◆

지구에 생명체가 출현하게 된 복잡한 화학적 단계를 아직 명확하게 이해하지는 못했지만, 새로운 실험과 증거가 계속 추가되고 있다. 그

◆ 생명체에 필수적인 단백질과 기타 물질 형성에 필수적인 아미노산의 일부는 지구에서 발견되지만, 대부분은 지구에서 발견되지 않는 것이다. K. Kvenvolden et al., "Evidence for Extraterrestrial Amino-Acids and Hydrocarbons in the Murchison Meteorite," *Nature* 228 (1970): 923–926.

◆◆ 헤베는 1847년 독일의 아마추어 천문학자 카를 루트비히 헨케Karl Ludwig Hencke가 발견했으며 지금까지 발견된 여섯 번째 소행성이다.

리고 인간으로 이어진 최초의 생명체가 물에서 출현했다는 것은 의심의 여지가 없다. 최초의 단세포 유기체는 길고 느린 진화의 여정을 시작했고, 그 여정은 우여곡절과 평행선, 수많은 막다른 골목으로 이어져 오늘날의 인간에게까지 연결되었다.

• 3장 •

인류의 진화

우리가 여기 있는 이유는 지느러미가 육상 생물의 다리로 변신할 수 있는 특이한 해부학적 구조를 가진 물고기 한 무리가 있었고, 빙하기 동안 지구가 완전히 얼지 않았기 때문이다. 그리고 25만 년 전 아프리카에서 발생한 작고 미약한 종이 지금까지 수단과 방법을 가리지 않고 생존해왔기 때문이다.

_스티븐 제이 굴드Stephen Jay Gould

2004년 7월 아내, 아들들과 함께 남아프리카공화국의 스테르크폰테인에 있는 어두운 석회암 동굴의 가파른 계단을 내려갔다. 1947년 4월 고생물학자 로버트 브룸Robert Broom과 그의 조수 존 탤벗 로빈슨John Talbot Robinson은 그 동굴에서 200만 년 전에 살았던 인류의 직계 조상은 아니지만 사촌쯤 되는, 지금은 멸종된 오스트랄로피테쿠스 아프리카누스의 유골을 최초로 발견했다. 오늘날에는 이 지역이 덥고 건조해 수자원이 부족하지만, 200만 년 전에는 훨씬 더 습하고 초기 호미닌의 생존에 훨씬 더 유리한 조건이었다.◆ 우리가 알고 있는 것처럼, 물과 기후는 인류의 오랜 진화에서 중심적 역할을 해왔다.

현재 동굴 입구에는 브룸이 발견한 사람 중 한 명인 '플레스 부인'

의 두개골을 안고 있는 브룸의 청동 흉상(그림 3)이 세워져 있다. 1924년 레이먼드 다트Raymond Dart가 발견한 '타웅 아이'처럼, 이 발견은 이 지역의 다른 유물들과 함께 찰스 다윈Charles Darwin과 토머스 헉슬리Thomas Huxley가 수십 년 전에 주장한 호미닌이 아프리카에서 발생했다는 최초의 물리적 증거를 제공했다. 동굴을 걷다 보니 마치 시간 여행을 온 것 같은 느낌과 함께 강렬하고 기묘한 감정이 들었다. 200만 년 전에 살았던 선인류 공동체를 우리가 찾아 해독할 수 있게 삶의 증거가 남아 있는, 우리 종의 오랜 진화에 대한 단서를 엿볼 수 있는 곳에 왔기 때문이었다.

초기 인류에 대한 화석 증거는 매우 드물다. 시간, 자연, 무질서와 인간의 활동은 먼 과거의 유적을 지워버린다. 하지만 고생물학자와 고고학자들의 피나는 노력으로 뼈, 도구, 심지어 예술품에 이르기까지 현대 인류의 긴 여명기와 조상이 아프리카에서 다른 지역으로 퍼져나가는 과정의 많은 단계를 채울 충분한 증거를 찾을 수 있었다. 고고학적으로나 화석에서 발견된 초기 조상 중 상당수는 수십만 년 또는 수백만 년 전 인물이다. 불과 몇십 년 또는 몇 년밖에 살지 않았지만, 그들의 유골은 이제 인류의 출현을 시간의 흐름에 따라 재구성하는 데 엄청난 도움을 주고 있다.

고인류학자 요하네스 하일레셀라시에Yohannes Haile-Selassie가 에티오

◆ 호미닌hominins(이전의 호미니드hominids)이라는 용어는 오스트랄로피테쿠스Australopithecus, 아르디피테쿠스Ardipithecus, 그리고 우리 인간을 포함한 여러 호모Homo 종을 포함해 호미니니 부족의 영장류를 지칭한다.

그림 3. 남아프리카공화국의 스테르크폰테인 동굴에서 플레스 부인의 두개골을 들고 있는 로버트 브룸의 흉상.

사진: 제러미 세토Jeremy Seto(2017). 허가받아 사용.

피아의 미들아워시에서 발견한 440만 년 전의 암컷 아르디피테쿠스 라미두스인 '아르디', 도널드 조핸슨Donald Johanson이 에티오피아에서 발견한 320만 년 전의 암컷 오스트랄로피테쿠스 아파렌시스인 '루시', 브룸과 로빈슨이 남아공에서 발견한 200만 년 전의 '플레스 부인', 메리 리키Mary Leakey가 탄자니아 올두바이 협곡에서 발견한 175만 년 전의 '진잔트로푸스 보이세이', 그리고 카모야 키메우Kamoya Kimeu가 케냐 투르카나 호수 근처에서 발견한 150만~160만 년 전에 살았던 어린 호모 에렉투스 '투르카나 소년' 등 가장 오래된 인류 유골은 모두 인류의 발상지로 통용되는 아프리카에서 발견되었다.◆

다음으로 오래된 유적들은 초기 호미닌이 아프리카 밖으로 흩어졌음을 보여주기 시작했다. 특히 약 150만~180만 년 전에 호모 에렉투스가 아프리카 밖으로 이동한 시기와 분포에 대한 실마리를 제공한다.[1] 대표적인 예로는 자바에서 발견된 약 140만 년 전의 것으로 추정되는 모조케르토 아이 유적, 인도네시아에서 발견된 70만~100만 년 전 것으로 추정되는 자바인, 중국에서 발견된 40만~80만 년 전 것으로 추정되는 베이징원인 등이 있다.

화석 기록으로 인해 호미닌의 여러 단계와 분열, 종에 대한 새로운 발견과 이론이 끊임없이 갱신되고 있다. 지금까지 밝혀진 바에 따라 현대 인류의 진화는 과거의 기후 및 수질 조건과 연관될 수 있는 네 가지 주요 시기로 구분할 수 있다. 첫 번째 시기는 270만~700만 년 전으로, 오늘날 침팬지와 크기, 두뇌 능력, 신체 능력 등이 다소 유사한 사헬란트로푸스와 아르디피테쿠스속의 종들이 더 큰 두뇌 능력과 두 발로 똑바로 걷고 도구를 사용할 수 있는 능력을 갖춘 오스트랄로피테쿠스와 파란트로푸스로 진화했을 것으로 추정된다. 이러한 진화를 보여주는 화석들은 모두 동부 및 중부 아프리카의 습한 지역에서 발견되고 있다.

인류 진화의 두 번째 중요한 시기는 200만~300만 년 전 수렵·채집 사회에 살면서 불을 다루고 최초의 진정한 인간과 같은 종인 호모 에렉투스(직립 보행자)가 진화해 아프리카에서 유럽과 아시아 일부 지역으로 퍼져나갔을 때다. 호모 에렉투스는 초기 호미닌보다 뇌의 크

◆ 이 책을 집필하던 중 카모야 키메유가 세상을 떠났다. 『뉴욕 타임스』에 실린 부고 기사에서는 그를 "진화의 과거에 대한 우리의 이해를 형성한 가장 중요한 화석 발견에 책임이 있는 전설"이라고 묘사했다. C. Risen, "Kamoya Kimeu, Fossil-Hunting 'Legend' in East Africa, Is Dead," *New York Times*, August 11, 2022.

기가 커지고, 장거리 달리기에 적응하며 발사체를 던질 수 있고, 다양한 서식지에서 생존할 수 있는 유연성을 갖추어 비약적인 진화를 이루었다.[2]

세 번째 시기인 약 80만 년 전, 호모 에렉투스는 호모 하이델베르겐시스를 포함한 여러 아종으로 분화되었을 가능성이 높으며, 네안데르탈인, 데니소바인, 호모 사피엔스의 선구자 아종으로 진화해 아프리카를 제외한 유럽 본토, 아시아 일부, 영국에 정착했다. 마지막 네 번째 시기에 호모 사피엔스는 20만~30만 년 전에 진화해 다시 아프리카에서 파도처럼 흩어져 네안데르탈인과 데니소바인을 이기고 드디어 전 세계를 차지하게 되었다.[3]

지구의 전체 역사를 하루 24시간으로 압축하면 인류가 존재한 시간은 1분 남짓으로 아주 짧은 순간에 불과하다. 인간이 초기 형태의 생명체에서 진화하는 데 걸린 수백만 년 동안 지구의 기후와 물, 자연 생태계도 진화했으며, 이러한 환경 조건이 동아프리카 조상의 고향에서 다양한 호미니드종의 출현, 소멸, 확산과 같은 주요 진화 사건을 주도했다는 것은 알려진 사실이다. 화석의 연대 측정, 유전자 기록 추적, 과거의 기후 및 수질 조건 재구성을 위한 새로운 기술의 발달로 인해 거시적 관점에서 인류의 진화에 대한 이해도가 높아졌다.

기후와 물 요인이 인류의 진화와 이동에 어떤 영향을 미쳤는지 설명하는 몇 가지 경쟁 이론이 있다. 그중에서 두 가지 아이디어가 가장 설득력 있다. 첫째는 기후 변화의 주기와 물 가용성의 변화를 포함한 환경 조건이 선택 과정에 영향을 주면서 인지 능력의 확장, 도구 제작과 사용 능력 증대, 영양 유연성 향상, 장수와 번식 성공을 지원하는 사회적 행동 등 더 넓은 서식지에서 생존하는 데 유리한 능력을 향상시켰다는 것이다. 둘째는 이러한 적응을 통해 일부 집단이 생존에 중요한 서식지와 자원 확보를 위해 이동하거나 분산하는 능력이 개선되면서 변화하는 환경 조건에서 생존할 수 있게 되었다는 것이다.

최근 몇 년 동안 화석 기록의 해석과 분류 개선, 과거 기후의 고해상도 재구성과 모델링의 발전, 고대 유전학의 확장 등으로 환경 조건과 초기 조상의 진화 및 분포 사이의 연관성에 대한 가설을 시험할 수 있게 되었다. 최근 한국의 부산대학교 기초과학연구원 기후물리연구단의 악셀 티머만Axel Timmermann 단장과 그의 동료들은 지난 200만 년의 기후 역사를 재현한 정교한 지구 기후 모델을 개발했다. 모델 시뮬레이션과 화석 및 고고학적 증거를 결합한 연구 결과, 자연 기후 변화가 호미니드종의 생존성과 아프리카 이외 지역으로의 확산 시기에 중요한 영향을 미쳤고, 시간이 지남에 따라 심각한 기후 변화에 취약한 수자원에 의존하는 종보다 다양한 수문학적 조건에서 적응하고 생존할 수 있는 종이 경쟁 우위에 있음을 밝혀냈다.[4]

약 250만~700만 년 전 유인원에서 현생인류를 포함한 종으로 전환하는 동안 동아프리카는 비교적 평평한 열대림이었으나 점차 높은 산과 숲, 사막이 있는 다양한 지형으로 변화했으며, 동아프리카의 리프트 호수가 생성되어 지역 기후에 영향을 미치고 결국 인구가 이동할 수 있게 되었다.[5] 이 기간 동아프리카의 기후는 대부분 따뜻하고 습했다.

수백만 년 전 기후가 플라이오세에서 더 춥고 건조한 홍적세로 바뀌기 시작할 때, 호모 에렉투스를 포함해 적어도 여섯 종의 초기 호미닌이 존재했다.◆ 기후와 날씨가 진화함에 따라 초기의 전문화된 호미닌 집단은 식량과 수자원의 변화라는 환경적 압박을 경험했을 것이다. 이러한 압박으로 인해 개인과 집단이 새로운 환경에서 살아남거나 더 나은 서식지로 이동할 수 있는 특성과 행동이 촉진되었다. 200만 년 전, 아프리카의 초기 호모 종 개체군은 남아프리카에서 동아프리카 리프트 계곡을 거쳐 북서쪽으로 레반트까지 이어지는 물길을 따라 좁은 통로에 적합한 서식지를 형성했다. 하지만 이들 개체군 중 일부는 극심한 기후 환경에 취약했다.

호미닌 진화의 세 번째 단계는 거의 200만 년 동안 생존하고 유라시아 전역의 서식지에서 북쪽으로 이동한, 뛰어난 적응력을 가진 호모 에렉투스의 개체군이 선호했던 빙하기의 주기와 관련이 있다. 기후를 재구성한 결과, 20만~80만 년 전 리프트 계곡은 매우 건조했다. 호모 에렉투스가 여러 다른 아종으로 전환되면서[6] 뇌와 신체가 더욱 커지고, 이동성이 향상되었으며, 번식 전략이 성공하고, 환경 변화에 적응하는 능력이 향상되었다. 그리고 불 사용, 의식적 매장 관행, 예술 창작, 정교한 도구의 발명과 사용 등 점점 더 복잡한 사회적 행동들이 생겨났다.

65만~85만 년 전, 호모 하이델베르겐시스(호모 에르가스테르로 알려진 아프리카 동부 호모 에렉투스의 한 형태에서 진화한 것으로 추정)의 무리는 좋은 기후 덕분에 남아프리카와 북아프리카/유라시아로 분산되었다.

◆ 플라이오세는 530만 년 전부터 260만 년 전까지 지속된 것으로 알려져 있다. 홍적세는 홍적세 말기부터 마지막 빙하기가 물러가고 현재의 홀로세 시대가 시작된 약 1만 2,000년 전까지 지속되었다.

주기적인 빙하기의 압박을 받은 유라시아 무리는 약 40만 년 전 중앙 및 동아시아 일부 지역의 데니소바인과 유럽의 호모 네안데르탈렌시스로 분화되었다.[7]

마지막으로 약 30만 년 전, 동아프리카의 수문 조건이 밀란코비치 주기와 해양 순환 그리고 온도 변화의 조합으로 인해 수자원, 식생, 날씨의 예측 불가능성을 증가시킨 것으로 추정되는 또 다른 변화를 겪었다. 이러한 기후 변동성 증가는 아프리카의 호모 하이델베르겐시스 및 관련 종의 호모 사피엔스로의 전환을 가속화했을 수 있다.◆ 이 새로운 종은 다양한 기후와 수질 조건에 적응하는 능력을 높인 현존하는 유일한 인류로서 호모 에렉투스, 호모 하이델베르겐시스, 호모 네안데르탈렌시스 등 최소 3종의 다른 호모 종이 결국 사라지는 데 중요한 역할을 했다.[8]

진화 자체에 영향을 미치는 것 외에도 기후가 초기 호미닌이 아프리카 밖으로 이주하는 데 중요한 역할을 했다는 생각을 뒷받침하는 증거가 있다. 호모 에렉투스와 호모 사피엔스처럼 성공적으로 이주할 수 있었던 능력의 핵심은 물을 유리하게 활용하고, 생물학적으로나 문화적으로 더 넓은 기후 조건에 대한 적응력으로 보인다. 결국 우리 인류가 점점 더 혹독한 기후에 적응할 수 있었던 것은 불을 잘 다루

◆ 화석 기록의 다양성, 유전 정보, 기후 및 생태 조건의 재구성을 평가한 최근 분석은 호모 사피엔스가 아프리카의 단일 개체군 또는 지역에서 진화했다는 견해에 도전하며 다양한 호모 사피엔스 개체군이 아프리카 전역에 살면서 오랜 기간 상호 작용하고 교배하며 공진화했음을 시사한다. E. M. L. Sherri et al., "Did Our Species Evolve in Subdivided Populations Across Africa, and Why Does It Matter", *Trends in Ecology and Evolution* 33 (2018): 582–594.

고, 옷을 개량하고, 주거지를 만들고, 기술을 혁신하고, 습하고 건조한 극한 조건을 모두 관리할 수 있었기 때문이다.[9]

몰타대학교의 휴 그루컷Huw Groucutt과 동료들은 건조한 시대가 지나고 거주하기에 적합한 새로운 환경이 열린 습한 시기(40만, 30만, 20만, 7만 5,000~13만, 5만 5,000~6만 5,000년 전)에 아프리카에서 최소 다섯 번의 이주가 일어났다고 제안했다.[10] 포츠담 기후영향연구소와 케임브리지대학교의 로버트 바이어Robert Beyer는 동료들과 함께 지난 30만 년 동안의 수문학적 조건을 모사한 고해상도 기후 모델을 사용해 이동에 유리한 기후 시기를 재구성했다. 그들의 고고학과 유전학적 증거에 의해 제안된 연구에 따르면, 그 분산 시기는 유라시아로 가는 습한 통로의 존재와 일치하는 것으로 나타났다.[11] 이에 대한 세부 사항은 계속해서 개선되고 수정되겠지만, 호모 사피엔스 집단이 물, 기후 및 식생 조건이 좋았던 수천 년에 걸쳐 파도를 타고 아프리카를 성공적으로 빠져나간 것은 분명한 사실이다.

약 7만 년 전, 열대 아프리카 대부분 지역의 기후는 더 규칙적이고 안정적이며 습한 환경으로 바뀌었다. 이 시기는 초기 인류 인구의 급격한 증가와 아프리카에서 또 다른 이주가 일어난 시기와 일치한다. 아마도 4만 7,000~6만 년 전의 마지막 대규모 이주는 이전의 이주보다 더 성공적이었을 것이다.[12] 해수면이 낮아지면서 홍해를 가로지르는 이동 경로가 열리고 내륙 경로와 인도양 연안 및 남부 아시아로 인구가 분산될 수 있도록 비교적 습한 기후가 우세한 시기였다. 일부 이주자들은 열대 해안을 따라 이동해 4만 5,000~6만 년 전 또는 그 이전에는 호주와 파푸아뉴기니에,[13] 3만 년 전에는 초기 인류가 일본과 시베리아 북극에 도착했다. 북쪽으로 이동한 사람들은 더 추운 환경, 더 많은 산악 지형, 뚜렷한 계절, 그리고 엄청난 빙하기 기후에서 살아남은 초기 인류의 이주 집단인 네안데르탈인을 만났다.[14] 한동안 호모 사피엔스와 네안데르탈인은 공존하며 때때로 섞여 교배하기도 했지만, 적응력이 높고 뛰어난 호모 사피엔스의 인구가 늘어나면서 이에 밀린 네안데르탈인은 결국 멸종했다. 초기 인류의 사촌들은 수십만 년 동안 생존하면서 언어를 발달시키고, 가족 및 사회 공동체를 형성했으며, 예술과 장신구를 만들었다. 그들의 DNA 중 일부는 여전히 우리와 얽혀 있다.

인류가 발상지인 아프리카에서 전 세계로 퍼져나갔지만, 대서양과 태평양의 장벽과 아시아와 아메리카의 북쪽을 덮고 있는 거대한 빙하로 인해, 아메리카에 도달하는 데는 다른 곳보다 오래 걸렸다. 빙하가 녹으면서 인류는 드디어 북아메리카로 건너갔고, 내륙과 해안을 따라 남아메리카로 퍼져나갔다. 고고학적 증거에 따르면 인류는 적어도 1만 5,000년 전 해수면이 낮아진 틈을 이용해 북쪽 육교를 건너거나 아시아와 아메리카 사이 해안을 따라 이동했지만, 마지막 빙하기의 거대한 빙하로 이 육교가 막히면서 캐나다의 유콘, 미국 남서부, 멕시코, 브라질까지 개척한 초기 인류 집단은 고립되고 말았다. 홍적세 말기에 지구가 따뜻해지면서 빙하가 녹고 해수면이 상승해 아시아-미국 연륙교가 다시 물에 잠겼지만, 그 무렵엔 벌써 인류가 남쪽으로 이주해 남극 대륙을 제외한 모든 대륙에 정착하고 있었다.[15]

도구의 개발과 사용, 사회 구조의 변화, 다양한 서식지와 기후에 대한 점유와 적응, 언어 발달 등 호모 사피엔스가 종으로서 결국 성공을 거둘 수 있었던 동일한 특성은 인류가 아프리카 밖으로 확산된 후 발생한 첫 번째 물의 시대에서 가장 중요한 전환 중 하나인 농업의 발명과 인구 증가를 위한 식량 재배에 필요한 수자원의 조작에도 기여했다.◆

◆ 인류의 진화에서 물과 기후의 역할과 호모 사피엔스가 아프리카 밖으로 분산된 이유에 대한 현재 가설은 고고학적 발견에 대한 해석, 화석의 연대 측정 능력, 화석의 현재 분류, 지구 환경 조건에 대한 재구성에 의존하는 방식으로 진행 중이다. 새로운 유전자 연구, 더 많은 고고학 및 고생물학적 발견, 개선된 수문 및 기후학 모델링은 다양한 개체군의 진화와 이동 형태, 시기에 대해 새로운 빛을 비춰줄 것이 분명하다.

· 4장 ·

농업의 시작

농부의 하인은 누구인가? (…) 지질학과 화학, 채석장의 공기, 개울의 물, 구름의 번개, 벌레의 껍질, 서리의 쟁기.

_ 랠프 월도 에머슨Ralph Waldo Emerson

인류의 초기 조상들은 숲과 탁 트인 사바나에서 풍부한 사냥감을 찾고 강과 호수, 연안에서 물고기를 잡으며 야생 곡물과 과일, 채소 등을 채집하면서 육지에서 살았다. 지구 전체 인구가 수십만 명 또는 수백만 명에 불과하고 널리 흩어져 살던 초기 호모 사피엔스는 질병, 사고, 척박한 자연환경 등으로 수명이 짧아지면서 상대적으로 생존하기 쉬웠을 것이다. 오래전 식용 식물을 채집하던 초기 인류의 조상들은 야생에서 수확한 곡물이나 과일을 계획적으로 재배할 수 없을까 고민했을 것이다. 아마도 씨앗과 식물을 채집해 집 근처에 심었을 것이다. 어쩌면 건조한 시기에는 야생 식물에 물을 주고 키우면 도움이 될 거라고 생각했을지도 모른다. 어쨌든 우리가 아는 것은, 수천 년 전 첫 번째 물의 시대에 전 세계 인류 공동체가 가축을 기르고 농작물을 재배하는 데 필요한 물을 활용하면서 농업을 발명했다는 사실뿐이다. 수렵·채집 생활 방식에서 의도적으로 앉아서 생활하는 공동체 방식으로 전환되면서 식량 재배는 석기 시대에서 현대 사회로 넘어가는 가장 중요한 전환점이 되었다.

마지막 빙하기 이후 날씨가 따뜻해지고 만년설이 극지방으로 물러나면서 인구가 증가하기 시작했다. 그에 따라 더 풍부하고 안정적인 식량 공급원을 찾아야 한다는 욕구가 커졌다. 과학자들은 3만 2,000년 전으로 거슬러 올라가 초기 인류가 귀리, 보리, 밀, 참마, 콩 등의 야생 작물을 먹었다는 증거를 발견했다. 그리고 이것들은 마침내 오늘날 수확되는 재배 작물로 발전했다. 의도 농업intentional agriculture이 발전한 이유에 대한 명확한 답은 찾을 수 없지만, 인구 증가에 따른 필요를 충족하기 위해서, 다른 가치 있는 품목과 교환할 잉여 자원을 확보하기 위해서, 과잉 수확이나 환경 변화로 부족해진 식량을 대체하기 위해서, 에너지 소비 단위당보다 안정적인 칼로리를 생산해 생활의 효율성을 높이기 위해서 등 다양한 이유가 제시되고 있다.[1]

성공적인 농업을 위해서는 물에 대한 이해와 조절이 필요하다. 수천 년 전에는 강우량이 일정하게 유지되는 곳이나 양쯔강, 황허강, 나일강, 인더스강, 티그리스강, 유프라테스강 등 물의 흐름이 규칙적인 큰 강변에서만 농작물 재배가 가능했다. 따라서 초기 농업의 성패 여부는 인간이 계절별로 강수량에 따라 파종과 수확 시기를 맞추고, 초보적인 저수지와 집수지에 물을 저장하고, 토양의 수분을 유지하기 위해 땅을 평평하게 만들고, 강에서 농경지로 물을 보내기 위해 수로를 파는 방법을 배우는 것을 포함해, 기후 변화에 적응할 수 있는 능력과 관련이 있었다. 오늘날 인간이 사용하는 물의 80%는 식량을 재배하는 데 이용된다는 오래된 사실은 여전히 유효하다. 물이 없으면 식량도 없다.

인류는 수백만 년에 걸쳐 진화했지만, 수천 년이라는 매우 짧은 기간에 전 세계 여러 지역에서 광범위하게 분리된 농작물을 처음 의도적으로 재배하기 시작한 것은 놀랍게도 동시대에 이루어졌다. 지구가 마지막 빙하기에서 벗어나고 기온이 상승하면서 밀, 보리, 쌀, 기장, 호박, 감자, 콩, 옥수수 등 오늘날에도 농업 시스템의 핵심을 이루는 다양한 작물이 9,000~1만 2,000년 전 중동, 중국, 인더스 계곡, 중남미의 신세계 문화권에서 재배되기 시작했다.[2]

약 1만 2,000년 전 중동의 주요 강을 따라 형성된 지역 사회는 야생의 밀, 보리, 호밀을 적극적으로 가꾸고, 마침내 야생 식물을 재배하기 시작했다.[3] 티그리스강과 유프라테스강 유역의 상류에서 1만~1만 2,000년 전으로 거슬러 올라가는 곡물 재배의 증거가 발견되었다.◆ 키프로스에서의 발견에 따르면, 1만 500년 전에는 본토에서 배를 통해 재배된 곡물이 수입되었으며, 이후 2,000년 동안 중동 고고학 유적지에서 점점 더 다양하고 풍부한 재배 작물이 등장했다.[4]

◆ 중동에서도 약 1만~1만 1,000년 전에 염소, 양, 돼지, 소 등 일부 육식 동물과 작업 동물이 가축화되었고, 이후 수천 년에 걸쳐 중동, 아시아, 남아메리카에서 말, 닭, 라마, 오리 및 기타 동물이 가축화되었다. E. K. Irving-Pease et al., *"Paleogenomics of Animal Domestication," in Paleogenomics: Genome-Scale Analysis of Ancient DNA*, ed. C. Lindqvist and O. P. Rajora, 225-272, Population Genomics (Dordrecht: Springer International, 2019).

중동에서 의도 농업의 확대와 함께 계획형 물 관리, 특히 유프라테스강과 티그리스강에서 농경지로 물을 공급하기 위한 운하와 관개 시스템 건설이 확대되었다. 건조한 기후와 불안정한 계절적 강우량의 상황에 대비해, 최초의 수메르, 아카드, 바빌로니아 제국은 성장하는 사회에 필요한 식량을 재배했다.

중국 황허강 지역에서 발견된 1만 9,500~2만 3,000년 전의 연대를 가진 갈돌grinding stone은 수렵·채집인들이 재배하기 훨씬 전부터 토종 풀, 뿌리 및 덩이줄기, 콩 등 자연 식량을 채집했음을 보여준다.[5] 그러나 마지막 빙하기가 끝나고 더 따뜻한 홀로세가 시작되면서 증가하는 인구 수요를 충족하기 위해 의도 농업이 발전하기 시작했다. 중국의 초기 지역사회는 강이나 강우량이 안정적인 곳에서 발전했으며, 중국의 초기 농업은 중동과 유사한 형식, 즉 야생 식물을 채집하고 적당히 재배한 다음 재배 식물을 확대해 광범위하게 키우는 형태였다. 중국에서는 서로 다른 물 조건에서 두 가지 형태의 농업이 독립적으로 발전한 것으로 보인다. 큰 강을 따라 습식 벼 농업과 안정적인 비가 필요한 물을 공급하는 건조지의 기장 재배가 그것이다.

9,000~1만 2,000년 전의 야생 벼가 양쯔강 중하류에서 발견되었다. 유전학적 및 고고학적 증거를 종합하면 이 지역에서 벼가 처음 재배된 시기는 1만 년 전으로 추정된다. 또한 쌀을 재배하기 위해 토지를 평평하게 하고 물 흐름을 조절하는 등 정교한 물 관리를 진행한 증거도 있다. 벼의 재배는 화이허강 유역 지아후 유적지의 9,000년 전 유적에서도 발견되었으며, 벼는 8,000년 전에 완전히 농경화되어 중국의 다른 지역으로 퍼져나간 것으로 보인다. 280개 이상의 벼 고고

학 유적지를 검토한 결과, 그중 40개 군데가 7,000년 이상 된 것이었다. 최근 지아후에서 발견된 증거에 따르면 8,000년 전 이 지역에서 최초로 콩이 재배되었다.[6]

중국의 더 북쪽 지역에서는 9,500~1만 1,000년 전 황허강 연안에서 기장과 같은 건조지 곡물이 재배되기 시작했으며 7,000~8,000년 전에는 기장이 완전히 건조지에서 재배되었다는 증거가 있다.[7] 초기 기장 농경의 증거가 발견된 약 900군데의 고고학 유적지를 평가한 결과 7,000년 이상 된 곳이 31군데나 되었다.[8]

현재 증거는 양쯔강 유역의 습윤 벼와 더 북쪽의 건조지 생태계에서 기장 재배가 따로 진화했다는 이론을 뒷받침하지만, 중국과학원 지질지구물리학연구소의 키양 허Keyan He 연구 팀은 7,000~9,000년 전까지 지속된 황허강 중하류 계곡의 쌀/곡물 혼합 농업 지역과 8,100~8,400년 전 중국 중부 평원에서 유사한 지역을 확인했다.[9]

인더스강은 히말라야 고원 높은 곳에서 마지막 빙하기의 눈과 산악 빙하 사이에서 발원해 남아시아를 휩쓸고 지나가는 계절성 몬순 강우에 의해 공급된다. 이 강은 현재 티베트 서부를 지나 인도를 거친 뒤 파키스탄을 가로질러 힌두스탄 평원을 거쳐 아라비아해로 흘러간다. 이 강의 유량은 매우 가변적이지만, 미시시피강 유량의 3분의 1 또는 나일강 유량의 3배에 달한다. 수천 년에 걸쳐 히말라야산맥에서 침식된 토양과 광물은 이 지역의 강을 따라 흘러내려 수십만 제곱킬로미터에 이르는 광활하고 비옥한 평야로 유입되었다. 최소 9,000년 전부터 인간은 이 땅을 경작하고 야생 곡물을 선별해 수확하며 정착된 농업 공동체를 형성하기 시작했다.[10]

1974년 장프랑수아 자리주Jean-François Jarrige와 카트린 자리주Catherine Jarrige가 이끄는 프랑스 고고학 팀은 남아시아에서 가장 오래된 석기 시대 유적지 중 하나인 메르가르를 발견했다. 지금까지 발굴된 정착촌의 면적은 약 2제곱킬로미터이며, 대부분 7,500~9,000년 전으로 거슬러 올라간다. 주민들은 진흙 벽돌로 지은 집에서 살았고, 석기를 사용했으며, 예술품과 장신구를 생산했고, 남아시아에서 가장 이른 시기에 축산업과 의도 농업을 추진했다.[11] 이곳에서 발견된 농업 형태는 밀, 대추야자, 보리 재배와 양, 염소, 소 사육 등이었다. 발굴된 건물 중 일부에서 보리 자국이 있는 벽돌이 포함되어 있어 곡물을 저장하는 곡물 창고였음을 알 수 있다.[12]

메르가르에서 발견된 유적을 바탕으로 볼 때, 초기 농업 관행은 인더스 계곡 전역으로 퍼져나갔고, 약 3,800~5,200년 전에 더 큰 인더스 계곡 문명이 이를 선택했다. 하라파 문명◆이라고도 알려진 이 문화의 전성기에는 메소포타미아와 이집트를 합친 것보다 더 넓은 지역에 걸쳐 도시 중심지와 무역이 서쪽으로 3,000킬로미터 이상 떨어진 중동까지 뻗어나가 지구 전체 인구의 10분의 1을 차지했을 것으로 추정된다. 메르가르의 공동체와 마찬가지로 하라파는 농경사회였으며, 거의 모든 주요 하라파 유적지는 정기적으로 몬순 비가 내리는 비옥한 토양과 히말라야산맥에서 녹은 얼음과 눈이 비교적 온화한 홍수 지역 주변에 있다.[13]

◆ 20세기 초 파키스탄에서 발굴된 이 문명의 첫 번째 주요 고고학적 유적지의 이름을 따서 명명되었다.

오늘날 인도 북부, 파키스탄, 방글라데시의 많은 인구가 그렇듯이 하라파도 변화무쌍한 환경에서 물에 대한 불확실성과 싸웠다. 그렇지만 중동의 수메르, 아카드, 바빌로니아 제국과 달리 이러한 기후에 대처하는 데 필요한 정교한 인공 관개 시스템을 개발한 증거가 없는 것으로 보아 아마도 우기에 재배할 수 있는 작물에 의존한 것으로 추정된다.[14]

하라파 문화는 사회적으로 정교해지고 도시화가 진행되면서 거의 2,000년 동안 지속되었으며, 인더스 계곡 문명의 최대 도시 중 하나인 모헨조다로에서 정교한 중앙 집중식 하수도, 광범위한 상수도 우물, 인더스강 홍수 방어 시설을 갖춘 도시로 정점을 찍었다. 하지만 현재 기후를 재구성한 연구에 따르면, 하라파 문명의 초기 확장을 뒷받침했던 여러 조건의 변화는 결국 붕괴에 의한 것이었다. 안정적인 비와 홍수를 가져다주던 몬순은 서서히 동쪽으로 이동했고, 오랫동안 존재했던 영구적인 호수와 하천은 말라서 사라졌다.[15] 약 4,000년 전에는 강수량과 강 유량이 최저점으로 떨어졌고, 가뭄이 장기화되면서 농부들은 보리와 밀 농사에서 가뭄에 강한 기장 작물로 전환했다.[16] 이러한 노력도 결국 실패로 돌아갔고, 홍수와 비를 이용한 성공적인 농업을 유지할 수 없었기 때문에 농업에 더 유리한 동쪽으로 이주하면서 결국 하라파 도시는 사라졌다.[17]

적어도 1만 5,000년 전 북아메리카에 정착한 인류는 태평양 연안을 따라서 이동해 남아메리카 서부 대부분과 칠레 남부까지 도달했다.[18] 중동에서와 마찬가지로 홍적세 빙하기가 끝나고 더 따뜻하고 습하며 안정적인 홀로세 기후가 시작되자 수렵·채집 사회는 땅을 개간하고 열대우림에서 발견되는 야생 뿌리와 종자 작물을 채취하고 경작하면서 보다 영구적인 정착지로 전환하기 시작했다.[19]

메소포타미아 문명의 발전과 동시에 메소아메리카의 초기 인류는 복잡한 사회, 농경 농업, 언어와 문자, 기념비적인 건축물을 발전시켰다. 역사가들은 이 시기를 '메소아메리카 고전기'라고 부른다. 기후가 좋아지면서 초기 메소아메리카 사람들은 옥수수, 고추, 호박, 콩 등 오늘날에도 먹는 다양한 작물을 재배할 수 있었고, 영구적인 공동체를 형성할 수 있었다.[20]

콜롬비아와 페루에서 7,000~9,500년 전으로 거슬러 올라가는 맷돌과 괭이 형태의 농기구가 발견되었다. 같은 시기에 재배된 곡물과 호박, 초기 형태의 옥수수 잔해가 발굴되었고, 매장지에서는 치아와 초기 도구도 발견되었다. 호박과 옥수수는 모두 7,000~8,000년 전에 오늘날 멕시코의 센트랄발사스 지역에서 재배된 후 무역과 인구 이동을 통해 퍼져나간 것으로 보인다. 이 증거는 멕시코와 더 남쪽의 파나마, 페루에서 발견되는 정착지 및 변형된 지형과 함께 이들 지역 사회의 초기 식단 상당 부분이 의도 농업에서 비롯되었음을 말해준다.[21]

더욱 중요한 사실은 안데스산맥 산기슭의 자냐 계곡에서 최소 6,000년 전, 어쩌면 8,500년 전으로 거슬러 올라가는 관개 운하와 기타 집약적 농업의 흔적이 발견되었다는 점이다. 페루의 이 유적은 남아메리카에서 가장 오래된 관개수로로 알려져 있으며,[22] 이후 더 많은 식량을 재배하고 더 많은 사람을 부양할 수 있었기 때문에 유물 수도 증가했다. 적어도 4,000년 전에는 남아메리카 중앙의 안데스 지역에서 의도적인 관개 관행이 널리 퍼져 대규모 영구 정착지를 지

원했다.[23]

의도 농업의 발명과 그에 따른 물의 조작이 없었다면 인류는 지금처럼 광범위하고 빠르게 확장하지 못했을 것이며 안정적인 수자원을 찾을 수 있는 주요 강을 따라 건설된 영구적인 마을과 도시가 생겨나고 성장하는 것을 보지 못했을 것이다. 그리고 메소포타미아와 인더스강 유역의 대제국도 그렇게 오래 형성되거나 지속되지 못했을 것이다. 오늘날 80억 명에 이르는 인구의 폭발적 증가도 불가능했을 것이다. 동시에 이러한 공동체가 확장되고 주요 강과 범람원을 따라 인구가 증가하면서 초기 인류는 변덕스러운 날씨와 일부 초기 문화를 무너뜨린 장기간의 가뭄과 신화, 전설, 역사의 일부가 된 대규모 홍수 등 극심한 수문 현상에 점점 더 많이 노출되었다.

• 5장 •

대홍수

우바라투투의 아들 슈루팍의 남자여, 집을 허물고 배를 만들어라.
부를 버리고 생명을 구하라. 모든 생물의 씨앗을 배에 실어라.
_ 『길가메시 서사시The Epic of Gilgamesh』에 나오는 홍수 이야기

첫 번째 물의 시대는 초기 인류가 진화의 혼돈에서 서서히 벗어나 삶의 필수 요소를 지배할 수 있는 종으로 부상하던 시기였지만, 그들의 생존은 여전히 자연의 변덕스러운 변화에 취약했다. 시간이 지나면서 언어와 문자의 발달로 초기 문화는 경험에서 얻은 교훈을 이야기 형태로 후손들에게 전할 수 있었다. 과학과 자연에 대한 이해가 제한적인 상황에서, 보이지 않는 힘과 복수심에 불타는 신이 죄 많은 인간에게 참혹한 벌을 내린다는 이야기가 가장 오래 남아 있다는 것은 그리 놀라운 일이 아니다. 대부분의 기원 신화에는 사나운 물의 신과 거대한 홍수가 등장한다.

유대교, 기독교, 이슬람교 등 서양의 종교를 믿는 모든 아이는 신이

내린 대홍수 이야기를 들어봤다. 의로운 사람 또는 거룩한 선지자 노아가 인간의 타락과 죄에 대한 신성한 형벌로 내린 대홍수에 대해 하느님으로부터 어떻게 경고를 받았는지 배운다. 노아는 가족과 동물들을 구하기 위해 배를 만들라는 명령을 받고, 이웃들에게 하느님의 노여움과 다가올 심판에 대해 말하지만 무시당하고 조롱받는다. 방주를 짓고 동물들을 싣고, 40일 동안 계속된 홍수에서 살아남은 노아는 홍수가 물러간 후 제2의 아담이 되어 땅을 재건한다.

사실 우리가 어렸을 때 배우지 못한 것은 이 이야기의 기원이 성경보다 무려 2,000년이나 앞선 고대 메소포타미아 제국의 폐허에서 발견된 가장 오래된 문헌에 등장한다는 사실이다. 이 모든 이야기는 신에 의한 인간 창조, 인간의 타락에 대한 신의 분노, 땅을 휩쓸 홍수를 내리는 신의 결정, 그리고 배를 만들어 가족과 동물들을 구하라는 명령을 받은 한 사람 등 공통된 요소를 가지고 있다.

우리가 모르는 사실은, 이 이야기가 초기 문명을 황폐화시킨 실제 홍수, 특히 약 5,000년 전에 발생한 고대 중동의 엄청난 홍수에 뿌리를 두고 있다는 것이다. 첫 번째 물의 시대에는 인간이 자연을 통제할 수 없었다. 인간은 자연과 더불어 살아가는 능력으로 살아남았지만, 통제할 수 없는 상황이 덮치면 죽을 수밖에 없었다. 참으로 극단적인 상황은 기억되고 문화와 종교적 이야기로 엮여 최초의 구전 역사가 되었으며, 결국 다음 세대에 기록으로 전해졌다. 시간이 지남에 따라 지역사회는 이런 상황에 대한 위험성을 줄이고 자연에 대한 지배력을 높이는 방법을 찾았다. 이로써 두 번째 물의 시대가 열렸다.

집중적으로 연구가 이루어진 1800년대 중후반에 유럽, 영국, 미국의 고고학자들이 연구를 위해 중동으로 몰려들었다. 탐험대는 사라진 도시와 신전, 초기에 손으로 파낸 관개수로의 잔해, 알 수 없는 상징과 언어가 새겨진 방대한 점토판, 그리고 무기, 도자기, 예술품 등 이전에는 알려지지 않았거나 성경 이야기, 전설, 구전을 통해서만 추측되었던 문명의 증거들을 발견했다. 니네베, 예리코, 바빌론, 키시, 우르, 에리두, 슈루팍의 도시 유적이 발견되고 발굴되었다. 수메르, 아카드, 아시리아, 바빌로니아의 제국은 시간과 신화의 안개 속에서 현실의 장소로 등장했다. 네부카드네자르, 사르곤, 함무라비, 길가메시와 같은 전설 속 왕들은 실존 인물로 밝혀졌다.

이러한 초기 탐험은 대부분 서구의 종교 단체가 구약과 신약에 대한 정통성을 뒷받침하는 증거를 찾기 위해 자금을 지원했다. 하지만 시간이 지나면서 발견된 것은 성경보다 수천 년 앞선 문명의 증거였다. 고대 문화의 단계가 밝혀지면서 고고학자와 역사학자들은 석기 시대부터 청동기 시대에 이르는 초기 인류의 진화, 최초의 문자와 수학의 탄생, 제국의 흥망성쇠, 그리고 그 모든 것의 중심에 물이 있었다는 증거를 찾았다.

초기 고고학자 중 상당수는 자신이 무엇을 발견했는지 거의 알지 못했다. 오늘날의 기준과 기술로 보면, 이들의 원시 발굴 작업은 제대로 문서화되거나 연대가 기록되거나 보호되지 않은 자료 더미를 발굴해 단순히 상자에 담아 서양의 박물관, 대학, 개인 소장품으로 보내는 탐사 수준이었다. 그래도 매우 중요한 발견 중 하나는 처음에는 판독조차 할 수 없었던 수만 개의 구운 점토판이었다. 이후 초기 언어학자들이 쐐기문자를 해독하고 이를 판독하기 시작하면서 일상생활, 상업 거래, 종교 문서, 정치 칙령, 서사시 등 수천 년의 인류 역사가 밝혀졌다.

1830년대에 영국 육군 장교로서 훗날 대영박물관의 수탁자이자 '아시리아학의 아버지'로 불리는 헨리 크레직 롤린슨Henry Creswicke Rawlinson은 메소포타미아 문자를 음역하고 번역하는 데 성공한 최초의 인물 중 한 명이었다. 1840년대에 그는 고고학자 오스틴 헨리 레이어드Austen Henry Layard와 함께 아시리아 왕국의 수도였던 고대 도시 니네베를 발굴하는 팀을 이끌고 아슈르바니팔 도서관(기원전 668~기원전 627년경)으로 알려진 유적을 발견하고 수천 개의 쐐기문자 석판을 찾아서 대영박물관으로 옮겼다. 1872년 롤린슨과 함께 일하던 젊은 학자 조지 스미스George Smith는 이들 수집품에서 이전에 연구되지 않은 석판들을 모아서 해독했다. 기원전 7세기에 제작된 이 석판 중 하나(그림 4)에는 『길가메시 서사시』의 홍수 이야기로 알려진 내용이 담겨 있었다. 스미스는 1872년 12월 3일 런던에서 열린 성서고고학회 공개강연에서 이 이야기를 발표했다. 스미스는 가득 찬 청중에게 복수를 꿈꾸는 아시리아의 신들, '홍수의 영웅 우트나피슈팀'에 대한 그들의 경고, 세상을 바꾼 대홍수의 발발 등 노아에 대한 유대교와 기독교의 기록보다 앞선, 자신이 번역한 서사시를 설명했다.

> 6일 밤낮 동안 바람이 불고 대홍수가 일어나 강풍이 땅을 덮쳤다. 일곱째 날이 되자 강풍이 잦아들었다. 진통하는 여인처럼 싸우던 바다가 잔잔해졌고 폭풍이 가라앉으며 대홍수가 끝났다. 날씨는 고요했지만 모든 사람이 진흙으로 변해 있었다.[1]

그림 4. 1872년 조지 스미스가 발견해서 번역한 기원전 7세기의 『길가메시 서사시』 11번째 석판. '홍수 석판'으로 알려진 이 석판은 니네베 폐허의 아슈르바니팔 도서관에서 발견되었다. 신들이 어떻게 홍수를 보내 세상을 멸망시켰는지 묘사하고 있다. 홍수의 영웅 우트나피슈팀은 후대의 성경 이야기 속 노아처럼 미리 경고받고 방주를 만들어 가족과 동물을 구했다. 이 석판은 대영박물관에 보관되어 있다.

사진 제공: 바벨스톤, https://commons.wikimedia.org/w/index.php?curid=10755114.l

조지 스미스의 강연은 전 세계에 전율을 불러일으켰다. 동시에 인류 문명의 뿌리에 대한 더 깊은 이해의 문을 열었다. 그리고 13년 전에 출판된 찰스 다윈의 진화론이 제기한 도전에 이미 어려움을 겪고 있던 성경 문자주의자들의 신념을 뒤흔들고 모순에 빠뜨렸다. 스미스의 강연에 대한 기사는 다음 날 잉글랜드, 스코틀랜드, 웨일스의 거의 모든 신문에 실렸고, 2주 후에는 『뉴욕 타임스』에도 실렸다. 영국 총리 윌리엄 글래드스턴William Gladstone, 스미스의 멘토 헨리 롤린슨, 웨스트민스터 학장◆과 그의 부인 오거스타 스탠리Augusta Stanley 여사 등 저명한 청중이 많이 참석했다고 묘사했다.[2] 스미스는 강연을 마치며 이렇게 말했다.

> 고대 신화의 상당한 부분과 더불어 이 모든 기록이 공통적으로 칼데아 평야에서 유래됐다고 믿습니다. 문명의 요람이자 예술과 과학의 발상지였던 이 나라는 2,000년 동안 폐허가 되었으며, 고대의 가장 귀중한 기록이 담긴 문헌은 아시리아 사람들이 모방한 문헌을 제외하고는 우리에게 거의 알려지지 않았지만, 현재 탐사를 기다리고 있는 고분과 폐허가 된 도시 아래에는 이 대홍수 기록의 오래된 사본과 함께 세계 초기 문명에 대한 다른 역사와 전설이 보관되어 있습니다.[3]

스미스의 연설이 끝난 후, 달변가로 유명한 글래드스턴 총리◆◆가 일어나서 많은 사람의 머릿속에 떠오른 논제를 제기했다.

◆ 1872년 웨스트민스터의 학장이었던 아서 펜린 스탠리는 팔레스타인 탐험기금을 공동 설립해 중동의 많은 고고학 탐험을 지원했다. 1867년 찰스 워런이 이끈 가장 유명한 탐험은 예루살렘 아래의 고대 수계를 발견한 것이었다. 스탠리의 아내는 빅토리아 여왕의 비서로 활동했다.

◆◆ 『런던 타임스』의 보도에 따르면, 이는 한 문장이었음을 참고하자. 글래드스턴은 다섯 시간 동안 금융에 관한 명연설을 한 적이 있다. 그의 웅변 기술에는 사실에 대한 숙달과 도덕적 분노를 불러일으키는 능력이 포함되어 있으며, 벤저민 디즈레일리와 오랜 라이벌 관계로 유명했다.

고고학과 다른 과학의 탐구가 우리 세대의 많은 마음을 불안하게 하는 효과가 있는지는 모르겠지만, 내가 조사할 수 있는 몇 가지 사항에 대해서는 완전히 다른 효과가 있고, 이전에는 우리가 순전히 불확실한 것으로 받아들여야 했던 고대의 전통과 기록의 많은 부분이 완전히 달라졌다고 말해야 하며, 진실의 씨앗과 핵심을 포함하고 있다고 믿었지만 우리는 점차 그 모습을 갖추고 영원히 묻혀 있을 것으로 생각했던 것이 해체되고 쌓여가는 것을 보게 될 것이며, 단순히 그 세계에 대한 기억이 아니라 실제 역사가 위대한 역사의 확대 과정을 겪게 될 것입니다. 청중은 "들어라, 들어라" 라고 호응했다.[4]

스미스의 발견은 대홍수에 대한 전 세계 연구의 문을 열었다. 스미스는 중요한 발견을 더 많이 했지만, 안타깝게도 오염된 물로 인한 이질에 걸려 1876년 니네베 근처 작은 마을에서 서른여섯 살의 나이로 세상을 떠났다.

서구의 기관들은 계속해서 메소포타미아에 탐험대를 파견하고 이 지역 곳곳의 유적에서 발굴한 고고학적 유물을 가져왔다. 1800년대 후반 펜실베이니아대학교의 지원을 받은 일련의 발굴단은 고대 도시 니푸르의 유적지에서 쐐기문자 석판을 발견해 미국으로 보냈는데, 이 석판들은 수십 년 동안 번역되지 않은 채 습기 찬 지하 창고에서 제대로 관리되지도 않은 채 방치되어 있었다. 그러다가 1910년 펜실베이니아대학교 고고학과 헤르만 힐프레히트Hermann Hilprecht 교수가 이 수집품에서 아카드어로 쓰인 '바빌로니아 대홍수 이야기'의 일부가 적힌 석판을 발견했다고 발표했다.[5] 힐프레히트의 발견은 『길가메시 서사시』보다 훨씬 오래된 홍수 서사시 『아트라하시스 서사시Atrahasis Flood Epic』의 일부로 이해되고 있다. 기원전 1400~기원전 1100년에 만들어진 이 조각은 홍수 영웅 아트라하시스와 대홍수에 관한 이야기로, 『길가메시 서사시』 및 그 후 쓰인 서양 성경과 매우 유사하다.

힐프레히트의 발표 2년 후, 독일의 아시리아 학자 아르노 푀벨Arno Poebel은 같은 니푸르 소장품에서 수메르어로 쓰인 대홍수와 그 영웅 지우수드라Ziusudra에 대한 더 오래된 이야기를 담은 고대 석판을 발견해서 해독했다. 기원전 1700년경의 것으로 추정되는 이 석판은 수메르 대홍수 이야기로 알려진 내용을 담고 있는데, 이 역시 더 오래된 수메르 이야기에서 발전했을 수 있다는 단서를 달고 있다.

메소포타미아의 수메르 문명은 기원전 6500~기원전 2300년경 우루크, 우르, 에리두, 키시, 시파르, 니푸르, 움마, 라가시, 라르사 등의 도시국가에서 티그리스강과 유프라테스강 유역을 따라 지속되었다. 수메르는 세력을 확장하면서 점점 더 정교한 야금술로 동기 시대(구리를 합금으로 사용하지 않아 '순동기 시대'라고도 함—옮긴이)에서 청동기 시대로 전환했다. 최초의 문자, 수학, 천문학을 창안하고, 인공 관개를 통해 농작물을 재배했으며, 중앙아시아, 인더스 계곡, 캅카스산맥의 사람들과 광범위한 무역을 발전시켰다.[6] 그 뒤를 이은 아카드, 아시리아, 바빌로니아 제국은 기원전 3500~기원전 3000년에 티그리스-유프라테스강 유역 북부(오늘날 시리아 및 이라크 북부 지역)로 이주한 것으로 추정되는 다른 셈족 종족에 의해 세워졌다.

1912년 푀벨이 니푸르 석판에서 수메르 대홍수 이야기를 발견했을 때, 이 이야기는 신이 내린 대홍수에 대한 가장 오래된 생존 설화였다. 하지만 그보다 훨씬 오래된 기원을 가진 이야기의 단서를 제공했다. 1960년대에 시카고 오리엔털 연구소의 도널드 핸슨Donald Hansen이 이끄는 탐험대가 니푸르에서 약 20킬로미터 떨어진 아부살라비크 유적지에서 기원전 2600~기원전 2500년경에 수메르어로 쓰인 문서를 발견했다.[7] 『우바라투투의 아들 슈루팍의 지침Instructions of Shuruppak, Son of Ubara-tutu』이라는 이 문서는 지혜, 예의, 행동에 대한 공동체의 기준과 대홍수에 대한 단서를 담고 있다. 이 문서에는 수메르의 초기 왕들과 그들의 위치, 통치 기간, 정치 세력의 변화를 순차적으로 기록한 '수메르 왕 목록'이 포함되어 있다. 특히 대홍수 이전 왕들과 이후 왕들로 나뉘어 있다는 점이 주목할 만하다. 그 목록에 우바라투투는 대홍수 이전 마지막 왕이자 이후 『길가메시 서사시』에 등장하는 홍수 영웅 지우수드라/우트나피슈팀의 아버지로 묘사되어 있다.[8]

수메르 홍수 이야기는 수메르의 신들이 인간과 동물, 그리고 에리두, 바드티비라, 시파르, 슈루팍, 라락에 각각 왕이 있는 최초의 도시를 창조하는 것으로 시작하지만, 발견된 석판이 조각나고 손상되어 불완전하다. 이 이야기는 바람, 대지, 폭풍의 신 엔릴과 담수의 신 에아가 홍수를 통해 인류에게 다가올 멸망을 은밀히 경고하는 과정을 묘사한다. "홍수가 대지를 휩쓸고 지나갈 것이다. (…) 인류의 씨앗이 멸망할 것이다."[9] 이 이야기의 주인공 지우수드라는 신의 목소리에 귀를 기울여 배를 만들라는 권유를 받는다. 바람과 물을 동반한 폭풍이 휩쓸고 지나간다. 7일 밤낮 동안 육지에 갇혔지만 지우수드라와 동물들은 구출되어 배를 타고 육지로 돌아온다. 신들은 그를 살려주고 신성한 생명을 부여해 지상에 있는 수메르인의 하늘 정원에서 살도록 보낸다.

기원전 2300년경 사르곤 대왕으로도 알려진 아카드의 사르곤은 수메르를 정복하고 마지막 수메르 왕 루갈자게시를 제거한 뒤 아카드 제국의 시대를 열어 몇 세기 동안 지속되었으나 이후 1,000년 동안 아시리아와 바빌로니아 문명에 의해 이 지역에 대한 영향력이 줄어들면서 사라졌다.◆ 이러한 각 문화는 선조들의 이야기, 전통과 관습으로 흡수되었다.

아카드인들은 기원전 17세기 중반의 석판에 기록된 『아트라하시스 서사시』의 형태로 대홍수에 대한 이야기를 전했다. 유프라테스강 유역의 시파르 유적에서 발견된 다른 단서는 바빌로니아 함무라비왕의 손자인 암미사두카왕(재위: 기원전 1646~기원전 1626년)의 통치기로 거슬러 올라간다. 『아트라하시스 서사시』는 1인칭 서술로 전해지며, 옛 수메르 대홍수 이야기와 거의 동일한 요소를 지니지만 일부 내용이 추가되었다.[10]

이 이야기에서 고대 신들은 세상을 아누가 다스리는 하늘, 엔릴이 다스리는 땅, 에아가 다스리는 담수 등 세 영역으로 나눈다. 상위 신들은 하위 신들에게 세상을 창조하라고 명령하지만, 티그리스강과 유프라테스강을 파는 힘든 작업을 하는 하위 신들은 반란을 일으키고,◆◆ 에아는 자신의 명령을 수행할 인간을 창조해달라고 요청한

◆ 사르곤 이후 불과 몇 세기 만에 아카드 제국이 처음 붕괴한 것은 극심한 가뭄의 결과라는 공감대가 확산되고 있었다. E. Cookson, D. J. Hill, and D. Lawrence, "Impacts of Long Term Climate Change During the Collapse of the Akkadian Empire," *Journal of Archaeological Science* 106 (2019): 1-9.

◆◆ 이것은 기록된 최초의 노동 분쟁일 수 있다. "우리의 수고는 무겁고, 어려움은 지나치다."

다. 어머니 여신 마미는 신을 제물로 바치고 그 살과 피를 진흙과 섞어 일곱 명의 남자와 일곱 명의 여자를 만드는 데 동의한다.◆

시간이 지나면서 인간이 계속 번성함에 따라 그들의 소음과 존재 자체가 엔릴◆◆을 방해하자 그는 가뭄, 역병, 기근의 형태로 재앙을 보내 인구를 줄이기로 결심한다.◆◆◆ 에아의 인간 종이자 홍수의 영웅인 아트라하시스◆◆◆◆는 구제를 요청해 잠시나마 구제를 받지만 결국 분노한 엔릴이 다른 신들을 설득해 엄청난 홍수로 인간을 쓸어버리는 일이 반복된다.

에아는 아트라하시스를 불쌍히 여기고 수메르 이야기에서처럼 그에게 다가올 홍수에 대해 미리 경고하며 배를 만들라고 한다.◆◆◆◆◆ 아트라하시스는 명령에 따라 배를 만들고, "7일 밤낮 동안 폭우와 폭풍우, 홍수가 일어났다".

> 홍수가 일어났다. (…) 아무도 다른 사람을 볼 수 없었다.
>
> 그들은 재앙 속에서 알아볼 수 없었다.

◆ "당신은 어머니 자궁, 인류의 창조주입니다. 그런 다음 사람을 창조하십시오. 그는 멍에를 짊어질 것입니다. (…) 사람이 짊어져야 할 신들의 짐."

◆◆ "사람이 사는 땅이 확장되고 사람들이 번성했다. 땅은 황소처럼 울부짖었다. (…) 엔릴은 그 소리를 들었다. 그는 위대한 신들에게 '슬픔이 인류의 소음을 키웠다'라고 말했다."

◆◆◆ "백성들의 생계를 끊어라. (…) 아다드로 하여금 비를 거두게 하고, 아래에서 샘물이 솟아나지 않게 하고, 바람이 와서 땅을 쓸어버리게 하라. (…) 밭이 소출을 철회하도록 하라."

◆◆◆◆ 아트라하시스는 고대 아카드어로 '지극히 지혜로운'이라는 뜻이다.

◆◆◆◆◆ "집을 허물고 배를 만들라. 재물을 경멸하되 생명을 구하라."

홍수는 황소처럼 포효했다.

야생 나귀가 비명을 지르는 것처럼 바람이 울부짖었다.

어둠이 가득하고 태양이 없었다.[11]

물이 가라앉은 후 배는 육지로 돌아왔고 아트라하시스는 신들에게 제물을 바친다. 일부 인간이 살아남은 것을 알게 된 신들은 가임력이 낮은 여성, 아이를 훔치고 유산시키는 악마, 그리고 신을 섬기기 위해 처녀로 남는 여성을 만드는 등 인간의 증가를 늦추는 여러 방법을 제안한다. 『수메르 홍수 이야기Sumerian Flood Story』에 나오는 지우수드라처럼 아트라하시스는 낙원으로 옮겨져 장수를 누린다. 『아트라하시스 서사시』의 버전은 주변 지역으로 퍼져나갔다. 현재 시리아, 팔레스타인, 튀르키예 남부의 고고학 발굴에서 기원전 2000년 중반의 것으로 추정되는 유물이 발견되었다.

대홍수 이야기의 세 번째 단서는 바빌로니아의 『길가메시 서사시』다. 처음에는 길가메시가 신화나 전설의 인물로 여겨졌지만, 기원전 2700~기원전 2500년경 우루크의 첫 번째 왕조 시기에 살았던 실존 인물이라는 사실이 밝혀졌다. 그의 이름은 수메르 왕 목록에 포함되어 있다. 이 시기에 발견된 문서에서 그는 강력한 왕이자 종종 높은 명성의 지도자에게 부여되는 지위인 '신'으로 묘사되었다.

이 서사시의 여러 유형과 사본이 발견되고 번역되었지만, 고고학자들은 이 서사시가 기원전 2000년대 초반에 수메르와 아카드의 초기 이야기를 바탕으로 아카드어로 작성된 것으로 보고 있다.◆ 그 후 1,000년이 넘는 세월에 걸쳐 발전했다.[12] 『길가메시 서사시』 전체는 길가메시왕의 모험과 전투, 신과 여신의 상호작용, 그리고 길가메시 자신의 죽음에 대한 깨달음을 이야기한다. 그 깨달음으로 길가메시는 아내와 함께 불멸의 비밀을 알게 된 인간 우트나피슈팀을 찾는다. 우트나피슈팀은 자신이 대홍수에서 구원받았기 때문에 불멸의 존재가 되었다면서 길가메시에게 그 이야기를 들려준다.

이 홍수 이야기는 1872년 조지 스미스가 기원전 700~기원전 600년에 만들어진 아슈르바니팔 도서관 유적에서 발굴한 석판에서 해독한 것이다. 그 후 바빌로니아의 극남에서 극북(오늘날 튀르키예 남부)에 이르는 발굴지에서 더 오래된 유형의 『길가메시 서사시』가 발견되었다. 『아트라하시스 서사시』와 『수메르 홍수 이야기』를 통해 이전 세기에 걸쳐 전해 내려온 전설에서 아카드와 바빌로니아 사람들이 길가메시에 대한 이야기를 추가했을 가능성이 있다.[13] 실제로 길가메시 홍수 이야기의 몇몇 대사는 오래된 『아트라하시스 서사시』에 등장하는 대사와 동일하다.

대홍수 이야기의 기억을 불러일으키는 힘은 이 이야기가 얼마나 오래 지속되었는지 잘 보여준다. 기원전 3000년부터 제국의 흥망성쇠를 거치면서 이 이야기는 기원전 2000년 중반 무렵 벽에 새겨진 이집트 초기 버전인 '천국의 소'부터 구약성경, 헬레니즘 시대까지 이어진 버전 등 다양한 형태, 언어, 문화권에서 지속적으로 반복되어왔다.

홍수 이야기는 그리스와 라틴 작가들에 의해서도 채택되었다. 기원

◆ 아카드어는 가장 초기에 알려진 셈어로 고대 바빌로니아 및 아시리아에서 2,000년 동안 사용되었다.

후 8년에 쓴 오비디우스의 걸작 『변신Metamorphoses』은 제우스(또는 주피터)가 "인류는 괴물이고 (…) 범죄에 맹세하고 (…) 악에 연루되어 있다"라는 이유로 전 세계의 물을 인류에게 쏟아붓는다는 내용이다.◆

> 모든 물 저장고의 빗장을 풀어라.
> 댐을 무너뜨리고 모든 수문을 열어라.
> 홍수는 본래 대지의 적이었고,
> 새로운 명령으로 당당하게 불어나고,
> 길을 막은 살아 있는 바위를 제거하고,
> 근원에서 솟구치는 물은 바다를 가득 채우네.
> 이제 바다와 땅은 길을 잃고 혼란에 빠졌으며,
> 해안도 없는 물의 세계다.[14]

인류를 창조한 프로메테우스 신은 흔히 그의 아들로 묘사되는 홍수의 영웅 데우칼리온과 그의 아내 피라에게 배를 만들라고 지시한다. 제우스가 하늘을 열고 9일 동안 물을 내려, 홍수로 모든 것이 파괴될 때도 그들은 살아남는다. 결국 신에 대한 거룩함과 헌신으로 살아남은 데우칼리온과 피라는 아이를 낳아 세상을 다시 채운다.

> 이 높은 절벽 꼭대기에서,

◆ 오비디우스에 대한 많은 번역본이 있다. 이 섹션은 새뮤얼 가스가 편집하고 1717년에 출판된 『오비드의 변태』(15권)에서 번역한 드라이덴의 버전에서 발췌한 것이다.

데우칼리온은 작은 배를 정박하고 떠돌아다녔다.

멸망한 인간들 중에서

오직 그와 아내만 남았다.[15]

홍수 이야기는 『샤타파타 브라흐마나』, 『비슈누 푸라나』, 『마하바라타』와 같은 고대 힌두교 문헌에도 등장한다. 기원전 1000년 여러 세기에 걸쳐 전해지는 이 이야기에서 최초의 인간 슈라다데바 마누는 비슈누(힌두교의 최고 신 중 하나)의 물고기 화신인 마스야를 연약한 작은 물고기에서 거대한 물고기로 키운다. 마스야는 마누에게 홍수가 임박했음을 경고하고 베다◆와 씨앗, 동물, 고대 힌두교의 일곱 현자를 안전한 곳으로 인도할 배를 만들라고 조언한다. 홍수가 났을 때 마스야는 배를 안전한 곳으로 예인하고, 그 후 배는 산에 안착한다. 마누는 노아, 아트라하시스, 우트나피슈팀과 마찬가지로 신들의 선택으로 살아남았다. 그리고 메소포타미아 이야기에서처럼 방주가 산에 안착한 후 영웅은 신들로부터 보상을 받고 대지를 다시 채운다.

힌두교 이야기와 수메르 및 아카드 홍수 이야기의 유사성은 그리 놀랍지 않다. 기원전 3000년 전부터 메소포타미아와 초기 인더스 계곡 문명 간에 농업, 예술, 귀중한 광물, 목재, 상아를 공유하는 등 활발한 무역과 문화 교류가 이루어졌다는 증거가 많이 남아 있다. 바빌론과 키시에서는 하라파 문자가 새겨진 글과 인장이 발견되었고, 인더

◆ 베다Vedas는 고대 산스크리트어로 구성된 종교 경전으로, 힌두교의 가장 오래된 경전 중 하나다.

스 계곡에서는 길가메시와 관련된 이미지를 포함해 메소포타미아 문자와 그림이 새겨진 원통형 인장이 발견되었다.

이렇게 많은 고대 홍수 이야기가 실제 지구물리학적 사건, 즉 개별적 또는 지역적 대홍수가 너무 심해 생존자들이 구전으로 기록을 남긴 후 문자가 등장하면서 서사적이고 잔혹한 홍수에 대한 기록을 남긴 것 아닐까? 메소포타미아의 도시와 권력 중심지는 모두 티그리스강이나 유프라테스강 유역에 건설되었다. 농업과 상수도 공급을 위한 물의 가용성과 강을 오르내리는 물자의 이동력을 활용하기 위해서였다. 이 강들이 세계에서 가장 건조하고 메마른 지역을 흐르고 있음에도 불구하고 마을을 쓸어버리고 넓은 지역을 황폐화시킬 홍수를 일으킬 수 있다는 것은 의심의 여지가 없다. 홍수 이야기는 모두 과학적 사건에 근거하지 않은 우화적이고 외경적인 이야기일 수도 있지만, 고대 문화에서 기록되거나 기억되고 종교와 문화 서사시, 전설, 교훈 이야기에 엮여 있는 비극적인 과학적 사건에 뿌리를 두고 있다는 증거도 있다.

초기 수메르와 아카드 홍수 이야기의 등장인물 중 상당수가 실제 경험을 이야기하는 실존 인물이라는 사실을 이제 우리는 알고 있다. 우리 또한 시간이 지나도 기억될 만큼 충분히 재앙이었을 수 있는 실제 수문학적 사건에 대해 배우고 있으며, 다음 세대에 전하고 다시 이야기할 만한 가치도 있다. 흑해 유역의 심각한 지역 홍수, 페르시아/아라비아만의 급격한 해수면 상승으로 인한 홍수, 티그리스-유프라테스 강변의 치명적인 홍수 등 세 가지 종류의 실제 사건이 중동 대홍수 이야기의 기초를 형성했을 수 있다.

해수면, 강우 형태, 기온은 모두 지난 2만 년 동안 자연적으로 변동해왔다. 어떤 상황에서는 급격하고 갑작스럽게 많은 양의 물이 유입 또는 유출되어 지중해와 흑해의 상대적인 수위가 급격히 변화했을 수 있다. 1990년대 후반, 몇몇 연구자는 기원전 5500년경(이후 기원전 6800년경으로 수정됨) 지중해에서 보스포루스 해협을 건너 흑해로 대홍수가 발생했다고 추측했다.[16] 이 '흑해 대홍수' 가설에 따르면, 이러한 홍수는 이 지역의 선사 시대 공동체에 영향을 미쳤을 것이며, 홍수를 피해 살아남은 인류는 극적인 홍수 이야기를 남겼을 수 있다. 그러나 현재의 고기후학적 증거에 따르면 지중해와 흑해 사이의 수문학적 교류는 수 세기 또는 수천 년에 걸쳐 점진적으로 이루어졌을 가능성이 있으며, 대홍수로 간주할 만큼 갑작스럽지 않은 것으로 나타났다. 또한 이러한 사건의 시기를 고려하면 문자가 발명되기 전 수천 년 동안 구전 문화 속에서 이런 이야기를 간직해야 했을 것이다.[17]

흑해 시나리오에 영향을 준 마지막 빙하기가 끝나면서 빙하가 녹아 해수면이 크게 변화했다. 약 1만 년에 이르는 오랜 기간 전 세계 해수면이 약 120미터 상승해 페르시아만과 아라비아만을 포함한 해안 지역이 물에 잠겼다. 이 지역의 초기 문화는 티그리스-유프라테스강 유역의 남부에 위치했기 때문에 해수면 상승의 영향에 노출되었을 것이다. 그러나 그러한 변화는 매우 느리게 진행되어 오랜 세월에 걸쳐 고지대로 조금씩 이동했을 가능성이 높다. 또한 해수면이 가장 크게 상승한 시기는 6,000년 전에 끝났기 때문에 홍수 이야기의 기원이 될 가능성이 낮으며, 특히 며칠 동안의 집중호우로 인해 엄청난 홍수가 난다는 점에 뿌리를 둔 홍수 이야기는 더욱 신빙성이 낮다.

티그리스-유프라테스강을 따라 엄청난 홍수가 발생할 가능성은 중동 대홍수 이야기의 가장 유력한 근거다. 다른 주요 강 시스템과 마찬가지로 티그리스강과 유프라테스강 모두 급격하게 진행되는 홍수가 생길 수 있다. 관개와 농업에서 강이 차지하는 중요성, 강 가장자리에 있는 주요 도시의 위치, 초기 수메르 도시가 생겨난 유역의 평평한 특성 등을 고려할 때 폭풍이 드물지만 엄청난 홍수를 일으킨다는 생각은 과학적으로 그럴듯하다.

건조 또는 반건조 유역에서 홍수가 발생하는 원인은 길고 강렬한 강우, 산에 쌓인 눈이 상류에서 빠르게 녹는 현상, 상류 댐이나 호수의 물리적 장애, 강바닥의 급격한 위치 변화(강이 자연 제방을 뚫고 갑자기 새로운 강바닥으로 이동해 새로운 지역이 침수되는 세굴이라고 알려진 과정)에 이르기까지 다양할 수 있다.◆ 강에 토사가 많이 쌓이는 저지대 지역에서는 이러한 변화가 흔하며, 티그리스강과 유프라테스강에서 이러한 변화의 증거가 많이 발견된다. 이 강 유역에 있었던 것으로 알려진 고대 도시들은 강이 이동하면서 버려졌다. 그 유적은 현재 강 유역에서 몇 킬로미터 떨어진 곳인 경우도 있다.

1920년대 말 메소포타미아에서 고대 수메르의 도시 슈루팍, 우르, 키시의 유적지를 연구하던 고고학자들은 티그리스강과 유프라테스강에서 초기 문화 유적 사이에 퇴적층이 쌓인 홍수의 증거를 발견했다. 미국의 아시리아 학자이자 펜실베이니아대학교 바빌로니아 기록보관

◆ 미시시피강이 갑자기 제방을 뚫고 아차팔라야강으로 주요 흐름을 바꿔 해운과 상업에 막대한 지장을 초래하는 것을 막기 위해 통제 구조물을 세우는 데 수백만 달러가 사용되었다.

소 큐레이터인 스티븐 랭던Stephen Langdon은 L. C. 와텔린Watelin과 함께 키시 유적지를 발굴하던 중 이러한 퇴적물을 발견했다. 이 홍수 퇴적물은 기원전 2900년경으로 연대가 측정되어, 복원된 홍수 이야기의 성격 및 시기와 일치한다.[18] 몇 년 후 키시 하류의 옛 유프라테스 강변에 있는 슈루팍 유적에서도 비슷한 홍수 퇴적물이 발견되었다. 슈루팍은 수메르 홍수 서사시의 홍수 영웅 지우수드라의 고향으로 여겨진다. 이 퇴적물 역시 기원전 2900년경의 것이다. 아마도 키시를 강타한 것과 같은 홍수로 인한 퇴적물이라고 추정된다. 다른 정황 증거들도 이 시기에 엄청난 홍수가 발생했을 가능성을 뒷받침한다. 수메르의 통치자들을 공식적으로 기록한 수메르 왕 목록에는 대홍수와 길가메시 통치(기원전 2700~기원전 2600년경) 사이에 약 11명의 통치자가 포함되어 있는데, 이는 키시와 슈루팍의 지구물리학적 증거와 일치하는 기원전 2900년경에 홍수가 발생했다는 것을 의미한다.[19]

랭던과 와텔린이 키시에서 발굴 작업을 하던 비슷한 시기에 영국의 저명한 고고학자 찰스 레너드 울리Sir Charles Leonard Woolley와 그의 아내 캐서린 울리Katharine Woolley는 대영박물관 및 펜실베이니아 대학교 연구 팀과 함께 남쪽 우르 유적지에서 고대 수메르 왕과 왕비의 왕릉을 발견했다.◆ 울리는 무덤 근처의 깊게 팬 구덩이에서 기원전 2900년에서 가장 오래된 기원전 3500년 사이의 문명에 대한 연대순 기록을 발견했다. 또한 그 기간에 한 번의 대규모 홍수로 인해 쌓

◆ 참고로, 울리의 최고 조수 중 한 명인 맥스 맬로언은 훗날 작가 애거사 크리스티의 남편이 되었는데, 그는 우르의 왕릉 발견에서 영감을 받아 소설 『메소포타미아의 살인』을 집필했다.

인 것으로 추정되는 3~4미터 깊이의 거대한 미사층도 발견했다. 울리는 나중에 이렇게 썼다.

> 노트를 작성했을 때 저는 이 모든 것이 무엇을 의미하는지 꽤 확신하고 있었지만, 다른 사람들도 같은 결론에 도달할 수 있는지 확인하고 싶었다. 그래서 직원 두 명을 불러 사실을 지적하고 설명을 요청했다. 그들은 무슨 말을 해야 할지 몰랐다. 내 아내도 같이 와서 같은 질문을 받았는데, "당연히 홍수 때문이겠지"라고 아무렇지 않게 말하며 돌아섰다.[20]

이 홍수 퇴적물의 현대적 연대 측정에 따르면, 우르의 홍수는 기원전 3500년경에 발생했을 가능성이 높다. 이는 키시의 미사토에 기록된 대규모 홍수 사건보다 훨씬 이른 시기다. 이 사건에 대한 동시대 기록은 없지만, 구전으로 전해지는 역사는 남아 있을 수 있다. 기원전 2000년 중반에 이르러 강변의 심각한 홍수 위험에 대한 인식으로 인해 이 지역 강변의 도시들이 방어용 제방과 기타 시설을 건설하기 시작했다는 사실은 잘 알려져 있다. 고고학자들은 유프라테스 강변의 도시 시파르가 함무라비 왕조(기원전 1696~기원전 1654년경) 때 건설된 1킬로미터 길이의 흙 제방 덕분에 보호받았다는 사실을 발견했다.

아시아와 신대륙의 다른 문화권에서도 비슷한 홍수 사건이 발생했다. 약 4,000년 전 황허강에서 대규모 재앙적 홍수가 발생했다는 지질학적 증거가 있다. 이 홍수는 강 평균 유량의 500배가 넘는 물량을 운반한 것으로 추정되며, 지난 1만 2,000년 동안 기록된 담수 홍수 중 매우 큰 편이다. 일부 연구자들은 이 홍수의 규모와 재앙을 막기 위한 노력이 당시 구전으로 이어져 결국 같은 시기 메소포타미아 홍수 서사시와 유사하게 기록된 대우의 전설(중국 우왕의 대우치수大禹治水에 대한 이야기로 6장에서 자세히 설명한다—옮긴이)[21]이 되었을 것이라고 주장한다.

우리는 대홍수에 대한 이야기가 수천 년 동안 살아남아 신의 분노에 대해 두려움을 느꼈다는 것과 첫 번째 물의 시대에서 고대 문화의 중심에 있는 강이 거대한 홍수를 일으킬 수 있다는 것을 알고 있다. 이러한 초기 사건에 대한 이야기와 실마리를 제공한 고고학적 연구를 통해 최초의 중요한 수자원 인프라 유적이 발견되었다. 그리고 성난 자연의 물과 함께 살아가는 방법을 배우고 궁극적으로 통제하려는 인류의 최초 노력에 대한 증거도 발견되었다.

· 6장 ·

물 통제

공학은 인간의 사용과 편의를 위해 자연의 위대한 힘의 원천을 연출하는 예술이다.

_ 토머스 트레드골드Thomas Tredgold, 영국의 선구적인 토목공학자(1788~1829)

아마도 인류종의 생존에 가장 중요한 특성은 우리 주변의 물을 통제하려는 노력을 포함해 환경을 제어하는 능력이었을 것이다. 이는 거의 본능에 가깝다. 바위와 막대기가 많은 개울이나 시냇물에 넣어놓으면, 아이들은 댐을 만들기 시작할 가능성이 높다. 엄청난 홍수를 겪으면 지역사회는 제방이나 둑을 쌓기 시작할 것이다. 강수량이 부족한 지역의 농부들은 도랑을 파서 밭에 물을 대거나 우물을 뚫거나 저수지를 건설해 건기 동안 물을 저장할 것이다. 홍수와 가뭄에 대한 서사시적인 이야기와 증가하는 인구를 위한 식량 공급의 필요성이 점점 더 시급해지면서 초기 인류가 물을 유리하게 다루도록 영감을 받는 것은 그리 놀라운 일이 아니다.

현대 인류의 진화에는 호모 사피엔스로의 생물학적 전환 이상의 것이 있다. 공동체를 만들고 기술을 개발하며 문화를 변화시켜야 했다. 인구가 증가하면서 더 큰 규모의 조직화된 공동체가 형성되었고, 무역과 경제가 발전하고 예술과 문화가 꽃피었으며, 정치권력이 집중되는 등 사회적 진보도 이루어졌다. 마을과 도시의 성장으로 인해 더 많은 양의 신선한 식재료가 필요해졌고, 그 어느 때보다 먼 거리에서 물을 구할 수 있게 되었다. 고대 도시는 오늘날보다 인구 밀도가 낮았음에도 불구하고, 특히 강물의 흐름이 불안정하고 지하수도 찾기 어려운 곳에는 지역 상수도가 공급되었다. 이러한 행동은 오늘날 우리가 여전히 의존하고 있는 대규모 수자원 인프라를 구축하기 위한 최초의 노력으로 이어졌다. 자연이 제공하는 물을 필요한 곳으로 옮기는 운하와 수로, 건기에 사용할 수 있도록 우기에 물을 저장하는 댐과 저수지, 홍수의 파괴력을 줄이기 위한 제방과 우회 수로가 대표적인 예다.

고대 수메르의 도시 에리두는 기원전 5200년경 수메르의 담수 신 에아의 고향인 유프라테스강 하구 주변에 세워졌다. 고고학적 발굴을 통해 강과 하천에서 도시와 주변 농장으로 물을 공급하기 위해 운하 시스템 형태의 인공 관개가 광범위하게 이루어졌다는 사실이 밝혀졌다. 유적지에서 발견된 고대 문서에는 가장 초기에 알려진 정부 관리 중 한 명인 운하 조사관의 역할에 대한 기록이 있다. 실제로 기원전 2334~기원전 2279년까지 통치한 사르곤 대왕은 수메르 도시국가를 정복하고 아카드 제국의 첫 번째 통치자가 되었다. 그는 이전 수메르 왕실에서 관개 관리자로서 일한 경험을 바탕으로 수자원 시스템의 강력한 통치자가 되었을 가능성이 높다.[1]

바빌론 왕국(기원전 1792~기원전 1750년경)을 세웠을 때, 함무라비 역시 정치권력을 위해서는 안정적인 관개 공급이 중요하다는 것을 잘 알고 있었다. 당시 발굴된 서신과 문서에는 '백성을 풍요롭게 하는 함무라비'라고 명명된 운하 건설에 대한 설명이 있었다. 이 영향력 있는 왕은 1901년 수라의 거대한 석상에서 발견된 〈함무라비 법전〉에서 "백성에게 풍요로운 물을 마련하는 자"로 묘사되어 있다.[2] 다른 초기 문화권에서도 사회적 이익을 위해 물을 관리하고 제어하는 능력을 중요하게 여겼다.

대규모 물 관리의 놀라운 예는 중국 양쯔강 삼각주를 따라 펼쳐진 습지에서 발견되었다. 4,300~5,300년 전으로 거슬러 올라가는 량주 문화는 중국의 역대 왕조보다 앞선 문화로, 약 5,000년 전 초기 중국의 벼농사 집약 지역에 크고 작은 댐, 저수지, 관개 운하, 수상 사원으로 구성된 방대한 수리 시스템을 갖추고 있었다. 고고학자들은 량주에서 이러한 시스템을 건설하는 데 수천 명의 인력이 필요했으며, 수 세기 동안 수만 명이 넘는 사람이 물 관리를 위해 일하다가 약 4,200~4,300년 전 이 지역이 건조해지면서 사업을 포기했다고 믿고 있다.[3]

중국에는 4,000여 년 전 황허강의 홍수를 통제한 왕으로 기억되는 '물을 다스린 대우大禹治水'에 대한 고대 전설이 전해 내려온다. 그의 업적에 대한 최초의 기록은 그가 죽은 지 1,000여 년이 지난 뒤에 만들어진 비문과 도자기에서 볼 수 있다. 이 전설에 따르면, 우禹는 일반 노동자와 함께 먹고 자고 일하며 수로, 운하, 제방을 건설해 엄청난 홍수를 일으킬 수 있는 강을 따라 중국 문명이 번성할 수 있도록 한 인물로 묘사되어 있다. 이러한 노력 덕분에 그는 석기 시대에서 청동기 시대로 넘어가는 시기에 하夏나라의 건국 황제가 될 정도로 인기가 높았다. 이 왕조는 중국 역사상 최초의 세습 왕조이며 일부에서는 중국 문명의 진정한 시작으로 간주하고 있다. 우왕의 존재에 대한 직접적 증거가 부족하기 때문에 일부 역사가들은 그가 거대한 홍수를 막기 위해 고군분투한 초기 공동체의 노력을 상징적으로 보여준다고 추측한다. 우왕은 수천 년 전 홍수를 정복해 서민들을 돕기 위해 노력한 현명한 통치자로서 오늘날까지도 칭송받고 있다.[4]

오늘날에는 작은 돌 장벽부터 흙, 콘크리트, 강철로 만들어진 거대한 현대식 댐까지 수만 개의 댐이 거의 모든 주요 강의 물을 저장하고 바꾸었으며 수로와 우회로를 만들었다. 전 세계 댐에 저장된 물의 양이 너무 많아 지구의 자전에 큰 변화를 가져오기도 했다.◆ 과거에는 물이 없는 곳의 경우 수천 세제곱킬로미터의 물을 인공 저수지에 저장했기 때문에 오늘날 지구의 하루 길이가 몇 마이크로초만큼 더 짧아졌다.[5]

대부분의 고대 댐에 대한 증거는 물의 침식력과 시간이 지남에 따라 서서히 사라졌지만, 고고학자들은 수천 년 전 인간이 강을 이용하기 위해 강의 흐름을 통제하고 관리하려는 최초의 노력과 관련된 일부 유적을 발견했다. 초보적인 댐에 대한 가장 오래된 증거는 작은 석조 구조물의 유적이다. 비를 모아 농경지에 물을 오랫동안 가두고 하

◆ 회전 속도를 높이기 위해 팔을 몸 쪽으로 당겨 체중의 분포를 바꾸는 스피닝 스케이터spinning skater와 같다.

천에서 들판이나 작은 저수지로 물을 이동시키는 수로에 사용된 것이다. 더 나아가 고고학자들은 메소포타미아와 이집트에서 물을 저장하거나 홍수 조절을 위해 저수지를 만들기도 하고, 먼 곳에서 사용할 수 있도록 수로로 물을 보내기 위해 강을 가로질러 건설된 영구 구조물과 같은 진정한 의미의 댐을 포함해 대규모 흐름을 제어하고자 야심차게 시도한 증거들도 발견했다.

1920~1930년대에 예수회 선교사로 활동한 전직 프랑스 스파이이자 비행가였던 앙투안 푸아드바르Antoine Poidebard는 제1차 세계 대전 중에 개발된 항공 사진을 고고학 연구에 적용했다. 그는 개조한 복엽기biplane를 타고 중동 상공을 비행하며 모래 속에 묻힌 고대 문명의 흔적을 사진으로 남겼다. 그는 1934년에 출간된 『시리아 사막의 로마 흔적La trace de Rome dans le désert de Syrie』이라는 책에서 유프라테스강과 티그리스강 유역에 초기 로마 도시가 존재했음을 증명하는 사진과 상세한 지도를 발표했다.[6] 이 작업으로 그는 고고학계는 물론 신비한 레반트의 정보를 갈망하는 일반 대중에게까지 유명해졌다.[7]

그의 사진에서 공개된 유적지 중 하나는 요르단의 암만에서 북동쪽으로 100킬로미터 떨어진 검은 현무암 사막 서부에 있는 자와 지역이었다. 1970년대에 이르러서야 런던대학교 고고학연구소의 스벤 헬름스Svend Helms가 이끄는 고고학 팀이 이 외딴 유적지를 발굴하기 시작했다. 그들이 발견한 것은 오래된 로마 도시가 아니라 자발 알드루즈 화산 지역의 남동쪽을 배수하는 수로 와디 라질을 따라 약 5,600년 전(기원전 3600년경)에 세워진 더 오래된 청동기 시대의 정착촌이었다.[8] 헬름스는 자와를 "지금까지 발견된 4,000년 된 도시 중 가장 잘 보존된 도시로, 놀랍게도 오늘날에는 존재하기 힘들고 건설 당시에는 거의 없었을 검은 사막에 지어졌다"라고 설명했다.[9] 기후가 좀 더 습했을 때 건설되었지만, 공동체에서는 생존을 위해 와디 라질의 꾸불꾸불한 흐름을 활용할 방법을 찾아야 했을 것이다.

헬름스와 그의 팀은 자와를 탐사하는 동안 정교한 집수 및 분배용 운하, 계단식 정원과 밭을 관개하기 위해 빗물을 모으는 수로의 유적을 발견했다. 이 수로는 기원전 3500~기원전 3400년에 건설된 세 개의 댐에 의해 공급되었다. 두 개의 작은 구조물은 와디 라질에서 흘러나온 물을 경작지로 보내는 것이고, 세 번째인 자와 댐은 강의 전체 흐름을 차단하고 건기 동안 물을 저장하기 위해 설계된 가장 오래된 댐으로 알려져 있다. 길이 약 50미터, 높이 9미터의 자와 댐은 암석으로 보강된 자갈로 지어지고, 흙으로 된 중심체를 둘러싼 건식 석조 벽으로 둘러싸여 있었으나, 이 지역과 기후의 특징인 잦은 홍수로 인해 결국 유실되었다.

고고학자들이 발견한 두 번째로 오래된 대형 댐은 이집트의 사드 엘카파라 댐으로, 자와 댐보다 수 세기 뒤인 기원전 2700~기원전 2600년에 지어졌다. 카이로 남쪽 나일강 지류인 와디 알가라위에 위치한 사드 엘카파라는 홍수를 통제하고 지역에 보다 안정적인 물 공급을 위해 벽돌과 암석, 흙으로 채워진 댐이었다(그림 5). 길이 110미터, 높이 14미터로 자와 댐보다 훨씬 크고 정교했다. 이 댐이 완공되었다면 거의 50만 세제곱미터, 즉 1억 2,000만 갤런 이상의 물을 저장할 수 있었을 것으로 추정된다.[10] 고고학적 증거에 따르면 10년 이상 건설하다가 완공 전에 대홍수로 인해 유실된 것으로 추정된다. 이후 이집트

그림 5. 이집트 사드 엘카파라 댐의 잔해.

사진: 장뤽 프레로트Jean-Luc Frérotte(2008). 허가받아 사용함.

기술자들이 거의 1,000년 동안 또 다른 댐을 건설하려 했다는 흔적은 없었다.[11]

현재까지 발견된 가장 성공적인 고대 댐은 예멘의 다나강을 따라 형성된 도시 다나 근처에 있는 그레이트마리브 댐이다. 마리브는 구약성경과 코란에 언급된 시바로 추정되는 시바 왕국의 수도였다. 시바인은 동서양을 오가며 향신료, 비단, 상아, 유향과 몰약 등 다양한 상품을 교역하던 셈족이었다. 이 댐은 기원전 800~기원전 700년경 시바인이 흙으로 채우고 돌로 둘러싸서 세웠으나, 기원전 1750년경에 더 작은 형태로 더 일찍 지어졌다는 다소 잠정적인 증거도 있다.[12] 길이 650미터, 높이 14미터가 넘는 이 댐은 상수도와 관개용수를 공급했으며 약 4억 세제곱미터의 물을 저장했다. 이 댐은 수많은 파손과 수리를 거듭하며 1,000년 이상 유지되었다. 댐에 새겨진 돌 비문에는 수리 작업에 2만 명의 인부와 1만 4,000마리의 낙타가 동원되었다는 기록이 남아 있다.[13] 안타깝게도 570년경 홍수가 발생해 댐이 뚫리면서 그 기초가 붕괴되었다.◆ 이 홍수의 피해가 너무 커서 반세기 후에 쓴 코란에는 시바인들이 이슬람에서 등을 돌린 것에 대한 벌로 신이 보낸 홍수가 댐을 파괴하고 시골과 들판을 황폐화시키며 야생 식물과 '쓰디쓴 과일'만 남겼다고 묘사되어 있다.

> 그러나 그들은 외면했으니 우리는 그들에게 댐으로부터 홍수를 보내니 그들 두 정원의 나무에는 쓰디쓴 과일이 열리고 무용한 아쓸나무와 씨드르 나무가 자라는 불모의 땅이 되었더라.(코란 34:16)

놀랍게도 가장 오래된 댐 중 일부는 수 세기에 걸쳐 개보수되어 여전히 사용 중이다. 칼라나이 또는 그랜드 애니컷 댐은 인도 타밀나두의 카베리강에 대략 기원전 100년부터 기원후 100년에 이르는 카리칼란 왕조 통치 기간에 지어졌다. 19세기 영국인에 의해 어느 정도 현대화되어, 지금도 관개용수를 공급하고 있다.

◆ 그레이트 마리브 댐은 고대 공학의 위대한 업적 중 하나로 꼽히지만, 최근 예멘에서 사우디아라비아의 군사 작전으로 인해 여러 차례 공습을 받아 막대한 피해를 입었다. G. Carvajal, "The Great Marib Dam, One of the Engineering Wonders of Antiquity," *LBV Magazine*, June 29, 2020; "UNESCO Director-General Condemns Airstrikes on Yemen's Cultural Heritage," UNESCO, June 2, 2015.

기원후 162년에 건설된 가에루마타이케 댐은 일본 최대 담수호인 비와호 하류의 요도강에 세워졌다. 1세기 말에서 2세기 초에 건설된 스페인 메리다 인근의 프로세르피나 댐과 코르날보 댐을 비롯해 로마 제국이 건설한 많은 댐이 여전히 운영되고 있다. 이 댐들은 원래 흙으로 지어졌지만 최근 몇 년 동안 콘크리트로 개보수되거나 보강되어, 지금도 지역에 상수도를 공급하고 있다. 시리아의 오론테스강에 있는 콰티나 배라지(또는 홈스호 댐)는 로마 황제 디오클레티아누스Diocletianus가 284년경 관개 목적으로 건설한 것이다. 현무암 블록으로 보강된 콘크리트 중심체로 길이가 2킬로미터에 달해, 그 당시 기준으로 규모가 가장 큰 댐이었다. 1934~1938년에 더 현대적이고 더 큰 규모로 개조해 지금도 홈스시에 물을 공급하고 있다.

첫 번째 물의 시대에는 물을 멀리 이동하거나 우물에서 물을 끌어올리는 데 필요한 에너지를 인간의 근육, 동물의 힘, 중력 등 세 가지로만 얻을 수 있었다. 하지만 물의 중요성이 커지고 성장하는 도시와 관개농업을 위해서는 대량의 물이 필요하다는 요구에 따라 기술 혁신이 촉진되었다. 기원전 3000년경에는 메소포타미아 전역에 관개운하를 파서 티그리스강이나 유프라테스강에서 농업을 위해 인근 밭으로 물을 보냈다. 긴 기둥과 양동이, 균형추가 달린 초보적 크레인인 샤도프shadoof가 발명되어 작업자가 강에서 관개수로나 마을 상수도로 물을 효율적으로 끌어 올릴 수 있게 되었다(그림 6). 기원전 2000년경에는 고대 이집트에서 샤도프가 사용되었고, 다른 많은 초기 문화권에서도 이들이 발견되었다.

고고학자들은 기원전 700년경에 기계식 스크루 펌프를 사용해 실

그림 6. 북아프리카의 샤도프 또는 물 크레인: 남성이 물을 끌어 올리는 기계를 작동하는 모습.
사진: 1870/1886?, 퍼블릭 도메인. https://wellcomecollection.org/works/s7dvjsfw.

린더 내부의 물을 끌어 올렸다는 증거도 발견했다. 니네베 유적에서 발견된 아카드 점토판에는 궁전의 정원에 물을 끌어 올리기 위한 물 스크루 형태의 청동 기계가 자세히 묘사되어 있다. 나중에 아르키메데스Archimedes(기원전 287~기원전 212년)가 이 기술을 소개했기 때문에 마치 그의 발명품으로 잘못 알려지기도 했다. 그리스 작가 스트라보Strabo(기원전 64~기원후 24년)는 그의 저서에 이와 유사한 장치를 묘사하기도 했다(그림 7).[14]

샤도프와 더 효율적인 워터 스크루 모두 장기간 작동하려면 여전히

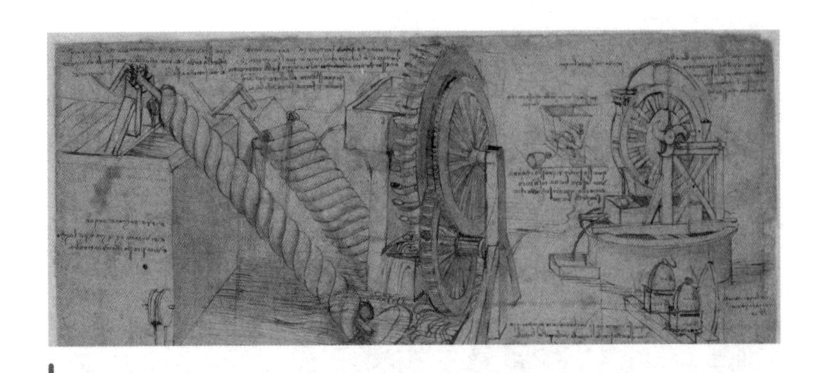

그림 7. 레오나르도 다빈치가 그린 아르키메데스 나사(왼쪽)를 포함한 물 들어 올리기 장치.

사진: 비블리오테카 암브로시아나Biblioteca Ambrosiana(1480), 이탈리아 밀라노, 대서양 코덱스(코덱스 아틀란티쿠스), f.26절. 퍼블릭 도메인.

엄청난 인간 또는 동물의 에너지가 필요했고, 계속 작동하더라도 정원이나 개인용 또는 소규모 농경지의 관개용으로는 적은 양의 물만 공급할 수 있었다. 대량의 물을 이동시키는 데는 중력을 이용하는 것이 훨씬 좋다. 물이 필요한 지역의 상부에 있는 수원지를 찾아 완만한 경사의 수로를 설계해 물을 아래로 가져오는 것이다. 이러한 수로를 건설하려면 우수한 계획과 세심한 시공이 필요하다. 현대식 에너지원으로 구동되는 거대한 기계식 펌프로 산을 넘어 물을 끌어 올릴 수 있는 오늘날의 기술자는 중력을 최대한 활용하도록 수로를 설계하지만 초기 문화권에서는 그런 선택의 여지가 없었다.

3,000~4,000년 전, 고대 건축업자들은 암석과 흙을 파내고 지하 수로를 만들어 산악 대수층에서 오늘날 이란과 아라비아반도의 건조 또는 반건조 지역으로 물을 끌어오기 시작했다. 시간이 지남에 따

라 이란에서는 카나트qanats, 아프가니스탄과 중국에서는 카레즈karez 라고 불리는 수천 개의 지하 운하를 팠고, 오늘날에도 카나트는 일부 지역에 다량의 물을 공급하고 있다. 2014년 이란 정부의 조사에 따르면, 이란 지하수 공급량의 10% 이상을 공급하는 3만 7,000개의 현존하는 카나트가 있는 것으로 확인되었다.[15] 1960년대 카라즈 댐과 이외의 수자원 시스템이 건설되기 전까지 이란의 수도 테헤란은 엘부르즈산맥에서 20킬로미터 이상 떨어진 곳에서 물을 끌어오는 고대 카나트 시스템에 의존하고 있었다.

카나트는 중력을 이용한 지하 석조 파이프라인 또는 수도관이다. 몇 킬로미터에 이르는 경우가 많으며, 일정한 간격으로 접근 지점이 있어 현지 작업자가 모래, 미사토, 잔해물 등을 제거해 물이 계속 흐르도록 했다. 이란 북동부 미암에 있는 고대 카나트 유적의 연대 측정 결과에 따르면, 3,500~4,200년 전(기원전 2200~기원전 1500년)에 건설되었을 것으로 추정되지만, 최초로 건설된 카나트는 아마 유실되었을 것이다.[16] 이란 북동부 고나바드에 있는 가사베 카나트는 기원전 700~기원전 500년경 아케메네스 제국에 의해 건설되었다. 길이가 33킬로미터가 넘고 오늘날에도 여전히 물을 운반하고 있다. 기원전 620년경에 세워진 하그마타나와 기원전 520년에 세워진 페르세폴리스의 물도 카나트에서 공급되었다.[17] 기원전 560~기원전 330년에 페르시아/아케메네스 제국은 이집트와 인도까지 확장해 중동에서 멀리 떨어진 문화권에 카나트를 도입했다.[18]

카나트에 대한 최초의 기록은 기원전 714년 페르시아에서 일어난 아시리아 왕 사르곤 2세의 여덟 번째 군사 작전을 묘사한 쐐기문자 석판 조각에서 찾아볼 수 있다. 사르곤 2세는 기원전 722년경부터 기원전 705년에 전투에서 사망할 때까지 아시리아를 통치하면서, 북쪽과 서쪽의 카르케미시 왕국과 우라르투 왕국, 남쪽의 바빌론, 남쪽과 서쪽의 사마리아와 이스라엘 왕국, 동쪽의 페르시아 등과 끝없는 전쟁을 치렀다.◆ 사르곤의 페르시아 대장정을 묘사한 석판의 해석본에 따르면, 사르곤은 울후의 도시에 물을 공급하는 놀라운 '비밀' 지하 운하를 발견하고 이를 파괴해 도시가 항복하도록 만들었다. "나는 (그의 저수지였던) 하천인 운하[카나트]의 출구를 막고 담수를 진흙으로 바꿨다. (…) 나는 아시리아의 군대를 동원해 그들의 모든 도시를 메뚜기 떼처럼 정복했다."[19]

사르곤이 물 공급에 대해 배운 교훈은 그의 아들 산헤립Sennacherib에게 전수되었다. 기원전 705년 왕위에 오른 산헤립은 기원전 681년에 왕위를 노리던 두 아들에게 살해당했다. 초기 수메르인부터 아시리아, 바빌로니아, 페르시아, 이후 모든 제국에 이르기까지 메소포타미아의 모든 고대 통치자 중에서 산헤립은 복잡한 수력 사회를 건설하고 이를 확장하고 유지하는 데 가장 헌신적이었다. 그의 통치에 대한 자세한 내용은 구약성경과 이 지역 곳곳에 흩어져 있는 유적에서 발견된 수만 개의 쐐기문자 석판에 기록되어 있다. 그는 예루살렘과 히즈키야왕을 공격하고 기원전 689년 바빌론을 점령해 파괴했으며, 티그리스강 동쪽 기슭에 아시리아의 수도 니네베를 건설하고 확장한 것

◆ 사르곤 2세는 1,700년 전에 아카드 제국을 건국한 사르곤 대왕의 이름을 따서 사르곤이라는 이름을 사용했다.

으로 유명하다. 산헤립의 권력이 절정에 달했을 때는 튀르키예 남부에서 이집트에 이르는 땅을 통치했다.

산헤립은 제국을 통치하는 동안 아버지로부터 물과 관련해 배운 교훈을 적용하고 확장했다. 기원전 700년경, 그의 부하들은 와디 바스투라에서 에르빌시로 물을 공급하기 위해 20킬로미터에 달하는 카나트를 건설했다.[20] 그는 아시리아의 정교한 운하 사용을 확장하고 기계식 수력 펌프와 인공 습지를 만들었으며, 더 나아가 예르완 수로 프로젝트를 수행했다. 이 프로젝트는 오랫동안 방치된 도시 니네베를 유명한 바빌론 공중 정원의 모델 또는 실제 정원으로 탈바꿈시키는데 성공한 일종의 수자원 공학 프로젝트의 일부였다.[21]

1932년 4월 덴마크의 저명한 역사학자이자 고고학자이며 훗날 하버드대학교 아시리아학 교수로 재직했던 토르킬드 야콥센Thorkild Jacobsen은 이라크 산기슭에 있는 고대 유적지에 대한 소문을 듣고 사르곤 2세의 수도 두르샤루킨의 유적을 발굴했다.◆ 그는 오늘날 모술시 북쪽에 있는 예르완으로 알려진 유적지를 탐사하기 시작했고, 쐐기문자 비문과 오랫동안 토사와 흙 속에 묻혀 있던 거대한 구조물의 증거를 발견하면서 이 유적의 중요성을 알게 되었다.

이전 고고학자들은 이 지역에서 폐허, 잘린 돌과 비문 등을 발견했다. 1840~1850년대에 니네베와 님루드 유적 발굴과 아슈르바니팔 도서관을 발견한 것으로 유명한 영국의 고고학자이자 역사가 오스틴 헨리 레이어드는 이 마을을 방문해 '잘 깎은 돌로 만든 둑길'의 유적을

◆ 두르샤루킨은 현재 이라크의 코르사바드시.

발견했다. 세기가 바뀔 무렵 이 지역을 지나던 다른 고고학자들은 도로나 다리로 추정되는 유적의 증거를 발견했지만, 모든 조각을 문자 그대로 그리고 제대로 조합한 사람은 바로 야콥센이었다. 그는 길이가 250미터, 폭이 15미터가 넘는 대형 수로의 유적이라는 사실을 알아냈다. 수백만 개의 돌을 조심스럽게 자르고 방수 시멘트로 처리해 산에서 케니스강을 가로질러 물을 운반하도록 설계했다. 강 협곡은 아트루시 운하까지 이어지며, 호스르강과 산헤립의 수도인 니네베까지 50킬로미터 더 이어졌다. 기원전 700년경에 만들어진 이 수로는 현재 알려진 가장 오래된 수로로, 로마의 수로보다 5세기나 앞선 것으로 간주되고 있다.

야콥센은 수로의 주춧돌에 새겨진 다음과 같은 문구를 포함해 현장에서 발견된 비문을 번역했다.

> 아시리아의 왕, 세계의 왕 산헤립. 나는 물과 물을 합쳐 먼 곳에서 니네베 주변으로 향하는 수로를 만들었다. (…) 가파른 계곡 위에 하얀 석회암 블록으로 수로를 만들어 그 위로 물이 흐르게 했다.[22]

예르완 수로는 산헤립이 생전에 건설한 대규모 수력 시스템 중 하나였다. 새로운 수도 니네베에 물을 공급하기 위해 운하 시스템을 확장한 후, 팽창하는 제국의 농경지에 대한 관개수를 확보하기 위해 겨울철에는 물을 모으고 여름철에는 물을 공급할 수 있는 습지 형태의 홍수 방지 시스템을 개발했다. 메소포타미아 역사상 모든 왕과 황제가 그러했듯이, 그는 자신의 업적을 돌에 새기고 점토판으로 구워 오늘날 역사적 기록으로 남기는 것을 부끄러워하지 않았다.

> 나는 시냇물을 보면서 좁은 수원지를 넓혀 강으로 바꿨다. 이 물들이 가파른 산을 통과할 수 있도록 곡괭이로 파내어 니네베 평야로 흘러가도록 했다. 나는 수로를 강화해 산 높이 (둑을) 쌓아 올리고 그 안에 물을 확보했다. (…) 나는 그곳에 코스르강의 물을 계속 담았다. 나는 더운 계절에 모든 과수원에 물을 주었다. 겨울에는 도시 위아래에 있는 1,000개의 충적지에 매년 물을 주었다. 이 물의 흐름을 막기 위해 늪지를 만들고 그 안에 대나무 덤불canebrake(사탕수수나 대나무 또는 이와 유사한 식물의 빽빽한 덤불—옮긴이)을 설치했다.

산헤립은 통치 기간 내내 수도 시설을 건설했다. 기원전 694~기원전 690년 니네베 유적에서 출토된 석판에서 그는 이 사실을 자랑했다.

> 나는 니네베의 부지를 크게 확장했다. 이전에는 없었던 성벽과 외벽을 새로 쌓고 산을 높이 올렸다. 물이 부족해 방치되어 있던 그 밭은 (…) 인공 관개에 무지한 사람들이 소나기가 내리기를 바라며 하늘로 눈을 돌리는 동안 나는 물을 주었다. (…) 나는 18개의 운하를 파서 코스르강으로 향하게 했다. 키시리 마을의 경계에서 니네베 한가운데까지 운하를 팠다. 그리고 '산헤립의 수로'라고 불렀다. (…) 아시리아의 왕 산헤립은 모든 왕자 가운데서 가장 먼저 내가 파놓은 운하에서 나오는 물로 해가 뜰 때부터 해가 질 때까지 안전하게 행군했다. 나는 곡식과 참깨를 경작하기 위해 해마다 관개했다.[23]

아이러니하게도, 의도치 않게 산헤립은 수자원 공학의 또 다른 주요 초기 업적에 영감을 주었다. 양쪽 끝에서 동시에 파낸 최초의 수로 터널에 대한 내용이 유다의 히즈키야왕 통치 기간에 예루살렘 다윗성 아래 있는 바위에 새겨졌다. 수로는 산헤립이 포위 공격을 받을 경우 도시의 수원을 보호하고, 포위하는 아시리아 군대에 물을 차단하기 위한 것이었다.[24] 히즈키야의 터널로 알려진 이 지하 수로는 500미터에 이르는데, 기혼 샘의 물을 예루살렘의 고대 성벽 안에 있는 실로암 못으로 우회시켰다. 이 터널은 구약성경에 언급된 상수도 시설에 해당한다. "히즈키야의 나머지 사적과 업적, 저수지를 파고 물길을 터서 성안으로 물을 끌어들인 일에 관하여는 유다 왕조실록에 기록되어 있다."(〈열왕기하〉 20:20)[25]

산헤립은 죽을 때까지 150킬로미터가 넘는 운하와 수로, 터널, 댐, 저수지, 광대한 정원을 건설해 니네베 국경 너머 땅까지 관개할 수 있도록 했다.[26]

이렇게 해서 대규모 수자원 공학의 시대가 열렸고, 이후 제국들은 수문 순환의 이동, 저장, 제어 방법을 배우고 발전시켰다. 로마인들은 이러한 개념을 개선하고 확장해, 로마 도시에 신선한 물을 공급하기 위해 그들이 지배하는 넓은 영토에 광범위하고 복잡한 수도망을 구축했다. 로마 도시로 유입된 물은 식수와 관개용수로 사용되었고, 수백 개의 공공 분수대와 목욕탕에 공급되었으며, 그중 상당수는 오늘날에도 여전히 사용되고 있다. 초기 로마에만 92킬로미터 떨어진 수원지에서 담수를 공급하는 11개의 수로 시스템이 있어 100만 명에 달하는 인구에 물을 공급할 수 있었다. 기원전 19년 아우구스투스 시대 마르

그림 8. 1세기에 프랑스 남부의 가르동강을 가로질러 건설된 가르교. 다리 꼭대기에 있는 수로를 통해 물을 운반했다.

사진: 피터 글릭(2018).

쿠스 아그리파Marcus Agrippa가 건설한 수로 아쿠아 비르고는 지금도 로마 중심부에 있는 유명한 트레비 분수에 물을 공급하고 있다.

로마 수로에서 가장 눈에 띄는 특징은 제국 전역에 걸쳐 몇백 킬로미터에 달하는 수로를 따라 강과 계곡을 가로지르는 둥근 돌 아치로 건설된 다리일 것이다. 이 다리는 예르완 수로를 본떠서 만들었다. 2018년에 아내와 함께 프랑스 남부의 가르동강을 가로질러 기원전 1세기에 건설되어 놀랍도록 잘 보존된, 고대 로마 수로 다리인 거대한 가르교를 방문했다(그림 8). 그리고 기원전 310년에서 기원후 225년 사이에 건설된 로마 수로의 증거를 프랑스, 스페인, 그리스, 북아프리카, 영국, 튀르키예에서 여전히 찾을 수 있었다. 이러한 구조물을 건설하고 유지하는 데 필요한 공학과 건설 기술은 두 번째 물의 시대에 전 세계적인 발전을 예고했다.

사르곤 대왕, 함무라비, 산헤립의 노력에서 알 수 있듯이 초기 제국에서도 수자원을 조작하고 통제하는 능력은 정치적, 경제적 권력에 매우 중요한 요소로 인식되었다. 20세기 초 영국의 정치 고문이자 역사가이며 중동에서 시간제 고고학자로 큰 영향력을 발휘했던 거트루드 벨Gertrude Bell◆은 이라크에 대해 "관개 운하를 장악하는 자가 나라를 장악한다"라고 말했다.[27] 따라서 첫 번째 물의 시대가 중요한 수자원의 통제와 직접적으로 관련된 폭력적인 분쟁, 즉 4,500년 전 최초의 물 전쟁을 불러온 것은 놀라운 일이 아니다.

◆ 벨이 사망하자 이라크의 파이살 국왕은 "거트루드 벨은 아랍 역사에 지울 수 없는 이름이며, 경외심을 불러일으키는 이름이다. (…) 그녀는 당대 최고의 여성이었다고 말할 수 있다"라고 썼다. K. E. Meyer and S. B. Brysac, *Kingmakers: The Invention of the Modern Middle East* (New York: W. W. Norton, 2008). 베르너 헤르초그의 영화 〈퀸 오브 데저트Queen of the Desert〉는 그녀의 삶을 기록하고 있다.

• 7장 •

1차 물 전쟁

움마의 남자가 닝기르수의 국경을 넘지 못하게 하소서!
제방이나 도랑을 훼손하지 못하게 하소서! 비석도 옮기지 못하게 하소서!
만약 그가 국경을 넘으면, 그가 맹세한 천지의 왕 엔릴의 큰 그물이
움마에게 떨어지길 바랍니다!

_ 독수리 비석에서 발췌, 기원전 2450년경

의도 농업이 확대되고 초기 공동체의 이익을 위해 물을 관리하고 조작해야 할 필요성이 커지면서 물의 통제는 경제적, 정치적 권력을 위해 점점 더 중요해졌다. 물을 통제하려는 욕망과 함께 폭력과 갈등도 발생했다. 19세기에서 20세기 초 티그리스강과 유프라테스강 범람원을 발굴하던 프랑스와 영국의 고고학자들은 오늘날 이라크 남부에서 약 30킬로미터 떨어진 고대 수메르의 도시국가 라가시와 움마 사이에서 약 4,500년 전 세계 최초로 알려진 물 전쟁을 묘사한 점토판과 석회암 기념물을 발견했다. 두 도시는 물에 대한 접근성, 관개 운하의 통제권, 비옥한 토지의 소유권을 놓고 싸웠다. 이 갈등은 여러 세대에 걸쳐 100년 이상 지속되었다.

그림 9. 독수리의 비석.

사진: 필립 마트만Philippe Mattmann의 허락을 받아 사용. louvrebible.com

이 분쟁을 설명하는 가장 중요한 두 가지 문서는 말 그대로 돌에 새겨진 독수리의 비석과 엔메테나Enmetena의 원뿔로, 현재 파리 루브르 박물관에 있다(그림 9와 그림 10).◆

독수리의 비석은 고대 수메르 도시국가 라가시의 닝기르수 유적에서 발견된 석회암 조각을 부분적으로 복원했으며, 부조 상단에 적군 전사의 잘린 머리를 들고 있는 독수리 조각이 새겨져 있어 이런 이

◆ 엔테메나로 표기하기도 하지만 학자들은 엔메테나를 더 정확한 것으로 보고 있다. 두 용어 모두 문헌에서 흔히 볼 수 있다.

그림 10. 기원전 2400년경에 만들어진 점토와 테라코타 유물인 엔메테나의 원뿔. 현재 파리 루브르 박물관 소장.

https://rthistoryproject.com/timeline/the-ancient-world/mesopotamia/cone-of-enmetena/

름이 붙었다. 일부 역사가는 기원전 2450년경에 제작된 것으로 알려진 가장 오래된 역사 문서로 간주한다. 이번에 발견된 부분은 기원전 2460년경 라가시의 통치자 에안나툼Eannatum이 움마를 상대로 승리한 후 이 비석을 세운 과정을 묘사하고 있다. 두 번째 주요 문서는 라가시의 엔메테나 원뿔인데, 에안나툼의 손자인 엔메테나왕 통치 기간에 독수리 비석이 세워지고 약 50년 후에 조각된 라가시와 움마 간 물 분쟁의 상세한 역사를 설명하는 테라코타 문장이다.

기원전 2550년경 수메르의 도시국가 키시의 왕이자 수메르 대부분을 통치하던 메살림Mesalim은 이웃 도시국가 라가시와 움마 사이의 물 분쟁을 중재하기 위해 개입했다. 합의의 일환으로 메살림은 티그리스강에서 물을 운반하는 운하를 건설하고 국경을 설정하면서, 가장 오래된 법적 조약인 메살림 조약을 체결한 뒤 이를 점토 원통에 새기고 엔메테나의 원뿔에도 기록했다. 이 조약에 따라 움마는 물과 관개 토지에 대한 소유권을 포기하고 라가시에 곡물을 조공으로 바쳤다. 두 도시 사이 경계에 협정 조건을 설명하는 돌 기념비가 세워졌다. "땅의 왕이자 신의 아버지인 엔릴의 불변의 말씀으로 닝기르수와 샤라는 그들의 땅에 경계를 정했다. 키시의 왕 메살림은 그의 신 카디의 명령에 따라 그 밭의 농장에 비석을 세웠다."[1]

조약이 체결된 지 80년이 지난 기원전 2470년경, 이 조약은 무너지고 우시Ush왕의 통치하에 있던 움마는 분쟁 지역에 대한 통제권을 되찾기 위해 싸웠다. 이는 최초의 물 전쟁을 촉발시켰다. 우시는 경계석을 제거하고 에안나툼왕이 통치하던 라가시를 침공했다. 엔메테나의 전쟁 기록에 따르면 우시는 "비석을 부수고 라가시 평원으로 진군했다. 엔릴(라가시의 신들)의 전사 닝기르수는 그의 정당한 명령에 따라 움마와 전투를 벌였다. (…) 에안나툼이 움마를 물리쳤다. 움마 군사들의 시체 3,600구가 하늘의 기슭에 도달했다."[2]

이 초기 분쟁에서 라가시는 성공적으로 국경을 재건하고 파괴된 기념물과 표식을 수리했다.[3] 움마의 우시왕은 죽거나 도망쳤다. 독수리의 비석에는 에안나툼이 군대를 이끌고 움마에 맞서 싸우는 모습과 독수리가 사망한 전사를 잡아먹는 모습이 담겨 있다.[4] 움마의 차기 지도자 에나칼레Enakale는 에안나툼과 조약을 맺어, 곡물을 공물로 바치고 라가시의 물, 운하, 경계, 기념물, 영토를 존중하겠다고 맹세했다. 그는 조약을 위반하면 엔릴의 진노를 불러올 수 있음을 인정했다.

봄까지 제방을 운영할 것이며,

닝기르수(라가시의 수호신)의 경계 영토를 영원히 넘지 않을 것이다.

그 제방과 관개 도랑에 나는 변화를 일으키지 않을 것이다.

그 비석들을 산산조각 내지 않을 것이다.

내가 그것을 건너는 날,

내가 맹세한 천지의 왕 엔릴의 큰 주조망이 하늘에서 움마 위로 떨어질 것이다.

움마와 라가시 사이의 평화는 잠시뿐이었다. 에나칼레는 8년 동안 통치하다가 아들 우르룸마Ur-Lumma에게 왕위를 물려줬다. 그런데 우르룸마는 곧 라가시에 대한 새로운 적대 행위를 시작했다.[5] 그는 아버지의 조약에 따라 공물을 지불할 의사가 없었고, 형인 에안나툼의 죽음 이후 왕위를 계승한 에난나툼Enannatum이 통치하던 라가시를 침공했다. 다시 한번 우르룸마는 국경을 표시하는 돌 표식을 파괴하고 관개수로의 물을 바꿨다. 일련의 전투에서 에난나툼과 그의 아들 엔메테나는 기원전 2430년경 다시 우르룸마를 원래 국경 뒤로 몰아냈다.[6] 우르룸마는 아마도 자신의 동족에 의해 살해된 듯하다. 그리고 조카 일Il이 왕위에 올랐다. 엔메테나의 원뿔이 말해주듯, 일왕은 몇 년 후에도 분쟁을 계속해 다시 밭과 운하를 파괴하며 라가시에서 곡물과 물을 훔치고 농경지를 범람시켰다.

움마의 통치자 우르룸마는 닝기르수의 경계 수로와 난셰의 경계 수로에서 물을 돌렸다. 그는 그들의 비석에 불을 지르고 부숴버렸다. 우르룸마는 남

> 눈다키가라에 세워진 신들의 단을 파괴했다. 우르룸마는 모든 적대국의 땅을 모으고 닝기르수의 경계 수로를 넘었다. 라가시의 통치자 에난나툼은 닝기르수의 우기가 들판에서 우르룸마와 싸웠다. 에난나툼의 사랑하는 아들 엔메테나가 우르룸마를 물리쳤다. 우르룸마는 탈출했지만 에난나툼은 그를 다시 움마로 돌려보냈다. 그는 60개 팀으로 구성된 자신의 부대를 루마기르눈타 운하 기슭에 버려두고 죽은 부하들의 뼈를 평야에 흩뿌렸다. 엔메테나는 그들을 위해 다섯 곳에 무덤을 만들었다.[7]

엔메테나는 움마에 사신을 보냈지만, 발굴된 역사 문서에 "밭을 훔치고 악담을 하는 움마의 통치자"◆로 묘사된 일왕은 "닝기르수의 경계 수로와 난셰의 경계 수로는 내 것이다"라고 말하면서 사신을 돌려보냈다.[8] 전쟁은 지속되었고, 움마의 일왕은 다시 패배해 쫓겨났다.[9] 몇 년 뒤 엔메테나가 죽고 나자 일왕은 다시 라가시를 공격해 성공적으로 장악하고 분쟁 지역 일부를 침수시켜 움마가 처음으로 군사적 승리를 거두었다. 한 세대 후, 당시 움마의 왕이었던 루갈자게시Lugalzagesi는 라가시를 점령하고 약탈하는 데 성공했지만, 사르곤 대왕이 이끄는 아카드의 세력이 점점 커져 곧 패배하고 말았다.

티그리스강과 유프라테스강 유역의 땅에서 강과 정치 세력이 약해지면서 물을 둘러싼 분쟁은 멈춘 적이 없었다. 기원전 720~기원전

◆ 라가시-움마 물 전쟁에 대한 이러한 관점은 "역사는 승리자가 쓴다"라는 격언을 떠올리게 하는 라가시의 문서에서 나온 것일 뿐이라는 점에 주목할 필요가 있다. 칼데아인은 기원전 950년경부터 키루스 대왕에 의해 페르시아 아케메네스 제국에 흡수될 때까지 메소포타미아 남동부와 바빌로니아 일부를 지배했던 집단이다.

705년 아시리아 왕이었던 사르곤 2세는 군사 작전 중에 칼데아 사람들의 정교한 관개 시스템을 파괴했다. 기원전 690년경 산헤립이 바빌론 성벽과 신전을 파괴했을 때 유프라테스강의 물이 폐허를 씻어내는 데 이용되었다. 기원전 612년 이집트, 페르시아, 바빌로니아 연합군이 아시리아의 수도 니네베를 공격하고 파괴하기 위해 코스르강을 우회해 홍수를 일으켰다.[10] 고대 역사가 베로수스Berossus는 네부카드네자르Nebuchadnezzar왕(기원전 605~기원전 562년)이 운하를 파고 유프라테스강의 흐름을 막아 바빌론을 방어한 노력을 서술했으며,[11] 헤로도토스Herodotos는 불과 수십 년 후인 기원전 539년 키루스Cyrus 대왕이 유프라테스강을 도시 위 사막으로 돌리고 군대를 건조한 강바닥을 따라 진군해 성공적으로 바빌론을 침공한 방법을 기술했다.[12] 오늘날에도 중동 지역의 물은 식량, 경제, 전력에 필수적 자원인 동시에 부족한 자원으로 남아 있으며, 역사상 최초의 물 전쟁이 기록된 지 4,500여 년이 지난 지금도 물에 대한 접근과 통제, 전쟁 도구로서 물을 둘러싼 폭력이 계속되고 있다.[13]

물을 둘러싼 갈등이나 물을 무기로 사용한 사례는 다른 고대 문화권에서도 보고되었다. 기원전 204년 중국에서 진나라가 멸망한 후 한나라와 지역 군벌 간에 내전이 벌어졌을 때, 한나라는 웨이수이강을 무기로 사용했다. 강을 가로지르는 댐을 건설한 후 이를 파괴해 상대 군대를 격파했다. 한 세기 후, 중앙아시아의 페르가나 계곡◆에서 한나라와 대완족 간의 전쟁에서 중국이 페르가나의 물 공급을 차단해 항

◆ 페르시아 제국과 알렉산더 대왕 시절, 그리스 식민지 주민의 후손이 정착한 곳.

복을 강요했을 때 다시 물이 무기로 사용되었다. " 위안왕의 페르가나 도시에는 우물이 없어 사람들은 도시 외곽의 강에서 물을 구해야 했고, 이에 수력학 전문가를 보내 강물의 흐름을 바꿔 도시의 물을 빼앗았다."[14]

첫 번째 물의 시대에 도시와 제국이 성장하면서 물을 둘러싼 분쟁으로 인해 마침내 물의 접근, 통제 및 관리에 대한 분쟁을 조정하고 판단하는 최초의 규칙과 제도를 만들 필요성이 대두했다.

· 8장 ·

법과 제도

법은 인간 본성에 대한 절망에서 탄생한다.

_ 호세 오르테가 이 가세트José Ortega y Gasset

고대 메소포타미아의 건조기에는 불규칙한 강의 특성과 소규모 마을의 능력을 넘어서는 건설과 관리 기술이 필요했기 때문에, 물의 관리, 소유권 및 사용을 규율하는 명시적인 규칙이 만들어졌다. 물을 잘못 관리하거나 분쟁이 발생하면 농작물의 흉작, 기아, 사회 불안으로 이어졌다. 문명과 제국의 부상은 사회적 행동을 안내하고 도덕적, 윤리적 원칙을 체계화하기 위한 법률의 필요성이 대두했다. 때때로 이러한 법은 신의 선물로 묘사되기도 하고, 사회와 공동체의 상호작용을 통해 발전하기도 했다. 그리고 종종 통치자가 혼란에 질서를 부여하거나 강요하기 위해 만들기도 했다.

오늘날 미국 서부에는, 물은 부족할지 몰라도 물 변호사는 절대 부족하지 않다는 속담이 있다. 고대 수메르인들에게도 물 변호사가 있었다. 가장 오래된 법전은 기원전 2100년경 수메르의 니푸르 유적지에서 발견된 쐐기문자 석판에서 발견된 〈우르남무 법전〉이며, 현재 그 일부가 발견되었다.[1] 이 법전에는 살인, 절도, 강간, 간통죄 등 일련의 범죄와 그에 따른 구체적인 처벌이 명시되어 있으며, 물 관리 소홀에 대한 책임과 관련된 최초의 법 사례로 알려져 있다. "다른 이의 땅에 홍수를 내면 그는 땅 이쿠iku당 3쿠르kur의 보리를 줘야 한다." 초기 메소포타미아 측정 단위로 추정해보면, 이는 1만 제곱미터당 약 2톤에 해당하며 중동의 현재 곡물 생산량과 매우 유사하다.◆

4세기 후 함무라비가 바빌론을 통치하던 시기(기원전 1810~기원전 1750년경)에는 물과 관련된 보다 포괄적인 법조문이 〈함무라비 법전〉의 일부로 발표되었는데, 현재 루브르 박물관에 있는 점토판과 돌비석에 그 내용이 적혀 있다. 바빌론은 기원전 2300년경 유프라테스강 유역의 도시로 시작되었다. 수백 년 동안 아시리아, 라르사, 니푸르, 라가시, 키시 등 더 강력한 국가들에 둘러싸여 작은 도시로 남아 있었으나, 함무라비(기원전 1792~기원전 1750년)는 등장한 지 몇 년 만에 메소포타미아 남부를 모두 정복하고 최초의 바빌로니아 왕국을 건설했다. 함무라비 왕조와 1,000년 후 네부카드네자르(기원전 605~기원전

◆ 단위 표준화를 위한 초기 시도는 부피와 면적을 측정하는 단위였다. '쿠르'는 곡물 부피의 단위로, 약 300'실라'에 해당하며, 1실라는 약 1리터다. '이쿠'는 면적 단위로, 약 100'사르'에 해당한다. 1사르는 약 36제곱미터에 해당하는 720개의 벽돌이 들어 있는 면적이다. J. M. Sasson, "Metrology and Mathematics in Ancient Mesopotamia," in *Civilizations of the Ancient Near East*, ed. J. M. Sasson (New York: Charles Scribner's Sons, 1995). 따라서 이쿠당 3쿠르의 곡물은 3,600제곱미터당 약 900리터의 곡물에 해당한다.

562년 통치) 왕조의 권력이 절정에 달했을 때 바빌론은 인구가 20만 명에 달하는 세계 최대 도시였을 것이다.[2] 마케도니아의 알렉산더 대왕은 바빌론을 재건해 중동에서 인도와 중앙아시아에 이르는 제국의 중심지로 만들려고 시도할 정도로 영향력이 컸으나 기원전 323년 바빌론에서 사망했다.

모든 제국이 그렇듯 바빌론도 아카드, 아시리아, 칼데아, 아케메네스, 심지어 로마의 영향력 아래에서 번영과 쇠퇴를 거듭하다가, 사실이든 비유든 간에 중동 지역 모래바람에 굴복하고 말았다. 오늘날 고대 바빌론의 유적 중 극히 일부만 발견되어 발굴과 연구가 진행되고 있다. 유적 대부분은 수천 년에 걸쳐 물줄기가 바뀐 유프라테스강 바닥 아래에 발굴되지 않은 채 남아 있지만, 고고학자들은 유적 아래에서 상수도와 하수도를 위한 배수로와 강물에 접근하기 위한 우물, 지속적인 물 공급을 위한 회전 버킷 시스템 등을 고안했다.[3]

고고학 발굴 작업에서 발견된 기록에 따르면, 함무라비는 물의 이용이 왕국을 하나로 묶는 데 필요한 식량과 번영을 제공한다는 사실을 이해하고, 지역의 관개 운하와 물 분배 시스템을 개발하고 확장하는 데 엄청난 노력을 기울였음을 알 수 있다. 그의 이러한 노력으로 바빌론에서 150킬로미터 이상 뻗은 주요 운하를 파고 개량해 이신, 니푸르, 우룩, 라르사, 에리두, 시파르, 우르 등의 도시에 '영원한 풍요의 물'을 제공하는 것을 포함해, 유프라테스에서 물을 안정적으로 공급받지 못했던 메소포타미아 남부 지역에도 물을 제공했다.[4] 함무라비의 운하 중 가장 중요한 것은 '백성의 풍요'라는 뜻을 지닌 누후슈니시 운하다. "아누와 벨이 내게 수메르와 아카드의 땅을 통치하라고 주었을 때 (…) 나는 누후슈니시라는 함무라비 운하를 파서 수메르와 아카드 땅에 풍요로운 물을 가져다주었다. 나는 그 두 땅의 제방을 경작할 수 있는 밭으로 바꾸고 곡식 더미를 모았으며 수메르와 아카드 땅을 위해 마르지 않는 물을 확보했다."[5]

발견된 또 다른 문서에서 그는 지역 관개 관리인 신이딘남에게 편지를 보내 에레크시의 운하에서 토사를 치우는 작업이 더디게 진행되는 것을 불평하고 있다. "그러므로 네가 이 석판을 본 후에는 사람들을 동원해 사흘 안에 에레크시에서 토사를 치워야 할 것이다. 그 운하를 치운 뒤에는 내가 너에게 쓴 일을 하라."[6]

그러나 함무라비의 가장 위대한 유산은 〈함무라비 법전〉이다. 〈함무라비 법전〉의 내용은 가족 및 가정의 행동, 상업 거래, 사회적 범죄를 규제하는 가장 초기에 알려진 법 중 가장 포괄적이다. 〈함무라비 법전〉은 〈우르남무 법전〉과 같은 초기 법률 체계를 기반으로 하고 있지만, 현재까지 발견된 고대 법률 문서 중 가장 상세하다.

이 법전은 기원전 1790년경의 여러 사본과 버전으로 알려져 있다. 가장 유명한 것은 1901년 이란의 수사 지역에서 발견된 2.25미터 높이의 회색 현무암 비석이다. 이 비석은 현재 파리 루브르 박물관에 전시되어 있다(그림 11). 발견된 법전 중 완전한 버전은 없지만 전문가들은 대략 282개의 법전이 존재했으며, 광범위한 범죄를 다루고 범죄의 심각성, 피해자와 가해자의 사회적 지위, 성별, 경제적 지위 등에 따라 처벌을 정했을 것으로 추정한다. 이 법은 말 그대로 '눈에는 눈'이라는 고전적 개념의 기원이다. 법 중 하나는 "다른 사람의 눈을 찌르면 그 사람의 눈도 찌르고, 사람의 뼈를 부러뜨리면 그의 뼈도 부러뜨

그림 11. 파리 루브르 박물관의 〈함무라비 법전〉

사진: CC by 3.0. 크리에이티브 커먼스 저작자 표시 3.0 불변경 허락 조건으로 변경 허락.

릴 것이다"로 번역되었다. 또한 이 법전은 담수에 대한 접근과 관리를 다룬 최초의 법전으로 알려져 있다. 〈함무라비 법전〉에는 홍수와 가뭄 보험의 최초 사례로 간주될 수 있는 법, 수자원 인프라의 방치에 관한 법, 관개 장비 도난에 관한 법 등 물과 수자원 인프라에 관한 7개의 법이 포함되어 있다.[7]

법전 앞의 문구에 따르면, 이 법은 신들에 의해 함무라비에게 전해졌다. 신들은 "하느님을 경외하는 고귀한 왕자 함무라비인 나를 불러 이 땅에 정의의 통치를 가져와 악인과 악행을 행하는 자를 멸하고, 강자가 약자를 해치지 않도록 하며, 바빌로니아의 심판과 정의의 신인 샤마시처럼 검은 머리의 백성을 다스리고 이 땅을 계몽해 인류의 안녕을 증진하도록" 했다. 많은 범죄와 처벌이 가혹하거나 비정상적으로 보이지만 오늘날의 법학 기준으로 볼 때 〈함무라비 법전〉은 무죄 추정의 원칙, 증거 제시권, 책임의 개념에 대한 최초의 예시를 제공했다.[8]

오늘날 중동 지역과 마찬가지로, 고대 바빌론에서는 낮은 강우량과 높은 기온으로 인해 급성장하는 제국의 식량을 재배하기 위한 관개 및 농업과 관련된 여러 법률이 존재했다.[9] 이 법은 관개 면적에 따라 물을 비례적으로 분배하고, 농부들이 운하와 저수지를 안전하게 유지 관리할 책임이 있으며, 잘못된 관리에 대한 책임과 보상에 관한 규칙 등 세 가지 영역에서 농업용수 관리에 대한 최초의 광범위한 개념의 토대를 마련했다. 〈함무라비 법전〉 48조는 일종의 농작물 보험을 제공했다. 폭풍이나 가뭄으로 농작물이 파괴되면 농부는 그해의 빚을 갚지 않아도 되었다.

> 누구든 빚을 지고 있는데 폭풍우의 신이 경지를 물에 잠기게 했거나 홍수가 작물을 휩쓸어갔거나 물이 없어 곡물이 자라지 못했으면, 그해에는 그가 채권자에게 곡물을 줄 필요가 없으며, 부채 명부를 수정하고 그해의 임대료를 내지 않아도 된다.

53조과 54조는 관개 시스템을 제대로 유지하지 않아 홍수가 발생하면 지주를 처벌하고 농작물을 잃은 농부에게 배상하도록 요구한다.

> 누구든 제방의 보수를 게을리하거나 제대로 하지 않아서 제방이 터져 농토가 침수되면, 제방이 뚫리게 한 사람이 망친 타인의 곡물을 배상한다.

> 누구든 곡물을 배상할 능력이 없으면 그와 그의 재산을 팔아서 침수로 곡물을 잃은 농부들이 그 돈을 나누어 갖는다.

마찬가지로 55조와 56조는 물 공급을 잘못 관리해 홍수를 일으킨 농부에게 농작물 손실을 배상하도록 요구하며 피해 금액을 명시적으로 정하고 있다.

> 누구든 도랑을 파 경작지에 물을 공급해야 하는데 부주의로 인해 도랑의 물이 이웃 토지로 들어가 물이 넘칠 경우, 이웃에게 피해액을 보상한다.

> 누구든 물을 흐르게 했는데, 물이 이웃의 경작지로 넘칠 경우 이웃 토지의 10간gan마다 10구르gur의 곡물을 보상한다.

추가 법률인 259조와 260조는 물레방아, 샤도프, 쟁기의 도난에 대한 경제적 처벌을 규정하고 있다.

> 누구든 농지에서 물수레 차를 훔쳐갈 경우 그 주인에게 5셰켈shekels의 은으로 배상해야 한다.

> 누구든 두레박이나 관개 시설을 훔쳐갈 경우 그 주인에게 3셰켈의 은으로 배상해야 한다.

함무라비 시대에는 물과 물의 신에 대한 전통이 매우 중요했기 때문에 유죄와 무죄를 판단하는 데도 법전이 사용되었다(16~17세기 영국과 미국에서 '마녀'를 박해하던 시대와 마찬가지로). 함무라비의 몇몇 법률은 당시 정의된 다양한 형태의 잘못된 성적 행동을 포함해 광범위한 범법 행위에 대한 처벌로 '물에 던져지는 것'을 규정했다. 법률 2조는 이를 명시하고 있다.

> 사람이 타인을 고발하고 그에게 확증하지 못하면, 고발된 사람을 강에 투신하게 해, 강이 그를 붙잡을 경우에는 그에게 죄를 돌린 사람이 그(피의자)의 집을 차지한다. 강이 그를 붙잡지 않아 (그가) 물에 뜰 경우에는 그를 고발한 사람을 죽이고 강에 투신했던 사람이 자기에게 죄를 돌린 사람의 집을 차지한다.◆

함무라비 이후 바빌론의 통치자들에게 율법은 이를 지키고 따르는 사람들을 칭찬하고, 이를 무시하거나 거부하는 사람들을 저주하는 내용을 담고 있다. 저주 대부분은 물의 신을 불러내 범법자에게 수문학적 재앙을 가하는 내용을 담고 있다.

> 샤마시의 정죄가 그를 즉시 덮치기를 바라며, 살아 있는 자들 사이에서 위로는 물을 빼앗기고 땅 아래에서는 그의 영혼을 빼앗기기를 바란다. (…) 풍요의 주, 하늘과 땅의 통치자, 나의 조력자 아다드가 하늘에서 내리는 비와 샘에서 솟아나는 물을 그에게서 거두어 기근과 궁핍으로 그의 땅을 파괴하고, 그의 도시에 강력하게 분노해 그의 땅을 홍수 언덕으로 만들기를 바란다.[10]

◆ 강물에 던져지거나 뛰어들었다가 살아남으면 무죄로 판결하는 것으로 보아, 고대 메소포타미아에서는 수영을 배우면 상당한 이점이 있었음을 알 수 있다.

발견된 함무라비 시대의 석판은 관개용 수자원을 관리하기 위한 제도와 규칙의 발달에 대한 통찰력을 제공한다. 한 석판에는 관개용 물을 가져오는 작업에 기여한 토지 소유자만 그 물을 사용할 수 있다는 내용이 적혀 있다. 같은 석판에는 밭 소유주가 관개를 위해 지표수를 활용하는 데 협조하지 않는 이웃을 채찍질하도록 시 당국에 청원할 수 있음을 나타낸다. 구갈룸이라고 불리는 관리가 운하를 유지하고 사용자들에게 관개용수를 할당하고 관개 시스템을 지원하기 위한 요금을 징수하는 일을 담당했다. 함무라비가 보낸 여러 서신에서 수자원 시스템 유지의 중요성을 강조하는 내용이 발견되었다. 한 서신에서 함무라비는 지역 관리에게 관개 분쟁에 대한 사실 관계를 파악하기 위해 "도시의 장로들과 수토지의 세입자들이 법정을 열도록" 지시한다. 또 다른 사건에서는 지역 지도자들에게 관개수로를 정리하고 홍수에 대비하며 댐을 건설하라고 지시 내린다.[11]

함무라비의 성공과 최초의 진짜 바빌로니아 제국 건설에도 불구하고 그의 왕조는 그가 죽은 후 몇 년 만에 몰락했다. 기원전 1595년, 히타이트 부족이 소아시아에서 내려와 바빌론을 점령하면서 지금의 이란에 있는 자그로스 산악 지역의 카시트족이 4세기 동안 지배하는 시대가 열렸다. 그러나 그리스, 로마, 크레타, 페르시아의 지중해 지역에서는 현지 수자원 조건, 정부의 형태와 성격, 시대의 필요와 요구에 따라 수 세기에 걸쳐 물 관련법과 규칙이 계속 발전했다. 그리스의 철학자이자 역사가인 플루타르코스Plutarchos는 기원전 590년경 아테네의 지도자 솔론Solon이 공공 및 개인 우물의 건설과 운영에 관한 규정을 도입한 과정을 설명하고, 플라톤Platon의 『법률Laws』에는 기원전

5세기에 상수도 유지 관리를 담당하는 '분수 관리인'과 같은 선출된 공공 근로자와 공무원에 대한 규칙이 포함되어 있다. 기원전 440년경의 비문에는 가죽을 가공하는 무두장이들이 일리소스강에 폐기물을 버리는 것을 금지하는 내용이 새겨져 있다.[12]

중국의 물 관리에 관한 가장 초기의 법과 원칙은 공자의 철학과 개인의 행동에 적용되는 조화와 통합의 개념에 대한 해석에서 비롯되었다. 이는 물의 소유, 분배, 사용, 관리가 도덕적·윤리적 영향과 인간을 규율하는 법적 규칙 간 균형을 반영해야 한다는 것을 의미했다. 단테 카포네라Dante Caponera와 마르셀라 난니Marcella Nanni는 기원전 300년경에 작성된 의식 규칙 목록 『이지理志』에서 중국 수자원법에 대한 최초의 신뢰할 만한 기록을 발견했다고 발표했다.

> 물을 흐르게 해서 밭을 관개하고 (…) 댐과 제방을 건설해 나중에 소비할 수 있도록 물을 저장하고 (…) 공사를 점검하고 수도 요금과 세금을 징수하도록 한다.

이러한 초기 기록에는 물에 대한 사적 소유권이 없었으며 지방 정부가 상수도의 건설, 수리 및 유지 관리를 담당했다. 기원전 111년경 한나라 시대에는 토지와 물이 농업 담당관의 권한하에 있었고, 특별 법원이 물 분쟁의 해결을 담당했다.[13]

· 9장 ·

첫 번째 물의 시대에서 두 번째 물의 시대로

가끔 끝이라고 생각했던 곳에 도달해
완전히 새로운 시작이라는 것을 알게 될 때가 있다.
_ 앤 타일러Anne Tyler

위대한 메소포타미아 문명이 쇠퇴하고 서쪽으로는 그리스와 로마 제국이, 동쪽으로는 중국이 부상하고, 유럽과 아메리카 대륙에서 다양한 문화가 확장되면서 첫 번째 물의 시대가 막을 내리고 있었다. 이 시대는 비교적 단순했으며, 초기 문명의 흥망성쇠는 자연의 수문학적 순환에 맞춰져 있었다. 재앙적인 홍수와 가뭄은 멀리 있는 전지전능하고 복수심에 불타는 신이 내리는 벌이라고 믿었으며, 문화는 안전, 식량, 물, 목적을 제공하지 못하면 번성하거나 붕괴했다.

일반적으로 질병과 질환처럼 수인성 질병은 삶과 죽음에서 피할 수 없었다. 큰 강을 끼고 있는 마을과 도시는 중력과 간단한 인프라를 활용해 지역 수원지에서 물을 공급했다. 최초의 농업은 강우량이나 간단한 관개 시스템에 의존해 수렵과 채집 생활에서 정착된 마을, 도시, 그리고 궁극적으로는 제국으로 전환하는 데 필요한 식량을 재배할 수 있었다.

첫 번째 물의 시대가 끝나고 두 번째 물의 시대로 전환된 데는 여러 가지 요인이 작용했다. 물의 본질은 여전히 잘 이해되지 않았고, 신들의 변덕에 의해 통제되는 신비로운 자원이었으며, 여전히 연약하고 취약한 인간에게 엄청난 파괴를 가져올 수 있었다. 사회는 여전히 샘과 강의 흐름에 얽매여 있었고, 앞으로 기하급수적으로 늘어날 인구와 그에 따른 천연자원의 필요성, 유능한 사회 및 정치 시스템에 대한 대비가 전혀 되어 있지 않았다.

약 1만 2,000년 전 마지막 빙하기가 물러가고 의도 농업이 등장하기 시작했을 때 전 세계 인구는 100만~500만 명에 불과했던 것으로 추정된다. 5,000년 후 메소포타미아, 인더스강 유역, 중국, 남아메리카에서 최초의 제국이 등장했을 때도 전 세계 인구는 그다지 많지 않았다. 아마도 500만 명에서 2,000만 명 사이였을 것이다. 1억 명에 도달하기까지는 5,000년이 더 지나야 했다. 그러나 모든 곳에서 기하급수적인 곡선을 그리는 것처럼 인구 증가는 가속화되기 시작해 지난 몇 세기 동안 폭발적으로 늘어났다. 현재 전 세계 인구는 80억 명에 도달했으며 그 수는 계속 증가하고 있다(그림 12). 인구의 급격한 증가는 인류의 물 수요를 충족하는 데 필요한 과학, 공학, 예술, 문화의 급격한 확장을 가져왔다. 앞으로 살펴보겠지만, 막대한 혜택을 제공하기도 했으나 의도하지 않은 독성 결과를 초래하기도 했다.

첫 번째 물의 시대가 생존과 최초 사회와 문화의 발전이었다면, 두 번째 물의 시대는 과학, 예술, 기술, 지식이 꽃을 피운 시기였다. 호모 사피엔스가 초기 생명체에서 진화하는 데는 수십억 년이 걸렸고, 현대 인류의 신체적 형태와 능력은 수십만 년 전 조상과 거의 비슷하며, 심지어 바로 직전에 멸종한 선조인 네안데르탈인과 데니소바인과도 거의 차이가 없다. 하지만 지능의 진화와 지식의 습득 및 조작 능력은 놀라울 정도로 빠르게 발전했다. 추론하고 학습하고 문제를 해결하고 추상적인 개념을 고려하는 능력과 이러한 능력을 다음 세대에 전수하는 능력은 오늘날의 현대성과 불과 몇백 세대 전 초기 문화 사이에 차이를 보이는 엄청난 인류 문명의 진보를 가능하게 했다.

첫 번째 물의 시대와 두 번째 물의 시대를 구분하는 단일 사건은 없

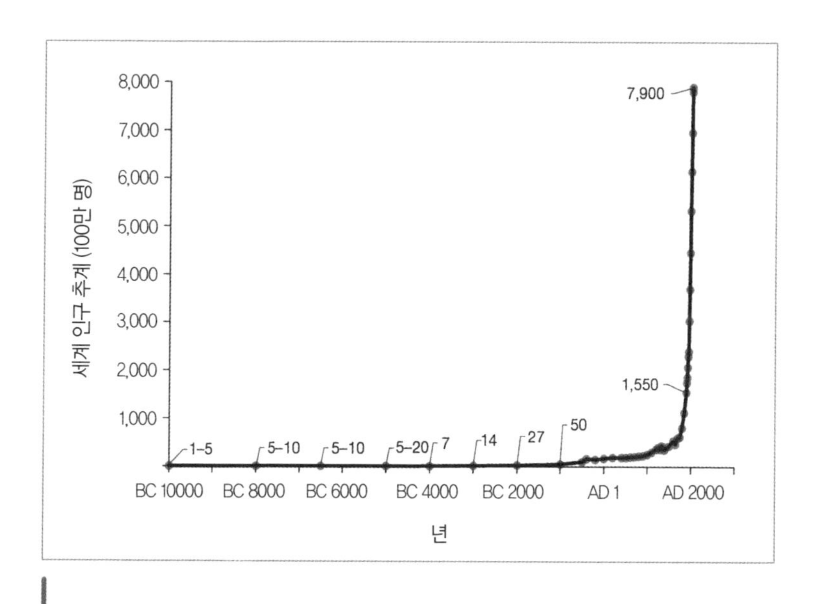

그림 12. 기원전 10000년부터 2021년 중반까지 세계 인구 추정치. 미국 인구조사국, "세계 인구의 역사적 추정치", Census.gov (2021).

다. 대신 역사는 수 세기에 걸친 변화 과정을 보여준다. 사건에 대한 기록을 남긴 역사가, 자연 자체에 대해 추측할 수 있는 능력과 지성을 갖춘 철학자와 과학자, 주변 세계를 조작하고자 했던 발명가와 연구자들이 기억하고 배울 수 있는 능력으로 말이다. 결국 자연, 특히 담수를 이해하고 통제해야 한다는 필요성은 예술과 과학, 공학과 기술, 법과 경제의 융합을 촉진해 두 번째 물의 시대를 정의하는 데 도움이 되었다.

과학자들이 원자, 분자, 힘, 화학 반응, 생태학적 기능의 비밀을 밝혀내기 훨씬 전부터 물을 모아서 사용하고 폐수를 처리해야 하는 시급한 필요성에 따라 초보적인 운하와 수로, 댐, 저수지 등의 형태로 물을 물리적으로 통제하는 기술이 발달했다. 그리스와 로마의 수자원 공학자들은 아테네, 로마, 제국의 외곽 지역에 더 많은 물을 공급하기 위해 수메르인, 아카드인, 바빌로니아인, 이집트인으로부터 전수받은 지식을 기반으로 했으나 당시에도 과학과 공학 기술은 단순한 물리학 관찰과 시행착오에만 의존했다.

로마 제국의 멸망 이후 서구 문명은 대도시의 붕괴,◆ 1억 명 이상의 사망자를 낸 전염병의 창궐, 봉건 농업 체제로의 회귀, 끝없는 지역 전쟁, 무역 감소, 문화 및 과학 유산과 학문의 손실 등으로 수 세기에 걸친 침체와 혼란을 경험했다. 콘스탄티노플, 비잔틴 제국, 마케도니아 제국과 같은 수도원, 교회, 피난처에서 지식의 주머니는 살아남았지만 1300년대까지 유럽은 침체와 쇠퇴기였다. 반대로 이 시기에 이

◆ 기원전 100년경 100만 명에 달했던 로마의 인구가 중세에는 3만 5,000명으로 줄어들었다.

슬람의 중동과 중국에서는 문화와 과학이 꽃을 피웠다.

이슬람 문화는 8세기부터 14세기까지 과학, 경제, 예술적 발전의 '황금기'를 경험했다. 서양에서 아비센나Avicenna로 알려진 아부 알리 이븐시나Abu Ali ibn Sina(980~1037년)는 역사상 가장 위대한 사상가이자 학자 중 한 명으로 꼽힌다.◆ 그는 아리스토텔레스와 소크라테스의 초기 철학적 업적을 확장했으며 의학, 천문학, 지질학 등의 발전에도 크게 기여한 것으로 유명하다. 수학자 무함마드 이븐무사 알콰리즈미Muḥammad ibn Mūsā al-Khwārizmī(780~850년경)는 삼각법, 대수학, 지리학, 천문학 분야의 주요 혁신과 이후 유럽에서 수 세기 동안 사용된 수학 교과서를 저술한 인물로 알려져 있다. 이베리아반도의 이슬람 문화권에서는 그레나다 등지에서 여전히 볼 수 있는 로마 시대의 관개 시스템과 도시의 수로를 복원하고, 고전 아랍어인 아사키야◆◆에서 발전한 스페인어 공동체 관리형 아케키아와 같은 새로운 수자원 시스템을 도입하는 등 의학, 화학, 물리학, 농업 분야에서도 발전이 이루어졌다.

618년경부터 1279년까지 중국의 당나라와 송나라에서는 과학, 지식, 문화가 번성했다. 이 시기에 중국인들은 천문학, 수학, 농업 분야에서 큰 발전을 이루었고, 활자와 목판 인쇄술을 발명해 책을 만들고 학문의 확장을 촉진했으며, 화약의 화학적 조성을 최초로 기록하고

◆ 대수학이라는 용어는 그가 저술한 교과서 제목 '알자브르Al-Jabr: 완성과 균형에 의한 계산에 관한 방대한 책'에서 유래했다.

◆◆ 물의 통로 또는 관개라는 뜻.

인구도 많이 증가했다. 이 시기 중국의 발전에는 강을 이용한 운송을 용이하게 하는 최초의 정교한 운하 수문 시스템과 식량 생산의 안정성을 높이기 위한 제어 가능한 관개 수문의 발명이 포함되었다.[1] 과학자 소송蘇頌(1020~1101년)은 주요 천체의 움직임을 재현한 12미터 높이의 천문 시계(수운의상대水運儀象臺)와 같이 정확한 수력 시계를 제작하는 등 많은 업적을 남겼다. 이 시기 중국의 철 생산량은 대형 물레방아로 구동되는 풀무를 갖춘 제련 시설의 도움으로 급속히 증가했다.

중세 시대가 끝나고 초기 문화가 이룩한 지식의 발전은 두 번째 물의 시대에 인류가 물을 이해하고 통제하는 데 획기적이고 빠른 진전을 이루는 토대를 마련했다. 인구의 급속한 팽창을 촉진하고 모든 현대 사회를 지탱하는 데 특히 담수를 포함한 천연자원을 운용, 관리 및 사용하는 능력의 향상에 대해서는 잘 알려지지 않거나 과소평가되었다. 두 번째 물의 시대는 물의 구성, 거동, 특성과 함께 원소와 분자의 본질이 밝혀진 시기다. 과학자들은 물과 관련된 질병의 수수께끼를 해독하고, 빠르게 성장하는 도시에 안전한 물과 위생을 제공하기 위해 정수 기술을 발명하고 전수했다. 관개 기술의 혁명과 이전에는 도달할 수 없었던 수자원을 활용하면서 식량 생산이 크게 확대되었다. 이러한 혁명은 대규모 기아의 위협을 예방하거나 최소한 지연시켰다.

이와 비슷한 제조업의 산업혁명을 통해, 사회는 재료, 에너지, 물을 현대의 상품과 서비스로 전환할 수 있었다. 공학의 발전은 지구상 거의 모든 주요 담수원을 댐, 수로, 수집, 처리, 재분배하는 하드 인프라

hard infrastructure(통상적으로 건설 인프라를 지칭하는 용어로 쓰이며 도로, 교량, 터널, 철도, 항구 등의 물리적 인프라를 말한다. 이에 반해 교육, 건강, 연구 및 사회 형태의 인적 자본의 무형 인프라를 '소프트 인프라'라고 한다–옮긴이)로 지구 전체를 재건하는 결과를 가져왔다. 이러한 발전과 함께 환경 오염, 생태계 파괴, 물 빈곤, 사회와 정치적 갈등, 기후 변화라는 의도치 않은 결과도 초래했다.

지금 우리가 살고 있는 이 시대가 바로 두 번째 물의 시대다.

THE THREE AGES OF

2부

두 번째 물의 시대

…

시간이 지나면 물과 함께 모든 것이 변한다
– 레오나르도 다빈치

WATER

· 10장 ·

과학 혁명

과학에서 참신성은 기대로 제공된 배경의 반발로 생긴 저항에서만 나타난다.

_ 토머스 쿤 Thomas S. Kuhn, **『과학 혁명의 구조**The Structure of Scientific Revolution**』**

물이란 무엇인가? 수자원을 통제하려는 초기 그리스와 로마의 공학적 노력과 더불어 당시 자연철학자들은 물질과 물, 그리고 그 주변 세계의 본질에 대해 고민했다. 기원전 5세기경, 선견지명이 뛰어났던 고대 그리스 철학자 데모크리토스Democritos와 그의 스승이었던 레우키포스Leucippos는 모든 물질이 눈에 보이지 않는 작은 입자로 구성되어 있으며, 우리가 볼 수는 없지만 항상 존재해왔고 무한한 세계에서 끊임없이 움직이며 모든 물체의 물리적 실체를 설명한다는 가설을 세웠다.

물론 원자의 존재성에 대한 이런 주장은 원자 물리학이나 원자 입자를 검출할 수 있는 물리적 기기로 찾은 것이 아니라, 초기 학자들이 자신이 인식하는 세계를 이해하고 설명하고자 한 철학적 논쟁의 결과물이었다. 데모크리토스의 원자 이론은 물질이 어떻게 생성되고 존재할 수 있는지, 왜 물질의 형태가 다른지, 물질을 무한히 반복해서 나눌 수 있는지(제논의 유명한 역설)와 같은 질문들에 대한 답변이었다.◆ 일부 그리스 철학자들은 물질을 무한히 더 작은 입자로 나눌 수 있다고 주장했다. 이러한 주장에 대해 데모크리토스와 다른 철학자들은 변하지 않는 물질을 단순히 재배열하면 다른 형태의 물질이 생길 수 있으며, 이 물질은 더 이상 더 작은 입자를 만들기 위해 나눌 수 없는 기본 입자인 '아토몬atomon'으로 구성되어 있다고 주장했다. 데모크리토스에게 물질은 반으로 나누고 또다시 반으로 나눌 수 있지만, 무한히 나눌 수는 없는 것이었다. 가장 작은 입자는 그 수가 무한하고 종류도 다양해야 했다.

고대 사회에서는 주변 세계의 구성을 설명하기 위해 물질을 그룹으로 분류하기도 했다. 초기 힌두교, 그리스, 유대교, 아랍 문화에서는 일반적으로 공기(또는 바람), 흙, 불, 물을 다른 모든 물질을 구성하는 기본 요소로 꼽았지만,◆◆ 두 번째 물의 시대에 물리학과 화학이 발전하면서 원자, 분자, 기체, 원자 입자의 본질이 밝혀지고 물의 진정한

◆ 고대 아테네의 철학자 제논 호 엘레아Zenon ho Elea는 운동과 '무한'에 대한 그의 추론과 아리스토텔레스와 플라톤에 의해 우리에게 전해져 내려오는 일련의 역설로 잘 알려져 있다. 한 유명한 일화로 달리기 선수가 결승점에 도달하기 전에 우선 중간 지점에 도착해야 하고, 이후 중간 지점과 결승점까지 남은 거리의 절반에 도달해야 한다. 1/4, 1/8…… 이렇게 무한 반복하면서 결국 결승점에 도달하지 못한다는 것이다.

◆◆ 중국의 초기 철학자들은 불, 물, 나무, 금속, 흙을 다섯 가지 기본 요소로 간주했다. 때때로 초기 문화에서는 물을 에테르(또는 공허)로 묘사했다.

구성이 규명되기까지 2,000년이 더 걸렸다.

현대 화학의 초기 창시자 중 한 명인 영국의 과학자 로버트 보일Robert Boyle은 물질이 입자 그룹으로 구성되어 있으며 이러한 그룹이 다른 구성으로 재배열될 때 화학적 변화가 일어난다는 가설을 제시했다. 이는 분자 개념에 대한 최초의 설명 중 하나이며, 2,000년 전 데모크리토스가 설명한 기본 이론과 비슷하다. 1671년에 보일은 산과 철을 결합해 연소하는 기체를 만들었다. 약 100년이 지난 1766년, 영국의 과학자 헨리 캐번디시Henry Cavendish가 유사한 실험을 통해 가스를 발견했고, 이를 '인화성 공기'라고 불렀는데, 이것이 바로 수소다.[1]

캐번디시와 같은 시대에 살았던 조지프 프리스틀리Joseph Priestley는 1774년 8월 초에 무색이며 반응성이 높은 가스를 생성하는 별도의 실험을 수행했다.◆ 그는 밀폐된 용기에서 산화수은($2HgO \rightarrow 2Hg + O_2 \uparrow$)을 연소시켜 불꽃이 강하고 일반 공기보다 쥐의 수명을 더 길게 만드는 기체를 만들었다. 다소 성급하게도 그는 가스를 직접 마셔본 후 "한동안 가슴이 이상하게 가볍고 편안하게 느껴졌다. 시간이 지나면 이 맑은 공기가 사치품으로 유행할지도 모른다는 것을 누가 알까? 지금까지는 나와 두 마리의 쥐만이 이 공기를 마실 수 있는 특권을 누렸다"라고 말했다.◆◆ 프리스틀리는 플로지스톤phlogiston이라고 부르는 물질이 제거되었기 때문에 공기를 생성하는 물질보다 더 순수하다

◆ 영국에서 태어난 프리스틀리는 벤저민 프랭클린의 평생 친구이자 프랑스와 미국 혁명의 열렬한 지지자가 되었으며, 결국 1794년 영국을 떠나 미국으로 망명했다.

◆◆ 놀랍게도 프리스틀리는 오염된 도시에서 자신의 발견을 판매하는 고급 산소 바의 개발을 예견한 것으로 보인다.

고 믿었다. 따라서 그는 이를 '탈기체 공기dephlogisticated air'라고 불렀는데, 플로지스톤 이론을 반박한 앙투안 라부아지에Antoine Lavoisier는 1777년에 이를 '산소oxygen(여기서 oxy는 그리스어로 '신맛'이라는 의미-옮긴이)'라고 명명했다.[2]

또 다른 실험에서 프리스틀리는 불꽃을 사용해 일반 공기에서 가스를 태웠고 물이 형성되는 것을 발견했다. 그는 이 실험 결과를 캐번디시에게 알려주었다. 캐번디시는 이 실험을 반복한 끝에 1781년 자신의 '가연성 공기' 두 부피와 프리스틀리의 '탈기체 공기' 한 부피를 연소시키면 물이 생성된다는 사실을 발견했다. 그는 캐번디시에게 이 사실을 전했고, 프리스틀리는 왕립학회 총무인 찰스 블래그던Charles Blagden에게 이를 공유했으며, 블래그던은 프랑스 화학자 라부아지에에게 이 사실을 알렸다.[3] 1783년 라부아지에는 캐번디시의 실험을 반복해 가연성 기체의 이름을 그리스어로 '물'을 뜻하는 hydro와 '창조자'를 뜻하는 'genes'를 결합해 'hydrogen', 즉 수소라고 명명했다. 드디어 수소 원자 2개와 산소 원자 1개로 이루어진 물 분자(H_2O)의 구성이 밝혀진 것이다.

물리학과 화학의 발전으로, 물의 본질을 밝히는 동시에 물을 움직이고 산업화 사회에 동력을 공급하는 신기술과 기계의 실용적인 적용도 병행해서 발전했다. 증기기관과 양수기라는 두 가지 주요 발명품이 유럽과 신대륙의 성장하는 도시에 물을 공급하는 데 도움을 주었다.

손으로 파는 우물, 풍력, 수력, 인력으로 작동하는 펌프, 지역 하천, 중력을 이용한 수로 등 고대 물 공급자들은 오랫동안 성장하는 도시 주민들에게 깨끗한 물을 공급하는 문제를 해결해야 했다. 신대륙의 인구가 증가하고 지식이 발전함에 따라 사람들은 물을 공급할 새로운 방법이 필요했다. 1620년대 네덜란드인에 의해 개척된 뉴욕시◆는 17~18세기에 인구가 급격히 증가했지만, 물과 건강에 대한 과학이나 생활 및 산업 폐기물의 안전 처리에 대한 이해가 거의 없어 깨끗한 물을 안정적으로 공급하는 데 어려움을 겪고 있었다.

1760년에 젊은 식민지를 방문한 영국 작가 앤드루 버너비Andrew Burnaby는 뉴욕을 쾌적하고 아름답고 건강하지만 물 문제가 있는 도시라고 묘사했다. 그는 뉴욕이 "놀랍도록 잘 만들어진 (…) 거리는 포장되어 있고 매우 깨끗하지만 일반적으로 좁다. 실제로 넓고 통풍이 잘되는 두세 곳, 특히 브로드웨이가 있다. (…) 그러나 한 가지 큰 불편함이 있는데, 그것은 신선한 물이 부족해 주민들이 마을에서 어느 정도 떨어진 샘에서 물을 가져와야 한다는 것이다"라고 했다.[4] 다른 팽창하는 도시와 마찬가지로 맨해튼섬도 몇 개의 작은 연못과 개울, 얕게 파서 양동이나 수동 펌프로 물을 모아 통에 담아서 상인들이 마을 곳곳에서 판매하는 우물 등 제한된 지역 상수도 공급이 한계에 다다랐다. 1770년대 초 뉴욕은 대안이 절실했다. 그리고 1774년 크리스토퍼 콜스Christopher Colles가 그 해결책을 제시했다.

콜스는 1739년 아일랜드에서 태어나 대리석 수도관 판매, 운송용 운하 건설, 킬케니 인근 노어강에 그린스교 신축 등 다양한 사업을 추진한 삼촌 윌리엄 콜스William Colles 밑에서 자랐다. 젊은 시절 크

◆ 이 도시는 원래 뉴암스테르담으로 설립되었으나, 1665년 제2차 영국과 네덜란드 간 전쟁으로 영국에 양도되면서 뉴욕으로 이름이 바뀌었다.

리스토퍼는 건축가, 엔지니어, 지도 제작자, 발명가로도 활동했으며, 1772년 아일랜드에서 연이은 사업 실패를 딛고 새로운 출발을 위해 필라델피아로 이주했다.[5] 그가 가져온 아이디어 중 하나는 증기로 구동되는 펌프인 '소방차fire engines'의 제작과 활용이었다. 뉴커먼Newcomen 증기 펌프(통상적으로 '뉴커먼 대기 엔진'이라고 부르며, 실린더로 유입된 증기를 응축시켜 부분적으로 진공 상태를 만들어 대기압이 피스톤을 실린더 안으로 밀어 넣는 방식으로 작동한다. 이후 제임스 와트James Watt는 별도의 응축기를 개발해 증기 실린더의 온도를 일정하게 만들어 효율성을 높였다–옮긴이)의 초기 버전은 수십 년 동안 영국의 주석 광산과 석탄광에서 물을 퍼 올리는 데 사용되었지만, 영국 법률은 식민지의 힘과 독립을 강화할 수 있는 신기술의 수출을 엄격하게 제한했다.

1770년대 초 미국의 유일한 증기기관은 스카일러 가문이 소유한 뉴저지 구리 광산에서 물을 끌어 올리는 역할을 했다.◆ 20년 전 벤저민 프랭클린Benjamin Franklin은 스카일러 광산을 방문한 뒤 이렇게 썼다.

> 내가 아는 이 나라에서 귀중한 구리 광산은 단 한 곳, 바로 저지스에 있는 스카일러 가문의 광산이다. 이 광산은 좋은 구리를 생산해 소유주에게 막대한 부를 안겨주었다. 나는 작년 가을 그곳에 갔었는데, 그때는 일하지 않았다. 물이 너무 꽉 차 있어 영국의 소방차가 구덩이를 비워줄 때까지 기다려야 했다. 소방차를 부르는 데 필요한 비용은 1,000파운드 정도 된다.[6]

◆ 알렉산더 해밀턴은 필립 스카일러와 캐서린 반 렌셀러의 딸 엘리자베스 스카일러와 결혼했다.

뉴커먼 펌프 형태인 이 엔진은 1750년대 초 영국에서 뉴커먼 엔진을 설계, 제작 및 운영하던 혼블로어 가문의 조사이아 혼블로어Josiah Hornblower가 조립해 1755년에 작동을 시작했고, 1773년 화재로 소실되기 전까지 거의 20년 동안 사용되었다.

1770년대 미국에서는 혁명 열기가 고조되고 있었다. 1770년 3월에는 보스턴 대학살이 일어났고, 1773년 12월에는 성난 보스턴 시민들이 영국산 차를 항구에 버렸으며, 1774년 9월에는 존 애덤스John Adams와 새뮤얼 애덤스Samuel Adams, 조지 워싱턴George Washington, 존 제이John Jay, 로저 셔먼Roger Sherman, 패트릭 헨리Patrick Henry 등 식민지 대표들이 필라델피아에서 첫 대륙회의를 개최해 불만을 표출했다. 독립에 대한 압력이 커지고, 식민지에서도 증기기관을 제작할 수 있는 국내 산업을 비롯한 산업 역량을 키워야 한다는 인식이 확산되고 있었다.

스카일러 엔진이 소실되기 전에 콜스가 본 적 있는지는 알 수 없지만, 영국에서 뉴커먼 펌프의 오랜 역사를 잘 알고 있었기에 식민지에서도 이 기술을 활용하고자 했다. 콜스는 펜실베이니아의 한 증류소에서 식민지에서 최초로 제작된 증기 구동 펌프로 간주되는 작업용 물을 공급하는 엔진의 제작 의뢰를 받으면서 기회를 잡았다.

이 펌프가 특별히 효과 있지는 않았지만, 콜스는 이 분야에서 명성을 쌓았다. 그는 1774년에 뉴욕시로 이주해 펌프, 저장 저수지 및 파이프 분배 시스템을 구축해서 물 문제를 해결하기 위한 계획을 뉴욕시 공동위원회에 제출했다.[7] 그는 다음과 같이 제안했다.

새로운 감옥인 뉴가올 근처에 화재 발생 시 사용할 수 있도록 126피트(약

38미터—옮긴이) 정사각형 형태로 120만 갤런(약 450만 리터—옮긴이)의 물을 저장할 수 있는 저수지를 축조한다. 좋은 벽돌이나 타일이 덮인 석조 주택에 24시간 내에 20만 갤런의 물을 저수지에서 끌어 올릴 수 있는 소방 시설을 만든다. 4피트 깊이로 브로드웨이, 브로드 거리, 나소 거리, 윌리엄 거리, 스미스 거리, 퀸 거리, 하노버 광장을 통과하는 6인치(약 15센티미터—옮긴이) 구경의 좋은 피치 소나무로 된 주관을 깔고 한쪽 끝을 철로 잘 고정한다. 그리고 머리 거리, 킹 조지 거리, 뱅커 거리, 러트거 거리의 남서쪽 도시에 있는 다른 모든 거리, 차선, 골목에는 3인치 구경의 파이프를 깔고 1000야드(약 90미터—옮긴이)마다 상기 파이프Said Pipes에 돌기 형태로 수직 파이프를 연결한다.[8]

한마디로, 야심 찬 제안이었다. 콜스는 미국 독립전쟁이 한창 진행되던 시기에 '뉴욕 화폐'로 1만 8,000파운드를 지불하고 2년 안에 식민지 사상 최대 규모의 증기기관과 광범위한 물 저장 및 분배 시스템을 건설하겠다고 제안했다. 당시 뉴욕시의 전체 연간 세입은 약 3,000파운드였지만, 프로젝트의 규모와 비용에도 불구하고 뉴욕시는 절박한 상황이었다. 공동위원회는 1774년 7월 이 계획을 승인하고, 미국에서 발행된 최초의 지폐 중 하나인 뉴욕수도공사 지폐를 발행해 자금을 조달했다. 이 지폐는 엘리샤 갤러뎃Elisha Gallaudet이 디자인하고 지역 인쇄업자이자 신문 발행인이었던 휴 게인Hugh Gaine이 인쇄했으며, 뒷면에는 콜스 증기기관과 흐르는 분수대의 조각이 포함되어 있었다(그림 13 참조).

전쟁의 위협이 커졌음에도 콜스는 1774년 말에서 1775년 초에 우

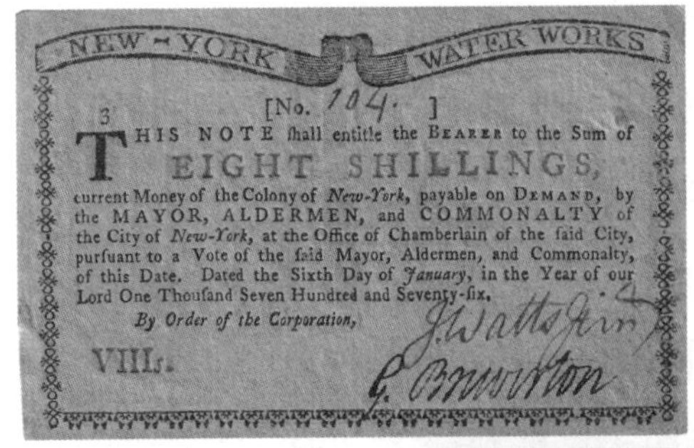

그림 13. 뉴욕시에서 콜스 상수도 프로젝트 기금 마련을 위해 발행한 뉴욕수도공사 지폐. 뒷면에는 증기기관과 펌프의 이미지와 두 개의 정교한 분수대가 도안되어 있다.

출처: 피터 글릭.

물과 저수지를 완공하고 지역 용광로 및 철 주조 회사와 협력해 엔진의 핵심 실린더를 주조하는 등 큰 진전을 이루었다. 1775년 4월, 렉싱턴 전투와 콩코드 전투가 미국 독립전쟁의 시작을 알렸지만 콜스는 작업을 계속했다. 뉴욕이 무질서와 혼란에 빠지자 시민들은 도시를 떠나기 시작했고 미군이 도착했다. 1776년 3월 초, 콜스는 증기기관의 완성을 발표하면서 호응하는 대중 앞에서 이를 시연했다. 3월 4일 자 『뉴욕 가제트New-York Gazette』와 『위클리 머큐리Weekly Mercury』는

"뉴욕시 주민 여러분께, 이제 수도국의 소방차는 완전히 완성되었으며, 콜스 씨는 여러분께 이를 볼 수 있도록 며칠 동안 계속 시행할 것을 제안합니다"라는 기사를 내보냈고, 일주일 후에는 "우리는 대중에게 기쁜 마음으로 확신할 수 있습니다. 수도국의 소방차는 지난주에 계속 작동했고, 이를 본 수많은 사람이 크게 만족했습니다"라고 보도했다.[9]

같은 달, 영국군이 뉴욕에서 철수했고 몇 주 후 미국의 초대 대통령이자 대륙군 총사령관인 조지 워싱턴이 도착했다. 1776년 7월 미국 대륙의회는 〈독립선언서〉를 채택했고, 영국은 뉴욕을 탈환하기 위해 3만 명의 군대와 대규모 함대를 보냈다. 8월에는 대륙군이 롱아일랜드에 배치되어 워싱턴 총사령관은 뉴욕에서 대피해야 했다. 콜스와 그의 가족은 나머지 독립 지지자들과 함께 뉴욕을 떠났고, 9월 말에 도시 대부분이 불탔다. 정확한 시기와 방법은 기록되어 있지 않지만, 전쟁 후 한 미국인 외과 의사가 쓴 일기에 따르면 1777년 2월 콜스의 상수도 시설은 영국군에 의해 파괴되었다. "따라서 우리는 악의와 복수의 끔찍한 결과를 경험했다. 정복할 수 없는 곳에서는 멸종과 파괴만이 있다. (…) 다른 사람들의 말에 따르면, 앞서 말한 엄청난 범죄 소송 목록에서 적(영국군–옮긴이)들이 뉴욕 상수도 시설을 무자비하게 파괴했다는 사실도 추가해야 한다."[10]

전쟁 동안 그리고 그 후에도 콜스는 대륙군의 포병 교관으로서 측량사로 활동하며 신생 독립국의 도로와 운하에 대한 혁신적인 지도와 제안서를 작성하는 등 조국의 이익을 위해 계속 일했다. 궁극적으로 이리 운하를 제안하고, 1812년 전쟁 중에 영국의 공격으로부터 뉴욕시를 안전하게 지키기 위해 최초의 전신 시스템 중 하나도 구축했다.

콜스의 야심 찬 아이디어는 대부분 실현되지 못했고, 콜스는 가난하게 살면서 1816년 뉴욕 세인트폴 묘지의 무연고 무덤들 옆에 묻혔지만, 그의 업적은 계속 이어졌다.[11] 1800년대 초반 수십 년 동안 그가 이룬 업적은 필라델피아, 피츠버그, 신시내티, 뉴올리언스[12]에서 더욱 정교하고 강력한 상수도, 소방, 제조용 증기기관의 형태로 변화되어 영국으로, 유럽으로, 그리고 전 세계로 퍼져나갔다. 결국 두 번째 물의 시대 발명품은 오늘날 전 세계 도시에 안전한 식수를 공급하고 물 관련 질병의 치명적인 결과를 줄이는 데 도움이 되는 수로, 터널, 펌프, 정수장 등의 정교한 물 공급 시스템으로 발전했다.

• 11장 •

수인성 질병 대처

적을 알고 나를 알아야 이길 수 있다.

_『손자병법』

두 번째 물의 시대에 인류는 물과 관련된 질병을 포함해 전 세계 인구를 지속적으로 황폐화시키는 많은 질병을 이해하고 통제하기 시작했다. 이러한 질병 중 상당수는 수천 년 동안 인류에게 퍼져 있었고, 초기 사회에서는 이해하거나 예방할 수 없는 요인으로 인해 질병들이 발생했다.

3,000년 전 이집트 하와리 지역에서 한 어린 공주가 죽었는데, 당시 관습과 전통에 따라 미라가 되어 무덤에 묻혔다. 1890년대 영국의 고고학자 플린더스 페트리Sir Flinders Petrie가 이 무덤을 처음 발견했다. 그리고 1975년 6월, 학제 간 연구 프로젝트의 하나로 미라의 포장을 벗기기 위해 다른 이집트 미라들과 함께 영국 맨체스터의 신의학대학

으로 보냈다.◆ 부검 과정에서 연구원들은 석회화된 기생충의 유골을 발견했는데, 이 기생충은 메디나충 또는 기니아충으로 아프리카와 중동 지역에서 오랫동안 인간을 괴롭힌 것으로 기록된 질병의 원인으로 밝혀졌다.[1] 기생충과 이 기생충이 일으키는 기니웜병은 기원전 1550년경 이집트에서 나온 에베르스 파피루스에 처음 소개되었다. 이것은 초기 의학 지식이 잘 보존된 기록 중 하나다. 그리스의 철학자이자 역사가인 플루타르코스는 기원전 2세기의 초기 그리스 교사였던 아가타르키데스Agatharchides가 이 질병에 관해 설명한 것을 소개했다. "홍해 근처에 사는 사람들은 지금까지 들어본 적 없는 질병에 시달리고 있다. 몸에서 작은 벌레들이 뱀 모양으로 나오면서 팔과 다리를 갉아먹는데, 이 벌레는 건드리면 스스로 물러나 근육 사이에 들어가서 끔찍한 고통을 일으킨다."[2]

초기 의학의 아버지이자 이슬람 황금기의 중요한 사상가 중 한 명인 아부 알리 이븐시나는 11세기 페르시아에 만연했던 드라쿤쿨라증에 대한 진화, 전염 및 치료에 대해 자세히 설명했다.[3] 1855년 기생충 질환을 연구하던 독일의 의사 프리드리히 퀴첸마이스터Friedrich Küchenmeister는 기원전 1250년경 이집트에서 출애굽한 이스라엘 백성을 사막에서 공격한 '불뱀fiery serpents'이 구약성경에 묘사된 것처럼 실

◆ 1800년대 말에서 1900년대 초, 이집트 고고학 유적지에서 수천 구의 미라가 발굴되어 전 세계 박물관과 의과대학으로 보내져, 많은 미라가 문화적, 의학적, 과학적 요인을 고려하지 않은 채 대중에게 공개되고 전시되었다. 이후 이집트 정부 및 유물 전문가들과 협력해 고대 유물을 적절하게 연구하고 취급하기 위한 규칙, 지침 및 기준을 개발하기 위한 노력이 이루어졌다.

제로는 이 기생충이라고 제안했다.[4] 기생충의 유충은 물에 살다가 오염된 물을 마신 사람의 몸에 들어가 최대 80센티미터 길이의 벌레로 성장한 다음 물집을 통해 몸 밖으로 나와 끔찍한 통증을 유발한다.◆

박테리아, 기생충, 바이러스는 반복적으로 경제를 마비시키고, 초기 문화의 흐름을 바꾸거나 전멸시켰으며, 인류의 진보와 지식에 정기적으로 걸림돌이 되었다. 페스트(흑사병)는 1300년대 중반 아시아, 중동, 유럽에서 2억 명에 달하는 인명을 앗아갔으며, 이후 5세기 동안 계속 발병해 19세기 중반까지 인도에서는 1,000만 명이 사망했다.[5] 멕시코의 원주민도 일련의 질병으로 황폐화되었고, 유럽 침략자들에 의해 천연두가 유입되어 1519~1520년에 500만~800만 명이 사망했으며, 1540년대에는 토착 출혈열 또는 살모넬라 변종으로 추정되는 코콜리츨리cocoliztli 전염병으로 인해 500만~1,500만 명이 추가로 목숨을 잃었다.

초기 문화권에서 질병과 질환을 이해하기 위해 고군분투하던 시절에는 현미경과 화학 분석 같은 도구의 부족, 박테리아·바이러스·곰팡이 및 기타 질병 매개체에 대한 무지, 인체에 대한 불완전한 정보와 잘못된 이론, 일반적인 미신, 질병의 종류 및 유형의 다양성으로 인해 치료법을 찾기 위한 진전이 늦어졌다. 나쁜 공기, 더러운 물, 눈에 보이지 않는 생물 또는 중요한 체액(혈액, 가래, 담즙의 '유머humors')의 불균형이 질병을 일으킨다는 추측은 로마 시대 또는 그 이전까지

◆ 1870년 러시아의 동식물 연구가 알렉세이 페드첸코Alexei P. Fedchenko가 기생충의 생활 주기를 설명했다. P. H. Gleick, *The World's Water, 1998–999: The Biennial Report on Freshwater Resources* (Washington, DC: Island Press, 1998).

거슬러 올라간다. 기원전 1세기에 로마의 공학자이자 저술가인 마르쿠스 비트루비우스 폴리오Marcus Vitruvius Pollio는 이렇게 말했다. "해가 뜨면서 아침 바람이 마을을 향해 불어올 때, 습지의 안개와 함께 습지 생물의 유독한 숨결이 섞여 주민의 몸속으로 스며들면 그 지역이 건강에 해로울 것이다."[6] 비슷한 시기에 글을 쓴 로마 학자 마르쿠스 테렌티우스 바로Marcus Terentius Varro도 습지에서 발생하는 질병에 대해 비슷한 경고를 보냈다. "습지에는 눈으로 볼 수 없는 미세한 생물들이 서식하는데, 이 생물들은 공중에 떠다니다가 입과 코를 통해 몸속으로 들어가 심각한 질병을 일으킨다."[7] 르네상스 시대에 이르러서야 생물학, 화학, 의학, 역학 분야의 발전으로 의사들은 물과 관련된 질병을 포함해 다양한 질병을 식별하고 이해하며 궁극적으로 치료할 수 있게 되었다.

두 번째 물의 시대가 열리면서 과학자와 의사들은 역사상 인간을 괴롭혀온 수많은 질병에 대해 처음으로 체계적으로 연구하기 시작했다. 메디나충 등 일부 질병은 안전하지 않은 물을 마시거나, 화학 물질, 박테리아, 바이러스 또는 기타 병원균에 오염된 물에 노출되거나, 안전하지 않은 물에서 번식하는 곤충이나 기타 유기체에 의해 전염되는 질병과 관련이 있다. 이러한 질병은 특히 어린이를 사망에 이르게 하며, 매년 5세 미만 어린이 사망자의 10분의 1 이상과 수십억 건의 비치명적인 사례를 초래한다. 세계보건기구WHO는 2016년에 이러한 질병으로 인해 약 200만 명이 사망하고, 1억 2,300만 명의 장애보정생존연수DALY가 발생했다고 추산한다.◆

이 사망자의 대부분은 물에서 번식하는 박테리아나 바이러스에 의한 장 감염 때문에 설사 질환이 발생했다. 세계보건기구는 개발도상국에서 설사로 인한 사망자 중 약 60%(2017년에만 82만 명 이상)는 안전하지 않은 식수, 부적절한 위생, 열악한 위생이 원인이라고 추정한다.[8] 사하라 사막 이남 아프리카는 안전한 식수와 위생 시설이 부족해 질병에 가장 취약한 지역이다.

또 다른 수인성 질병의 범주는 주로 야외 배변과 부적절한 하수 처리로 인해 인간 배설물로 오염된 토양이나 물에 서식하는 기생충과의 접촉으로 전염된다. 여기에는 회충, 구충, 편충뿐만 아니라 고대 이집트의 재앙이었던 주혈흡충과 드라쿤쿨라와 같은 기생충이나 곤충이 포함된다. 전 세계적으로 15억 명 이상의 사람이 이러한 질병에 감염되어 있다. 이러한 질병은 주로 안전하지 않은 물을 마시거나 접촉으로 생긴다. 좋은 식수 공급과 위생은 주혈흡충증을 약 40~50%까지 줄일 수 있으며, 드라쿤쿨라증은 수인성 전염 경로를 차단하려는 노력으로 거의 완전히 퇴치되었다.◆◆ 중국에서는 안전한 식수 공급과 위생 및 보건 교육 개선을 통해 물 관련 질병을 통제하는 프로그램을 실시한 결과 3년 동안 회충 발생률을 약 30%에서 4% 미만으로, 편충 발생률을 62%에서 7.5%로 낮추었다.[9]

◆ 유엔에서는 질병 '장애보정생존연수Disability Adjusted Life Year, DALY를 조기 사망으로 인해 손실된 수명 연한YLL과 장애로 인해 손실된 수명 연한YLD의 합으로 정의한다. 따라서 1DALY는 1년에 해당하는 완전한 건강 상태의 손실을 의미한다. World Health Organization, "Disability-Adjusted Life Years (DALYs)," *Global Health Observatory Indicator Metadata Registry List* (2022).

◆◆ 거의 성공을 눈앞에 두고 있는 드라쿤쿨라증의 완전 퇴치를 위한 글로벌 캠페인은 지미 카터 전 미국 대통령이 주도했다.

말라리아는 전 세계적으로 가장 심각하고 널리 퍼져 있는 곤충 매개 질병이다. 2016년 사하라 사막 이남 아프리카를 중심으로 2억 1,000만 건 이상 발병해 45만 명이 사망했다. 말라리아는 도시 지역, 저수지, 운하, 농업 관개 시설의 고인 물에서 번식하는 모기에 의해 전염된다. 말라리아 자체가 수인성 질병은 아니지만, 세계보건기구는 수자원 및 수자원 시스템 관리를 개선해 번식지를 없애고 모기 매개체와의 접촉으로부터 사람을 보호하면 전 세계 말라리아 부담의 80% 이상 줄어들 것으로 파악한다.[10]

말라리아와 마찬가지로 뎅기열도 모기 매개 바이러스로 인해 발생하며, 전 세계 인구의 상당수에게 잠재적으로 치명적인 위협이 되고 있다. 세계보건기구는 매년 4억 건에 가까운 뎅기열이 발생하며, 약 40억 명이 뎅기열의 위험에 노출되어 있다고 추정한다. 최근 몇 년 동안 도시화, 불안정한 식수 공급, 기후 변화에 따른 기온 상승과 강우 패턴의 변화로 인한 모기 확산, 백신 부재 등으로 인해 뎅기열 발병 사례가 급격히 증가했다. 예를 들어, 2022년 중반 프랑스에서는 온난화와 뎅기열을 옮기고 지역 수역에서 번식하는 호랑이모기의 범위가 확대되어 이례적으로 뎅기열이 발생했다.[11] 감염된 수원을 포함한 환경적 요인으로 뎅기열 발생 비율은 전 세계적으로 90~100%에 달한다.[12]

트라코마trachoma와 주혈흡충증은 오염된 물의 기생충과 관련된 질병으로 시력 손상과 실명을 유발한다. 트라코마는 파리와의 접촉에 의한 전염성 안과 질환으로, 실명의 주요 감염원이다. 기본적으로 모든 트라코마 발병은 열악한 식수와 위생 환경, 즉 주로 안전한 세안용 물 부족과 화장실 및 기타 야외에서 번식하는 트라코마 전염성 파리로 인해 발생한다. 조충증onchocerciasis은 파리를 매개로 하는 기생충에 의해 발생한다. 상수도 사업으로 인한 주혈흡충증 발병 비율은 약 10%로 낮지만, 물 관리 관행을 개선하고 인공 저수지의 해충을 방제하면 발병 비율을 더 낮출 수 있다.

두 번째 물의 시대의 두드러진 성공 요인 중 하나는 오염된 물과 질병의 연관성을 발견하고 모두에게 안전한 물을 공급하기 위한 기술 개발과 제도의 구축이다. 그럼에도 불구하고 콜레라는 여전히 심각한 물 관련 질병 중 하나다. 매년 수십억 건의 발병과 수백만 명의 사망자가 발생하고 있다.

1400년대 말 포르투갈의 탐험가 바스쿠 다가마Vasco da Gama는 유럽과 인도 사이의 항로를 개척해 최초로 대서양에서 인도 반도로 항해했다. 1498년 5월 캘리컷(오늘날 인도 남서부의 코지코드)에 도착한 다가마는 남아시아 왕국의 향신료와 부를 찾아 떠났고, 잔인함과 서구 식민주의의 유산을 가져왔다. 다가마의 탐험은 또한 무자비한 질병에 대해 최초로 설명했다. 콜레라에 대한 언급은 고대 아시아 문헌에 암시되어 있었지만, 1510년경 다가마의 함대 소속 군인으로 인도에 정착해 역사학자이자 작가가 된 가스파르 코레아Gaspar Correa에 의해 처음으로 상술되었다. 1543년에 출간된 『인도의 전설Legends of India』에서 그는 다가마의 함대가 겪은 질병을 '모릭시moryxi'라고 불렀는데, 이 질병은 발병 후 몇 시간 내에 많은 사람이 사망할 정도로 전파 속도가 빨랐다. 아침에 발병했는데 저녁에 죽었다는 이야기는 공포감을 주었다. 그는 1545년 코레아가 살던 고아 지역에서 페스트가 다시 발생한 끔찍한 상황을 이렇게 설명했다.

> 사망률이 너무 높아서 죽은 자를 묻을 수도 없었고, 토하는 것이 너무 끔찍했으며, 질병의 종류가 너무 심해서 최악의 독이 작용하는 것처럼 보였고, 구토와 함께 위가 마르는 것처럼 물이 마르고 힘줄에 경련이 일어났으며, 고통이 너무 심해 환자가 죽음의 기로에 있는 것 같았고 손톱과 발톱이 검게 변했다.[13]

그 후 3세기 동안 이 질병은 계속되었지만 포르투갈, 영국, 네덜란드, 프랑스 조사자들은 이를 남아시아의 국지적 위협으로만 생각했다. 그러던 중 1817년 새로운 해상 무역로를 따라 콜레라가 전 세계로 퍼져나갔다. 이러한 질병의 발생을 '전염병'이라고 하며, 여러 국가 또는 전 세계적으로 확산되면 '대유행'으로 간주한다. 1500년대에 콜레라가 처음 확인된 이후 유행과 쇠퇴를 반복하면서 현재 7건의 콜레라 대유행이 확인되었다.

최초의 콜레라 대유행은 1816년 인도 벵골 지역에서 시작되어 영국 식민지 사회로 확산되었다. 1817년 8월 콜카타 인근 제소라에서 1만 명의 인도인이 사망했고, 곧이어 인근 윌리엄 요새에서 5,000명의 영국군이 죽었다. 그 후 육로와 해상을 통해 동남아시아, 중국, 일본으로 퍼져나갔고, 한국에서 10만 명, 인도네시아 자바섬에서도 많은 사람이 사망했다. 1825년 일시적으로 전멸하기 전까지 콜레라는 무역로를 따라서 러시아 남부의 카스피해 지역과 중동 지역까지 퍼져나갔다.[14]

그림 14. 1835년 콜레라 유행 당시 시신 처리 과정. 팔레르모. G. 카스타그놀라의 석판화.

출처: 1835년 팔레르모의 콜레라, 웰컴 컬렉션.

두 번째 대유행은 1820년대 후반 인도에서 발생해 1838년까지 지속되었으며, 처음으로 유럽과 미국의 주요 도시에 전파되었다. 1830년부터 1832년까지 러시아, 헝가리, 독일, 프랑스, 영국에서 수십만 명이 사망하고, 그로 인해 공포에 휩싸인 사람들이 폭동을 일으키기도 했다. 1831년 가을부터 콜레라로 잉글랜드, 웨일스, 스코틀랜드에서 3만 명 이상, 아일랜드에서 2만 5,000명이 사망했다. 1833~1834년에는 스페인에서 10만 명이 사망했고, 1837년에는 프랑스 남부와 이탈리아에서 23만 5,000명 이상이 사망했다(그림 14).

증기기관의 기본 원리를 발견하고 현대 열역학의 기초를 마련한 니콜라 레오나르 사디 카르노Nicolas Léonard Sadi Carnot는 1832년에 전염병으로 서른여섯의 나이로 사망했다. 알렉상드르 뒤마Alexandre Dumas는 질병에서 회복한 후 『삼총사』와 『몬테크리스토 백작』을 집필했다. 1824년부터 1830년까지 시민 자유 보호에 반대하고 국내 문제에서 관심을 돌리기 위해 알제리를 합병하고 언론을 공격적으로 검열한 프랑스의 인기 없는 왕 샤를 10세도 이 병으로 사망했다.

1832년 감염된 배가 대서양을 건너 북아메리카에까지 콜레라를 전파했다. 그해 뉴욕에서는 3,500명의 콜레라 사망자가 보고되었고, 뉴욕시 인구 3분의 1이 콜레라를 피해 지방으로 옮겨갔다. 1832년 가을 3주 동안 뉴올리언스 인구의 15~20%가 콜레라와 황열병이 동시에 발병해 사망했다. 콜레라는 남부의 노예 농장에 특히 치명적이었다. 1834년에는 미시시피강을 따라 세인트루이스와 태평양 연안까지 퍼졌다.[15] 1832년(그리고 1834, 1849, 1851, 1852, 1854년) 콜레라가 캐나다로 전파되면서 영국 이민자에 대한 정치적 반발에 불이 붙었다.

세 번째 대유행은 1839년에 시작되어 1861년까지 지속되었다. 특히 1845~1859년에 집중적으로 발생해 수백만 명이 사망했다. 콜레라는 아시아, 유럽, 러시아 전역으로 퍼져나갔고, 다시 해상 무역로를 따라 북아프리카와 브라질을 포함한 남아메리카에도 전해졌다. 1847~1851년에 콜레라로 러시아에서 100만 명, 멕시코와 스페인, 프랑스, 이탈리아에서 수십만 명, 잉글랜드와 웨일스에서 수만 명이 사망했다. 1848년 말, 콜레라는 대서양을 건너 미국의 주요 도시로 퍼져나갔고, 뉴올리언스에서 5,000명이 사망했으며, 강과 철도를 따라 다시 확산되어 세인트루이스에서 4,500명, 시카고에서 3,500명,

그리고 오리건 산길을 따라 새로 발견된 캘리포니아 금광으로 이주한 정착민들 역시 많은 수가 사망했다. 미국 제11대 대통령으로 멕시코로부터 미국 서부 대부분을 합병한 제임스 포크James Polk는 1849년 퇴임하고 얼마 지나지 않아 사망했다. 미국 최초이자 가장 효율적인 기관차와 기차를 만든 토목기술자 조지 워싱턴 휘슬러George Washington Whistler는◆ 모스크바-상트페테르부르크 철도 노선을 건설하기 위해 러시아 차르에게 고용되었으나, 1849년 콜레라로 러시아에서 사망했다.[16]

안전한 물과 위생 시설이 없는 대규모 인구 밀집 지역, 특히 군대 야영지는 더욱 취약했다. 1853년 말부터 1856년 초까지 러시아 제국과 프랑스, 영국, 오스만 제국 연합군이 벌인 크림 전쟁에서 콜레라, 이질, 발진티푸스 및 기타 질병으로 인해 전투 중 사망자보다 2배나 많은 군인과 선원이 사망했다.[17] 1854년 크림 전쟁 당시 흑해 함대에 주둔한 영국군 의무 장교의 편지에 콜레라의 공포가 잘 표현되어 있다.

> 전투에서 불구가 되거나 죽는 것도 '전쟁의 운'이며, 살아남은 자에게는 영광 등이 기다리고 있다는 것을 알기에 각자 냉정하게 승산을 계산할 수 있다. 하지만 하룻밤 사이 수많은 사람이 죽고, 모든 원조가 헛되이 쓰이고, 다음에 누가 붙잡힐지, 재앙의 한계가 어디까지일지 아무도 모르는 가운데 공포와 총성이 사라지지 않는 상황에서도 용기를 가지라고 호소할 뿐이다.[18]

◆ 조지 워싱턴 휘슬러는 유명한 화가 제임스 애보트 휘슬러의 아버지다. 그는 기차 증기 호루라기도 발명했다.

1854년 9월 『메디컬 타임스와 가제트Medical Times and Gazette』에 실린 같은 편지에서, 이 장교는 프랑스와 영국 군대가 러시아와의 전투가 아니라 질병으로 인해 직면한 위협을 설명했다.

> 함대가 발지크로 돌아오고 일주일이 지난 8월 7일 약 4,000명의 프랑스 군대가 우리 정박지와 인접한 고지대에 진을 쳤다. 이들은 열흘 전에 코스텐제로 행군한 육군 제1사단의 일부였다. 연합군 측에서 먼저 피해를 봤지만 전투에서의 손실은 적었다. 사실 러시아군보다 더 끔찍한 적을 만났다. 그들 사이에서 콜레라가 발생해 첫날 밤에 400명이 감염되어 그중 60명이 사망했다. 1만 1,000명의 군인 중 적어도 5,000명 이상이 며칠 만에 사망했다고 한다.[19]

그 후 콜레라는 영국과 프랑스 함대를 강타해 영국 기함 브리타니아호에서 1,040명 중 625명이 병에 걸려 139명이 사망했으며 프랑스 기함 빌 드 파리호에서도 162명이 사망했다.[20] 함장과 외과 의사의 현황 기록에는 콜레라의 치명적인 영향에 대한 많은 보고가 있었다. 1854년 흑해에 배치된 HMS 앨비언호의 외과 의사는 자신의 의학 일지에 다음과 같이 기록했다.

> 8월 9일에 콜레라가 창궐해 편대의 일부 배를 강타했다. 그것은 매우 빠르게 퍼졌다. (…) 1854년 8월 9일부터 9월 9일까지 콜레라 97명, 설사 216명, 사망 68명이 발생했고, 8월 15일에만 19명이 사망하고 25명이 새로 콜레라에 걸렸다.[21]

1850~1854년 영국 함대에 세 차례나 전염병이 창궐했다. 영국 해군성이 꼼꼼하게 기록한 기록에 따르면 2만 8,714명의 선원이 승선한 55척의 함정에서 7,144건의 콜레라와 설사병이 발생해 588명이 사망했다.[22]

네 번째 콜레라 대유행은 1862년 인도의 갠지스강 삼각주에서 다시 시작되어 1879년까지 지속되었다. 사우디아라비아의 메카 지역을 여행하던 이슬람 순례자의 3분의 1이 사망했고,[23] 러시아, 헝가리, 벨기에, 네덜란드, 지중해 연안에서 수십만 명이 콜레라에 감염되었다. 이어서 대서양을 건너 미국의 해안과 강가 도시로 다시 퍼졌다. 미국 남북전쟁 직후인 1866년, 콜레라는 동부 해안과 미시시피강을 따라 텍사스와 뉴멕시코로 확산되어 5만 명이 사망했다. 사하라 사막 이남 아프리카와 그곳의 식민지 영토를 휩쓴 전염병은 이 지역을 지배하던 유럽 열강에 의해 처음으로 모로코, 알제리, 튀니지, 세네갈, 기니에서 수십만 명의 목숨을 앗아갔다.[24]

다섯 번째 콜레라 대유행은 1881년부터 1896년까지 이어졌다. 콜레라의 원인과 예방에 대한 지식이 향상되었지만 여전히 치명적이었다. 이 기간 유럽에서 25만 명, 러시아에서 26만 명, 이집트에서 6만 명이 사망했다. 『백조의 호수』와 『호두까기 인형』을 작곡한 전설적인 러시아 작곡가 표트르 일리치 차이콥스키Pyotr Il'ich Tchaikovsky는 1893년 상트페테르부르크에서 여섯 번째 교향곡 초연을 지휘한 지 며칠 만에 콜레라 의심 증세로 사망했다. 콜레라는 아시아에도 심각한 영향을 미쳐 일본에서 9만 명이 사망하고 중국, 인도네시아, 한국, 필리핀, 스리랑카, 태국을 휩쓸었다. 1882년에는 메카를 여행하던 이슬람 순

그림 15. 콜레라, 저승사자 사진. 『르 프티 저널Le Petit Journal』에서 발췌, 1912.

https://commons.wikimedia.org/wiki/File:Cholera.jpg

례자 3만 명이 추가로 사망했다.[25]

1899~1923년에 발생한 여섯 번째 콜레라 대유행은 인도에서 800만 명, 필리핀에서 20만 명이 사망했으며, 러시아와 오스만 제국에 또다시 큰 타격을 입혀 50만 명이 사망했다(그림 15). 다시 한번 메카를 여행하는 순례자들을 강타했고, 이들은 콜레라를 본국으로 가져갔다.[26] 이 무렵 서유럽과 미국의 수도 및 위생 시스템이 개선되면서 이 지역의 질병을 어느 정도 제어할 수 있었다.[27] 시인 로버트 프로스트Robert Frost의 어린 아들 엘리엇 프로스트가 이 대유행으로 사망했다. 대표적인 공산주의자이자 혁명가이고 페미니스트이며 레닌의 절

친이자 연인이었던 이네사 표도로브나 아르망Inessa Fyodorovna Armand도 1920년에 콜레라로 사망했다.◆

20세기 들어 과학과 의학, 현대식 상하수 처리 시스템이 계속 발전하면서 콜레라 대유행은 과거의 일이라고 생각되었다. 하지만 콜레라의 재앙은 사라지지 않았다. 세계화, 해외여행의 용이성, 정치적 불안정과 폭력, 계속되는 물 부족으로 인해 일곱 번째 콜레라 대유행이 계속되고 있다.[28]

이전 여섯 차례의 대유행은 전통적인 비브리오 콜레라 박테리아에 의해 발생했지만, 일곱 번째 콜레라는 1961년 인도네시아에서 시작된 엘토르El Tor라는 새로운 변종에 의한 것이다.[29] 엘토르는 독성은 덜하지만 아픈 환자가 더 많은 사람에게 노출되고 더 오랜 기간 감염시킬 수 있다. 그 결과 인구를 휩쓸고 지나갔다가 사라지는 이전의 그 어떤 대유행보다 오래 지속되며, 매년 300만~500만 명이 감염되고 있다.[30] 이 새로운 변종은 인도네시아에서 중국과 동남아시아로 확산되어 1966년에는 인도와 소련에 도달했고, 그 후 서아프리카에까지 퍼졌다. 1970년 이후 거의 모든 아프리카 국가가 세계보건기구에 콜레라를 보고했다. 1991년 페루에서 심각한 콜레라가 발생했는데, 이는 남아메리카에서 100년 만에 처음 발생한 것이었다. 1993년 12월까지 거의 100만 건에 달하는 콜레라가 대륙을 휩쓸었다.[31] 2010년 아이티에서 사상 최초로 보고된 콜레라 발병으로 82만 명 이상의 환자가 발생하고 1만 명 가까이 사망한 사건은 네팔 구호 요원 캠프의

◆ 아르망은 붉은 광장에 묻힌 최초의 여성이다.

부적절한 하수 처리가 원인으로 밝혀졌다.[32]

전염병으로 인한 끔찍한 피해는 콜레라와 기타 질병의 원인을 이해하고 궁극적으로 예방 전략을 개발하기 위한 의료계의 노력을 촉진하는 데 도움이 되었다. 콜레라의 원인 발견은 존 스노John Snow의 끈질긴 노력과 자료 수집, 역학과 질병 도식화의 혁신이 결합된 두 번째 물의 시대의 위대한 의료 성공 사례 중 하나다.

• 12장 •

안전한 물의 과학

모두가 하수구를 고치는 것 대신에 다른 무한한 것을 생각한다면 엄청난 사람이 콜레라로 사망할 것이다.

_ 존 리치John Rich

질병과의 전쟁에서 질병의 원인과 확산 방식을 이해하는 것은 질병 퇴치 방법을 이해하는 핵심이다. 두 번째 물의 시대는 물 관련 질병의 확산을 막는 데 필요한 관찰, 경험, 과학을 한데 모았다. 에베르스 파피루스에 지식을 기록한 초기 이집트 치료사, 고대 그리스의 히포크라테스Hippocrates, 중국의 편작扁鵲과 장중경張仲景, 이슬람 황금시대의 아부 알리 이븐시나 등 많은 과학자, 의사, 엔지니어가 질병을 이해하고 통제하기 위해 노력했다.

지금으로부터 200여 년 전, 콜레라의 원인에 대한 의문을 완전히 해결한 존 스노는 영국의 요크에서 태어났다. 그의 과학적 발견 과정에서 그를 둘러싼 무용담이 생겨났고, 런던위생열대의학대학원(런던

보건대학원)에는 그의 이름을 딴 명예 협회와 물의 역사와 의학에서 그의 역할을 조명하는 웹사이트도 있다.◆

존 스노는 1813년 3월 15일, 8남매 중 장남으로 태어났다. 열여덟 살에 뉴캐슬에서 한 외과 의사의 견습생으로 들어가 탄광 광부들과 함께 일했다. 1831년 말에서 1832년 초, 아시아 콜레라가 영국의 뉴캐슬어폰타인에서 시작되어 인근 탄광 도시 킬링스워스로 퍼져 1,000명 이상이 사망했을 때 그는 의사 조수로 일했다. 그 후 14개월 동안 콜레라는 잉글랜드, 웨일스, 스코틀랜드 전역으로 퍼져 수만 명이 사망했다.[1] 그가 일하던 뉴번 마을에서도 320명이 병에 걸렸고 전체 주민 550명 중 10분의 1이 사망했다. 전염병이 소멸되자 뉴캐슬에 의과대학이 설립되었고, 스무 살도 안 된 그는 입학한 8명의 학생 중 상위 그룹이었다.[2] 그는 의과대학을 졸업하고 1838년 영국 왕립 외과 의대학에 입학했다.

1848년 세 번째 콜레라가 영국에 대유행했을 때 스노는 이미 의료계에서 인정받고 있었다. 1845년 남아시아에서 대규모 발병이 시작된 이후 1846년 뭄바이에 도달했고, 1847년 카스피해 볼가강 하구에 있는 러시아의 도시 아스트라한에서도 보고되었다. 그해 9월에는 모스크바와 상트페테르부르크를 황폐화시켰다. 1848년 6월에는 유럽을 통해 서쪽으로 이동했고, 10월에는 에든버러와 글래스고에 도달해 남쪽으로 빠르게 퍼져나갔다. 이 전염병은 잉글랜드와 웨일스에서 1년

◆ 영국인이 받을 수 있는 가장 큰 영예로, 런던의 한 펍pub은 그의 이름을 따서 명명되었다(그의 업적을 기리는 웹사이트는 https://johnsnowsociety.org/—옮긴이).

이상 지속되었고 약 6만 명이 사망했다.

1800년대 전반에는 콜레라의 원인이 더러운 공기(또는 '미아스마 miasmas'), 더러운 물, 악천후, 오염된 옷과의 접촉, 일반 오물과 기타 다른 원인에 의한 것인지 등을 놓고 의학계에서 치열한 논쟁이 벌어졌다. 1674년 이후 현미경으로 물속 미생물의 존재가 확인되었지만, 대부분의 의료계는 여전히 콜레라(및 기타 질병)가 오염된 공기를 통해 전파된다는 '미아스마' 이론을 믿었다. 적어도 마르쿠스 비트루비우스에게까지 거슬러 올라가는 이 생각은 논리적으로 어느 정도 타당성이 있다.

영국 도시의 공기는 석탄 연료의 연소, 수거되지 않은 쓰레기, 산업 폐기물, 인간 배설물 냄새가 섞여 있었고, 거의 모든 것이 주변 강에 버려졌다. 런던의 템스강에는 200만 명의 사람이 사용한 하수가 유입되었고, 1850년대에 특히 더운 여름날에는 악취가 너무 심해 영국 의회가 휴회해야 할 정도였다. 벤저민 디즈레일리Benjamin Disraeli는 템스강을 "우화에나 나올 법한 참을 수 없이 엄청난 악취가 진동하는 스티기안 웅덩이Stygian pool"라고 불렀다.[3] 『일러스트레이티드 런던 뉴스Illustrated London News』는 "우리는 지구의 가장 먼 곳까지 식민지를 개척할 수 있고, 인도를 정복할 수 있고, 사상 최대 규모의 부채에 대한 이자를 지불할 수 있고, 우리의 이름과 명성과 부를 세계 곳곳에 전파할 수 있지만, 템스강은 정화할 수 없다"라고 썼다.[4]

스노는 초기 경험을 바탕으로, 콜레라가 오염된 공기가 아니라 오염된 물과 관련 있다고 의심했다. 그는 뉴번에서 근무할 때 병에 걸린 사람들이 하수로 오염된 우물에서 물을 마시는 것을 관찰했고,[5]

1849년에는 콜레라가 수인성 전염병이라는 주장을 담은 논문『콜레라의 전염 방식On the Mode of Communication of Cholera』의 초판을 발표하면서 1831~1832년 전염병의 증거, 흑해에서 영국 해군 함대를 통한 질병 확산의 경험, 1848~1849년 전염병의 새로운 정보 등을 제시했다. 스노는 런던 남부에서 깊은 우물에서 물을 공급받는 가정은 페스트에 걸리지 않은 반면, 하수로 오염된 상수도를 사용하는 가정은 사망률이 높았던 사례를 요약했다. 그는 1832년 엑서터 마을의 하수구가 하류로 연결되어 있고 거기에서 물을 취수했을 때는 많은 콜레라 사망자가 발생했지만, 1849년 취수장을 하수구 상류로 옮긴 후 사망률이 훨씬 낮아졌다는 사실을 관찰했다.

런던의 보건 당국자들은 깨끗한 물을 공급받는 부유한 웨스트런던 지역에 비해 지역 하수처리장에 의해 오염된 우물이나 하수로 오염된 템스강 하류에서 물을 공급받는 동쪽의 빈곤 지역에서 콜레라와 장티푸스로 인한 사망률이 훨씬 높다는 사실을 알게 되었다. 1848년 런던에 상수도를 공급하는 민간 수도 회사 중 하나인 램버스 수도는 취수구를 최악의 하수 방류 지점 위로 옮기면서 물 공급 지역의 질병을 줄였지만, 여전히 대부분 지역에는 오염된 물이 공급되었다. 이처럼 오염된 물과의 연관성에 대한 스노의 논문을 뒷받침하는 증거가 점점 늘어나고 있음에도 불구하고 지역 의료기관은 여전히 무책임한 태도를 보였다.

스노 박사는 콜레라가 물로 전염된다는 것을 증명하는 데 실패했다는 우리의 의견을 받아들이고, 이를 확인하기 위해 노력한 전문가들에게 감사를 표해야 한다. 사실에 대한 면밀한 분석과 새로운 견해의 발표를 통해서만 우리는 진실에 도달할 수 있다.[6]

1852년에 1848~1849년의 전염병에 대한 정부의 요약서는 이전보다 다소 호의적이었지만, 여전히 신중한 편이었다.

스노 박사는 1849년 8월 29일 자 논문에서 콜레라의 병리에 대한 이론을 발전시켰다. 이것은 여러 측면에서 지금까지 제시된 이론 중 가장 중요한 이론이다.

그러나 영국 정부는 콜레라의 본질과 전파에 대해 계속 혼란스러워했다. 동일한 1852년 보고서에서도 다음과 같이 언급했다.

콜레린(증상이 가벼운 콜레라-옮긴이)은 인체 내에서만 생성되고 배설물에 의해 전파되는가? 아니면 배설물에 의해 생성되고 전파되는가? 콜레린은 죽은 동물이나 식물성 물질에서 생성되고 전파되는가? 아니면 배설물과 다른 물질이 섞인 체외 물질에서 생성되고 전파되는가? 물을 통해 전파되는가? 공기를 통해 전파되는가? 접촉을 통해 전파되는가? 아니면 이 모든 경로를 통해 전파되는가? 이와 같은 질문들에 명확히 대답할 만큼 관찰이 아직 제대로 이루어지지 않았으며, 확률의 원칙에 따라서만 논의되고 있다.[7]

스노는 콜레라가 수인성 전염병이라는 사실을 점점 더 확신했지만,

영국 의학계가 만족할 만한 이 '위대한 질문'에 대해 결론을 내리는 데 필요한 관찰과 실험을 할 기회를 기다려야 했다.◆ 그 기회는 1854년 브로드 스트리트 발병으로 알려진 콜레라의 새로운 확산이 런던을 휩쓸었을 때 찾아왔다.

1854년 8월 말 몇 건의 사례로 시작되었지만, 8월 31일 밤에 폭발적으로 증가해 수많은 사망자가 발생했다. 한 달 만에 616명의 사망자가 보고되었다. 스노는 즉시 노동 계급 밀집 지역으로 가서 모든 질병 사례를 인터뷰하고 모든 집과 감염자, 모든 식수원의 위치를 지도에 표시했다(그림 16 참조). 그는 "케임브리지 스트리트와 브로드 스트리트가 만나는 지점에서 250야드 이내에 열흘 동안 500명 이상의 콜레라 사망자가 발생했다. 이 제한된 지역에서의 사망률은 전염병으로 인해 이 나라에서 발생한 모든 사망자 수와 맞먹는 수준이다"라고 적었다.[8]

지금은 유명한 스노의 지도를 보면 거의 모든 사망자가 "브로드 스트리트의 사람들이 자주 이용하는 길거리 펌프장" 근처에서 발생했으며, 다른 대부분의 사망자는 물을 구하러 펌프에 간 가족이나 펌프 근

◆ 한편 스노는 높은 평가를 받아 빅토리아 여왕이 아기(레오폴드 왕자)를 분만할 때 도왔으며, 1853년 4월에는 클로로포름을 마취제로 사용했다. 1857년 베아트리체 공주의 분만을 위해 다시 돌아왔고, 이에 대해 여왕은 감사의 뜻을 전했다. M. A. E. Ramsay, "John Snow, MD: Anaesthetist to the Queen of England and Pioneer Epidemiologist," *Proceedings of the Baylor University Medical Center* 19 (2006): 24-28; J. Snow, "Snow (John), 1813-1858: Three Casebooks with a Record of Dr. John Snow's Chloroform Administrations" (1848), 영국 국립문서보관소. https://discovery.nationalarchives.gov.uk/details/r/c3916de9-88d6-4ffc-a0ab-d5aff1cd2440.

그림 16. 콜레라 발병 사례와 물 펌프장의 위치를 표시한 존 스노의 유명한 원본 지도. 각각의 검은색 표시는 콜레라 사망자를 나타낸다. 그는 이 지도를 보고 콜레라 발생의 중심이자 지도 중앙에 표시된 브로드 스트리트 펌프가 원인임을 확신했다. 그가 펌프 손잡이를 제거해 우물을 폐쇄하자 콜레라 발병이 가라앉았다. J. Snow, "'Dr. Snow's Report,' in the Report on the Cholera Outbreak in the Parish of St. James, Westminster, During the Autumn of 1854" (1855), http://johnsnow.matrix.msu.edu/work.php?id=15-78-55.

처 학교에 다니는 어린이에게서 발생했음을 알 수 있다. 펌프에서 나온 물은 동네의 모든 가정에서 요리에 사용되었고, 지역의 공공주택과 커피숍에서 주정spirits을 섞은 후 작은 상점에서 향료를 첨가해 판매된 것으로 알려졌다. 스노는 "이 펌프장은 인구 밀집 지역에 있는 런던 펌프장임에도 불구하고 평소보다 훨씬 더 자주 사용되었다"라고 말했다.[9]

그는 신고된 각 질병 피해자를 일일이 조사해 브로드 스트리트 펌프장에서 물을 언제, 어떻게 마셨는지 파악하고, 그 결과를 병에 걸리지 않은 지역 주민들과 비교해 브로드 스트리트 우물이 질병의 원인이라고 결론 내렸다. 그는 연구를 런던 전체로 확대하고 다음과 같이 보고했다.

> 위에서 언급한 물을 매개로 콜레라가 전파된 사례는 모두 펌프장의 오염이나 기타 제한된 물 공급으로 인해 발생했다. (…) 콜레라는 앞서 지적한 이유로 가난한 사람들이 붐비는 법원과 골목에 남아 있을 수 있지만, 일반적으로 식수가 확산의 매개체가 되지 않은 지역사회에서 마을이나 이웃을 통해 퍼진 사례는 없다. 런던에서 콜레라가 유행할 때마다 각 지역의 상수도 공급의 특성과 밀접한 관련이 있었다. 이는 빈곤과 항상 수반되며, 밀집도와 청결을 위한 열망에 의해서만 바꿀 수 있다.[10]

스노가 9월 7일 세인트제임스 교구의 지역보호위원회에 조사 결과를 발표하자 당국은 브로드 스트리트 펌프 개폐기를 제거하도록 허가했고, 주민들은 오염되지 않은 다른 우물에서 물을 구할 수밖에 없었다. 그랬더니 며칠 만에 발병이 가라앉았다.[11] 스노는 런던의 여러 지역에 서비스를 제공하는 다른 수도 회사의 질병 발생률과 수질을 비교하면서 위험성을 조사하기 시작했다.

1855년 스노는 콜레라 발생을 조사 중인 영국 의회에 출석해 콜레라가 특정 우물과 일부 지역 수도 회사의 상수도에서 공급한 오염된 물을 섭취함으로써 확산되었다는 주장을 펼쳤다.

위원회: 콜레라가 발생한 1854년 당시 특정 결과에 대한 조사를 통해 질병의 전파 방식이 무엇인지 귀하는 확신합니까?

스노: 나는 런던 남부 지역에서 콜레라의 주된 전파 방식이 런던의 하수를 포함하는 사우스워크와 복스홀 수도 회사의 물에 의한 것이며, 결과적으로 가난한 사람들 밀집 지역에서 콜레라 환자로부터 나올 수 있는 모든 것을 포함한다고 확신합니다. 그리고 나는 그것이 개인에서 개인으로, 때로는 가족 내에서, 그러나 유사한 수단, 즉 이전에 아픈 환자에게서 나온 것을 우연히 삼킴으로써 직접 퍼졌다고 확신합니다.

위원회: 콜레라가 거의 전적으로, 입으로 들어온 독에 의해 전파되었다는 것을 보여주는 증거가 있습니까?

스노: 네.

위원회: 확실히 마셔서요?

스노: 네, 모든 경우에 그렇다는 것이 제 신념입니다. (…) 저는 콜레라의 원인은 항상 콜레라이며, 각각의 사례는 항상 이전 사례에 의존한다고 생각합니다.[12]

스노의 연구 결과가 최종적으로 인정받고 획기적인 발전을 이룬 것은 1880년대 중반 로베르트 코흐Robert Koch와 독일 의학 연구 팀이 콜레라균을 분리해 질병을 앓고 있는 사람들을 찾아내고 물과의 연관성을 확인한 이후다.[13]

스노의 지도와 연구는 이제 상징적인 것으로 여겨지지만, 보수적인 의학계가 포말전염설miasma theory에 대한 집착을 버리고 오염된 물과 콜레라의 직접적 연관성을 인정하기까지 수십 년이 걸렸다. 인류가 이런 다양한 질병의 원인을 이해하기 시작하면서, 공학자와 수자원 과학자들은 폐수를 포집 및 처리하고 식수를 정화하는 기술을 개발하고 구축하는 작업을 병행하기 시작했으며, 이는 현대 수도 시스템의 핵심이 되었다.

• 13장 •

최신 시스템 구축

배관이 인간의 삶에 기여하는 바를 생각하면, 다른 과학은 무의미해진다.

_ 제임스 고먼James P. Gorman

런던의 존 스노와 같은 선구자들은 다른 사람들이 처음으로 인구 증가에 따라 깨끗한 식수를 제공할 수 있는 기술적 해결책을 개발하고 구축할 길을 열었다. 20세기에 접어들면서 세균 이론, 수인성 질병에 대한 의학적 이해, 정수 기술, 대규모 도시 상수도 시설의 설계와 자금 지원을 결합해서 최초의 현대식 상수도 시스템을 구축할 수 있는 모든 요소가 구비되었다. 필요한 것은 헌신적인 개인과 지방자치단체의 의지와 결단뿐이었다. 1908년 뉴저지주의 저지시티에서 이러한 요소들이 한데 모였다.

저지시티는 유럽 식민지 개척자들이 설립한 뉴저지주에서 가장 오래된 지역이다. 맨해튼에서 허드슨강 건너편에 위치한 이곳은 원래 델라웨어족이 거주하던 땅을 1630년에 네덜란드인이 '매입'했다. 1700년대 후반 알렉산더 해밀턴Alexander Hamilton을 비롯한 저명한 뉴요커들은 이곳이 본토로 통하는 주요 관문이 될 거라 믿고, 이 지역의 개발을 위해 노력했다. 이 도시는 1820년에 통합되었으며, 남북전쟁 당시에는 지하철로 중요한 역할을 담당해 6만 명에 달하는 사람에게 안전한 통로를 제공했다.[1] 1900년까지 인구가 20만 명이 넘었고, 하수와 산업 폐기물로 심하게 오염된 퍼세이크강에 의존하는 탓에 물 문제가 매우 심각했다.[2]

존 릴John L. Leal은 뉴욕의 안데스에서 태어나 저지시티 바로 옆 뉴저지주의 패터슨에서 자랐으며, 그의 아버지처럼 의사로서 훈련받았다. 그는 1886년에 패터슨의 시 의사로 임명되었고, 1892년에는 수도, 위생 및 산업 폐기물 시스템을 감독하는 보건 담당관이 되어 개인 진료와 주요 시립병원에서 일했다.[3] 업무의 일환으로 1890년대 후반에는 패터슨에서 발생한 대규모 장티푸스를 포함한 전염병을 조사했다.

장티푸스는 처리되지 않은 인체 폐기물에 오염된 음식이나 식수를 섭취함으로써 전염되는 또 다른 수인성 질병이다. 1880년대 독일의 병리학자이자 세균학자인 카를 요제프 에베르트Karl Joseph Eberth가 이 세균을 분리했고, 병리학자 게오르크 가프키Georgr Gaffky가 이 세균이 장티푸스의 원인임을 확인했다. 1899년 릴은 「공공 상수도 공급으로 인한 장티푸스 전염병」이라는 논문을 썼는데,[4] 존 스노가 수십 년 전 런던에서 사용한 것과 동일한 기법을 사용해 결론을 내렸다.

[패터슨 장티푸스] 사례들 사이에서 발견할 수 있는 유일한 연결 고리는 공공 상수도였으며, 감염된 사람들의 98% 이상이 24시간 중 적어도 몇 시간은 이 상수도를 사용한 것으로 알려졌다. 따라서 공공 상수도가 사례의 유일한 공통 요인으로 의심된다는 것이 다음과 같은 사실로 확인되었다.

첫째, 질병이 나타나지 않은 유일한 구역은 공공 상수도가 공급되지 않은 구역이었다.

둘째, 같은 수원을 공급받는 퍼세이크시에서도 동일 시기에 장티푸스가 발병한 것으로 밝혀졌다.

셋째, 전염병의 진행 과정은 갑작스러운 상승과 하락으로 표시되었다.

넷째, 이러한 상승과 하락은 폭우와 그에 따른 수면 상승이 선행되었다.

위 사실로 볼 때 현재 논의되고 있는 발병의 감염원을 공공 상수도로 추정하는 것이 적절하다.[5]

지역의 수질 문제가 심각해지고 질병이 반복적으로 발생하자 오염된 퍼세이크강에 의존해 살아가던 인근 저지시티도 조치가 필요했다. 1899년 저지시티는 민간 기업인 저지시티 수도 공급 회사와 계약을 맺고 기존 취수장 상류의 로커웨이강에 새로운 저수지를 건설했으며, 릴은 이 회사의 과학자문위원회 의장으로 활동했다. 1904년 신규 댐과 그 뒤 분턴의 저수지 및 수로가 완공되어 저지시티로 물이 공급되었지만, 추가적인 정수나 수 처리는 제공되지 못했다. 릴은 수 처리의 일환으로 유역의 모든 하수 오염원을 제거하려고 노력했지만 성공하지 못했다. 이에 시 당국은 물이 '순수하고 건전하지' 않아 계약 위반이라고 주장하며 회사를 상대로 소송을 제기했다. 이 소송은 수도 회사에 대한 수요 증가를 보여주는 가장 중요한 초기 사례 중 하나이면서, 수질 오염을 해결하기 위한 새로운 방법을 찾아야 한다는 요구가 커지고 있음을 보여주는 중요한 초기 사례 중 하나였다.

1908년 이 소송을 감독한 판사 프레더릭 스티븐스Frederick W. Stevens는 수질 악화가 계약 위반이라는 것을 인정하고, 상류 오염 물질을 제거하기 위한 하수도 비용을 지불하거나 안전한 물을 생산하기 위한 '다른 계획 또는 장치'를 찾으라고 명령했다. 하수도 비용이 많이 들었고, 유역에 다른 박테리아 오염원이 있기 때문에 하수도가 물을 보호하기에 충분하지 않다고 생각한 릴은 다른 방법, 즉 물을 정화하는 것을 시도할 기회라고 생각했다.

박테리아학 교육을 받은 릴은 염소 용액이 식수 정화에 활용된다는 다양한 증거에 대해 연구하고 있었다. 염소는 수십 년 동안 강력한 소독제로 인식되어왔다. 1820년대 프랑스의 과학자이자 약제사였던 앙투안 제르맹 라바라크Antoine Germain Labarraque는 염화물을 사용해 유기물 분해를 늦추고, 부패한 냄새를 줄이며, 오염된 표면을 소독할 수 있다는 사실을 발견했다. 그의 실험은 매우 성공적이어서 1824년 루이 18세의 시신을 '염화석회' 용액으로 씻는 일을 담당해 시신을 "냄새 없이 대중에게 공개할 수 있었다". 이를 계기로 병원, 영안실, 하수구의 소독과 '썩은 물의 정화'에 염소화합물을 사용하라는 권고가 이어졌다.[6] 라바라크의 기술은 이후 1832년 파리에서 콜레라가 발생해 2만 명이 사망했을 때 죽음의 냄새를 줄이기 위해(앞 장에서 소개한 것처럼 콜레라가 수인성이라는 것이 밝혀지기 전에는 공기miasmas를 통해 감염된다고 믿었다—옮긴이) 광범위하게 사용되었지만, 아쉽게도 더 효과적인 물 소독에는 사용되지 못했다. 1854년 영국 왕립위원회는 런던의 하수 냄새를 제거하기 위해 염소 사용을 권장했다.

1885년 미국 공중보건협회는 염화석회가 비용도 저렴하고 효율도 신뢰할 수 있는 물 소독제라고 보고했다. 1893년 뉴욕의 브루스터에 염소를 생산하고 소수의 주택에서 나오는 하수를 소독하는 소규모 공장이 세워졌다. 이는 물속의 박테리아를 죽이는 것을 목적으로 한 최초의 공장이었을 것이다. 이 무렵, 유럽에서도 비슷한 실험이 진행되어 염소와 기타 소독제가 콜레라와 장티푸스 박테리아를 죽이고 수도 시스템의 냄새, 맛, 성능을 개선할 수 있는지 연구하고 있었다.[7]

1897년 영국의 메이드스톤에서는 장티푸스로 인해 130명 이상이 사망하고 약 2,000명이 병에 걸렸다. 장티푸스는 10톤의 염화석회를 사용해 지역 저수지와 배수관로에서 약 76만 리터의 물을 소독함으로써 종식되었다.[8] 1년 후 릴은 자신의 실험실에서 소독제로서 염소를 직접 시험했다. 1905년 스코틀랜드의 전직 의사이자 런던의 수질검사 책임자였던 알렉산더 크루익섕크 휴스턴Alexander Cruikshank Houston은 링컨셔주의 링컨에서 장티푸스가 발생하자 차아염소산나트륨이 장티푸스 박테리아를 죽였다는 것을 증명했다. 휴스턴은 수개월 동안 지속적으로 살균할 수 있는 혁신적인 시스템을 개발했다.[9]

1908년 6월 뉴저지주로 돌아온 릴의 과제는, 독극물로 알려진 염소를 상수도에 첨가하는 것이 법원의 결정에서 허용한 '다른 계획 또는 장치'의 해결책으로서 안전하고 신뢰할 수 있는 선택임을 판사에게 설득하는 것이었다. 릴은 법원에 염소 소독의 잠재력에 대한 실증 사례를 제시했다. 그러자 판사는 실험실에서뿐만 아니라 주요 도시의 상수도에서 이 아이디어가 효과 있음을 증명할 수 있도록 3개월의 시간을 주었다.◆ 당시 미국에서는 식수 정화를 위해 염소 소독을 사용하는 상수도 시스템이 단 한 곳도 없었다. 릴은 놀랍도록 짧은 기간에 수공학 전문가들을 모아 하루에 1억 5,000만 리터의 물을 지속적으로 처리할 수 있는 염소 시스템을 구축했으며, 박테리아 및 화학 전문가들과 함께 이 시스템이 물을 정화하고 안전하다는 것을 입증했다.[10] 그해 9월까지 염소 처리 공장이 건설되어 분턴 저수지의 물을 처리하고 있었다. 새로운 시스템이 효과 있다는 것을 입증하기 위한 두 번째 재판은 1910년 5월 염소가 병원균이 없는 물을 생산하는 수단으로 허용된다는 사법부의 판결로 끝났다. 이 사건을 감독한 수도 관리인은 법원에 제출한 최종 보고서에서 다음과 같이 말했다.

> 따라서 나는 이 장치[릴의 염소 처리 시설]가 저지시티에 공급되는 물을 적절한 목적에 맞게 순수하고 안전하게 만들 수 있으며, 법령에 따라 특정 시기에 존재할 가능성이 있다고 생각되는 위험한 세균을 물에서 제거하는 데 효과적이라는 것을 발견하고 보고한다.[11]

다른 도시들도 곧 그 뒤를 따랐다. 1916년 런던은 상수도에 염소 처리를 시작했고 1년 후에는 모든 물을 소독하기 시작했다.[12] 10년 만

◆ 마이클 J. 맥과이어Michael J. McGuire의 저서 『염소 혁명: 물 소독과 생명을 구하기 위한 투쟁The Chlorine Revolution: Water Disinfection and the Fight to Save Lives』(덴버: 미국 상수도협회, 2013)은 릴의 노력에 대한 훌륭한 요약본을 제공한다.

에 미국 내 1,000여 개 도시가 차세대 정수장을 건설해 도시 상수도에 변화를 가져왔으며, 도시 상수도 인프라에 자금을 지원하기 위한 지방채 발행이 가능해졌고, 식수 내 박테리아 농도에 제한을 둔 최초의 국가 수질 기준이 제정되면서 도시 상수도 공급에 활력을 불어넣었다. 즉각적인 결과 중 하나는 콜레라, 장티푸스 및 기타 수인성 질병으로 인한 발병과 사망이 급감한 것이다(그림 17). 특히 제2차 세계 대전 이후 1972년 청정수법이 통과되어 연방건설기금을 사용하면서 투

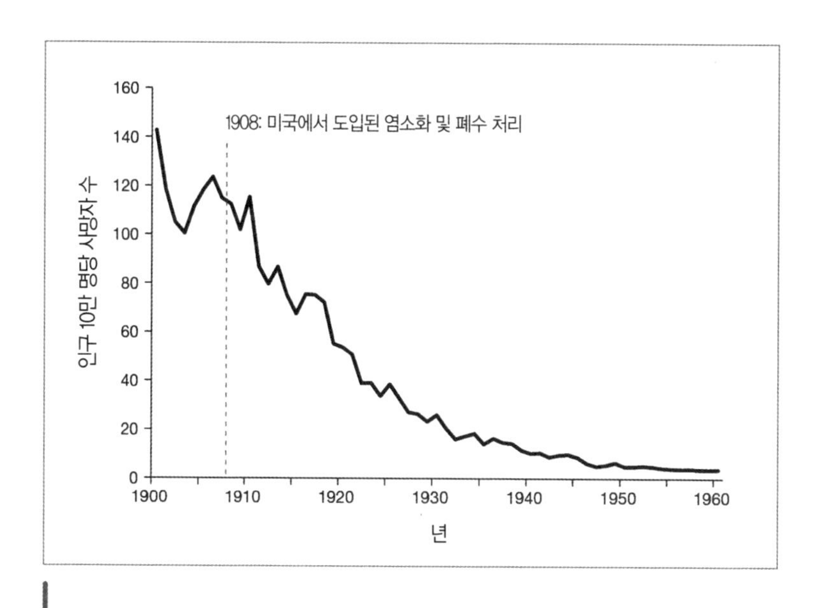

그림 17. 1900~1960년 미국의 설사병 사망률(인구 10만 명당 사망자 수). 현대식 상수도 및 위생 시스템이 도입되면서 급감한 것을 보여준다. R. D. Grove and A. M. Hetzel, *Vital Statistics Rates in the United States, 1940-1960* (Washington, DC: US Department of Health, Education and Welfare, Public Health Service, US Government Printing Office, 1968); Federal Security Agency, US Public Health Service, US Department of Health, Education and Welfare, Public Health Service, *Vital Statistics of the United States, 1945, Part 1* (Washington, DC: US Government Printing Office, 1947).

자가 급속히 확대되었다. 1900년에는 설사병이 미국에서 세 번째로 큰 사망 원인이었지만, 2000년에는 수인성 질병이 단 한 건도 상위 100위 안에 들지 못했다.[13]

미국에서 정수 기술이 빠르게 보급된 것은 안전하지 않은 물과 물 관련 질병을 퇴치해야 한다는 절박한 필요성과 20세기 초 기술 혁신의 급속한 가속화에 따른 결과였다. 오늘날 미국에서는 5만 개의 식수 시스템과 1만 5,000개의 하수 시설이 미국 인구의 75% 이상에게 물을 공급하며, 나머지는 농촌 지역의 개인 우물을 이용한다.

안타깝게도 20세기에 이룬 안전한 물 공급의 혜택과 발전이 위협받고 있다. 개발도상국에서는 종합적인 시스템 구축에 대한 총체적 투자가 부족하고, 부유한 국가에서는 기존 물 인프라를 적절하게 유지 관리하거나 개선하지 못했기 때문이다. 1세기 전 미국에서 도입된 많은 시스템, 즉 다른 많은 국가에서도 도입했으면 하는 당시 시스템이 이제는 노후되거나 실패했다. 문제의 일부는 수도 시스템이 대부분 눈에 보이지 않고 땅속에 묻혀 있으며, 당연한 시설로 인지되기 때문이다.

세계에서 가장 부유한 나라에 사는 대부분의 사람은 수도꼭지를 틀기만 하면 깨끗한 물이 나오거나 변기 물을 내리기만 하면 배설물이 마술처럼 사라지는 것을 당연하게 여기면서도 이에 대한 지속적인 관리와 투자가 필요하다는 것을 인식하지 못한다. 그리고 세금 감면, 정부 약화, 공공 서비스에 대한 자금 보류나 전용 등도 도시, 지방, 공공 서비스 기관이 필요한 물 프로젝트 자금 지원에 걸림돌이 되고 있다.

수천 개의 수도 시설을 대표하는 미국상수도협회는, 2040년까지 현재 미국 내 대부분의 상수도 인프라를 수리하거나 교체해야 하지만 현재 투자 비율로는 그 비용을 감당할 수 없다고 예상한다. 2018년 미국 환경청은 향후 20년간 기존 파이프라인을 교체 또는 개선하고, 수처리 시스템을 확충하며, 물을 저장하고 공급하는 수도 인프라 구축 사업에 4,700억 달러 이상이 필요할 것으로 추정했는데, 이는 현재 투자되고 있는 금액을 훨씬 초과한다.[14] 현재와 같이 투자금이 계속 저조하다면 그 결과는 수도 시스템의 추가 악화, 단기 수질 문제 증가, 수도 서비스에 대한 대중의 우려와 불만 증가, 수인성 질병의 재발과 물 위기가 확산될 것이다.

노후화의 징후도 무시할 수 없다. 2012년부터 2018년까지 오래된 수도관의 파손이 27% 증가했으며, 미국 동부의 도시에서 누수를 추적하는 수도 작업자들은 수백 년 전에 설치된 오래된 나무 파이프를 발견하기도 한다.[15] 노후화된 인프라에서 고도로 처리된 귀중한 물이 누수되어 연간 수조 리터의 물이 낭비되고 있다. 우수 시스템에 연결된 하수 시설은 극심한 폭풍우 시 대규모 하수 범람을 일으켜 강과 해안 지역을 오염시킨다.[16] 100년 전에 설치되었지만 교체되지 않은 납 수도관으로 인해 어린이들이 여전히 중독되고 있다.

그리고 미시간주 플린트의 재앙도 있다. 2014년 미시간주 플린트시에 거주하는 주민들은 변색되고 맛이 나쁘고 악취가 나는 수돗물을 경험하기 시작했다. 이는 보건 및 정치적 위기가 될 중대한 사태의 첫 징후였다. 플린트시는 디트로이트에서 북쪽으로 약 100킬로미터 떨어진 플린트강 유역에 위치한 오래된 산업 도시다. 1908년 제너럴 모터스가 설립되어 공장 폐쇄와 국내 제조업의 감산, 대규모 실직이 도시를 강타한 1980년대 중반까지 플린트시는 자동차 제조의 중심지였다. 인구는 최고 20만 명에서 10만 명 미만으로 감소했고, 20세기 말에는 심각한 경제 쇠퇴를 겪었다.[17]

플린트시는 1912년에 자체 상수도 시스템을 운영하기 시작했는데, 이 시기는 미국 전역의 도시들이 릴과 다른 사람들이 개발한 신기술을 활용해 플린트강의 물을 여과, 부식 방지 및 맛을 위한 화학 처리는 물론 염소 소독을 통해 물을 처리하던 때였다. 플린트시가 미시간주에서 두 번째로 큰 도시였던 1960년대에는 자동차 제조 과정에서 발생하는 산업 폐기물이 플린트강을 점점 더 오염시켰고, 플린트시는 디트로이트 상하수도국과 그나마 깨끗하고 믿을 수 있는 디트로이트강에서 물을 구입하는 방식으로 전환했다. 2013년 플린트시는 경제적 압박으로 인해 비용 절감 방법을 모색했고, 휴런호로 가는 수도관을 건설 중인 다른 수도 기관과 물 공급 계약을 체결했다. 그동안 플린트시는 비용을 절감하기 위해 상수도 공급원을 플린트강으로 다시 전환하고 자체 정수장에서 물을 처리하기로 결정했다.

몇몇 공무원과 수자원 관리자들은 수질 관리에 대한 우려 때문에 플린트강으로 다시 전환하는 것을 반대한다고 권고했다. 2014년 4월, 플린트 처리장의 실험실 및 수질 관리자 마이크 글래스고Mike Glasgow는 미시간주 환경품질부에 "조만간 물을 보내도록 승인하지 않을 것으로 예상한다. 앞으로 몇 주 안에 이 공장에서 물을 공급하면 내 지시에 어긋나는 일이 될 것이다"라는 이메일을 보냈다.[18]

이러한 경고에도 불구하고 2014년 5월에 전환이 이루어졌고, 상황은 즉시 나빠졌다. 몇 주 만에 주민들은 수돗물이 붉게 변하고 냄새와 맛이 나며 아이들에게 발진을 일으킨다고 불평을 쏟아냈다.[19] 수도관이 빠른 속도로 파손되기 시작했다. 제너럴 모터스는 엔진 부품을 만드는 공장에서 비정상적인 부식을 보고하고 다른 물 공급업체를 찾아야 했다.[20]

2014년 여름이 되자 플린트시의 수질은 급격히 나빠졌다. 박테리아 수치가 증가하고 1979년 인체 건강 위험과 잠재적 발암 물질로 분류되어 규제된 트라이할로메테인과 같은 화학 오염 물질이 연방 기준을 초과했으며, 2015년 여름에는 버지니아 폴리테크닉 연구소의 마크 에드워즈Marc Edwards 교수가 이끄는 연구 팀이 광범위한 평가를 통해 시스템 전체에서 납 함량이 상승한 것도 발견했다. 지역 의사인 모나 해나아티샤Mona Hanna-Attisha 박사는 어린이들을 대상으로 납 농도를 검사한 결과, 플린트 강물이 공급된 후 특히 사회경제적으로 취약한 지역에서 납 농도가 급격히 증가한 것을 발견했다. 그녀와 동료들은 "디트로이트의 휴런호에서 플린트 강물로 전환하면서 식수에서 납이 검출되는 엄청난 폭풍이 일어났다"라고 결론지었다.[21] 병원들은 오염된 안개와 담수의 에어로졸에서 레지오넬라균을 흡입하는 것과 관련된 심각한 폐렴인 레지오넬라병Legionnaires' disease이 크게 증가했다고 보고했다. 레지오넬라병을 예방하려면 상수도를 적절히 관리해야 하지만, 부적절한 소독과 플린트강에서 취수된 원수의 화학적 관리가 레지오넬라균의 성장과 번식으로 이어진 것으로 추정된다. 2014년 여름과 2015년 여름, 레지오넬라로 인한 91건의 사례와 12명의 사망자가 발생했는데, 이는 플린트 강물로 전환하기 전과 비교해

매년 6~13건 증가한 것이다.[22]

플린트의 잘못된 상수도 시스템 관리로 인한 건강 위기 외에도 수돗물에 대한 신뢰가 크게 떨어지면서 결과적으로 상업용 생수 사용이 증가했다. 플린트시 사태가 한창일 때 일부 가정에서는 식수, 요리, 목욕을 위해 하루에 수백 병의 생수를 사용했다. 비상사태가 절정에 달했을 때 미시간주 정부가 생수 비용의 일부를 부담해 한 달에 수십만 달러를 지불했다.[23] 그러나 수억 달러를 들여 수도 시스템을 개선하고 수돗물이 안전하다고 선언한 지 몇 년이 지난 지금도 플린트 주민들은 개인적으로 생수를 구입하며, 일부 지역 지도자와 의료 전문가들은 계속해서 그렇게 하도록 권장하고 있다.[24] 플린트시 주민이자 미시간주 정치 지도자인 짐 애너니크Jim Ananich는 "나는 [수질을] 신뢰하지 않기 때문에 누군가에게 [수질을] 믿으라고 말할 수 없다. (…) 과학과 논리에 따르면 괜찮아야 한다고 말하지만 사람들은 나에게 거짓말을 했다"라고 말했다.[25]

플린트 수돗물 사태는 정치적으로도 영향을 미쳤다. 주 및 연방 공무원들은 위기 대응을 잘못했다는 이유로 사임하거나 해고되었다. 수만 건의 소송과 피해 청구가 제기되었으며, 2020년 8월 미시간주는 피해를 입은 가정과 기업, 특히 납 중독 및 기타 건강 문제를 겪은 어린이들에게 6억 달러의 합의금을 지급하겠다고 발표했다.[26] 2021년 초, 전 미시간 주지사와 다른 8명의 공무원이 그들의 역할에 대한 중범죄 및 경범죄로 기소되었다. 그들 중 일부는 레지오넬라병◆으로 인한 사망의 비자발적 과실치사 혐의로 기소되었다.

플린트시의 위기는 잘못된 기술적 결정, 어려운 경제 상황, 지역 상수도에 대한 총체적인 투자 부족, 수질을 주의 깊게 모니터링하고 지역사회에 공개적으로 보고하지 않은 것, 지역과 주 및 연방 기관의 변명할 수 없는 잘못된 관리의 결과로 수년 전부터 발생했다. 그러나 더 큰 위기는 플린트시만의 사례가 아니라 미국 전역의 상수도 시스템, 특히 저소득층과 소외된 지역사회에서 동일한 이유로 악화되고 있다는 것이다.

2022년 여름, 미시시피주 잭슨시의 상수도는 홍수와 수년간의 투자 부족으로 인해 고장 났다. 그 결과 흑인 주민의 80%인 15만 명이 안정적이고 안전한 식수를 공급받지 못했다. 캘리포니아 센트럴 밸리에서는 지역 수도 시스템의 5분의 1이 비료, 살충제, 제초제와 같은 농약 또는 인간의 배설물을 지하수로 침출시키는 정화조 시스템의 오염으로 인해 정기적으로 수질 위반 사례가 발생한다. 많은 가난한 농장 노동자 공동체에 제공되는 얕은 우물은 대기업의 농업 이해관계자들에 의한 막대한 지하수 초과 인출로 인해 말라가고 있다.

2012년부터 2016년까지 5년 동안 캘리포니아에 심각한 가뭄이 지속될 때 거의 50만 명에게 물을 공급하는 127개 수도 시스템이 물 공급에 실패했거나 물 부족을 막기 위한 긴급 자금이 필요했다.[27] 2018년 태평양연구소Pacific Institute의 연구에 따르면, 주로 소규모 저소득 농촌 지역과 소외된 인디언 땅에 거주하는 캘리포니아 주민 52만 명이 연

◆ 이 책을 집필하는 지금도 이러한 사건 중 상당수는 아직 해결되지 않은 상태다. "Flint Water Criminal Cases Move Slowly in Court a Year Later," CBS Detroit, January 12, 2022; K. Gray and J. Bosman, "Nine Michigan Leaders Face Charges in Water Crisis That Roiled Flint," *New York Times*, January 15, 2021.

방 식수 기준에 미달하거나 현대식 상수도 시스템이 전혀 작동하지 않는 시스템에서 물을 공급받는 것으로 추정된다.[28]

이러한 문제를 해결하고 상수도 시스템에 재투자하며 현대화하려면 시간, 노력, 기술, 자금은 물론 공중보건을 보호하는 규제와 제도를 강화하는 정책에도 상당한 투자를 해야 한다. 수돗물 시스템에 대한 대중의 신뢰를 구축하기는 어렵지만 잃기는 너무 쉽다.[29]

우리는 현대식 수처리 시스템을 구축하는 방법을 알고 있고, 수인성 질병을 예방하는 방법도 알고 있다. 존 릴과 저지시티의 교훈은 모두에게 안전한 물과 위생 시설을 제공하는 것은 마술이 아니라 사회가 제2의 산업혁명 시대에 발전한 과학과 지식을 성공적으로 적용한 결과라는 것이다. 과학의 발전과 두 번째 물의 시대에 개발된 지식을 성공적으로 적용하고 필요한 기술과 제도에 투자한 결과다. 플린트시를 비롯한 전 세계 지역사회가 얻은 교훈은 기본적인 물 서비스에 대한 보편적 접근을 제공하지 못하는 것은 기관과 정부의 지속적인 실패라는 것이다. 그리고 이것이 바로 물 빈곤의 고착화 위기다.

· 14장 ·

물 빈곤

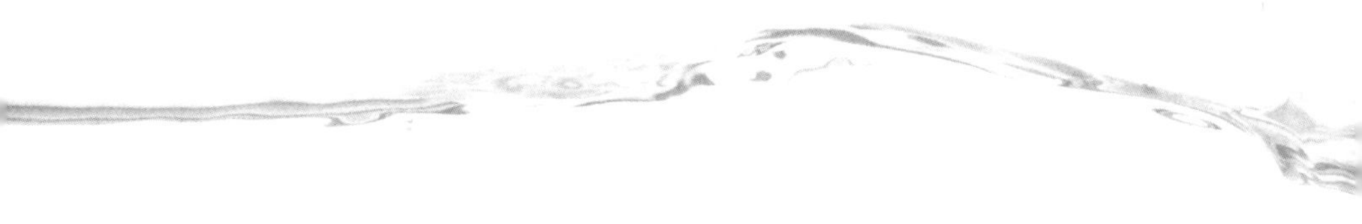

만약 가난한 사람들의 불행이 자연의 법칙이 아니라 우리의 제도에 의한 것이라면,
우리의 죄는 크다.

_ 찰스 다윈, 『비글호Voyage of the Beagle』

오늘날 물 위기의 가장 심각하고도 변명할 수 없는 사실은 모든 사람에게 기본적인 물 서비스를 제공하지 못한다는 것이다. 우리는 더럽고 오염된 물을 정화하는 방법을 알고, 폐수를 깨끗하고 마실 수 있는 물로 바꾸는 방법도 안다. 우리는 물 저장이나 홍수 방지, 수력 발전을 위해 댐을 건설하는 방법도 안다. 우리는 바닷물에서 염분을 제거하고 대기에서 담수를 제거하는 기계를 만들었고, 우주 공간에서 물을 찾는 다른 기계도 발사했다. 그러나 이러한 두 번째 물의 시대의 진전에도 불구하고 모든 사람에게 가장 기본적인 물 서비스를 제공하는 데는 실패했다.

수십억 명의 사람이 여전히 안전한 식수를 충분히 공급받지 못하며, 대부분의 사람이 당연하게 여기는 화장실과 위생시설에 대한 접근성도 부족하다. 두 번째 물의 시대의 과학, 기술, 의학의 발전과 인터넷으로 연결된 첨단기술에도 불구하고 물 관련 질병은 여전히 세계에서 가장 끈질기고 효과적인 살인자 중 하나다. 안전한 물과 적절한 위생 시설의 부족 때문에 생긴 질병으로 매년 200만 명이 사망하고 있다. 아프리카와 동남아시아에서는 설사로 인한 사망자가 전체 사망자의 8% 이상을 차지한다. 그러나 설사만이 안전하지 않은 물로 인한 위협은 아니다. 2017년에는 2억 2,000만 명 이상이 기생충에 감염된 물에 노출되어 발생하는 급성 또는 만성 질환인 주혈흡충증으로 고통받았다.[1] 급속한 경제 발전은 단순한 생활 폐기물보다 처리하기 훨씬 더 어렵고 복잡한 산업 및 제약 화학 물질과 같은 완전히 새로운 오염 물질도 함께 발생시켰다. 이러한 새로운 문제들은 잘 이해되지 않고, 제대로 관리되지 않으며, 규제가 약하고, 기존 처리 기술로는 제대로 제거되지 않는 다양한 종류의 건강 위험을 야기한다.

필자는 케냐 나이로비의 키베라 빈민가와 수십만 명이 안전한 물이나 변변한 화장실도 없이 극심한 빈곤 속에 살고 있는 남아프리카공화국의 한 마을에서 생활해봤다. 가자지구와 서안지구의 팔레스타인 지역에서는 상하수도 시설이 표준 이하이고 지속적인 분쟁으로 인해 상수도 서비스를 제공하려는 노력이 막혀 있는 곳을 방문했다. 또한 지역사회에 안정적이고 안전하며 저렴한 물을 공급받지 못하는 미국의 아메리카 원주민이나 농장 노동자들과도 함께 일했다. 이러한 경험을 통해 안전한 물에 대한 빈부 격차가 얼마나 심각한지 새삼 깨달았다. 수천 년 전 고대 로마나 그리스, 심지어 뉴저지 주민들보다 수

많은 사람이 오늘날 안전한 물에 대한 접근성이 떨어지고 제대로 된 물 서비스를 제공받지 못한다는 사실을 어떻게 받아들여야 할까? 수천 년 전, 심지어 한 세기 전 저지시티 주민들이 이용할 수 있었던 것보다 더 낮은 기능성 식수 서비스를 제공받는 것을 어떻게 용인해야 할까?

이러한 문제는 우리가 무엇을 해야 하는지 이해하지 못하거나, 중요한 기술이 부족하거나, 돈을 확보하지 못해서가 아니다. 자연재해로 인해 일시적으로 물과 위생 시설에 접근하지 못하는 사람들을 제외하면, 고질적인 문제는 정부, 정치인, 지역사회가 해야 할 일을 하려는 의지와 헌신이 부족하고, 물 빈곤을 영원히 없애는 데 필요한 자원을 투입하지 않는 데 있다.

물 빈곤은 모든 나라에서 피해자가 발생하는 글로벌 위기다. 2020년 유엔은 기본적인 서비스만 받는 12억 명, 제한된 서비스를 받는 2억 8,200만 명, 개선되지 않은 수원을 사용하는 3억 6,700만 명, 보호되지 않은 지표수를 마시는 1억 2,200만 명을 포함해 오염되지 않고 안전하게 관리되는 식수에 접근하지 못하는 인구가 20억 명에 달한다고 추정했다(표 14.1과 14.2에 물 서비스 접근성에 대한 UN의 정의가 요약되어 있다). 2020년에는 기본 서비스를 받는 19억 명, 제한된 서비스를 받는 5억 8,000만 명, 개선되지 않은 시설을 이용하는 6억 1,600만 명을 포함해 36억 명이 안전하게 관리되는 위생 서비스를 받지 못했으며, 4억 9,400만 명이 들판, 숲, 도로, 해변, 개방 수역에서 배설물을 처리하는 야외 배변을 했다.[2]

[표 14.1] 물 서비스에 대한 유엔의 정의

서비스 수준	정의
안전한 관리	시설에서 접근 가능하고, 필요할 때 언제나 사용할 수 있으며, 배설물이나 주요 화학 물질의 오염이 없는 안전한 수원의 음용수
기본 수준	대기 시간을 포함해 수령 시간이 왕복 30분 이내 안전한 수원의 음용수
제한 수준	대기 시간을 포함해 수령 시간이 왕복 30분을 초과한 안전한 수원의 음용수
개선되지 않은 수준	보호되지 않은 우물 또는 샘에서 나오는 음용수
지표수	강, 댐, 호수, 연못, 개울, 운하 또는 관개수로에서 직접 식수

※ 출처: 세계보건기구 및 유니세프, 「가정용 식수, 위생 및 위생에 대한 발전, 2000-2020: SDGs 도입 5년」(제네바: 세계보건기구 및 유엔아동기금, 2021).

[표 14.2] 위생 서비스에 대한 유엔의 정의

서비스 수준	정의
안전한 관리	다른 세대와 공유하지 않고 배설물을 제자리에서 안전하게 처리하거나 외부에서 제거 및 처리할 수 있는 개선된 시설 사용
기본 수준	다른 세대와 공유하지 않는 개선된 시설 사용
제한 수준	다른 세대와 공유하는 개선된 시설 사용
개선되지 않은 수준	슬래브 또는 플랫폼이 없는 구덩이 변기, 매달린 변기 또는 양동이 변기 사용
지표수	들판, 숲, 덤불, 개방된 수역, 해변이나 기타 개방된 장소 또는 고형 폐기물과 함께 배설물 처리

※ 출처: 세계보건기구 및 유니세프, 「가정용 식수, 위생 및 위생에 대한 발전, 2000-2020: SDGs 도입 5년」(제네바: 세계보건기구 및 유엔아동기금, 2021).

같은 유엔 평가에서는 23억 명이 가정에서 기본적인 손 씻기 서비스를 받지 못하며, 이 중 6억 7,000만 명은 시설이 전혀 없는 것으로 나타났다. 그리고 이들은 주로 사하라 사막 이남 아프리카와 중앙 및 남아시아의 수억 명을 포함한 세계 빈곤 지역에 거주한다.[3]

물 빈곤은 수십 년 동안 국제 개발 공동체의 의제였고 더 많은 관심과 자금, 노력이 정기적으로 요구되었으나 괴로울 정도로 천천히 진행되고 있다. UN은 2000년에 새천년 개발 목표를 시작했다. 여기에는 2015년까지 안전한 물과 위생 시설을 이용하지 못하는 전 세계 인구의 비율을 절반으로 줄이겠다는 목표가 포함되었다. 하지만 목표는 달성되지 못했고, 2015년 유엔의 지속 가능한 개발 목표Sustainable Development Goals, SDGs가 출범하면서 목표가 확대되었다.

SDGs의 목표는 "2030년까지 모두를 위해 더 나은 지속 가능한 미래를 달성하기 위한 청사진"을 제시하는 것이다. 이 목표는 빈곤과 기아 종식, 사람들에게 양질의 건강·교육·고용·에너지 제공, 지속 가능한 도시와 지역사회 개발, 평화와 정의 증진, 그리고 이 모든 것의 근간이 되는 모든 사람에게 안전한 물과 위생 시설을 제공하기 위한 7가지 세부 사항으로 구성되어 있다.

SDG 6은 "모두를 위한 물과 위생의 가용성 및 지속 가능한 관리 보장"을 위한 '물'이 목표이며, 안전하고 저렴한 물 공급, 야외 배변 종식, 위생 및 시설에 대한 접근성 제공, 수질 개선, 폐수 처리 및 재사용 확대, 물 사용 효율성 증대, 수생 생태계 보호 및 복원 수생 생태계를 보호하는 것이다[4](표 14.3 참조).

물 부족으로 인한 직접적인 건강 영향은 끔찍할 뿐만 아니라 간접

[표 14.3] UN 지속 가능 개발 목표 6: 물과 위생

목표 6.1	2030년까지 모두를 위한 적정 가격의 안전한 식수에 대한 보편적이고 동등한 접근을 달성한다. 지표1: 안전하게 관리되는 식수를 이용하는 인구 비율
목표 6.2	2030년까지 여성과 여아 및 취약 계층의 필요에 특별히 주의를 기울이면서, 모두에게 적절하고 공평한 위생 시설의 접근을 달성하고 야외 배변을 근절한다. 지표1: 비누와 물로 손을 씻는 시설을 포함해 안전하게 관리되는 위생 시설을 이용하는 인구 비율
목표 6.3	2030년까지 오염 감소, 쓰레기 무단 투기 근절, 유해 화학 물질 및 위험 물질 방류 최소화, 미처리 하수 비율 절반 감축, 전 세계 재활용 및 안전한 재사용 대폭 확대를 통해 수질을 개선한다. 지표1: 안전하게 처리되는 폐수의 비율 지표2: 양질의 주변 수원을 갖고 있는 수역의 비율
목표 6.4	2030년까지 모든 부문에서 용수 효율을 대폭 증대하고, 물 부족을 해결하기 위한 담수의 추출과 공급이 지속 가능하도록 보장하며 물 부족으로 고통을 겪는 인구의 수를 대폭 감소시킨다. 지표1: 시간 경과에 따른 물 사용 효율성의 변화 비율 지표2: 물 스트레스 수준: 이용 가능한 담수 자원의 부분으로서 담수의 취수
목표 6.5	2030년까지 적절한 초국경 협력을 포함해 모든 수준에서 통합적 수자원 관리를 이행한다. 지표1: 통합 수자원 관리(IWRM) 이행 정도(0–100) 지표2: 물 협력을 위해 운용 협정을 맺고 있는 초국경 유역의 비율
목표 6.6	2020년까지 산, 숲, 습지, 강, 지하수층, 호수를 포함한 물 관련 생태계를 보호하고 복원한다. 지표1: 시간 경과에 따른 물 관련 생태계 범위의 변화
목표 6.6.a	2030년까지 개발도상국에서 집수, 담수화, 용수 효율, 폐수 처리, 재활용 및 재사용 기술을 포함한 물과 위생 관련 활동 및 프로그램에 대한 국제협력과 역량 강화 지원을 확대한다. 지표1: 정부 주도 지출 계획의 일부인 물 및 위생 관련 공적개발원조 금액
목표 6.6.b	물과 위생 관리를 개선하기 위해 지역사회의 참여를 지원하고 강화한다. 지표1: 물과 위생 관리에 대한 지역 공동체의 참여를 지원하기 위해 수립된 행정 정책과 절차를 갖추고 있는 지방 행정 단위의 비율

※ 출처: 유엔 경제사회국, 「목표 6. 모두를 위한 물과 위생의 가용성 및 지속 가능한 관리 보장」(지속가능개발Sustainable Development, 2020).

적인 영향도 있다. 코로나19 팬데믹 기간에 전 세계가 배운 것처럼, 손 씻기는 호흡기 질환의 전염을 예방하는 데 중요하다. 세계보건기구WHO는 호흡기 감염으로 인한 사망의 13%(연간 35만 명 이상)는 부적절한 위생때문으로 추정한다.[5] 비누와 깨끗한 물로 손 씻기 등 기본적인 위생에 대한 접근성을 개선하면 이러한 비율을 줄일 수 있다.

물 빈곤은 질병과 사망에 그치지 않고 경제적 불평등, 교육 기회 감소, 빈곤한 지역사회를 만드는 데도 기여한다. 수백만 명의 사람, 특히 여성과 소녀들이 요리와 청소에 사용할 물을 구하기 위해 매일 몇 시간씩 먼 거리를 걸어가야 하므로 학교에 다니거나 경제 활동에 참여할 수 없다. 또한 개발도상국의 학교와 의료 시설에 안전한 식수와 화장실 시설이 부족하기 때문에 젊은 여성들이 직면한 다른 모든 사회적 문제를 해결하려는 노력이 더디게 진행되고 있다.

빈곤은 대개 무언가 부족해서 발생하며, 물 빈곤은 여러 가지 요인에 의해 발생하지만, 놀랍게도 물 부족에 기인한 것은 아니다. 수자원은 전 세계에 고르지 않게 분포되어 있지만 지하수, 강우, 강과 하천, 심지어 공중에서 물을 끌어와도 1인당 하루 약 50리터의 기본적인 식수 및 위생 수요를 충족하기에 부족한 곳은 없다.◆ 2010년 3월, 유엔환경계획과 세계 수질 문제를 해결하기 위한 프로젝트를 진행하면서 케냐의 나이로비로 날아가 여러 회의에 참석해 대화를 나눴다. 나이

◆ 1990년대 중반에 필자는 식수, 요리, 세탁 및 간단한 위생을 위한 기본 물 요구량을 1인당 하루 50리터로 정의했다. 이 수치는 남아공의 물 권리 관련 법정 소송에서 사용되었으며, 유엔의 물 인권에 대한 심의에서도 인용되었다. P. H. Gleick, "Basic Water Requirements for Human Activities: Meeting Basic Needs," *Water International* 21 (1996): 83-92.

로비는 혼잡하고 분주한 도시다. 부분적으로는 현대 도시 경제의 중심지이지만 부분적으로는 급속한 인구 증가와 빈곤, 인프라에 대한 과소 투자, 통제되지 않은 무계획적 확장으로 인해 어려움을 겪는다. 나이로비의 산업 기업과 국제기구에 근무하는 부유한 케냐인과 외국인 근로자로 구성된 도시 엘리트 커뮤니티가 세계에서 가장 큰 빈민가와 불편하게 나란히 존재한다.

그런 곳 중 하나가 수십만 명의 사람이 비참하고 가난하게 살고 있는 키베라 지역이다. 그곳에서 물과 위생 시설에 대한 접근성을 개선하기 위해 노력하는 지역 사회단체 및 활동가들과 이야기를 나눴다. 대부분의 주민은 화장실이나 수돗물이 부족하다. 화장실이 있더라도 땅에 구멍을 뚫어서 만든 간이 화장실이 대부분이며, 사람들은 비닐봉지에 용변을 보고 그 봉지를 도랑이나 도로변에 버리는 경우가 많았다. 내가 이 지역을 방문하기 직전까지 키베라는 안전한 식수를 공급받지 못했고, 주민들은 나이로비 댐으로 인해 생긴 인근 저수지에서 물을 길어왔는데, 이 저수지는 쓰레기와 하수로 가득 차 장티푸스와 콜레라가 끊이지 않았다.

1997년부터 2010년 내가 케냐를 방문하기 전까지 그곳에서는 거의 7만 건의 콜레라 발병과 2,600명 이상의 사망자가 보고되었으며, 대부분 안전한 식수와 의료 서비스에 대한 접근성이 가장 취약한 키베라와 같은 농촌 지역과 슬럼가에서 발생했다. 콜레라 사례의 40% 이상이 15세 미만 어린이였다. 케냐에서는 2015년, 2017년, 2019년에 신형 콜레라가 발병했고, 2022년 5월에는 키수무 지역에서 콜레라가 급증해 나이로비까지 확산되었다.[6]

키베라에서 볼 수 있듯이 물 빈곤은 단순히 물 부족 문제가 아니다. 그것은 기술 문제도 아니다. 최악의 수질도 안전한 식수로 바꿀 수 있다. 우주 비행사는 국제우주정거장ISS에서 인간의 폐기물과 재순환되는 공기에서 식수를 정화한다. 그리고 수자원 관리자는 수천만 명의 인구가 거주하는 도시를 대상으로 도시에 상하수 서비스를 제공한다. 물 빈곤은 경제적인 문제도 아니다. 모든 사람에게 안전한 물과 위생 시설을 확대하는 데 드는 비용은 놀라울 정도로 낮다. 이를 달성하지 못했을 때 발생하는 끔찍한 경제적·사회적 비용보다 훨씬 낮다.

2030년까지 가장 기본적인 물, 위생 및 위생 서비스를 제공하는 데 필요한 돈은 현재 수준으로 연간 약 300억 달러로 추정된다. 보다 포괄적인 유엔의 목표를 달성하려면 연간 약 1,140억 달러가 필요하다.[7] 비교를 위해, 매년 전 세계 군사비 지출은 이 금액의 거의 20배에 달한다.[8] 다른 관점을 추가하자면, 미국인들은 반려동물을 키우는 데 연간 약 1,000억 달러를 지출한다.[9]

인류는 수천 년 동안 물 서비스를 제공해왔으며, 안전하고 믿을 수 있으며 저렴한 식수를 공급하고 폐수를 제거하고 정화하기 위한 모범적이고 효과적인 관리 도구와 기관의 사례는 모든 대륙에서 찾아볼 수 있다.

문제는 좋은 기술, 자금, 기관에 대한 접근성이 물과 마찬가지로 불균등하게 분포되어 있다는 것이다. 정부와 관리 기관에 문제가 있다. 이들은 국민에게 교육, 의료, 교통, 통신 및 기타 서비스를 제공하기 위해 경쟁적으로 우선순위를 정한다. 때로는 관리 기관이 부패하거나 무능하거나 둘 다인 경우도 있다. 더 많은, 더 빠른, 더 효과적인 노력이 이루어지지 않는 한 물 빈곤, 질병, 그리고 비참한 제2차 물 위기는 계속될 것이다.

진전이 이루어지고 있지만 너무 느리고 공평하지도 않다. 유엔 개발 목표 첫 5년 동안 안전하게 관리되는 식수 서비스를 이용하는 전 세계 인구의 비율은 70%에서 74%로, 안전하게 관리되는 위생 시설을 이용하는 인구는 47%에서 54%로, 가정에서 비누와 물이 있는 손 씻기 시설을 이용하는 인구는 67%에서 71%로 소폭 증가했다. 2020년에 검사받은 취수원의 60%가 양호한 수질로 보고되었지만, 30억 인구에 대한 수질 자료는 제공되지 않았다.[10] 인도는 '깨끗한 인도 Swachh Bharat'라는 프로그램을 통해 야외 배변에 의존하는 사람들의 수를 성공적으로 줄였지만, 2019년 10월까지 이를 근절하겠다는 초기 목표◆는 달성하지 못했다.[11] 다른 40개 이상의 국가도 야외 배변 문제를 겪고 있으며, 2020년에는 2030년까지 이를 근절할 계획에 따라 7개국만 야외 배변을 근절했다. 가정, 산업, 농업 및 환경 목적의 지속 가능하고 공평한 물 분배를 보장한다는 전반적인 목표와 기본적인 물과 위생 서비스를 보편적으로 제공한다는 2030 지속 가능 개발 목표를 달성하기 위해서는 개선 속도를 크게 높여야 한다.

각국 정부의 물 빈곤 퇴치 실패로 인해 두 가지 경향이 더 생겨났다.

◆ 2019년 10월로 설정한 것은 마하트마 간디 탄생 150주년을 기념하고 인도의 보건과 위생에 대한 그의 헌신을 기리기 위해서다. A. Jain et al., "Understanding Open Defecation in the Age of Swachh Bharat Abhiyan: Agency, Accountability, and Anger in Rural Bihar," *International Journal of Environmental Research and Public Health* 17 (2020).

첫 번째는 공공 시스템이 존재하지 않거나 고장 났을 때 식수로 상업용 생수 사용이 엄청나게 증가하면서, 생수를 살 형편이 안 되는 사람들에게까지 값비싼 생수를 판매해 연간 수십억 달러의 수익을 챙기는 것이다. 두 번째는 물 민영화가 상하수도 서비스를 제공하는 더 나은 방법이라는 믿음으로, 공공 수자원 기관의 통제권 또는 소유권을 민간 소유주 및 관리자에게 넘기라는 압력이다. 이 두 가지 추세는 모두 물에 대한 공공 통제의 역사적 전통에서 심각하게 벗어난 것이며, 공공재이자 기본 인권으로서의 물이라는 개념 자체에 도전하는 것이다. 앞으로 살펴보겠지만, 이 두 가지 경향은 환경, 경제, 사회 정의에 대한 심각한 문제를 제기한다.

• 15장 •

생수의 상업화와 수도의 민영화

가장 큰 적은 수돗물이다. (…) 우리는 물을 반대하는 것이 아니다. 수돗물에는 제자리가 있다. 우리는 물이 관개와 요리에 좋다고 생각한다.

_ 로버트 모리슨Robert S. Morrison, 펩시코 북아메리카 음료 및 식품사업부

때때로 우리는 약간 반성하면서 너무나 터무니없는 일을 하는 습관이 있다. 생수도 그런 습관 중 하나다. 2020년에 민간 기업이 전 세계에서 판매한 생수는 거의 5조 리터에 달하며, 기업의 매출은 유엔 목표 달성에 필요한 금액(포괄적인 목표 달성에 필요한 금액은 연간 약 1,140억 달러-옮긴이)의 거의 3배에 달하는 3,000억 달러에 육박한다.[1] 이는 자연적으로 생산되고, 도시 상수도 시스템에 연결된 가정용 수도꼭지에서 적은 비용으로도 이용할 수 있는 액체라는 점에서 매우 놀라운 수치다. 동시에 기업들은 공공 수도 시설을 인수 또는 대체하고, 수자원 권리를 얻고, 수도 서비스를 민영화하려는 움직임을 보인다. 이러한 추세를 효과적인 공공 상수도 서비스 제공 실패를 대체하는 적정

대응으로 보는 시각도 있지만, 공공재이자 인권으로서 물의 개념 자체를 위협하는 것으로 보는 시각도 있다.

현대의 생수 산업은 값싸고 튼튼한 플라스틱의 발명, 모든 사람에게 안전하고 저렴한 식수를 안정적으로 공급하지 못한 점, 수돗물의 수질에 대한 두려움과 불확실성의 증가, 값싼 공공 수자원을 확보해 수익성 있는 상품으로 전환하려는 민간 기업의 노력, 집중적이고 종종 오해의 소지가 있는 광고와 마케팅 등 여러 요인이 복합적으로 작용해 비교적 최근에 탄생한 결과물이다. 이런 회사들은 실제로 물을 파는 것이 아니라 편리함에 대한 환상과 자사 제품을 마시면 어떻게든 더 섹시해지고, 더 인기 있고, 특히 더 건강해질 거라는 마법 같은 생각을 팔고 있다.[2] 이는 대부분 사기다.

현대 생수 시대가 열리기 훨씬 전부터 사람들은 땅속에서 솟아나는 천연 광천수mineral water가 모든 종류의 질병을 치료하는 데 도움이 될 수 있다는 믿음을 이용해 '물 마시기'를 주제로 한 치료용 미네랄 온천, 건강 리조트, 휴양지 등을 개발했다. 영국의 고대 켈트족은 로마인들에 의해 아쿠아 술리스Aquae Sulis라고 명명된 곳의 온천을 이용했다.◆ 그리스와 로마인들은 자연 온천을 이용해 도시의 공중목욕탕을 공급했다.[3] 그리고 역사적으로 많은 사람이 이 온천수가 류머티즘, 관절염, 신경성 질환, 과식, '여성 질환', 그리고 거의 모든 인간의 질병을 치료했다고 주장했다.[4]

◆ 프톨레마이오스는 2세기에 쓴 『지리학Geographia』에서 이 마을을 '뜨거운 물'이라는 의미의 '아쿠아 칼리데Aquae calidae'라고 불렀다.

히포크라테스는 온천수와 냉수 광천수의 인체에 대한 의학적 효능에 대한 글을 썼다.[5] 또한 부오나로티 미켈란젤로Buonarroti Michelangelo는 이탈리아 피우지의 온천에서 "신장 결석이 깨지는 것 같아서 (…) 집에 물을 비축해야 했고, 다른 물은 마실 수도 요리를 할 수도 없었다"라고 했으며, 레오나르도 다빈치Leonardo da Vinci는 산펠레그리노의 물을 마셨다.[6]

천연 생수의 탄산과 미네랄 함량을 인공적으로 재현하는 방법이 발견되면서 생수 음용에 대한 열기는 엄청나게 커졌고, 이전에는 부유층만 마실 수 있었던 생수를 일반 대중도 접하게 되었다. 이것은 이산화탄소가 발견되고 이를 물에 주입하는 공정이 발명된 후에야 생겼다.

이산화탄소는 1640년경 플랑드르 태생의 화학자 얀 밥티스트 판 헬몬트Jan Baptist van Helmont가 밀폐된 용기에 숯을 태우고 남은 재의 무게가 원래 물질보다 적다는 사실을 발견하면서 처음 확인되었다. 판 헬몬트는 손실된 질량이 여전히 존재하지만 눈에 보이지 않는 물질로 변환되어 있을 거라 확신했고, 이를 '스피리투스 실베스트리스spiritus sylvestris(야생의 정령)' 또는 '가스gas'라고 불렀는데, 과학자들이 그 특성을 탐구하고 그 성질을 파악하고 이산화탄소라는 용어를 사용하기까지 한 세기가 더 걸렸다.[7]

1750년대에 스코틀랜드의 과학자 조지프 블랙Joseph Black은 일반적인 탄산칼슘이나 탄산마그네슘을 가열하면 나중에 이산화탄소로 밝혀진 '고정 공기fixed air'가 생성되어, 불을 끄거나 동물을 질식시킬 수 있다는 사실을 발견했다. 불과 몇 년 만에 다른 과학자들은 산소, 수소, 질소 등 다양한 기체를 분리했다.

1767년 영국의 화학자 조지프 프리스틀리는 자신의 실험실 옆에 있는 리즈의 양조장에서 다량의 이산화탄소를 생성하는 발효통 위에 물을 담은 용기를 매달아 블랙의 '고정 공기'로 인공 탄산수를 만들었다. 그는 이 과정을 통해 생성된 물이 유럽에서 오랫동안 약효로 판매되어온 천연 광천수와 유사하다는 것을 알아내, 「피르몬트 워터 및 유사한 성질의 다른 광천수의 독특한 정신과 미덕을 전달하기 위해 고정된 공기를 물에 함침하는 방법」이라는 유명한 논문을 발표했다.◆ 프리스틀리는 자신의 발견을 상업화하려고 시도하지 않았지만, 그 잠재력을 본 다른 이들은 이 연구를 상업화에 활용했다.[8]

인공 탄산수의 발명 소식과 제품에 대한 열망은 대서양을 건너 천연 광천수가 유행하던 젊은 식민지로 곧바로 퍼져나갔다. 매사추세츠의 잭슨 스파Jackson Spa는 1767년 보스턴에서 이미 생수를 판매하고 있었다.[9] 대륙군 군의관으로 복무하고 곧 〈독립선언서〉에 서명할 예정이었던 펜실베이니아의 의사 겸 과학자 벤저민 러시Benjamin Rush는 지역 생수를 조사해서 그 결과를 1773년 필라델피아 철학협회에 보고했다. 1786년에 러시는 '히스테리hysteria(남성보다 여성에게 더 공격하는 것으로 알려진)'와 '모든 여성 질환과 약점', 간질, 통풍, 산통, 간과 비장 장애, 종기와 기생충과 같은 질병을 해결하기 위해 음용 또는 냉욕으

◆ '피르몬트 워터'는 독일 북부의 유명한 스파 '바트 피르몬트'의 미네랄워터로, 영국에서 수입되어 "많은 가치를 인정받고 사용"되었으며 아이작 뉴턴 경과 왕립학회 및 왕립의사대학 회원들의 찬사를 받은 제품이다. H. M. Marcard, *A Short Description of Pyrmont: With Observations on the Use of Its Waters* (St. Paul's Churchyard: J. Johnson, 1788).

로 광천수를 권장하는 내용을 담은 12쪽 분량의 의학용 광천수 안내서를 발행했다.[10]

조지 워싱턴, 토머스 제퍼슨Thomas Jefferson, 제임스 매디슨James Madison을 비롯한 다른 건국자들도 이미 유명했던 뉴욕 사라토가의 천연 온천을 비롯한 광천수의 효능에 관심을 가졌다. 1783년 이 온천을 방문한 워싱턴은 친구에게 이런 편지를 썼다.

> 이 물의 특징은 (…) 많은 양의 고정된 공기가 포함되어 있다는 것이다. (…) 몇몇 사람은 병에 코르크 마개를 단단히 씌웠는데 병이 깨졌다고 말했다. 우리는 우리가 가지고 있던 유일한 병으로 그것을 시도했는데, 깨지지는 않았지만 공기가 나무 마개와 봉인된 왁스를 통해 새어 나왔다.[11]

토머스 제퍼슨은 미국에서 가장 오래된 천연 온천인 버지니아의 웜 스프링스Warm Springs(나중에 그의 이름을 따서 '제퍼슨 풀스'로 개명)를 비롯해 유럽과 미국의 천연 온천에서 정기적으로 물을 마셨으며, 그 물이 "첫 번째 장점"이라고 묘사했다.◆

광천수에 대한 관심이 커지자 기업들은 이산화탄소를 주입하는 방법을 발견해 상업적 이점을 빠르게 포착했다. 1781년 영국에서 인공 광천수를 생산하는 회사가 최초로 설립되었다. 스위스 제네바에서 요

◆ 제퍼슨은 리조트의 바다를 칭찬하면서도 "그러나 너무 지루한 곳이고, 전에는 알지 못했던 괴로움을 주는 곳"이라고 썼다. T. Jefferson, "A Letter from Thomas Jefferson to Martha Jefferson Randolph," August 14, 1818, https://founders.archives.gov/documents/Jefferson/03-13-02-0211.

그림 18. 1809년경 슈웹스가 탄산을 유지하고 상업용 생수를 판매하기 위해 개발한 '해밀턴' 병. 사진: 한스위르겐 크라커Hans-Jürgen Krackher의 허가를 받아 사용.

한 야코프 슈베페Johann Jacob Schweppe라는 젊은 독일 시계 제작자는 상업적 기회를 발견하고 탄산 공정을 개선한 후 1783년 시계 제작 사업을 포기하고 약용으로 탄산수를 판매하는 회사를 설립했다. 슈베페는 1792년 런던으로 사업을 이전해 저녁 식탁에서 대량으로 소비할 수 있는 세 가지 약용 제품, 즉 '담적biliousness' 또는 소화기 통증을 완화하고, 신장 질환을 해결하며, "방광이 고통받는 환자"를 위한 탄산수를 개발했다.[12] 이러한 초기 노력은 현대의 거대 기업으로 성장해, 오늘날까지도 슈웹스Schweppes는 세계 최고의 음료 브랜드 중 하나로 남아 있다(그림 18).

음료로서 물의 상업화 및 상품화는 19세기에서 20세기까지 계속되었다. 1856년에는 뉴욕 북부의 사라토가 스프링스Saratoga Springs에서 연간 700만 병의 생수가 생산되었고, 인공 탄산수와 향이 첨가된 생수가 동네 약국이나 전국 각지의 가판대에서 판매되기 시작했다. 필라델피아에서 열린 독립 선언 100주년 기념행사에서 탄산수 제조사의 거물인 제임스 터프츠James Tufts는 10미터 높이의 대리석과 은색 '북극 탄산수 장치'를 만들어 손님들에게 탄산수를 제공했다.

1891년 11월 메리 게이 험프리스Mary Gay Humphreys는 『하퍼스 위클리Harper's Weekly』에 탄산수에 대해 다음과 같은 찬사를 썼다.

> 소다수는 미국 음료다. 포터, 라인 와인, 클라레가 영국, 독일, 프랑스에서 유래한 음료인 것처럼 소다수는 본질적으로 미국 음료다. (…) 악랄하고 치명적인 화합물, 흥미롭지 않은 화학 혼합물인 C_2HO_3를 반짝이고 시적이며 단백질이 풍부한 음료로 변형시켜 국가의 행복을 향상시키기 위해 이 나라에 남겨졌다. (…) 하지만 소다수의 가장 큰 장점이자 국민 음료가 될 수 있는 가장 큰 장점은 바로 민주주의다. 백만장자는 샴페인을 마시고 가난한 사람은 맥주를 마실 수 있지만 둘 다 소다수를 마신다. 적은 비용으로 소다수를 마시면, 거품이 흔들리는 것을 보고, 머리카락 뿌리 사이에서 향기로운 풍미를 느끼며, 뇌의 구석구석을 탐험하고, 향기로운 방울이 춤을 추는 것처럼 목구멍으로 내려가는 것을 느낀다.[13]

그러나 현대판 생수 산업은 값싸고 내구성이 뛰어난 플라스틱이 발명되기 전까지 본격적으로 시작되지 않았다. 1941년 전쟁을 위해 직물 산업에서 일하던 영국 화학자 존 렉스 윈필드John Rex Whinfield는 젊은 조수 제임스 딕슨James Dickson과 함께 폴리에스테르, 데이크론 또는 PET 플라스틱으로 알려진 폴리에틸렌 테레프탈레이트를 만들었다. 오늘날 화석 연료로 만든 PET는 세계에서 가장 널리 생산되는 합성 섬유이며, 무엇보다 맥주 산업에 혁명을 일으켰다.

물은 무겁고 수송 비용이 많이 든다. 유리병에 포장된 물은 더 무겁고 깨지기 쉽다. 그러나 PET가 발견되어 플라스틱병을 대량 생산하면서 처음으로 일반 대중에게 음료를 더 쉽고 저렴하게 포장해 판매했다. 오늘날 생산되는 플라스틱병의 95% 이상이 PET를 사용한다. 프랑스의 페리에Perrier가 최초로 수백만 달러 규모의 생수 광고 캠페인을 시작한 1970년대 후반에는 연간 10억 리터에 불과했던 생수 판매량이 2019년에는 4,200억 리터에 이를 만큼 폭발적으로 증가해 매년 수천억 개의 생수병이 판매되고 있다.

생수 업계는 수돗물의 수질에 대한 대중의 관심 증가, 수질 문제와 플린트시와 같은 재난에 대한 정기적인 뉴스 보도로 인해 확대된 우려, 건강에 미치는 영향을 완전히 이해하지 못하는 미세한 양의 오염물질을 감지하는 능력의 향상, 생수를 단순한 '물'이 아닌 다른, 더 나은 제품으로 브랜드화하려는 업계의 대규모 광고 캠페인으로 인해 혜택을 누리고 있다. 2019년에 생수 업계는 미국에서 홍보에 2억 달러 이상을 지출했으며, 이는 과일음료, 커피, 스포츠음료 광고에 지출한 금액보다 많은 액수다. 같은 해 미국의 생수 매출은 190억 달러를 넘어섰다.[14] 전 세계적으로 생수 광고비는 연간 70억 달러가 넘는 것으로 보고되었다.[15]

생수 회사들은 때때로 사람들이 노골적으로 수돗물에서 멀어지게 하려는 노력도 하고 있다. 2000년 퀘이커 오츠 컴퍼니Quaker Oats Company의 음료사업부 사장 수전 웰링턴Susan Wellington은 업계 분석가들에게 "수돗물은 샤워나 설거지 용도로만 쓰이게 될 것"이라고 말했다. 2001년에 활동가들은 코카콜라 웹사이트에서 식당에서 수돗물을 마시지 못하도록 하는 회사의 공식적인 노력을 자세히 설명하는 문서를 발견했다. 기업 용어로 '수돗물 비소비' 문제, 즉 수익을 창출하는 음료 대신 소비자가 공짜 수돗물을 선택하는 문제라고 불렀다. 내 집의 수돗물은 훌륭하지만 2007년 옆집에 생수 배달 전단지가 배포되면서 "수돗물은 독이다!"라는 문구가 적힌 전단지를 받았다.[16]

2006년에는 생수 브랜드 중 가장 비싸고 에너지 집약적인 피지 워터Fiji Water가 "클리블랜드에서 병입한 생수가 아니기 때문에 라벨에 피지라고 적혀 있다"라는 광고를 내보냈다가 역효과를 불러일으킨 적도 있다. 클리블랜드의 공공시설 책임자인 줄리어스 시아치아Julius Ciaccia는 도시 전체를 대신해 피지 워터의 수질검사를 지시했다. 그 결과 리터당 6마이크로그램 이상의 비소가 검출되었는데, 이는 연방 기준치(10㎍/L—옮긴이) 이하이지만 비소가 불검출된 클리블랜드의 수돗물보다 훨씬 높은 수치라고 보고했다. 클리블랜드 수도 위원인 크리스토퍼 닐슨J. Christopher Nielson은 "누군가를 싸구려로 공격하기 전에 자신이 무슨 말을 하는지 알아야 한다"라고 말했다.[17] 안타깝게도 수돗물에 대한 공포를 증폭시키는 것이 효과적인 이유는, 부분적으로는 수도 시설이 엄격한 검사 및 보고 요건을 갖추고 있어 문제가 발생하면 즉각적으로 언론의 주목을 받기 때문이고, 다른 한편으로는 공공 수도 기관이 민간 기업의 막대한 광고 예산에 대응할 경험이나 자금이 없기 때문이다.

물의 민영화와 상품화는 생수에만 국한되지 않는다. 전 세계적으로 수자원을 기업이 통제하려는 움직임은 세계은행과 같은 국제기구뿐만 아니라 민간 기업들도 물 접근성 향상, 수도 시설의 성과 개선, 독점 부문의 경쟁 강화, 소비자 비용 절감으로 이어질 거라는 신념에 따라 공공 수도 기관 및 시설을 민간의 손에 넘기려는 대대적인 시도를 한다. 지난 30년 동안 공공 상수도의 관리, 운영, 심지어 소유권까지 민간 기업에 이전하고, 수익을 높이기 위해 상수도 서비스 제공 가격을 인상하고, 심지어 자원 자체에 대한 투자와 경쟁을 허용하기 위해 물 시장을 설립하는 추세다.

1989년 마거릿 대처Margaret Thatcher 총리는 민영화가 "사회주의의 부식과 부패 효과를 되돌릴 수 있는 열쇠"라는 신념에 따라 잉글랜드와 웨일스의 상하수도 시스템을 완전히 민영화해 10개의 지역 기업을 설립했다.[18]

세계은행은 1990년부터 2021년까지 65개국이 상하수도 부문에서 1,100건 이상의 민영화 조치를 시행했다고 추정한다. 이러한 조치는 주로 동아시아 및 태평양 지역에서 이루어졌다.[19] 공공 상수도 시스템이 여전히 지배적인 미국에서도 민간 시스템이 전체 인구의 약 12%인 약 3,600만 명에게 서비스를 제공한다.[20]

물 민영화는 민간 시장과 물 통제가 공익에 부합하는지, 물의 사회적 이익과 형평성 측면을 충족하는지, 환경을 보호하는지, 잘 운영되는 공공 기관이 제공할 수 있는 것 이상의 혜택을 제공할 수 있는지 등에 대한 의구심 때문에, 중대하고 때로는 격렬한 반대에 직면하고 있다. 필리핀, 남아공, 볼리비아, 파라과이, 애틀랜타와 스톡턴 같은 미국 도시, 그리고 개인, 지역사회 단체, 인권 단체, 공공 물 공급업체 등 다양한 곳에서 물 민영화에 대한 반대가 있었다. 이러한 반대는 충분히 정당한 것으로 보인다. 물 민영화 프로젝트의 경험에 따르면, 민영화의 위험과 위협이 제대로 이해되지 않고 있다. 종종 정부는 가격 폭리, 과도한 이윤 추구, 인프라 유지 및 개선에 대한 과소투자, 수질 위협으로부터 국민을 보호하기 위해 필요한 관리·감독을 수행하지 못한다.

민간 기업은 자연 수생태계를 보호할 유인책이 거의 없다. 연구 결과에 따르면, 민영화를 통해 얻을 수 있다고 주장하는 이점을 입증할 증거가 없음이 계속 밝혀지고 있다. 잘 운영되는 공공 상수도 시설은 경제적으로 효율적이고 더 투명하게 운영된다. 하지만 일반적으로 민간 기업은 필요한 자본 투자를 늘리거나 기술 혁신을 스스로 추진하지 않는다.[21]

마거릿 대처의 물 민영화 실험을 되돌아보자. 민영화 첫해에 수도 요금은 46%나 올랐고, 1994년까지 약 200만 가구가 수도 요금을 납부하지 못했으며, 100만 가구가 수도 요금을 체납했다. 2021년에 이 회사들은 하수를 강과 바다에 40만 번이나 흘려버렸고, 1989년 대처 총리는 새로 설립된 민간 기업에 대한 선물로 모든 수도 시스템 부채를 탕감했지만, 2022년 말 기준 부채 부담은 약 540억 파운드에 달했고, 같은 기간 주주들에게 배당금으로 659억 파운드 이상을 지급했다. 그리니치대학교의 데이비드 홀David Hall과 카롤 이어우드Karol Yearwood 연구원은 이 기업들이 시설 개선에 투자하기보다 배당금을 지급하기 위해 돈을 빌려왔다고 결론지었다.[22] 이와 대조적으로 스코틀랜드의 상하수도 기관은 여전히 공공 기관이다. 지난 20년 동안 스코틀랜드 상하수도 기관은 잉글랜드 상하수도 기관보다 가구당 수도 시설 개선과 유지 관리에 35% 많이 투자했고, 가정용 수도 요금은

14% 낮으며, 주주에게 배당금을 지급할 필요도 없다.[23]

강력한 대중의 반대와 물 민영화의 이점이 그 책임보다 크다는 설득력 있는 증거가 부족해, 현명하고 효과적이며 혁신적인 차세대 공공 물 관리자와 공공 개선의 감독에 힘입어 물 민영화 추진이 둔화하고 있다. 민간 기업으로부터 공공 통제권을 되찾은 '재지자체화' 사례는 약 40개국에서 약 300건이다. 물 기관들은 지역사회의 필요에 의한 물 투자 설계와 관리에 대중의 참여를 확대하고, 서비스 운영, 유지 및 개선을 위한 수익을 창출하면서도 빈곤층에 대한 접근성을 보장하는 공정한 물 가격을 설정하며 환경, 에너지 및 토지 이용 단체를 포함한 다른 공공 기관과의 제휴를 통해 전반적인 서비스를 개선하는 것의 가치를 배웠다.[24]

민간 기업과 민영화 찬성 단체는 여전히 막강한 영향력을 행사하고 있으며, 제대로 운영되지 않는 공공 상수도 시스템(민간 상수도 시스템도 마찬가지)이 여전히 많다. 상수도 시설의 성공을 평가하는 기준은 사회적 공익에 대한 광범위한 척도보다 매출, 원가 회수 또는 1,000회선당 직원 수와 같이 단순한 재무적 측정에 국한되는 경우가 많다. 그러나 성공적인 공공 수도 기관의 경험은 성과, 가치, 투명성에 초점을 맞추는 것이 물 민영화에 대한 편향성보다 훨씬 더 중요하다는 것을 보여준다.

생수 상업화와 수도 기관 민영화의 역사는 민간 부문이 정부와 공공 기관보다 고품질의 물과 수도 서비스를 더 잘 관리하고 제공할 수 있다고 대중을 설득하려고 노력한 업계의 역사다. 그러나 이는 두 번째 물의 시대에 발생한 빈부 격차와 사회적 공익보다 사적 이윤 창출을 우선시하는 상업적 이해관계에 대한 이야기이기도 하다.

물에 대한 불공평한 접근, 잘못된 관리, 취약하거나 부패한 제도, 물 빈곤 등은 수자원을 가진 자와 못 가진 자 사이의 분노, 긴장, 그리고 갈등을 조장하는 또 다른 결과를 초래한다.

· 16장 ·

물과 분쟁

물이 필요한 지역에서 종종 분쟁이 발생한다.

_ 반기문, 전 UN 사무총장

물과 정치적 역학관계가 서로 뒤섞여 갈등이 발생할 때 외교적 노력이나 상호 협력을 통해 이를 해소하지 못하는 경우가 종종 있다. 물을 둘러싼 분쟁 상황에서는 담수와 물 시스템이 상황에 따라 각각 무기, 폭력을 촉발하는 계기, 그리고 직접적 공격 대상이라는 세 가지 유형으로 이용될 수 있다. 약 4,500년 전 고대 메소포타미아의 티그리스강과 유프라테스강 유역에 위치한 도시국가 움마와 라가시 사이에 발생한 물 분쟁은 인류의 물 분쟁 역사상 최초의 사례로 기록되고 있다. 이 분쟁은 당시 물의 희소성과 가치를 반영한다.

'물 전쟁'이라는 말의 파급력은 그야말로 대단하다. 특히 언론매체들이 이를 즐겨 사용하는데, 그 이유는 사람들의 깊은 관심과 온라인 뉴스 클릭 수를 증가시키기 때문이다. '물 전쟁'이라는 표현은 누구라도 이해하기 쉬운 말이며, 인과관계를 내포한 완곡한 표현이기도 하다. 더욱이 영어 'Water War'는 'W'로 시작하는 초성까지 맞춘 어감으로 인해 귀에 쏙쏙 들어온다. 이와 같은 '물 전쟁'과 관련된 언론 보도나 참고문헌은 최근 수십 년만 하더라도 쉽게 찾아볼 수 있다.[1] 그러나 물이라는 한 가지 원인으로 인해 전쟁이 발발하는 경우는 극히 드물다. 전쟁을 시작하기 전, 각 국가는 상대국의 이해관계와 역량을 세밀히 검토하고, 힘의 균형 및 정치·사회·문화·경제적 변수와 실제로 전쟁이 수반할 이해득실을 총체적으로 판단해서 결론을 내리기 때문이다. 참고로, 여기에서 언급된 '전쟁'이란 국가 간 혹은 국가 내 집단 간에 상당한 무기로 무장한 분쟁을 의미한다. 필자의 친구이자 동료인 미국 오리건주립대학교 교수 에런 울프Aaron Wolf는 그의 오랜 연구에도 불구하고 물 자체가 국가 간의 주요 분쟁을 촉발한 직접적 원인이었음을 나타내는 결정적인 예는 극히 드물다고 지속적으로 언급해왔다. 이는 다시 말해 다수의 사용자가 이용하는 공유 수자원은 전쟁의 원인을 제공하기보다 도리어 상호 협력, 협상과 합의를 이끌어내는 요인으로서 작용해왔음을 알 수 있다.[2]

여기서 우리는 모순점을 발견한다. 물이 직접적 원인으로 촉발된 '물 전쟁'은 역사적으로 발생 빈도가 매우 낮은 데 반해, 물과 관련된 폭력 상황이나 실제로 물리적인 무기가 사용된 분쟁은 분명히 급증하고 있기 때문이다. 필자가 이 분야를 연구해온 지난 30여 년 동안 물과 연관된 폭력의 빈도수는 연간 수십 건에서 수백 건으로 증가했다. 물 분쟁과 관련한 오픈소스 데이터베이스인 '물 분쟁 연대기Water

Conflict Chronology'에는 현재 1,300건의 물 분쟁이 입력되어 있는데,◆ 분쟁 지역은 남극 대륙을 제외한 지구 전역으로 확산되어 있다.[3] 물 분쟁 연대기 데이터베이스는 필자와 필자의 동료가 구축한 것으로, 현재 태평양연구소에서 관리 및 운영하고 있다. 이 데이터베이스에 입력된 물 분쟁은 세 가지 유형으로 분류된다. 즉, 물 통제 또는 접근이 분쟁의 계기가 되는 경우, 물과 물 시스템이 폭력의 무기가 되는 경

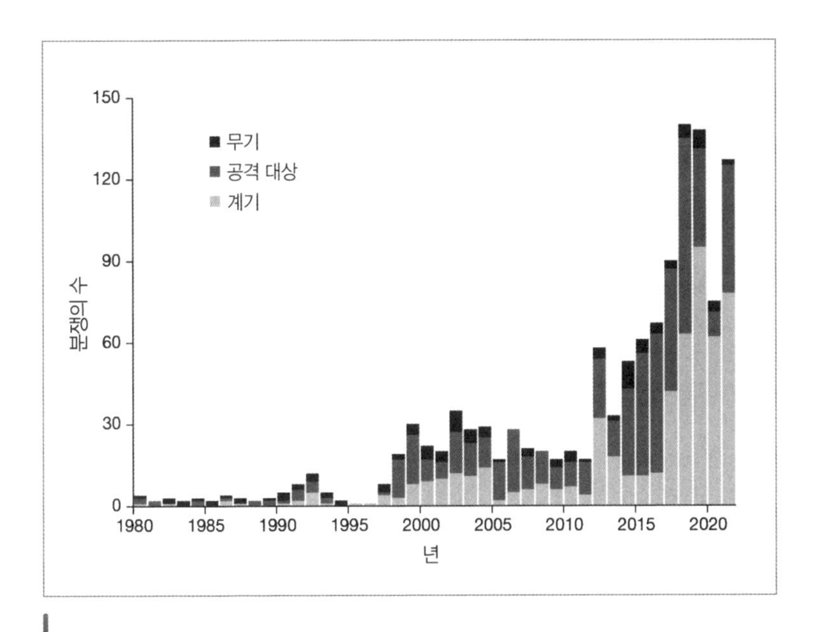

그림 19. 1980~2021년에 발생한 물 관련 분쟁 건수 및 유형. 21세기 초 이후, 담수 자원과 관련된 폭력적 분쟁 건수는 증가 추세다. 이 그래프는 연간 분쟁 건수를 유형별로 나타내는데, 각각 수자원이 분쟁의 계기, 무기, 공격 대상으로 작용한 경우로 분류된다. P. Gleick, "The Water Conflict Chronology," *World's Water: Pacific Institute for Studies in Development, Environment, and Security* (2022).

◆ 물 분쟁 연대기 데이터베이스: https://www.worldwater.org/water-conflict/.

우, 그리고 공격 대상이나 타깃이 되는 경우다. 그림 19는 지난 40여 년 동안 물 분쟁 빈도수와 각 유형을 보여준다.

대부분의 사람은 '물 전쟁'에서, 물 부족 상황이나 물 통제 또는 물 배분과 관련한 의견 불일치가 하천 유역 인접국 간의 다툼이나 농부와 도시 간의 갈등과 같은 소규모 분쟁을 촉발하는 계기를 제공할 것이라고 생각한다. 수자원은 유한해서 특히 물 수요 확대, 가뭄이나 물 시스템의 부실 운영 등이 발생할 경우, 물 부족 상황이 악화될 수 있다. 물은 지구상에서 광범위하게 공유되는 자원이다. 2개국 이상이 공유하는 강에 비가 내려 유거수가 되는 현상은 지구 면적의 절반에 해당하는 유역에서 발생한다.[4] 물을 공유하는 인접 국가 간 물 공유와 관련된 공식적인 협약을 체결하지 않거나 평화적 공조 원칙을 이행하지 않는다면, 물은 전쟁의 발화점이 될 수 있다.

약 1억 명의 인구가 거주하는 이집트의 경우, 나일강은 유일한 주요 상수원이다. 인근 10여 개 국가가 나일강 유역을 공유하고,◆ 모두 상류 지대에 위치해 인접국들의 인구 증가에 따라 물 수요 역시 증가된다. 이집트는 상류 지대 국가들이 나일강의 유량을 변경할 수 있다는 위험을 인지하고 있다. 1979년 이집트의 안와르 사다트Anwar Sadat 대통령은 이스라엘과 평화조약을 체결한 후, "이집트가 다시 전쟁에 휘말릴 수 있는 유일한 요인은 물밖에 없다"라고 언급했다.[5] 그로부터 10년 후, 이집트의 부트로스 부트로스갈리Boutros Boutros-Ghali 외무장

◆ 부룬디, 콩고민주공화국, 이집트, 에리트레아, 에티오피아, 케냐, 르완다, 남수단, 탄자니아, 우간다 등이 나일강 유역을 공유한다.

관은 "이 지역에서 추후 전쟁이 발발한다면 그건 정치적 요인이 아닌 나일강을 둘러싼 분쟁일 것"이라고 언급했다. 최근 이집트와 에티오피아는 청나일강 일대에 건설된 에티오피아의 그랜드 에티오피아 르네상스 댐 건설과 운영을 둘러싸고 분쟁을 겪고 있는데, 이 댐이 결국 나일강 하류 유량의 감소를 초래할 수 있다는 이집트의 심각한 우려로 발생한 물 분쟁의 최근 사례다. 이 같은 상황은 나일강에 국한되지 않는다. 인더스강, 브라마푸트라강, 메콩강, 아마존강, 미시시피강, 다뉴브강, 살윈강, 라인강, 티그리스강, 유프라테스강, 갠지스강, 라플라타강, 콩고강, 콜로라도강 등 지구상 대부분의 주요 강이 정치적 접경 지역을 가로지르고 있다.

그러나 물의 공유와 관련된 분쟁은 다수의 국가가 공유하는 강이나 국가 단위에만 국한되지 않는다. 100여 년 전, 미국 동부의 도시가 인구 급증, 수질 오염 등의 문제에 직면하면서 미국 서부가 새로운 개척지로 급속하게 확대되기 시작했다. 미국 서부는 건조하고 척박한 토지에서 수자원 부족 및 수질 오염으로 경쟁이 심해지면서 또 다른 물 문제에 직면했다.

초기 미국 인구 대부분은 소규모 지주들과 농민들이었고, 다수를 차지하는 농민들은 농작물 재배를 위한 물과 온화한 기후가 필요했다. 미국 독립전쟁 당시 미국 의회의 재정 여건은 다소 열악했으나 미국 대륙에는 풍부한 땅이 있었다. 종종 군인들은 신개척지인 애팔래치아산맥 서쪽의 토지로 보상받곤 했다. 1800년대 미국이 본격적으로 성장하면서, 사람들은 모험과 미지의 땅을 찾아 새로운 개척지인 서부로 대거 이동했고, 일확천금을 좇는 서부 개척 시대를 열었다. 남북전쟁 당시 미국은 1862년 농지법의 시행을 통해 서부에 정착해서 일할 의향이 있는 사람들에게 토지를 부여했다. 주로 여성, 이민자, 당시 링컨 대통령의 노예 해방 선언으로 해방된 노예로 구성된 서부 개척자들이 주택을 건설하고 토지를 경작할 경우 정부로부터 65만 제곱미터 규모의 토지를 받을 수 있었다. 서부로의 이주를 장려하는 정책으로 인해 토착 인디언 영토뿐만 아니라 미시시피강과 로키산맥 사이의 대지와 캐나다 국경에서 멕시코에 이르는 광활한 대지를 향해 이주 러시를 이루었다. 당시 이주 러시는 미국 총면적의 10%에 달하는 토지가 민간 소유로 이전되는 결과를 초래했다. 그로 인해 물이 당시 최대 도전과제로 부상했다.

이 시대 서부로의 이주 열풍에 동참한 사람들은 그들이 살던 미국 동부 지역이나 유럽에서 경험하지 못했던 낯선 환경에 직면했다. 지리, 기후, 야생동물, 문화에서 물에 이르기까지 극도로 상이한 환경에 맞닥뜨린 사람들은 장기적으로 생존하기 위해서는 세 가지가 필요하다는 사실을 깨달았다. 첫째는 당시 원주민뿐만 아니라 앞서 서부에 도착한 스페인 및 멕시코 거주민과의 '화해', 혹은 필요시 잔혹한 억압과 학살이었고, 둘째는 경제적 기회, 그리고 셋째는 안정된 물 공급이었다. 초기 이주자들은 그들의 생존에 필요한 이 세 가지를 쟁취하기 위해 공격적으로 그리고 종종 무법적인 행위를 일삼았다.

'황량한 서부Wild West'라고 알려진 서부 개척 시대를 나타내는 상징과 전설적 인물은 많다. 무법의 카우보이, 인디언, 황금, 야생동물, 수천 킬로미터 늘어선 마차 행렬……. 이들이 흥미로운 상상의 모험담에만 등장하지는 않는다. 우리가 익히 들어왔던 키트 카슨Kit Carson, 빌리 더 키드Billy the Kid, 애니 오클리Annie Oakley, 와이엇 이어프Wyatt Earp, 버펄로 빌 코디Buffalo Bill Cody 등 모두 실존 인물이다. 이들의 모험담을 즐겨 읽었던 당시 독자들을 자극하고자 출판사에서 좀 과장했을 수는 있지만, 이들은 모두 무법의 시대에 생존했던 실존 인물이다. 서부의 토지와 기후 역시 무법의 시대답게 거칠었다. 당시 정착인들은 극심한 추위와 더위를 견뎌야 했고, 예측하지 못한 시기에 폭우가 자주 쏟아졌으며, 태풍도 종종 찾아왔다. 그리고 이미 황폐해진 토지에 장기간에 걸쳐 가뭄이 이어졌다.

몇몇 예외적인 경우를 제외하더라도 미국 기후 경계선인 자오선의 서쪽 지역에서는 천수농업이 거의 불가능했다. 자오선은 강우량이 풍부하고 습도가 높은 동부와 건조한 기후의 서부를 구분하는 기후 경계선이다. 미시시피주 동부의 협소한 토지에서 밀, 옥수수, 목화 또는 채소를 재배해왔던 농민들은 서부 지역에선 65만 제곱미터 규모의 토지에서도 경작이 어렵다는 것을 깨달았다. 결국 이들은 농사를 포기하고 광활한 초원에서 소와 양 떼를 방목하는 목축업에 전념해 계절에 따라 우천에 따라 다른 지역으로 이동했다. 이후 강, 용천, 그리고 땅을 파고 우물을 설치할 수 있는 지역을 중심으로 교역소, 군사 주둔 시설이 건설되고 주택지와 소도시가 세워졌다. 이주자들의 삶에서 중요했던 강은 영어, 스페인어 혹은 미국 원주민 언어로 히우그란지강, 콜로라도강, 머스킹엄강(수변 지역이라는 의미), 사가다호크강(거대한 삼각주라는 의미), 니오쇼강(차갑고 투명한 물이라는 의미), 오키초비호(큰 물줄기라는 의미), 미네하하 폭포(폭포라는 의미), 쌍둥이 폭포로 호칭되었고 일부 지역들은 강의 특성에 따라 스위트워터, 스틸워터, 클리어워터, 레이크 카운티, 스프링필드, 리버사이드, 클리어크릭스, 리틀리버 등의 지역명으로 불렸다.

미국 동부에서는 강이나 강 유역을 공유하는 누구든 하천이나 분기점의 용수를 공유할 수 있는 권리 중심의 영국법을 따라 물과 관련된 법을 제정했다. 그러나 서부의 경우는 이와 달랐다. 초기에 형성되었던 스페인 및 멕시코 지역사회에서는 지역사회가 공동으로 해당 지역의 물을 관리하고 보호했다. 그러나 이후 서부에 이주한 백인들이 물을 바라보는 시각은 서로 달랐다. 강력한 행정력을 가진 정부나 사법제도의 부재로 인해, 이들은 선착순 방식과 배타적 원칙하에 개인이 물을 소유하고 통제할 수 있도록 물을 일종의 상품으로 간주했다. 불안정한 기후, 물 부족, 토지 소유권을 둘러싼 경쟁은 날로 심해졌고, 이와 같이 상호 모순적인 물과 관련된 관행은 이후 150여 년간 법적, 정치적 갈등을 초래하고 종종 폭력을 동반한 분쟁을 불러왔다.

카우보이나 서부 개척 시대라고 하면 우리는 서부 영화에서 즐겨 보았던 할리우드 방식의 전설적인 신화와 같은 장면을 떠올린다. 영화 산업이 태동하던 당시에도 다수의 서부 영화가 물을 둘러싼 갈등과 분쟁을 반영하고 있음을 알 수 있다. 1921년 파라마운트 픽처스에서 제작한, 윌리엄 하트William S. Hart와 제인 노백Jane Novak 주연의 무성영화 〈스리 워드 브랜드Three Word Brand〉는 수리권을 둘러싼 탐욕스러운 농장주의 암투를 적나라하게 보여준다. 1933년 〈라이더스 오브 데스티니Riders of Destiny〉에서는 젊은 존 웨인John Wayne이 청렴결백한 공무원 역할로 출연하면서, 자신의 탐욕을 위해 지역의 물 공급선을 조작하는 비열한 목장주와 싸운다. 이 목장주는 다른 목장주들에게 터무니없이 높은 가격으로 물을 공급받는 계약을 체결하도록 압박한다. 1936년 존 웨인은 영화 〈킹 오브 더 페이커스King of the Pecos〉에서 물과 토지 소유권을 쟁취하기 위해 잔인한 살인을 일삼는 목장주와 싸워나가는 주인공으로 호연했다, 험프리 보가트Humphrey Bogart와 월터 휴스턴Walter Huston은 1948년 아카데미 수상작 〈시에라 마드레의 황금Treasure of the Sierra Madre〉에서 황금 사냥꾼으로 나오는데, 휴스턴은 "물은 금보다 중요하다"라고 언급했다. 그레고리 펙Gregory Peck과 진 시먼스Jean Simmons가 출연한 〈빅 컨추리The Big Country〉(1958년)는 목장 운영에 필요한 물 공급을 둘러싼 치열한 내전 이야기를 담았다. 〈레인지의 법Law of the Range〉, 〈오클라호마 프론티어Oklahoma Frontier〉, 〈스탬피드Stampede〉 등 다양한 영화에서 미국 서부 시대에 물이 지니는 가치와 이를 쟁취하기 위한 인간의 갈등과 대립을 투영하고 있다. 유쾌하기 그지없는 뮤지컬 〈오클라호마!Oklahoma!〉에 나오는 '농민과 목장주의 춤' 장면에서도 소목장을 가로질러 설치된 울타리를 둘러싸고 물과 토지의 소유권을 쟁취하기 위해 주먹다짐을 벌이는 농민들과 목장주의 모습을 담고 있다.[6]

이런 영화들은 즐거움을 선사하기 위한 허구 내지는 신화적 요소를 가공한 오락물이지만, 미국 영화 〈철조망 절단 전쟁Fence Cutting Wars〉, 〈파우더강 전쟁War on Powder River〉 등은 물 부족으로 인해 수천 명의 사상자를 낸 전쟁 실화를 바탕으로 한다.

고온건조한 기후 환경에서 물 공급이 불안정할 경우, 물 통제는 최우선순위를 가지며 실제로 사람들이 어느 곳에 어떻게 살고 때로는 어떻게 죽는지 결정하는 주요 요인이 된다. 퓰리처상을 수상한 미국 서부 연대기 작가 월리스 스테그너Wallace Stegner는 "건조한 지역에서 물은 진정한 재산이다. 물이 없으면 토지는 효용가치를 상실한다. 물을 지배하면 물에 의존하는 토지도 지배할 수 있다"라고 언급했다.[7]

1870년대 초까지 극심한 가뭄, 농장주와 농민 간의 경쟁, 토지와 물 소유권을 둘러싼 혼란으로 인해 서부 텍사스주에서 몬태나주에 이르는 지역까지 물 지배권을 두고 긴장 분위기가 조성되었다. 목장주들은 봄과 여름에는 거대한 소 떼를 몰고 북부의 비옥한 초원으로 이동하고, 혹독한 겨울에는 북쪽에서 남쪽으로 이동했다. 샤이엔, 도지시티, 덴버, 캔자스시티에 새로 건설된 철도를 따라 세인트루이스와 시카고의 가축거래소로 소 떼를 몰고 이동했다. 남북전쟁 후 개인의 토지 소유가 늘어남에 따라 물 접근과 관련된 분쟁도 증가했으며 다수의 공공 목장과 공공 수자원이 점차 개인의 소유물로 전환되었다. 프랑스 철학자 장자크 루소Jean-Jacques Rousseau는 『인간 불평등 기원론Discourse on Inequality』(1755)에서 토지의 사유화 개념을 비판했다. 그는 경쟁이야말로 재산 사유화 및 불평등 증가의 직접적인 결과라고 주장했다. 그는 "어느 한 사람이 그 누구도 시도한 바 없는 최초의 시도로 한 구획의 땅에 울타리를 치고 그 땅을 그의 소유로 생각했더니, 주위 사람들이 이를 그대로 받아들일 만큼 단순함을 발견했다"라고 언급했다.[8]

자신의 목장을 다른 이가 소유하는 목장에서 분리한 뒤 구획해 배타적으로 이용하기 위해서는 신기술이 필요했다. 미국 동부 지역에서처럼 돌벽이나 나무 울타리를 이용해 목장 울타리를 치기에는 너무 넓었다. 이때 철조망이라는 새로운 발명품이 등장했다. 철조망은 정착민이 평원의 인디언이나 다른 목장주의 접근을 물리적으로 저지하기 위해 최초로 사용되었다. 대규모 농장이나 목축업자는 철조망 울타리를 이용해 공공 토지를 구획해 사유지로 이용했다.[9] 철조망의 1차 특허는 1870년대 중반에 출원되었으며, 1874년부터 1977년까지 철조망의 총매출액은 연간 4톤 수준에서 6,000톤 가까이로 증가했다. 1880년 철조망의 총매출액이 3만 6,000톤에 이르자 철조망 생산을 담당하는 국영 기업이 설립되었다. 추후 이 회사는 민영화되어 J. P 모건Morgan이 소유권을 보유하는 US 스틸United States Steel로 성장했다.[10]

이후 울타리가 없는 개방형 목장을 둘러싼 분쟁은 철조망으로 인해 가축들이 죽거나 다친 목장주와 방목 방식의 목축업을 반대하는 목축업자의 대립 양상인 '울타리 절단fence cutting' 분쟁으로 이어졌다. 분쟁은 대부분 재산 손괴나 가축의 죽음으로 이어졌으며, 총격에 의한 인명 피해까지 발생했다. 1883년에는 울타리 절단 분쟁으로 인해 최소 3명의 사망자가 발생했다.[11] 이 울타리 절단 분쟁은 1880년대까지 뉴멕시코주, 콜로라도주, 와이오밍주, 텍사스주로 확대되었다.

1884년 여름 무렵 극심한 가뭄이 텍사스주를 강타했고, 1886년에는 북부까지 가뭄이 이어졌다. 와이오밍주의 동부 지역과 몬태나주는 과거 그 어느 때보다 극심했다. 1886년 일부 지역의 연간 강우량은 예년 수준의 5분의 1에 그쳤고, 건조한 목장은 더욱 메말라갔다. 1886년 와이오밍주 내 버펄로 인근에 건설된 군사 주둔 시설 포트 매키니의 사령관은 "이 지역은 텍사스 소 떼로 가득하고 여기 군사 시설로부터 15마일 반경 이내에는 풀 한 포기도 찾아볼 수 없다"라고 연차 보고서에서 밝혔다.[12] 1886년 건조한 가을이 지나가고 혹독한 겨울이 일찍 찾아왔다. 새로 개발된 철조망 울타리로 인해 물과 건초를 자유롭게 먹지 못하는 소들이 상당수 죽음을 맞이했다. 강 유역의 과도한 방목과 수질 오염을 둘러싼 농민과 목축업자 간 긴장이 점차 고조되었으며 멕시코계, 인도계, 모르몬계, 바스크계, 그리고 앵글로계 지역사회 간 민족 갈등으로 상황이 더욱 악화되었다.

파우더강 전쟁 혹은 존슨 카운티 전쟁으로 알려진 사상 최악의 폭력 사태가 와이오밍주에서 발발했다. 이 폭력 사태는 대규모 목장주, 부유한 외국계 투자자, 목축업자들이 소규모 농민들과 이에 동조하는 목장주, 정착민들을 상대로 벌인 일종의 계급 전쟁으로, 물과 토지 소유권을 둘러싼 불화가 시발점이었다. 1886~1887년 혹독한 겨울 이후 매우 고온건조한 여름이 찾아오면서 소 떼가 죽고 토지와 물 공급에 대한 추가적 착탈이 뒤따랐다. 1890년대 초 캔자스주, 네브래스카주, 와이오밍주, 다코타주와 대평원 지대를 중심으로 지속된 가뭄은 자원의 중요성을 절감하게 했다. 결국 물을 얻기 위한 실질적인 폭력 사태로 발현되었다. 정착민들은 강제로 그들이 거주했던 토지와 집에서 떠나고, 자경단과 목축협회가 고용한 총잡이들은 불법적인 린치와 살인 행위를 일삼았다.

1892년 와이오밍주 존슨 카운티 지역에서 분쟁이 최고조에 이르렀다. 그간 경쟁 관계에 있던 목축협회 간에 축적되었던 일촉즉발의 긴장이 유혈사태로 폭발했다. 와이오밍주 목축협회WSGA는 정치적 노선을 같이했던 거대 목축 기업들로 구성되어 있었는데, 와이오밍주의 아모스 바버Amos Barber 주지사 직무대행◆으로부터 지지를 받고 있었다. WSGA는 가축 도적질을 일삼고 이들 기업의 상업적 이익을 훼손한다는 이유로 소규모 목장주들과 농민들을 비난하고 이들을 상대로 폭력적인 공격 행위를 퍼부었다. WSGA와 갈등상태에 있던 소규모 가족 단위 농민들로 구성된 북와이오밍 농민 및 목축협회NWFSGA는 거대 기업이 자신들의 토지와 수리권水利權을 강탈해가고 있다고 주장했다. 1892년 봄, WSGA는 텍사스 출신의 총잡이들로 구성된 민병대를 고용해, 그들과 분쟁 관계에 있던 농민들을 몰아내고 NWFSGA 핵심 인사들을 살해하도록 요구했다. 이 총잡이들은 NWFSGA의 주요 목장주 여러 명을 살해했다. 이에 대한 반격으로 NWFSGA는 당시 윌리엄 앵거스William Angus 관할 보안관을 주축으로 모인 200여 명의 남성이 항쟁 조직을 결성해 WSGA에 맞서 대응공격을 감행했다. 수세에 몰린 WSGA 주요 인물들은 해당 지역의 한 목장에서 포위되었다. 다급한 상황에 처한 바버 주지사 직무대행은 미국 연방 정부 벤저민 해리슨Benjamin Harrison 대통령에게 지원을 요청하는 전보를 보냈다. 1892년 4월 14일 『뉴욕 타임스』에 게재된 이 전보의 내용은 다음과 같다.

> 약 61명의 목축업자는 그들의 고유 재산인 가축을 보호하고 약탈자들의 불법 점거를 막고자 무장세력을 고용한 것으로 보고되었다. 이들은 군사 시설인 포트 매키니에서 13마일 떨어진 곳에 있는 'T.A. 목장'에 감금되어 있

◆ 당시 주지사였던 프랜시스 워런이 상원의원으로 출마하기 위해 사임하자 바버는 주지사 직무대행 업무를 수행했다.

으며, 이 지역 관할 보안관과 200~300명에 이르는 약탈자에게 포위되어 있다. 현재 감금된 피해자들이 소유했던 마차도 강탈되었다. 이 분쟁은 어제 발생했고, 그 과정에서 상당수가 살해되었다. 극도의 흥분 상태가 만연해 있다. 현재 감금된 자들은 결국 살해될 것으로 우려되며 매우 두려운 상황이다. 현지 행정 당국은 이 폭력 사태를 저지하기에 역부족이다. 상황이 매우 심각하므로 막대한 인명 손실이 발생하지 않도록 즉각적인 지원을 요청한다.[13]

해리슨 대통령은 당시 전쟁 장관을 호출해 '와이오밍주를 내전으로부터 보호하기 위해' 군대를 파병할 것을 요청했다. 군사 요충지인 포트 매키니에 주둔해 있던 군대가 현장에 급파되었고, 결국 극적인 협상을 통해 폭력 사태는 종결되었다.[14] 관련 증거 자료에 따르면, 당시 부유했던 대형 목축 기업과 와이오밍주 정치인들도 포위되었다고 한다. 살해 명단과 불 지를 농가를 나열한 목록, 그리고 1명을 살해할 때마다 50달러의 상금을 총잡이에게 지급하기로 하는 내용의 계약서까지 발견되었다. 살해 명단에는 존슨 카운티 관할 보안관, 카운티 감독관, 언론사 편집장, 그리고 미국 농지법에 의해 이주한 정착민들을 적극적으로 지원한 일부 현지인들이 포함되어 있었다.[15] 그러나 당시 주 정부 내에 만연한 부정부패와 살인 계획에 연루된 자들의 사회적 영향력 등으로 인해 WSGA 주요 인물에 대한 기소는 제기되지 않았고, 일부 기소가 진행된 사건 역시 기각되었다. 이후에도 수년 동안 산발적인 폭력 사태가 지속되었는데, 양측 모두 목초지와 수리권 보호에 대한 각자의 도덕적 명분을 강하게 주장했다.

두 번째 물의 시대 미국 서부의 물 전쟁은 결코 종결되지 않았다.◆ 이 목장에서 저 목장으로 전장이 이동하고, 목장주와 농민에서 시작해 이후 물의 권리, 배분, 지배권을 놓고 법정에서 다투는 변호사에게로 당사자들의 범위가 확대되었을 뿐이다.

한편, 1890년대 미국 존슨 카운티가 물 전쟁에 휘말린 것과 동일한 사유로, 오늘날에도 전 세계에 걸쳐 수자원이 발화점이 되는 폭력 사태가 악화되고 있다. 주요 원인은 부패가 만연하거나 행정력이 약한 정부 당국, 수자원 법의 부재, 불평등한 물 접근, 불평등한 물 권리 배분, 경제와 지역사회의 건강과 안전을 위협하는 극심한 가뭄 재해 등이다. 오늘날 사하라 사막 이남 아프리카 지역에서는 미국 서부의 물 분쟁이 발생한 형태와 동일한 형태로 농민들과 목축업자들 간에 물과 토지 이용을 둘러싼 분쟁이 발생하고 있다. 토지와 수자원을 구획하는 울타리를 설치하고 관련된 분쟁으로 인해 사상자의 수가 증가하고 있다.

인도에서는 2016년 고온과 극심한 가뭄으로 인해, 물의 이용과 통제권을 두고 수 개월간 폭동, 사회적 불안, 살인과 폭력이 연이어 발생했다. 그해 5월부터 9월까지 더욱 극심해진 가뭄으로 인해 보팔, 분델칸드, 세호르, 카르나타카 지역에서는 물 공급 중단을 둘러싸고 폭력적인 충돌이 일어나 사상자가 발생했으며, 수백 명이 구금되고 공

◆ 필자의 의도는 아니지만, 미국 서부의 물 분쟁을 언급하는 모든 문서는 출처가 불분명한 마크 트웨인Mark Twain의 인용문을 반드시 포함해야 한다고 하여 다음과 같이 작은 글씨체로 싣고자 한다. "위스키는 마시기 위함이며, 물은 싸우기 위함이다." 무시해도 좋다.

공집회 금지령이 발효되었다. 2018년 이란에서도 극심한 가뭄으로 인해 이와 유사한 사회적 불안이 야기되어 물의 이용과 관리를 둘러싼 폭력적인 시위로 이어졌다. 이로 인해 25명이 사망하고 수천 명이 구속되었다.[16] 수자원 통제권을 둘러싼 폭력 외에도 수로를 다른 지역으로 변경하는 시도가 현재까지도 이란 내에서 계속되고 있다.

물과 물 시스템은 다른 원인으로 야기된 분쟁에서 일종의 무기나 도구로 이용될 수 있다. 1573년 스페인의 왕 펠리페 2세로부터 독립을 쟁취하기 위한 '80년 전쟁'에서 네덜란드인은 알크마르에서 스페인 군대의 포위를 격파하기 위해 자국의 토지를 침수시켰다. 1574년에도 레이던을 방어하기 위해 같은 전략을 적용했으며, 이후에도 수년 동안 이와 동일한 전략이 다수의 전쟁터에서 이용되었다. 1944년 독일군은 이탈리아 이솔레타 댐의 물을 이용해 가릴리아노강을 건너는 영국군을 섬멸했다. 이후 독일군은 라피도강을 댐으로 막아 미군이 점령한 계곡을 침수시켰다.[17] 2022년에 우크라이나는 키이우 북쪽 지대를 의도적으로 침수시켜 러시아군이 우크라이나 수도를 공격하지 못하도록 방어하기도 했다.[18]

물과 연관된 폭력의 또 다른 유형은 수자원이나 수자원 시스템에 대한 직접적인 공격을 포함하는데, 이 경우는 물 자체가 공격 대상이 된다. 1960년대 이스라엘은 요르단강 상류에서 요르단 수로 전환 시설을 공격했고, 팔레스타인은 이스라엘의 양수 펌프를 공격했다. 1991년 페르시아만 전쟁 당시 연합군은 이라크의 제2도시인 바스라의 식수 및 위생 시설을 폭파했다. 2016년 인도의 수도 뉴델리에서는 인도 정부의 일자리 정책에 분노한 시위대들이 폭동을 일으켜 주요 급수관을 파괴해 약 1,000만 명의 시민이 단수를 겪기도 했다. 이 폭동으로 인해 16명의 사망자와 수백 명의 부상자가 발생했다. 보다 최근에는 예멘, 사우디아라비아, 걸프 인근 국가 및 우방국들이 연루된 걸프 전쟁에서 예멘의 민간 수자원 관리 시스템이 사우디아라비아가 주도한 연합군의 공습으로 여러 차례 폭파되었다. 2022년 러시아가 우크라이나를 침공했을 때, 러시아가 취한 첫 번째 조치는 우크라이나가 2014년에 건설한 댐을 폭파해 크림반도 지역으로 흐르는 유량을 막는 것이었다.[19]

2010년대에 티그리스강과 유프라테스강 유역을 휩쓸었던 강도 높은 폭력 사태는 물과 물 시스템이 분쟁의 무기와 공격 대상이 될 수 있음을 잘 보여준다. 티그리스강과 유프라테스강은 물 부족을 겪는 건조 지역에서 도시 생활용수, 농업용수, 수력발전용수를 공급하는 주요 수원이다. 지난 수십 년 동안 인구 증가, 새로운 댐 건설, 수로 변경은 기존의 물 부족 문제를 한층 악화시켰다. 이 지역의 하천 유량과 관련된 과거 기록은 신뢰도가 낮고 일관적이지 않았으며, 특히 하천 유역에 위치한 국가 모두 물을 공유하기 어려운 상황이었다. 하천의 하류 지역에 도달하는 유량은 감소했고,[20] 물 부족 상황은 식량 생산 차질과 사회·문화적 불안 확대로 이어져 이 지역의 긴장이 고조되었다.

중동 지역의 갈등은 물 통제를 둘러싼 긴장을 초월해 깊은 역사적 뿌리를 지니고 있다. 여기에는 초기 문화권의 권력 분쟁, 이슬람·기독교·유대교 간의 종교적 분열, 오스만 제국의 지정학적 이슈, 제국주의 열강이 인위적으로 그어놓은 정치적 경계선, 석유를 둘러싼 경제적 갈등과 같은 다수의 요인이 복잡하게 얽혀 있다. 그 결과 이란, 시리아, 이라크 간의 폭력, 이스라엘과 인접국 간의 갈등, 걸프 연안국과 예멘 간의 분쟁 등 다양한 폭력 상황이 오늘날에도 이어지고 있다.

2011년에 시리아 내전이 발발했다. 바샤르 알아사드Bashar al-Assad 정부의 억압에 대한 분노가 도화선을 당겼고 수년간 지속된 가뭄, 농작물 생산량 감소, 국제 곡물 가격 상승, 농촌의 경제적 고충, 도시 실업률 상승, 기후 이변 악화 등 여러 요소로 인해 상황이 더욱 악화되었다.[21] 시리아 내전은 이 지역의 물 공급과 인프라를 초토화시켰다. 2012년 말부터 2013년 초까지 시리아 정부에 대항하는 반군은 생존에 필요한 전기와 물 공급을 통제할 목적으로 유프라테스강의 티슈린 댐, 바스 댐, 타브카 댐을 공격했다. 이와 같은 사건은 향후 5년간 물과 물 인프라가 전쟁의 무기이자 공격 대상이 되는 지역적 분쟁을 알리는 전조가 되었다.[22]

시리아 내전과 이라크 내부의 정치적 혼란이 확산되면서 이슬람 무장 단체 IS◆가 영향력과 활동 영역을 점차 키워나가기 시작했다. 이 지역의 혼란을 틈타, IS는 2013년부터 무장 공격을 시작하면서 티그리스 및 유프라테스 유역 너머 인근 국가인 튀르키예, 시리아, 이라크 외에도 미국과 러시아 등 대리 우방국이 이 갈등의 소용돌이에 휘말렸다.

IS의 주요 전략은 수자원을 통제하고 무기화하는 것이었다. 2014년

◆ 원래는 이라크 레반트 이슬람국가Islamic State of Iraq and the Levant, ISIL이나 이라크 시리아 이슬람 국가Islamic State of Iraq and Syria, ISIS로도 알려져 있다.

부터 2015년까지 IS는 북시리아와 이라크 내 여러 지역으로 세력을 확장했는데 주요 강 유역의 모든 댐을 장악하기에 이르렀다(그림 20). 같은 기간 IS 무장세력은 바그다드 인근에 있는 이라크의 팔루자 댐을 장악해 시아파 지역의 물 공급을 차단하고, 의도적으로 수백 킬로미터의 토지를 침수시켜 곡식과 가축을 파괴하고, 수천 명이 터전을 잃게 했다.[23] 카르발라, 나자프, 바빌 도시에 거주하는 수백만 시민의 물 공급을 차단하고, 디얄라의 시아파 지역과 기독교 마을인 카라코시로의 물 공급을 차단했으며, 5만여 명의 주민을 강제로 추방했다.[24]

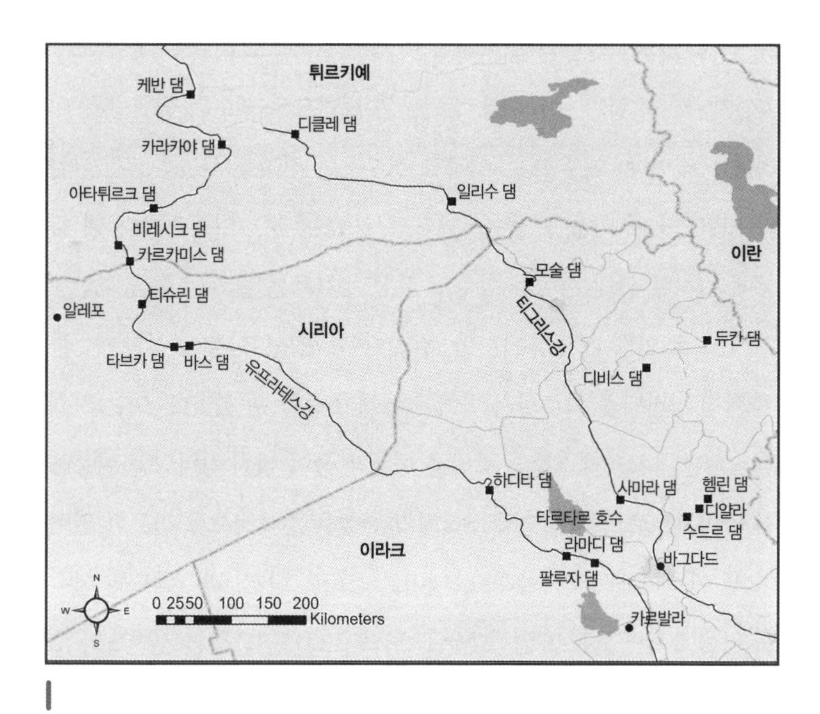

그림 20. 티그리스강과 유프라테스강 유역의 주요 댐 지도. 이 중 다수는 이 지역에서 발생한 폭력의 공격 대상이 되었다.

제공: 태평양연구소Pacific Institute, Morgan Shimabuku.

이후 IS는 팔루자 댐을 이용해 의도적으로 하류 지역을 침수시켰다. 이 기간에 IS는 유프라테스강과 티그리스강 인근의 주요 도시들을 장악했고, 라마디 댐과 모술 댐을 점령했으며, 이라크의 주요 댐인 하디타 댐과 타르타르 댐 후방 유역에 대한 지배권을 차지했다.◆ 모술 댐을 장악한 IS는 일시적이나마 이라크의 전력 생산 능력 중 75%를 통제했으나 몇 주 후 모술 댐은 다시 이라크의 소유로 복원되었다.[25]

2014년 9월, IS 세력은 유프라테스강 유역의 주요 소도시를 점령하고자 티슈린 댐, 바스 댐, 타브카 댐을 시리아 저항 세력으로부터 탈취해 이 댐의 수력 발전과 수자원을 재장악했다. IS는 이라크의 수드르 댐에서 IS가 영향력을 미치지 못하는 지역으로 흐르는 물을 모두 차단했다. 그 결과, 이 지역 주민들은 트럭으로 식수를 공급받는 어려움을 겪었다. 이후 IS는 이라크 정부군의 진격을 차단하고자 디얄라 지역의 9개 마을을 침수시켰다.[26] 2015년 봄, IS는 라마디 댐 하류에 위치한 관개 시설과 상수도 시설로 흐르는 물의 유출을 차단했다.[27] 이로 인해 IS가 후사이바, 칼리디야, 합보니야를 공격할 때, 물이 빠진 강바닥을 가로질러 병력이 쉽게 이동할 수 있었다. 이는 기원전 539년 유프라테스강의 흐름을 변경해 물이 빠진 강바닥을 이용해서 바빌론으로 진격한 키루스 2세의 전설을 현대적으로 적용한 전략이다. 이 외에도 IS가 알레포, 데이르에조르, 락까, 바그다드의 상수도 시설에 독극물을 유입했다는 보도 후, 2015년 7월 발칸반도의 코

◆ 걸프전 당시, 미군은 사담 후세인이 하디타 댐을 무기로 이용하지 못하도록 전략적으로 이 댐을 장악했다. F. Pearce, "Mideast Water Wars: In Iraq, a Battle for Control of Water," *Yale Environment 360*, August 25, 2014.

소보 당국은 이 수도에 거주하는 수만 명의 주민에게 일시적으로 단수 조치를 시행했다. 이 과정에서 이 도시 인근의 최대 저수지를 오염시키려 했던 이슬람 무장세력 다섯 명을 체포했다. 수개월 후, IS는 IS 지지자들에게 지역의 식량 및 식수 공급로에 독극물을 풀 것을 종용하는 비디오를 공개했다.[28]

IS 활동이 최고조에 달했던 2014년부터 2015년까지 IS는 800만 명이 거주하는 이라크와 시리아 일부 지역을 장악했다. 그 후 IS는 대부분의 무슬림 민족으로부터 비난을 받아 이라크, 시리아, 미국, 러시아 등의 공격에 무력화되고 대부분의 세력이 은둔지로 도피했다. 과거 IS가 장악한 거의 모든 지역은 복원되었으나, 수자원을 무기로 이용했던 IS의 전략은 물 역사의 일부로 남았다.

도시 상수도 시설에 대한 공격이나 물을 전쟁 무기로 삼는 행위는 1949년 제네바 협약 및 1977년 의정서 등을 포함한 국제법의 명백한 위반이다. 이 협약에 따르면, "식수대나 식수 공급원, 관개 시설 등 민간인의 생존에 필수 불가결한 물자"를 공격하는 행위는 금지된다. 또한 이 의정서에 따르면, "군대가 시민들이 부적절한 식량이나 물 공급 상황에 처하도록 이와 관련된 시설을 공격해 기아나 강제 이주를 강요하는 행위"를 금지한다.[29] 이런 국제법에도 불구하고, 물을 이용한 폭력 사태는 증가세를 보인다. 이와 같은 상황은 물 분쟁을 완화할 책임이 있는 유관 기관이 물 부족, 수요, 남용 등 두 번째 물의 시대가 직면한 과제에 대처하기에 역부족임을 보여준다.

비록 물이 분쟁과 폭력의 원인으로 작용해왔지만, 물은 평화, 협력과 지속 가능한 개발의 원동력이 될 수 있다. 일부 주요 하천의 경우,

하천 유역을 공유하는 당사자들 간에 물을 분배하는 협정과 조약이 체결되고 있다. 1994년 이스라엘과 요르단이 체결한 평화조약의 부속서 II는 야르무크강과 요르단강의 공유, 지역 지하수의 공동관리, 물 정보 교환 및 분쟁 해결을 위한 공동위원회 설치 등 세부 조항을 포함한 합의서다.[30] 14개국과 EU는 1994년 다뉴브강 보호 협정 원칙에 합의해, 다뉴브강 유역의 지표수와 지하수를 관리하고 지속 가능하고 공평한 방법으로 이용하기로 했다. 미국과 멕시코는 1944년 콜로라도강을 공유하고 분쟁을 해결하기 위한 공동위원회를 설립하기로 조약을 체결했다.

이와 같은 협정의 일부는 다른 분야에서도 진전을 이루었다. 1960년 인도와 파키스탄은 인더스강을 공유하는 조약을 체결했다. 이는 1947년 인도의 독립과 파키스탄의 분리 시점부터 시작된 후 계속되었던 물 권리를 둘러싼 양국의 장기간 분쟁을 냉각시키는 데 기여했다. 이 조약은 관개용수와 식량의 수요가 증가하면서 인더스강을 둘러싼 긴장이 증폭되던 시점에 체결된 것으로, 폭증하는 인구를 먹여 살릴 식량 재배를 위해 관개용수로 이용되는 물이 또 하나의 혁명적 시기를 맞는 시점에 물에 대한 상호 경쟁을 완화시키는 효과가 있었다. 두 번째 물의 시대에 중요한 이정표인 청록색 혁명Blue Green Revolution의 형태로 다가왔다.

• 17장 •

청록색 혁명

식량은 정의 실현과 인류 평화를 이루는 근본이다.
_ 노먼 볼로그Norman Borlaug

20세기 중반에 글로벌 식량 생산이 인구 증가 속도를 따라잡지 못해 대규모 기아와 사회 불안이 초래될 거라는 우려가 팽배했다. 지난 세기 동안 수백만 명이 굶주림에 시달렸고 오늘날까지도 수백만 명이 영양 결핍 상태에 놓여 있지만, 식량 생산 부족이 그 원인은 아니다. 노벨상 수상자 아마르티아 센Amartya Sen은 오늘날 지역적 기아 상황이 발생하는 원인으로 지역적 빈곤, 농작물 피해나 생산량 감소를 야기하는 열악한 기후, 빈곤층의 식량 및 글로벌 시장 접근이 용이하지 못한 점 등을 지적한다.[1] 그러나 우리에게 잘 알려진 녹색 혁명Green Revolution의 성공을 통해 과거 일부에서는 필연적 상황으로 받아들였던 대규모 인명 피해를 상당 부분 해소할 수 있게 되었다. 세계의 식량 생산량이 대폭 증가하는 데 기여한 녹색 혁명은 새로운 경작 기술 도입, 수확량이 많은 품종 보급, 비료 및 해충 퇴치용 농약 개발 등에 힘입어 성공적으로 진행되었다.

1960년에서 2010년에 이르는 반세기 동안 수차례에 걸쳐 농업문화 '혁명'이 실현되었고, 세계 인구가 2배 이상 증가할 때 농작물 생산량은 3배 상승했으나 경작지 규모는 소폭 확대되었을 뿐이다. 현재 코넬대학교 농업경제학자인 프라부 핑갈리Prabhu Pingali는 2012년 리뷰에서 녹색 혁명이 세계 위기를 극복하는 데 기여한 바를 상세히 설명하면서 "20세기 중반 사회에 만연했던 빈곤을 완화하고 수백만 명의 인구를 기아로부터 보호하고 수천 헥타르의 토지가 농업 경작지로 전용되는 것을 방지했다"라고 기술했다.[2]

녹색 혁명의 시초는 1940년대 노먼 볼로그를 포함한 여러 명의 미국 과학자가 멕시코와 미국에서 병충해에 강하고 수확량을 확대할 수 있는 밀 품종의 여러 가능한 조합을 연구하기 시작한 시점이라고 볼 수 있다. 다수확 품종 개발, 농기계 사용 등으로 멕시코와 미국은 1940년대 밀 소비량의 절반 이상을 수입하던 나라에서 1960년대에는 밀 수출국으로 변모했다.[3] 볼로그는 녹색 혁명에 기여한 공로로 노벨상을 받았다.

또한 녹색 혁명은 특히 물의 여건이 열악해 농작물 경작지로 부적합했던 토지에 관개 시설을 확대한 혁명으로, 사실상 청록색 혁명으로 볼 수 있다. 지난 70년 동안 세계 식량 생산량이 확대될 수 있었던 상당 부분은 안정적인 농업용수 공급 및 가뭄과 우천의 영향 감소 등이 영향을 미쳤다. 1900년에는 전 세계 농경 토지가 63만 제곱킬로미터에 불과했으나 1950년에는 약 111만 제곱킬로미터, 2020년에는 360만 제곱킬로미터의 관개 농지로 확대되었다.[4]

오늘날 관개는 전 세계 경작지의 약 20%에 이용되고, 이곳에서 세계 작황량의 약 40%를 생산한다. 아시아와 북아메리카 지역에서는 수백만 개에 이르는 튜브형 우물을 통해 지하수를 취수해 이용한다. 미국에서는 관개 토지가 비관개 토지보다 경제적 측면에서 생산적이다. 관개용수는 경작 면적의 20% 미만에 이용되지만, 총농작물 재배 수입의 54% 이상을 차지한다.[5] 지금까지 관개 시설 투자는 대규모 기아를 억제하는 데 중요한 역할을 했지만, 수천 년에 걸쳐 지하에 축적된 지하수를 퍼 올려 이용하는 상황이다. 하지만 향후에도 이와 같은 편익이 지속 가능할지는 미지수다. 화석 지하수가 고갈되어가는 현재 상황은 청록색 혁명이 글로벌 식량 위기를 단순히 지연시켰을 뿐이며 결코 종식된 것이 아니라는 우려를 제기한다.

지하수를 퍼 올릴 수 있는 튜브형 우물의 발명은 관개의 대규모 확대에 중요한 동력을 제공했다. 최초의 실질적인 튜브형 우물은 1800년 중반 미국에서 노턴J. L. Norton이 특허 출원했으나, 얼마 지나지 않아 1867~1868년 영국에서 활용되었다. 처음에는 지역사회 내 소규모 물 공급을 목적으로, 그 후에는 군사적 용도로 활용되었다. 초기에는 끝이 뾰족하고 구멍이 뚫린 철제 튜브를 사용해 말뚝박기처럼 추를 올렸다 내렸다 하는 방식으로 지하수를 끌어 올린 뒤, 수동식 또는 기계식 펌프를 이용해 물을 지상으로 퍼 올렸다. 지하수는 지표면 바로 몇 미터 아래에서 추출할 수 있어, 이러한 방식의 초기 우물은 안정적인 물 공급이 신속하게 이루어지는 데 효과적이었다. 1868년 런던 근처에서 실시된 공개 시연회(그림 21)는 다음과 같이 보도되었다.

> 며칠 전 우리는 템스 디턴Thames Ditton에서 실시된 시연회를 목격했다. 1.25인치의 폭과 12피트 길이의 튜브는 끝이 강철로 되어 있고 그 끝에서 몇 인치 떨어진 위치에 구멍이 뚫려 있었다. 이 튜브는 마치 말뚝박기와 같이 지표면을 뚫더니 약 9분이 지난 뒤 지하수에 닿았다. 이 튜브에 펌프를 연결하니 물이 솟아올랐다. 이 모든 과정에 소요된 시간은 30분도 안 된다. (…) 이 새로운 발견은 우물 산업의 지평을 열었다.[6]

그림 21. 노턴의 특허 출원된 우물을 이용한 실험. 1868년 3월 런던의 템스 디턴 인근에서 열린 시연회. 세 개의 튜브형 우물이 지표면에서 4.2미터 지점에 박히는 실험을 시연했다. 1867년에 영국 왕립 엔지니어들은 이 우물을 활용했다. 1968년 3월 『일러스트레이티드 런던 뉴스Illustrated London News』에서 발췌한 기사로, 피터 글릭의 소장품.

튜브형 우물은 1867~1868년 영국군의 아비시니아 원정에서 사용되어 아비시니아 우물로 알려지기도 했다.[7] 이후 지표면을 뚫어 지하수를 펌프로 퍼 올리는 기술의 발전은 계속되었다. 20세기 중반까지 지하수 우물을 신속하게 퍼 올리는 비용효율적인 이 기술은 특히 남아시아 아대륙의 농업문화 혁명에 크게 기여했다.

역사학자 카를 비트포겔Karl Wittfogel은 수리사회hydraulic society와 관련한 저서에서 고대의 이집트, 중동, 인도, 중국, 남아메리카 지역의 권력은 관개 시스템과 수자원에 대한 국가적 통제와 관리를 통해 확보되었고, 이와 같은 시스템의 건설 및 관리 운영은 노동력의 강제적 이용을 수반해 이후 전제주의 제도의 시발점이 되었다고 기술했다.

> 나는 정부 주도의 대규모 수자원 통제에 의존하는 농경 제도에 '농업수리hydraulic agriculture'라는 용어를 적용할 것을 제안한다. '수리 사회'는 수리 농업 시설, 대규모 수리 및 비수리 시설이 매우 강력한 정부에 의해 관리되는 농업사회를 의미한다.[8]
>
> 이와 같이 물과 관개 시설을 효과적으로 관리하기 위해서는 한 국가 인구의 전체 혹은 최소한의 역동적인 핵심 부분으로 구성되는 조직망이 필요하다. 그 결과, 이 조직망을 통제하는 집단이 최고 권력을 행사할 수 있다.[9]

비트포겔의 저술과 시기를 같이한 청록색 혁명이 특히 20세기 중반 무렵 인도 아대륙에서 발현되었을 때, 정부가 물 권력을 행사한다는 비트포겔의 논거와 일치했고 정부만이 관개 사회의 발전에 영향을 미칠 수 있다는 그의 주장에 힘을 실어주었다.

1947년 독립 선언 당시 인도 인구는 3억 4,000만 명에 달했고, 인도 경제의 대부분은 농업에 의존했다. 대부분의 인도 농업은 매우 불규칙한 몬순 강우로 물 공급이 불안전하고, 그로 인해 작황이 저조해 식량 총생산량이 제약을 받는 상황이었다. 이 지역에서는 주요 강을 따라 설치된 원시적인 운하를 이용한 관개를 통해 제한적이나마 식량 생산이 가능했다.

지금까지 녹색 혁명과 관련된 논의는 대부분 수확량이 많은 밀과 쌀 품종의 도입, 기계화 농법, 비료 적용으로 인한 작황률 증가 등 성공적인 결과에 치중되어 있다. 물론 이와 같은 요소가 식량 생산의 확대에 중요한 역할을 해온 것은 사실이지만, 사적 튜브형 우물 확산과 수백만 명에 이르는 인도 농민의 대규모 지하수 개발 노력이 없었다면 성공하지 못했을 것이다. 오늘날 역사학자들과 농업 전문가들은 인도 지역의 밀과 쌀 생산량이 급속도로 증가한 것은 비용이 저렴한 우물을 이용해 농민들이 과거 불안정한 몬순 강우에 의존했던 관행에서 벗어나 지역적·계절적 영향을 받지 않고 경작을 확대했기 때문으로 해석하고 있다.[10] 카필 수브라마니안Kapil Subramanian은 "관개 부문의 눈부신 성장은 비료 도입과 마찬가지로 수확량 증가 혁명에 커다란 영향을 미쳤다. 관개는 농작물의 가뭄 피해 억제뿐만 아니라 기장과 같이 수확량이 저조한 품종에서 밀 등의 다수확 품종으로 재배 품종을 변경할 수 있도록 해주었다. 이 모든 요인이 한데 모여 수확량 확대에 지대한 영향을 미쳤다"라고 말했다.[11]

인도의 농작물 생산은 광범위한 관개 확대를 통해 크게 변화했다. 1940년대 말 인도의 관개 지역은 약 19만 제곱킬로미터에 불과했으나 오늘날에는 70만 제곱킬로미터로 확대되었고,[12] 일부 지역은 물 가용성이 개선되어 1년에 두 품종 이상의 작물을 생산할 수 있게 되었다. 같은 기간 인도의 밀 생산량은 4배로 증가했다. 인도의 주요 경작 지역인 펀자브주의 경우, 1961년에는 밀 관개 면적의 비중이 50%에 불과했으나 1972년에는 86%로 증가했다. 지하수 우물을 이용해 동절기에는 밀을 재배하고 몬순 기간에는 벼를 재배하게 되면서 펀자브주는 주요 쌀 생산지로 성장했다.[13]

인도, 파키스탄, 방글라데시가 포함된 지역에서는 농업용수용 지하수 취수량이 1950년대에는 연간 20세제곱킬로미터에서 2020년에는 연간 250세제곱킬로미터 이상으로 증가해,[14] 인더스강의 총유량을 상회한다. 현재 인도와 파키스탄은 각국의 지하수 사용량 기준 선두를 차지하며, 중국과 미국이 그 뒤를 따른다. UN은 인도의 전체 관개 면적 중 60%에 지하수가 공급되며, 이는 1960년 대비 2배 이상 증가한 것으로 추정된다.[15] 그러나 오늘날 화석 지하수 자원이 지속 불가능한 수준으로 소비되어 향후 이와 같은 증가세는 일시적 현상으로 남을 가능성이 있다.

지구의 500킬로미터 상공에서 관 형태의 쌍둥이 위성이 지구를 돌고 있는데, 한 위성은 약 200킬로미터 거리를 두고 다른 위성의 궤도를 정확하게 따라서 돌고 있다. 바로 NASA의 그레이스GRACE 위성이다.◆ 이 두 위성은 2002년 3월에 발사되었다. 이후 그레이스 1세대 위성을 교체하기 위해 '그레이스 후속 임무GRACE Follow-on Mission'로 불

◆ 그레이스는 Gravity Recovery and Climate Experiment의 축약어다.

리는 제2세대 쌍둥이 위성이 2018년에 발사되었다. 이 위성들은 지구의 중력장을 측정하고 미세한 변화 차이를 관측하면서 중력장 지도를 작성하는 임무를 수행한다. 외관상으로 단순해 보일 수 있는 장비를 탑재한 이 위성은 지구의 물 공급과 관련한 현상을 세부적으로 관측하는데, 위성 관측 결과 밝혀진 내용은 매우 우려스럽다.

중력은 마치 수수께끼같이 파악하기 어렵지만, 일부 정직한 면도 있다. 물리학자들은 중력이 두 물체 사이에서 기본적으로 끌어당기는 인력이라는 점 외에는 정확하게 파악하지 못하고 있지만, 중력이 어떻게 작용하는지에 대해서는 잘 이해하고 있다. 1687년 아이작 뉴턴Isaac Newton은 사과가 땅에 낙하하기 위해서는 어떤 힘이 필요하다는 것을 파악하고 만유인력 법칙을 발견했다. 모든 물체는 다른 물체를 끌어당기는데, 이때 적용되는 중력은 만유인력 법칙에 따라 양 물체 사이 거리와 질량의 상수를 이용해서 산출할 수 있다.

20세기 초 알베르트 아인슈타인Albert Einstein은 중력을 공간과 시간의 기하학적 성질인 일반상대성의 결과물로 재정의하고, 중력이 빛과 상호작용하고 있음을 밝혀냈다. 오늘날 과학자들은 일반상대성과 양자역학 간의 차이점을 규명하기 위해 노력하고 있으며, 가장 큰 형태의 물질과 가장 작은 형태의 물질 간 상호작용 크기를 조정하기 위해 연구하고 있다. 일상생활에서는 중력이란 우리가 빠르게 공전하는 행성인 지구의 지표면에서 우리의 발이 떨어지지 않게 끌어당기는 힘 정도로만 이해하면 충분할 것이다.

그레이스 위성이 울퉁불퉁한 표면을 가진 지구 주위를 회전하는 동안 위성에 탑재된 설비는 두 위성 사이의 정확한 거리를 수백만분의 1

미터, 즉 인간의 머리카락 굵기의 몇 분의 1에 해당하는 정확도로 측정한다. 한 위성이 질량이 증가한 지구의 일부 지역 상공을 지나면, 중력 작용으로 인해 이 위성은 다른 위성에서 조금 멀어진다. 반면, 이 위성이 질량이 감소한 지역의 상공을 지나면 이 작은 중력의 감소로 인해 위성의 속도는 줄어들고 두 번째 위성과의 거리가 좀 더 가까워진다. 이와 같이 쌍둥이 위성이 지구를 계속 회전하면서 놀라울 정도로 정밀한 수준의 지구 중력장 지도를 생성한다. 쌍둥이 위성은 시간이 경과함에 따라 이동이 가능한 거대한 질량체인 물의 위치 변화를 측정하는 것이다.

첫 번째 물의 시대에는 비가 내리면 지표면으로 스며들어 대수층의 지하수로 저장된 후 지표면의 샘spring과 강으로 흘러 들어가 건기에도 건조 지대의 주민에게 생활용수를 공급했다. 또한 자연적 수압에 의해 지하수가 지하수 암반에서 솟아 올라오는 물을 자분정 방식의 우물에 저장해 필요한 시기에 이용할 수 있었다. 초기 제국주의 국가들이 건설한 초기 형태의 지하수로qanats와 용수로aqueducts는 천연 샘에서 물을 끌어 올려 중력을 이용하는 방법으로 물이 부족한 지역에 물을 공급했다. 오늘날 인간은 대량의 물을 여러 지역으로 운반하는데, 이 물은 대부분 지하수다. 미국지하수협회에 따르면, 지하수는 세계에서 추출량이 가장 많은 천연자원으로, 그 규모는 연간 1조 톤에 이른다. 지표수의 공급이 제한적인 국가의 경우, 지하수는 이 국가에서 필요한 물 공급량 중 90% 이상의 비중을 차지한다. 지하에서 취수되는 지하수의 약 70%는 농업 관개에 사용되며, 약 20억 명에게 식수를 제공한다.

오늘날 인도 북부와 미국 캘리포니아주는 가뭄을 겪고 있으며 주요 저수지는 바닥을 드러내고 토양은 건조하며 산에서는 눈과 얼음이 사라지고 있다. 그레이스 위성은 이와 같은 물 무게의 감소를 해당 지역의 중력 감소로 인식한다. 몬순 혹은 겨울비가 많이 내리면 강우량이 증가해 저수지에 물을 채우고, 눈과 얼음이 히말라야산맥과 시에라네바다산맥을 덮으면 토양은 침투된 물로 인해 무거워진다. 그레이스 위성은 이러한 현상을 관측해 과거 시점 대비 질량, 즉 물의 양 변화를 정확하게 측정한다.

그레이스 위성이 임무를 수행하면서 밝혀낸 중요한 사실 중 하나는 지상의 물 연구자들이 오랜 기간 알고 있던 사실과 맥을 같이한다. 즉, 우리가 지하 대수층으로부터 과도하게 물을 취수해왔으며 지하수의 고갈 속도는 자연적으로 물이 보충되는 속도를 추월한다는 심각한 현실이 위성 관측 결과 밝혀졌다. 지하수를 취수하면 기존에 축적되어 있는 지하수의 양은 감소하고 그레이스 위성은 지하수가 과도하게 취수되는 지역의 질량, 즉 중력의 감소로 인식한다. 나의 동료 제이 파밀리에티Dr. Jay Famiglietti는 오랜 기간 그레이스 위성의 데이터를 분석해오고 있다. 그는 "위성의 관측 결과는 세계 주요 대수층의 대부분에서 지하수 고갈 현상이 발생하고 있음을 확인해주었다. 이는 글로벌 현상이며 우리가 과거에 알지 못했던 속도로 빠르게 진행되고 있으며 현재 심각하게 우려할 상황"이라고 분석한다.[16] 화석 대수층에서 유출된 지하수는 바다로 흘러 들어간다. 기후 변화와 기온 상승에 기인한 남극과 그린란드 빙하의 해빙과 마찬가지로 지하수의 고갈은 해수면 상승으로 이어지는데, 과거 고정 상태로 지하에 저장되어 있던 지하수가 인간에 의해 취수되어 물의 순환체계 안으로 들어오면서 해수면 상승에 기여한다.

그레이스 위성의 관측 결과는 위기 국면에 처한 지하수의 현 상황을 보여주는데, 다른 연구 결과도 이를 뒷받침한다. 전 세계 지하수 사용을 분석한 연구 결과에 따르면, 파키스탄과 인도(두 국가의 비중은 전 세계 지하수 과다 취수량의 절반에 근접), 중국 북부, 미국 대평원과 샌와킨 밸리, 예멘, 이란, 스페인 남동부 지역이 주요 지하수 고갈 지역으로 나타났다. 공통점은 화석 지하수에 의존하는 농경 지역이라는 점이다(그림 22는 주요 국가별 지하수 과다 취수 비율을 나타낸다).

파키스탄의 지하수 이용 현황은 전 세계적으로 건조 지역이 직면하고 있는 어려움을 시사한다. 파키스탄의 인구는 급증하고, 국민 5명 중 2명이 농업에 종사하며, 농업은 국가 경제 규모 중 20%를 차지하는 주요 산업이지만 수자원은 심각하게 제한되어 있다. 파키스탄의 농경지 중 70%는 불안정한 강우량으로 인해 관개 시설을 이용해야 식량 재배가 가능하다. 대부분의 농경지는 체나브강, 젤룸강, 인더스강이 흐르는 인더스강 유역에 있다. 1947년에 독립한 이후, 파키스탄은 지하수 우물 장려 정책하에 정부 주도로 침수된 토지를 배수하고 염분을 제거한 후 관개용수를 공급하는 정책을 전국적으로 실시했다.

파키스탄은 이 정책에 따라 1960년대부터 정부 주도로 수천 개의 우물을 설치했으며, 이후 농부들이 개별적으로 개인 소유의 우물을 설치하도록 장려했다. 2018년에는 120만여 개의 우물이 시추되어 국가의 전체 물 공급량에서 지하수가 차지하는 비중이 10% 미만에서 75%로 상승했다.[17] 우물의 확산은 농민들의 수입 증가를 가져왔으며

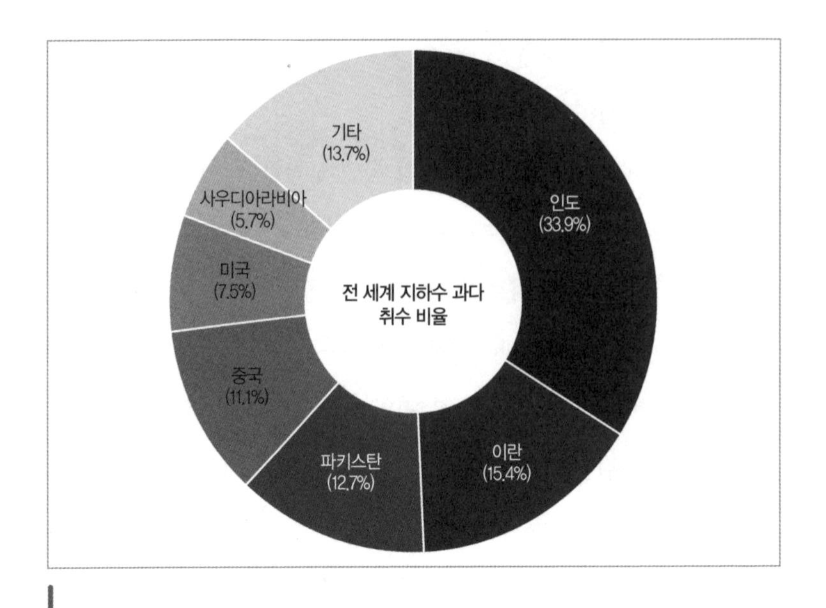

그림 22. 국가별 전 세계 지하수 과다 취수 비율(2010). 전체 지하수 과다 취수량은 지하수의 자연적 보충량을 초과한 취수량을 의미하고, 전체 지하수 취수량의 30~40%에 이르며, 주요 농업 지역인 아시아, 중동, 미국에 집중되어 있다. C. Dalin et al., "Groundwater Depletion Embedded in International Food Trade," *Nature* 543 (2017): 700-704; M. F. Bierkens and Y. Wada, "Non-renewable Groundwater Use and Groundwater Depletion: A Review," *Environmental Research Letters* 14, no.6 (2019).

밀, 쌀, 사탕수수 등 물 집약적 작물의 생산량이 기하급수적으로 상승하는 결과를 낳았다. 오늘날에는 자국의 소비량을 초과하는 농작물을 해외에 수출한다.

이와 같은 식량 생산은 지하수의 지속적인 공급에 의존한다. 그러나 이제는 물 보충 수준을 초과해 지하수가 취수되며, 그 결과 지하수 수위는 하강하는 반면 물 취수 비용은 상승해 농업 산업의 장기적 안정성에 대한 의구심이 제기되고 있다. 파키스탄의 건조한 발루치스탄

서부 지역에서는 이미 수십 년 전 경쟁적으로 지하수를 퍼 올린 탓에 사실상 쿠클라 지하수 분지가 바닥을 드러냈고, 농업 생산량은 1980년대와 1990년대에 기록한 최고 정점에서 하락하고 있다. 농업 부문의 일자리가 감소하고, 이 지역의 물 관리 시스템은 더 이상 가뭄이나 물 부족 상황에 대처할 수 없게 되었다.[18] 캐럴 달린Carole Dalin과 그의 동료들은 파키스탄 지하수 고갈량의 4분의 1은 작물의 수출에 이용되었으며, 파키스탄의 지하수 과다 취수량은 전 세계 과다 취수량의 약 13%를 차지하는 것으로 추정한다. 이는 인도(약 34%)와 이란(약 15%) 다음으로 높다.[19] 지하수 외에는 관개 수원이 없어 파키스탄의 식량 안보와 경제적 안정이 위협받는 상황이다.

미국의 대평원과 캘리포니아주 센트럴 밸리는 세계 주요 곡창지대다. 비옥한 토양, 온화한 기후, 생산성 높은 농부 등으로 인해 이 지역은 매년 수십억 톤에 이르는 옥수수, 밀, 대두, 과일, 채소, 사료용 작물을 생산해 약 1,000억 달러 이상의 수입을 얻고 있다. 그러나 이곳도 지하수 과다 취수가 지속 가능한 수준을 벗어나고 있어 파키스탄과 마찬가지 상황이다.

미국 서부의 중앙에 위치한 8개 주◆ 아래로 흐르는 방대한 고원 대수층의 경우, 1940년대 말 무렵 농부들이 약 8,500제곱킬로미터에 달하는 토지에 지하수를 공급하면서 대규모 지하수 취수가 시작되었다. 이 지역의 지하수는 2005년까지 6만 제곱킬로미터에 달하는 농

◆ 대평원 대수층은 종종 오갈랄라 대수층으로 불리기도 한다. 사우스다코타주, 와이오밍주, 콜로라도주, 캔자스주, 오클라호마주, 네브래스카주, 뉴멕시코주, 텍사스주 등 8개 주를 연결하는 지하수 분지다.

경지의 관개에 이용되었는데, 그 당시 이미 대수층의 지하수 저장량이 상당히 감소해 지하수 수위가 50미터 하락했다. 이 기간에 취수된 지하수는 410세제곱킬로미터에 달하는데, 이는 북아메리카의 5대호 중 이리호가 보유한 물의 양과 비슷하다. 물의 자연적 보충이 이루어지지 않아 하천 역시 550킬로미터에 이르는 유역이 영구적으로 메마르게 되었으며 수생 어류에 심각한 영향을 미쳤다.[20] 미국 중부 캔자스주와 텍사스주 팬핸들 지역의 경우, 우물은 메마르고 지하수 수위는 계속 하강해 취수 비용 감안 시 관개 농업으로 수익을 창출하기 어려워 농작물 생산을 중단하기에 이르렀다.[21] 현재 취수를 중단하더라도 낮은 강우량과 더딘 자연적 보충 속도를 감안하면 이 대수층이 자연 보충되기까지 수백 년 혹은 수천 년이 소요될 것으로 예상된다.

미국 캘리포니아주의 센트럴 밸리에서도 이와 유사한 어려움이 나타나고 있다. 이 지역에서도 대규모 토지가 농작물 생산을 위해 이용되고 있어 관개 수요를 충족하기에 지표수의 공급이 불안정할 수밖에 없다. 눈과 비가 내리는 평년에도 지하수가 캘리포니아 농업용수의 약 30%를 차지한다. 적은 강우량으로 인해 지표수가 부족한 건조기에는 지하수가 캘리포니아 농업용수 공급의 대부분을 차지하며 이 중 상당량이 정부 규제를 받지 않은 과다 취수를 통해 공급된다.

사상 최악의 과다 취수 사례는 툴레어강 유역의 샌와킨 밸리 남부 지역에서 발생했다. 정착민들이 캘리포니아주로 이주하기 전 이 지역에는 툴레어 호수가 있었고 당시 호수 총면적 기준으로 미시시피강 서쪽의 최대 호수였다. 이후 정착민들이 광물 채굴과 농업 관개 목적으로 지하수를 취수하면서 툴레어 호수는 1900년 이전에 완전히 고갈되었다. 지하수의 지속적인 과다 취수로 인해 지반은 침하되었고 지구의 압력으로 인해 토지는 영구적으로 메말라가고 있다. 물 공급 부족으로 인해 캘리포니아주의 수백 제곱킬로미터에 달하는 농경지가 사라질 위험에 처해 있다.

지하수 과다 취수 문제는 전 세계적으로 심화하고 있다. 이는 두 번째 물의 시대가 위기 국면으로 막을 내리고 있음을 시사한다. 다시 말하자면, 자연 강수량과 재생 가능한 지표수는 더 이상 세계의 여러 지역에서 인간의 수요, 특히 농업에 필요한 수요를 충족하기에 부족해◆ 농부들은 지하수 취수라는 방법을 이용하게 된 것이다. 시간이 경과할수록 더욱 깊은 우물을 설치하고 지표면으로 지하수를 끌어 올리는 기술이 발전함에 따라 더 많은 지역에서 지하수를 끌어 올리고 있다. 이 속도는 자연적으로 지하수가 보충되는 속도를 추월해 우물은 메말라가고 지하수 수위는 계속 낮아지며, 미래의 식량 생산을 위협하고 생태계는 메마르고, 농부와 소비자의 경제적 비용은 상승하게 된다.

자연적인 지하수 보충 수준을 초과하는 취수량으로 측정할 수 있는 지하수의 총과다 취수량은 현재 전체 지하수 취수량의 40%에 이르는 것으로 추정되고 있다. 이 수치는 농업 목적으로 사용되는 전체 지하수 취수량의 6분의 1에서 3분의 1에 이르는 규모로, 지속 불가능한 수준이라 할 수 있다.[22] 간단히 말하면, 지하수 과다 취수는 은행 예금 초과 인출과 매우 흡사하다. 만일 비용이 수입을 상회하면, 결국

◆ 최근 수년간 지표수의 공급이 불안정한 상태였다.

해당 은행 계좌의 예금은 초과 인출된다. 로버트 글레넌Robert Glennon은 지하수 관련 저서 『불가능한 현실Unquenchable』에서 "물은 가치 있고 고갈될 수 있는 자원이지만, 우리는 마치 가치 없는 무한한 자원으로 취급한다"라고 기술했다.[23]

지속 불가능한 지하수 취수는 단순히 지역적 문제에 국한되지 않고 국제 식량 무역 및 식량 가격과도 밀접한 관계를 맺고 있다. 파키스탄이 이란과 다른 국가에 쌀을 수출하는 현황과 마찬가지로, 미국의 면화, 밀, 옥수수, 대두 수출 역시 지하수 과다 취수에 의존한다. 인도가 중국 등 다른 국가에 면화와 쌀을 수출할 때도 지하수를 과다 취수한다. 국제 식량 기구들이 수십억 명의 수요를 충족하고자 대폭적인 식량 증산을 요구하는 현 상황에서 세계 식량 무역은 대수층의 붕괴와 물 고갈에 더욱더 취약해지고 있다.

이 외에도 지하수 과다 취수는 지표수가 감소하고 지하수 의존형 식생이 메말라가면서 토양 염분화, 해안가 침수, 지반 침하, 용천과 습지 감소 등과 같은 또 다른 결과를 초래한다. 팽창하는 세계 인구를 충분히 먹여 살릴 식량을 재배하는 동시에 재생 불가능한 지하수 자원에 대한 농경 의존도를 줄이는 방법을 모색하지 않는다면, 약 200여 년 전 토머스 맬서스Thomas Malthus가 하나의 가설로 제기한 세계 식량 위기가 다시 위협적인 모습으로 다가올 것이다.

1790년대 말 영국 성직자이자 학자였던 토머스 맬서스는 가파른 인구 급증은 결국 농업 분야의 식량 생산 속도를 추월해 기아 발생, 생활 수준 하락을 야기하고 빈곤, 전쟁, 인구 유출 등 사회적 문제를 양산할 거라고 주장했다. 그가 예견한 글로벌 수준의 재난은 아직 발현되지 않았고 미래에도 발생하지 않을 수 있다. 그가 오늘날 산업과 기술 발달을 과소평가하고, 인류 역사상 처음으로 일어나고 있는 세계 인구 증가 속도 감소 혹은 현 세기에 인구 증가 현상이 아예 멈출 가능성을 예견하지 못한 것도 그 이유가 될 수 있다. 그러나 향후 여러 복잡한 요소가 결합해 빈곤, 고통, 조기 사망 등 상황이 악화될 경우, 식량 위기는 언제든 찾아올 수 있다. 2022년 우크라이나 전쟁은 세계 식량 생산과 시장이 지역적 갈등에 얼마나 취약한지 여실히 보여주었다. 무엇보다 세계 인구 증가에 따른 식량 증산 요구가 증가하고 세계의 수자원이 오용·오염되는 현실이 환경적인 측면에서 지구의 건강을 위협하는 가운데, 이제 사람들은 환경 위기와 재난의 위험에 대해 각성하기 시작했다.

· 18장 ·

산업의 고도화와 환경 재해

클리블랜드, 빛의 도시, 마법의 도시여
클리블랜드, 빛의 도시여, 그대가 나를 부르네
클리블랜드여, 지금도 난 기억할 수 있네
쿠야호가강이 나의 꿈에서 연기를 발산하네
불타오르네, 큰 강이여, 불타오르네
불타오르네, 큰 강이여, 불타오르네
이제 주님은 그대를 넘어뜨릴 수 있네
그리고 주님은 그대를 되돌릴 수 있네
또한 주님은 그대의 물이 넘치게 할 수 있네
그러나 주님은 당신이 불타오르게 할 수 없네.

_ 랜디 뉴먼Randy Newman의 노래 「불타오르네Burn on」 중에서

두 번째 물의 시대는 물, 에너지, 광물 사용이 증가하면서 농업과 산업 분야가 전대미문의 발전을 거듭해온 시기로 정의되어왔다. 이러한 발전은 물과 인간 및 동물의 힘을 이용한 단순한 기계장치에서 시작해 지난 200년 동안 목재, 석탄, 석유, 가스, 원자력 및 기타 에너지원의 활용으로 확대되었으며, 이는 부의 축적, 인류의 건강 증진, 삶의 질 향상으로 이어졌다. 그러나 인구 증가와 농업 및 산업혁명의 발전은 대량의 폐수가 자연 수역으로 통제되지 않은 채 방류되면서 의도치 않은 결과를 초래하기 시작했다.

1800년대 초 수질 오염은 암울한 현실로 나타났고, 이후 심각하게

우려되는 상황으로 전개되었다. 영국의 시인 새뮤얼 테일러 콜리지 Samuel Taylor Coleridge는 독일에 다녀온 후 1828년 독일 쾰른시 중심을 가로질러 흐르는 라인강의 수질 오염을 비탄하면서 다음과 같은 시를 썼다.

> 쾰른이여, 수도사와 유골의 도시여,
> 여기 길은 죽음의 돌, 누더기 조각, 늙은이,
> 끔찍한 모습의 여인들로 가득 찼네.
> 난 주체할 수 없는 악취를 270번이나 세었네!
> 모든 것이 잘 정의되어 있지만, 악취로 둘러싸이네!
> 하수구와 악취를 관장하는 요정이여,
> 널리 알려진 라인강이여
> 그대는 그대의 도시 쾰른을 씻어주네.
> 그러나 요정이여, 어느 성스러운 힘이
> 라인강을 씻겨줄지 나에게 알려다오.

콜레라가 유럽을 휩쓸었던 1800년대 중반, 영국은 템스강의 심각한 수질 오염 문제를 겪고 있었다. 『런던 스탠더드 신문 London Standard Newspaper』은 템스강을 "전염병을 퍼뜨리는 끔찍한 흉물"로 표현하기까지 했다.[1] 그러나 이후 100여 년에 걸쳐 수질 오염이 더욱 악화되고, 그로 인해 다양한 환경 문제가 발생한 이후에나 수질 오염 문제는 사회적·정치적 운동의 중심으로 떠올랐다.

1960년대 들어 환경재해가 잇따라 발생하면서 시급한 환경 문제 해결을 중점으로 한 새로운 환경운동이 공감대를 얻으며 활발히 전개되기 시작했다. 알도 레오폴드, 레이철 카슨, 월리스 스테그너, 파울 에를리히Paul Ehrlich, 앤 에를리히Anne Ehrlich, 에드워드 애비Edward Abbey 등 당시 대중의 인기를 얻고 있던 작가들은 환경오염에 대한 시민들의 인식을 제고했으며, 언론 역시 주기적으로 환경 이슈를 보도하기 시작했다. 이후 약 10년 동안 여러 국가의 정부가 실질적인 대기 및 수질오염 규제 조치를 실시하도록 사회적 분위기가 조성되었다.

미국의 경우, 수질 오염을 해결하기 위해 1948년 미국 연방 수질 오염 규제법◆이 제정되었으나, 실행 효과는 미미했고 적용 범위 역시 제한적이었다. 이론적으로 보면, 이 법은 미국 연방 정부가 주 정부와 수자원 관리 기관에 하수 처리 시설을 설치하고 여러 주에 접한 해역으로 방출되는 폐수를 줄이도록 지원하는 권한을 부여해주었다. 그러나 현실적으로 이 법의 파급력은 약했다. 실제로는 단일 주 내에서 방출되는 폐수는 법의 적용 범위에 포함되지 않았을 뿐만 아니라, 명확한 수질 오염 기준도 설정되지 않았으며, 법을 이행하기에는 번거로운 과정이 필요했고, 강력한 공권력이 부재한 상황이었다. 도리어 주 정부가 연방 정부법 이행을 거부하는 상황까지 벌어졌다. 이후 약 20년 동안 미국 정부는 사실상 오염 물질 배출자를 규제하는 실효적인 조치를 하지 않았다. 영국에서도 1974년 오염관리법이 제정되기 전에는 수질 오염을 규제하거나 제한하는 실질적인 법 제정이 이루어지지 않았다.

◆ Federal Water Pollution Control Act (PL 80-845, 62 Stat. 1155).

1967년 3월, 영국 남서쪽 바다를 항해하던 토레이 캐니언Toray Canyon 유조선이 좌초되는 사고가 발생했다. 이 사고로 인해 82만 배럴 규모의 원유가 유출되어 수백 킬로미터에 달하는 영국과 프랑스 해안을 오염시키고 이 지역에 서식하던 수천 마리의 새와 해양 포유동물을 죽음으로 몰아넣었다. 이후, 영국 정부가 오염의 주범인 유조선을 폭파해 원유를 분산시키려는 부적절한 시도를 하면서 오염 상황은 더욱 악화되었다. 언론들은 앞다투어 이 상황을 보도했다. BBC 방송은 이 상황을 마치 원자폭탄 폭발 후 생성되는 버섯구름에 비유할 정도로 검은 연기 기둥이 뿜어져 나오는 심각한 상황이었다고 보도했다.[2]

1969년 1월 말, 미국 캘리포니아주 샌타바버라 해협에 위치한 유니언 오일 플랫폼Union Oil platform의 폭발 사고로 대량 원유 유출 사태가 발생해 이 지역의 넓은 해안을 뒤덮고 수천 마리의 조류와 해양동물이 떼죽음을 당했다. 언론이 앞다투어 집중 보도한 이 사고는 미국 역사상 최대 규모의 원유 유출 사고로 알려졌다. 캘리포니아주 역사상 최악의 사건으로 남아 있는 이 사건은 원유 유출 사고는 단기간에 해결될 수 있다고 강조해온 정유 기업들의 그간 홍보 노력을 수포로 만들었다. 이 원유 유출 사고는 환경보호 및 수질 관련 법 제도의 도입을 원하는 국민들의 대규모 투쟁으로 이어졌다. 이 사건이 발생한 지 몇 개월 뒤, 샌타바버라 해협 인근 산미겔섬를 방문한 언론기자들은 기름으로 뒤덮인 바위 위에 새끼들을 포함해 100여 마리의 바다사자와 코끼리물범들이 죽어가는 모습을 발견하고, 이러한 비극적인 상황을 『라이프Life』지 6월 13일 자에 게재했다.[3]

한편, 이 시기에 사람들도 날로 심각해지는 담수 오염 상황에 대해 경각심을 갖게 되었다. 산업혁명은 이에 상응하는 환경오염을 수반했는데, 수질 오염 발생 시 편리한 해결 방안으로 생각되었던 강 중심으로 늘 발생하곤 했다. 때때로 오염 상태가 매우 심각해 말 그대로 강에 불이 붙는 경우도 있었다. 시카고강은 1888년 화염에 휩싸인 이후 1899년에 다시 화재가 발생했는데, 그 원인은 시가 담배 흡연자의 부주의로 인해 강에 섞여 있던 폐유에 불이 붙은 것이었다.[4] 1892년 11월 1일, 펜실베이니아주의 스쿨킬강에서는 노를 젓던 한 남성이 담배 파이프에 불을 붙인 후 성냥개비를 강에 던졌다. 당시 이 강은 오염도가 매우 심한 산업폐수와 석탄가루로 가득했다. 배에 함께 탄 다른 남성과 함께 그는 심한 화상을 입었고, 다른 한 남성은 사망했으며, 당시 강에서 조업 중이던 다른 선박도 손상을 당했다.[5]

1926년 6월, 메릴랜드주 볼티모어 지역의 존스폴스강에 섞여 있던 석유가스와 폐기물에 담뱃재가 떨어져 발화가 시작되었는데, 이때 발생한 폭발로 인해 맨홀 뚜껑이 공중으로 날아가고 인근 빌딩들과 교각이 화염에 휩싸였으며 유리 파편이 공중으로 흩어졌다. 수년 전부터 각종 폐기물이 이 강에 방출되면서 강은 마치 폐기물을 운반하는 도관처럼 오염 물질로 가득 차 있었다. 당시 언론 보도에 따르면, 약 12미터 높이의 불길이 강을 따라 번지면서 볼티모어 시내를 연기로 가득 채운, 당시 6등급 재난경보 수준에 해당하는 대형 화재였다.[6] 그리고 1952년에는 예인선에 타고 있던 선원 아서 마일런Arthur Milan이 사망하는 사건이 발생했는데, 당시 갑판에 놓여 있던 램프로 인해 강에 가득 흐르던 폐유의 공기층에 섞여 있던 인화성 물질에 불이 붙으면서 인명 피해가 발생한 것이었다.◆

1966년에는 날로 심각해지는 환경오염을 우려하는 사회적 분위기가 형성되었다. 당시 린든 존슨Lyndon B. Johnson 대통령은 뉴욕주 버펄로를 방문했을 때, 버펄로강과 이리호의 심각한 수질 오염 문제를 인식했다. 이 지역 주민들은 "오대호를 다시 오대호에 되돌려달라"라는 건의 사항을 연방 정부에 전달했다.[7] 그 당시 정치인들은 환경오염이란 경제 발전에 필연적으로 수반되는 피치 못할 결과물로 치부하곤 했다. 존슨 대통령 역시 이와 같은 산업계의 주장을 마치 앵무새처럼 반복했다. "우리가 직면하고 있는 수많은 문제처럼, 이리호의 수질 오염은 우리에게 풍요로움을 가져다준 결과다. 버펄로, 클리블랜드, 톨레도 외 여러 도시가 산업 도시로 성장하면서 수질 오염은 필연적일 수밖에 없다."[8]

존슨 대통령은 산업 수질 오염 문제를 해결하기 위한 연방 정부 차원의 노력을 주민들에게 약속했지만 실제로 시행된 조치는 미흡했다. 그 후 2년이 지난 1868년 1월 버펄로강에서 작업하던 한 근로자가 불붙은 토치를 강에 떨어뜨려 강에 축적되어 있던 인화성 높은 화학 물질과 폐유에 불이 붙으면서 또다시 화재가 발생했다.[9]

그해 미국 연방수질오염관리국은 이 사건에 대한 보고서를 제출하면서, 버펄로강을 "산업 폐기물과 생활폐수로 가득한 혐오스러운 저류지"로 표현했는데, 이 보고서의 일부는 다음과 같다.

◆ 아서 마일런의 억울한 죽음을 둘러싼 법적 분쟁은 미국 연방 대법원까지 이어졌다. 당시 법적 다툼의 중심은 사망의 직접적 원인이 된 수질 오염 문제에서 벗어나 누가 책임질 것인지에 대한 책임 소지와 법적 규제 방안으로 제한되었다. *Kernan v. American Dredging Co*, 355 US 426 (1958).

> 강에는 산소가 없고 생명체라고는 찾아볼 수 없다. (…) 이 강의 하류 지역에서 거주하는 주민들은 이 강에서 뿜어져 나오는 악취와 두꺼운 기름띠에 대해 격렬한 비난을 퍼부었다. 강 위에는 유기 염료 찌꺼기, 제강 폐기물, 정유 폐기물, 생활하수, 각종 쓰레기가 뒤섞여 여러 모양으로 얼룩덜룩 모자이크를 그리며 끝없이 떠다닌다.[10]

다음 해 또 다른 강이 화염에 휩싸이면서 국민의 분노는 극에 달했다. 이것이 환경 혁명으로 전환되는 계기가 되었다.

미국 오하이오주의 클리블랜드시는 1796년 쿠야호가강 하구에 위치한 이리호 연안에 세워졌다. 당초 코네티컷주로 편입된 후 민간 기업의 소유였던 클리블랜드시는 토지 조사를 하던 중 인디언 원주민들의 반발에 부딪혀 미국 연방 정부에 의해 서부 보호구역으로 보호 관리되었다. 미국 남북전쟁 시기부터 20세기 초반까지 클리블랜드시는 주요 산업체의 제조공장이 밀집된 지역으로 성장했다. 화학, 제철, 석유 산업과 같이 오염 물질을 방출하는 산업 시설로 인해 이 강은 개방 하수지로 바뀌었고 유독성 물질, 폐유 등 각종 폐기물을 투척하는 장소로 변했다. 1969년 6월 22일, 심각한 오염을 앓고 있던 이 강의 오염 물질이 클리블랜드시의 산업 시설 지역으로 흘러가면서 화재가 발생했다.

1900년 이전에도 쿠야호가강은 1868년, 1883년, 1887년 세 차례나 화염에 휩싸였다. 1883년에 『뉴욕 타임스』는 이 강을 따라 세워진 정유 시설 중 일부 구역에서 석유가 유출되면서 거대한 불길로 번진 사건을 보도했다.[11] 불길은 강 전체로 퍼져 인근 석유 저장소를 포함한 정유 시설을 파괴하고, 그 당시 막대한 금액이라 할 수 있는 25만 달러에 이르는 재산상 피해를 초래했다. 강에 방류된 각종 석유, 폐수, 오염 물질로 인해 이후에도 여러 차례 화재가 발생했다. 1912년, 1922년, 1936년, 1941년, 1948년, 1952년에도 화재가 발생했는데, 1936년 화재는 5일간이나 지속되었다.[12]

1969년 쿠야호가강 화재는 이전에 발생한 화재와 달랐다. 진화 작업이 매우 신속하게 전개되어 실질적인 재산상 피해는 발생하지 않아 이 사고와 관련된 영화 내용이나 심지어 현장 사진조차 찾을 수 없었다.◆ 처음에는 지역신문에조차 작은 사건으로 보도되었고,[13] 미국 주요 언론 역시 이에 관심을 기울이지 않았다. 그러나 당시 클리블랜드 시장은 달랐다. 발로 뛰는 시장으로 유명했던 칼 스토크스Carl Stokes는 이 사건에 남다른 관심을 기울였다. 미국 역사상 처음으로 미국의 주요 도시를 대표하는 시장으로 선임된 아프리카계 미국인이었던 그는 화재가 발생한 바로 다음 날 이 강 유역에서 긴급 기자회견을 열어 쿠야호가강의 심각한 오염 상황에 대한 시민들의 관심을 촉구했으며, 특히 흑인 및 빈곤층 거주 지역에 미치는 악영향에 대한 경각심을 일깨웠다. 그는 기자회견을 통해 "'강은 화재 위험 지역'이라는 농담 섞인 말을 가볍게 넘겨서는 안 된다. 오랫동안 계속되어온 이 재난적 상황은 이제 반드시 종식되어야 한다"라고 성토했다.[14]

칼 스토크스 시장의 관심에도 불구하고, 만일 『타임』의 보도가 없었다면 이 화재도 과거에 발생한 다른 화재와 마찬가지로 단순히 역

◆ 1969년 쿠야호가강 화재로 알려진 사진은 사실 1952년에 발생한 화재 현장 사진이다.

그림 23. 1952년 쿠야호가강에서 발생한 화재. 제임스 토머스James Thomas가 촬영한 사진으로, 클리블랜드 프레스Cleveland Press의 허락을 받아 클리블랜드주립대학이 소장하고 있는 마이클 슈워츠 도서관 특별자료집Michael Schwartz Library Special Collection에서 인용.

사의 일부로 조용히 사라졌을지 모른다. 화재가 발생한 지 1개월 후, 『타임』은 8월 1일 자에 신설된 '환경' 지면에서 이 화재와 관련된 기사를 게재하고(그림 23 참조) 1952년 강 화재 당시 극적인 사진을 함께 실었다. 『타임』은 이 강을 "초콜릿 색상의 기름 섞인 거품이 떠다니고 수면 아래에는 가스가 가득 차 있다. 흐르는 강물로 보기에는 너무나도 걸쭉하다. 만일 누군가 쿠야호가강에서 실족하더라도 익사할 걱정은 없다. 부패할 뿐이다"라고 유머 섞인 논평으로 이 오염 사태를 신랄하게 비판했다.[15]

다음 해 칼 스토크스 시장의 동생이자 미국 의회에서 클리블랜드시의 일부 지역을 대표하는 루이스 스토크스Louis Stokes 의원은 쿠야호가강의 오염으로 인한 화재 사고를 언급하며, 이에 대한 대응책으로 연방 수질 오염 관리 법안을 발의했다. "쿠야호가강에 대한 폭력으로 인해 이 강은 하수와 산업 폐기물 투기 장소 외에는 다른 목적으로 사용할 수 없는 상황에 이르렀을 뿐만 아니라, 미국 오대호의 생태계에도 치명적인 영향을 미쳤다."[16]

1969년 쿠야호가강 화재가 나고 얼마 지나지 않아, 이와 유사하게 심각한 수질 오염에 시달리고 있던 미시간주 루즈강에서 화재가 발생했다. 당시 인근 정유 시설과 산업 시설에서 흘러나온 폐수가 루즈강으로 대량 무단 방출되었는데, 강에서 조업하던 한 근로자가 불붙은 토치를 떨어뜨리면서 셸오일Shell Oil의 정유 시설에서 흘러나온 폐유에 불이 붙었다. 이 사건은 국민의 공분을 일으켰다. 『디트로이트 프리 프레스Detroit Free Press』는 「사설」에서 다음과 같이 논평했다.

> 강에 화재가 발생한다면 이것은 울부짖고 한탄해야 할 문제다. 과거 클리블랜드시의 쿠야호가강 화재에 이어 이번에는 루즈강에서 화재가 발생했다. (…) 공공 기관들은 현재 공공 환경오염 문제를 해결하기 위한 조치를 취하고 있다. 민간 산업체들도 과연 이 움직임에 동참할 것인가? 아니면 강이 불길에 휩싸이는 상황이 발생해도 이런 혐오스러운 현실을 공모하거나 묵인했던 자들의 사회적 양심을 일깨우지 못할 것인가?[17]

1970년 4월 22일 처음 실시된 '지구의 날' 행사에 2,000만 명의 미국인이 참여했는데, 쿠야호가강과 샌타바버라강의 비극이 높은 참여율에 영향을 미친 것으로 추정된다. 『내셔널 지오그래픽National Geographic』은 '우리의 생태계 위기'를 주제로 발행된 1970년 12월호에 쿠야호가강을 비롯한 '더럽혀진 슬픈 강물'을 다룬 기사를 게재했다. 수질 오염 등 반복적으로 발생하는 자연재해에 대한 부정적 여론이 거세진 가운데, 1970년 12월 미국 의회는 드디어 연방 환경보호청을 창설해 대기 오염과 수질 오염을 규제하도록 했다. 이는 민간 산업체들의 관심을 유도하는 결과를 가져왔다.

결국 1972년, 의회는 연방 청정수법Clean Water Act의 제정을 저지하기 위한 당시 리처드 닉슨Richard Nixon 대통령의 거부권을 부결하고 이 법을 제정했다. 클리블랜드시가 겪은 위기 상황을 계기로 미국 국민의 경각심을 일깨우고자 했던 스토크스 형제의 노력이 환경법 제정에 상당히 기여했다.

이후 미국은 수질 오염과 이로 인한 환경 파괴를 해소하기 환경 관련 법을 시행했다. 살충제 사용 규제법, 유해 폐기물 처리에 관한 자원 보전 및 복원법, 오염된 토양 정화를 위한 슈퍼펀드법, 멸종위기종과 아름다운 자연 하천을 보호하는 다수의 행정적 조치가 여기에 포함된다. 다른 국가들도 속도는 더디지만 이와 같은 움직임에 동참하고 있다. 그러나 수질 오염 억제 방안 시행이 서서히 진전을 보이지만, 현실에서는 쿠야호가강 화재 이후에도 다른 지역의 강이 불길에 휩싸이는 재해가 종종 발생했다. 지구의 강이 보호되고 복원되기까지는 아직 긴 여정이 남아 있다.

2014년 3월 중국 저장성의 원저우溫州 지역에 위치한 메이유강이 기름, 화학 폐기물과 처리 과정을 거치지 않은 각종 폐기물로 인해 화염에 휩싸이는 화재가 발생했다. 이 지역 주민들은 행정 당국에 심각한 오염에 대한 불만을 토로했지만, 환경보호 당국은 오염 물질을 배출하는 민간 기업이 지역 경제에 매우 중요하다며 오랜 기간 이 상황을 외면해왔다.[18] 같은 해 미국 버지니아주 린치버그시에서 제임스강을 따라 이어진 선로에서 원유를 싣고 가던 유조 화물열차의 탈선으로 생긴 화재로 원유가 제임스강으로 유출되어 화재가 발생했다.[19]

2015년과 그 후 3년에 걸쳐 인도 방갈로르 지역의 벨란두르호에서는 투기 폐기물, 하수와 독성 화학 물질로 인해 잇따른 화재가 발생해 유독 가스가 도시 전체로 퍼져 일반 주택지 인근까지 화재가 확산되기도 했다. 당시 인도 정부 당국은 이 환경오염 문제를 해결하기에 역부족이어서, 과거 '호수의 도시'로 불렸던 이 지역은 '불타는 호수의 도시'라는 자조 섞인 명칭으로 불리곤 했다.[20]

아직도 오염 물질이 전 세계의 강, 하천과 호수로 유입되고 있다. 무단 배출되는 오염 물질에는 폐수 처리 과정을 거치지 않은 산업폐수, 생활하수, 광물 폐기물, 살충제와 비료, 농약, 도시 쓰레기 등이 포함되어 있다. 수질관리법이 시행되어 일부 하천의 수질이 개선된 선진국에서조차 규제되지 않은 일부 폐수나 부적절하게 규제된 오염 물질이 지속적으로 방출되고 있다. 다른 국가들보다 일찍 청정수법을 도입한 미국에서도, 이 법은 시대의 흐름에 뒤처지고 대량의 일부 오염 물질을 규제 대상에서 제외하고 있다. 다수의 수자원 처리 기업도 규제 대상에서 제외되어 있으며 환경법을 집행하는 행정기관의 행정력 역시 부족한 실정이다.

두 번째 물의 시대에 만연했던 담수의 남용은 단지 수질 오염 발생에 국한되지 않고, 더 나아가 인류의 삶과 야생 세계를 지탱하는 자연 생태계에도 영향을 미친다. 20세기 후반부에 들어서면서 환경 문제에 대한 여론의 관심은 지역적 대기 및 수질 오염 외에도 다양한 종과 생태계, 해양 건강, 오존층 파괴, 기후 변화 및 지구 생태계 전반에 인간이 미치는 영향으로 확대되었다. 쿠야호가강 화재 사고가 보여준 바와 같이, 특정 사건의 상징적 이미지가 지니는 파급력, 여론을 형성하는 언론매체의 역량, 개인 및 정치인과 지역사회의 적극적인 참여 등 여러 요소가 수질 오염을 종식하고 우리가 앞으로 살아가야 할 지구를 보호하는 데 기여해왔다. 이제 우리는 두 번째 물의 시대가 가져올 더 큰 생태학적 결과에 직면해 있으며 서서히 대응하기 시작했다.

• 19장 •

자연 파괴

중요하다고 해서 다 셀 수 있는 것은 아니고
셀 수 있다고 해서 다 중요한 것은 아니다.
_ 윌리엄 브루스 캐머런William Bruce Cameron

두 번째 물의 시대에는 인간이 사용하지 않은 채 자연에 그대로 있는 물은 낭비라는 생각이 만연했다. 이와 같은 사고방식은 오랜 기간 다양하게 표현되어왔지만 그 의미는 대동소이하다. 약 1,000년 전 인도 남부를 통치했던 파라크라마바후 대왕(재위 1153~1186년)은 "한 방울의 빗물도 인류에게 도움을 주지 않은 채 바다로 흘러 들어가게 하지 말라"라고 말한 것으로 알려져 있다. 1790년대 경제학자 제임스 앤더슨James Anderson은 스코틀랜드 농업 및 내부 개선 이사회에 다음과 같이 보고했다. "대량의 물이 관개에 이용되지 않고 해양으로 방류되는 현실에서 영국은 농업 경작의 성공이나 비옥한 경작지를 자랑하지 말아야 한다."[1]

현대 정치인의 생각도 이와 유사하다. 20세기 초 미국 캘리포니아 주를 대표하는 공화당 소속 국회의원 리처드 웰치Richard Welch는 "우리는 서부 지역에 내리는 소중한 비 한 방울까지도 관리하고 보존해야 하며 한 방울이라도 바다로 그냥 흘러가는 낭비를 방지해야 한다"라고 말했다.[2] 전 미국 대통령 도널드 트럼프Donald Trump 역시 "수백만 갤런에 이르는 물이 그냥 태평양으로 흘러가도록 방치하는 캘리포니아주는 조만간 물 배급 제도를 도입해야 할지도 모른다. 지하수를 퍼올려 바다로 내버리는 건 매우 어리석은 일이다"라고 주장했다.[3] 이러한 생각은 잘못되었을 뿐만 아니라 위험하기까지 하다. 하천과 생태계에 자연 상태 그대로 머무는 물은 지구와 인류의 생존을 위해 매우 중요하다.

외견상 오늘날 세계는 과거에 비해 더 부유하고 건강하고 서로가 연결되어 있다.◆ 그러나 이와 같은 괄목할 만한 성과에도 불구하고 지역 간 큰 격차가 존재하고, 공평하지 않고 일관성 없는 개선이 이루어지고 있다. 지구의 중요한 환경적 지원 기능은 빠르게 악화되고 있으며 그 범위 역시 광범위하지만, 모든 것을 계측하거나 수치화할 수 없는 수준이다. 간단히 말해, 두 번째 물의 시대는 장기적인 지구 생태

◆ 세계 평균 소득은 1960년 이후 약 11조 달러에서 약 85조 달러로 급상승했는데, 이 상승 속도는 인구 증가 속도를 훨씬 추월한다(2010년 달러 가치 기준). 1960년 평균 기대수명은 52.5세였으며 현재는 72.5세 이상이다. 절대빈곤 기준으로 보면, 수억 명의 인구가 과거 열악한 생활 수준에서 현재 중산층 이상의 생활 수준으로 수직 이동했다. 1960년 전 세계 인구의 약 40%가 하루에 2달러 미만의 비용으로 생활했지만(2011년 달러 가치 기준), 현재 이 비율은 약 10%에 불과하다. 세계은행그룹WorldBank Group, 「지수 및 데이터Indicators and Data」(2022) 발췌.

계의 건강과 단기적인 경제적 부를 맞바꾼 시대였다.

담수 생태계는 지표 면적의 1% 미만을 차지하지만, 우리에게 알려진 10만 종 이상의 어류, 식생, 포유류, 곤충류, 파충류, 연체동물류의 생존을 위한 매우 생산적인 서식지를 제공한다. 약 1만 8,000종의 어류를 포함해 우리에게 알려진 척추동물의 3분의 1이 담수 생태계에 서식하고 있다.[4] 이 외에도 수억 마리의 철새에게 잠시 머무를 수 있는 단기 체류지를 제공하는 담수 생태계는 사람들로부터 그 중요성에 대해 인정받지 못하는 가운데, 담수의 오용과 남용이 심화하고 있다.

지구 환경이 악화되고 파괴되고 있다. 이는 숲과 습지 면적의 감소, 화재, 댐 건설, 건천화, 어류 폐사 등의 위협에 노출된 강을 통해 명백히 알 수 있다. 오염되어 더 이상 수영을 하거나 식수원으로 이용할 수 없는 강과 호수는 동식물의 멸종 및 기후 변화를 가속화한다. 전 세계 습지 면적은 이미 절반으로 감소했으며, 강을 통해 바다로 흘러가야 할 유사와 자연의 영양분 중 4분의 1이 하천의 댐 안에 갇혀 있다. WWF의 지구 담수 생명 지수Freshwater Living Planet Index, FLPI(3,400여 종의 조류, 어류, 양서류, 포유류, 파충류를 포함한 산림 및 어업의 건강성과 담수 공급에 중요한 담수 생태계의 상태를 측정하는 지수)는 1970년 이후 83% 하락했다. 일부 생태계 보호 단체들은 FLPI의 하락을 '재앙적' 현상이라고 비난했다.[5] 20세기에 담수 어류는 지구상의 척추동물 중 가장 높은 멸종률을 기록했다.

두 번째 물의 시대에는 늘 인간의 욕망을 위해 자연으로부터 더 많은 물을 얻기 위한 노력이 우선시되었고, 향후 초래될 결과는 경시되었으며, 인류의 건강과 행복을 위한 생태학적 건강의 중요성에 대해 무지하거나 고의적으로 무시하기를 반복했다. 산업 고도화와 도시 성장을 위해 산업용수나 생활용수가 필요하면 강의 하류 삼각주와 어장이 훼손될 가능성을 무시한 채 강의 모든 유량을 이용하고 강과 호수에 산업폐수와 생활오수를 방류해 수질을 오염시켜도 되는 것일까?

국가의 경제 성장을 중시하는 경제적 우선순위에 따라 목화를 재배하거나 육류 단백질의 주 생산원인 가축 사료용 알팔파나 옥수수를 재배하기 위해 아랄해와 연결되는 아무강과 시르다리야강을 막아 경작지로 전용하고 그 과정에서 강에 서식하는 어종이 멸종되어도 어쩔 수 없다는 식이었다. 또는 북아메리카 대평원의 지표면 아래 화석 지하수fossil groundwater를 과다 취수해 농업용수로 이용했다. 수천 년에 걸쳐 축적된 이 천연 수자원이 수십 년 만에 고갈되고 있는데 말이다.

목재나 개발을 위한 저렴한 용지가 필요할 경우, 대규모 산림을 벌채하고 습지를 메워 농경지로 이용했다. 그 결과 침식, 산사태와 빈번하고 심각한 홍수의 위험성 역시 증가했다. 습지는 산림보다 3배나 빠르게 사라지고 있다. 1970~2015년에 세계 전체 습지의 3분의 1 이상이 파괴되었다.[6] 20세기 말 10년 동안 전 세계에서 홍수로 인해 약 10만 명이 사망하고 3억 명 이상의 이재민이 발생했으며, 그로 인한 경제적 손실 규모는 1조 달러를 상회한 것으로 추산된다.[7]

이 시기에 수력발전 방식으로 전력을 생산하거나 우기에 유량을 저장해 건기에 사용하기 위해서는 수만 개의 댐과 저수지를 건설해 주요 강을 훼손하고 수백만 명에 이르는 이재민을 발생시키면 되었다. 강의 삼각주 유역과 습지로 흘러가는 유사와 영양분의 흐름을 막고, 자연 생태계에서 담수의 유로를 변경하고, 수온과 화학적 성질을 변경하고, 연어를 포함해 강으로 회귀하는 어류의 이동과 산란을 막아 어류의 개체 수를 대폭 감소시키는 방법이 이용되었다.

방대한 양의 물을 강에서 취수한 결과, 강도 말 그대로 메말라가고 있다. 미국과 멕시코가 공유하는 콜로라도강은 일부 우기를 제외하고 더 이상 바다로 흘러갈 유량이 부족한 상황이다. 강의 상류 유역에서 이 강 전체의 물을 농업용수와 생활용수로 사용해 강이 고갈되어왔다. 중국의 황허강은 지난 수십 년에 걸쳐 건천화가 진행되었으며, 강 하류에서는 오랫동안 담수의 공급이 감소하는 상황이다. 지하수 이용 증가와 기후 변화 등으로 인해 점점 상황이 악화되고 있다.[8] 파키스탄의 인더스강은 과도하게 취수되고 남용되어 하구에서 130킬로미터까지 담수가 흐르지 않는다. 언론인이자 과학 작가인 스티븐 솔로몬Steven Solomon은 이 상황을 "한때 비옥했던 논, 어류, 야생생물로 풍부했던 인더스강 삼각주가 지금은 황폐한 황무지로 변했다"라고 묘사했다.[9]

이제 자연 습지는 효용가치가 없는 땅으로 취급되어, 메워지고 개척되어 포장지대로 변하고 있다. 어류를 포함한 수중생물종에게 자연 서식지를 제공해왔던 광활한 담수 지대는 지난 수 세기 동안 인위적으로 도시 성장, 농업과 산업 발전을 위해 이용되어왔다. 도시 개발자, 엔지니어, 수자원 관리자는 습지에서 물을 퍼내고 수로화해 강을 훼손했다. 이러한 상황은 결국 강이 범람할 경우 주민들이 위험한 상황에 놓이게 만든다. 미국 어류 및 야생동물 관리국에 따르면 유럽 열강의 식민지화 이전 미국에는 90만 제곱킬로미터에 이르는 습지가 있었던 것으로 추정된다. 1980년대 중반에 이르기 전 그중 절반 이상이 훼손되었고, 6개 주에서는 농업과 공업 발전과 홍수 방지 목적 아래 85%에 해당하는 습지가 사라졌다.[10] 전 세계적으로 보면 습지가 처한 상황이 더욱 심각하다. 1700년대 이후 지구의 해안과 내륙 습지 가운데 약 87%가 파괴되었으며, 이 중 30%가 1970년 이후 훼손되었다. 현재 습지 감소가 가장 심각한 지역은 아시아로 밝혀졌다.[11]

담수 서식지의 의도적인 훼손 외에 인류의 활동으로 인해 의도치 않은 간접적 피해도 발생하고 있다. 건축을 위한 불법적인 골재 채취 등과 같은 광물자원의 채굴로 인해 강의 수생 생태계가 변하며 강의 삼각주 면적이 축소되고 어류 산란 서식지가 파괴되고 있다. 글로벌 무역과 세계 여행이 가속화됨에 따라 의도적이거나 우발적인 요인으로 인해 외래종의 침입으로 지역 담수 생태계가 교란되고 자연의 균형이 붕괴되고 있다.

총면적이 약 6만 8,000제곱킬로미터에 이르는 세계에서 두 번째로 큰 빅토리아호는 인근 5개국과 국경을 접하고 있으며 풍부한 생물 다양성으로 널리 알려져 있었다.◆ 그러나 에티오피아에서 서식하던 거대 포식 어종인 나일농어가 유입되면서, 빅토리아호에서 서식하던 200여 종의 토종 어류가 몰살되어 모두 사라졌다. 이 외에도 1980년대 부레옥잠으로 알려진 워터히아신스가 남아메리카에서 유입된 후 빅토리아호 표면의 10분의 1을 덮을 정도로 빠르게 번식해 호수의 수중 산소량과 영양물질 농도가 하락했다.[12]

인간의 담수 사용 및 오용으로 인해 다수의 종과 환경 요소가 위협

◆ 빅토리아호는 케냐, 우간다, 르완다, 부룬디, 탄자니아의 접경에 있다.

받는 상황에서 수중 생태계에 미치는 영향을 알기 위해서는 습지에 의존하는 철새나 건강한 하천에 의존하는 담수 어류와 같은 지표에 미치는 영향을 측정하는 방법이 있다. 수천 종의 조류가 생애 주기의 일부 또는 전반에 걸쳐 번식이나 서식을 위해 둥지를 짓고, 먹이를 먹거나 비를 피하거나 장거리 이동을 위해 잠시 머무르는 등 다양한 형태로 습지에 의존한다. 인류는 수천 년 동안 습지와 조류 간 상호 관계를 인지해왔다. 초기 문화권에서는 벽화와 고대 도자기에 물새의 모습을 그리고 조각했으며, 새 사냥에 대한 노래와 이야기를 지은 것으로 나타났다.

철새는 기존 서식지에서 먹이와 둥지를 찾아 남아메리카, 북아메리카, 아프리카, 유럽, 아시아를 가로질러 새로운 적정 습지를 향해 장거리 비행을 한다. 모든 조류의 약 20%는 이와 같이 이동 비행하는 것으로 알려져 있다. 장거리를 이동하는 조류는 생존을 위해 다양한 먹이, 서식지, 물이 필요하지만, 최근 연구 결과에 따르면 철새 조류종의 약 10% 미만이 각 비행 단계에서 적절한 보호를 받는다.[13] 철새들의 각 주요 비행 경로는 물 시스템에 의존하는데, 인간의 담수 이용으로 인해 훼손되거나 수질 오염이 심각한 상황이다.

필자는 자연과 그다지 친해 보이지 않지만 놀랍게도 녹색이 가득한 대도시 뉴욕에서 조류 관찰을 시작했다. 센트럴 파크는 자연적으로 생성된 생태공원이 아니다. 맨해튼 지역의 좁은 땅에 인구가 밀집하면서 원래 자연 생태계가 파괴되었고, 이후 이 도시의 협소한 땅에 가급적 자연에 가까운 방식으로 조성된 인공공원이다.◆ 그러나 봄에는 먹이와 번식지를 찾아 북쪽으로 이동하고 가을에는 북쪽의 추운 겨울을 피해 이동하는 철새에게는 콘크리트와 강철로 이루어진 도시 정글 가운데 위치한 오아시스로, 철새가 다음 비행을 위해 물과 먹이를 먹고 휴식을 위해 머무르는 장소다. 따라서 철새들이 집중적으로 모여드는 이 센트럴 파크는 단기간에 협소한 장소에서 수많은 조류종을 관찰할 수 있는 최적의 장소 중 하나였다.

5월 어느 날 아버지와 함께 센트럴 파크를 찾았는데, 그날의 풍경을 아직도 생생하게 기억한다. 신열대 지역에서 날아온 수십 종의 물새가 나무 한 그루에 모여들고, 공원 내 저수지에 오리와 거위가 떼를 지어 헤엄치고, 희귀한 물새들이 진흙탕을 찾기 위해 작은 개울 위를 낮게 비행하고, 물새 머리 위로는 독수리들이 원을 그리며 날아다니는 진풍경이 매우 인상적이었다.

필자는 현재 북부 캘리포니아에 거주하고 있다. 지난 30년 동안 겨울에는 항상 아내와 함께 센트럴 밸리를 찾아 이곳으로 날아드는 조류를 관찰해왔다. 센트럴 밸리는 북아메리카의 최대 자연 습지였던 이 지역에 남아 있는 몇 안 되는 야생동물 보호구역으로, 지난 수만 년에 걸쳐 캘리포니아주의 2대 강인 새크라멘토강과 샌와킨강의 유량과 인근 산의 침식작용으로 인해 생성된 계곡이다. 이 계곡의 토양은 매우 비옥하며, 겨울비와 녹은 눈이 각종 유사를 운반해 북아메리카 최대 내륙 습지를 형성했다. 총면적은 1만 6,000제곱킬로미터에 이르고 태평양을 가로질러 비행하는 다양한 물새 무리에게 먹이와 휴

◆ 센트럴 파크의 총면적은 3.4제곱킬로미터에 불과하지만, 연간 4,000만 명의 관광객이 찾는 명소다.

식처를 제공한다. 북아메리카 전체 물새 중 20%가 이 지역으로 날아든다. 그러나 지난 170년 동안 캘리포니아주에 존재했던 원시 습지의 91%가 인위적으로 훼손되어 드넓은 단일 경작 농경지 혹은 도시의 일부 용지로 전용되었다. 캘리포니아주의 주요 강에는 100여 개의 댐이 건설되어 센트럴 밸리의 습지로 물이 유입되지 않고 도시와 농경지로 흐르도록 유로가 변경되었다.

캘리포니아주에서 가장 큰 원시 습지는 툴레어 호수다. 센트럴 밸리 남쪽에 위치한 거대한 호수이자 내륙 습지다. 시에라 지역의 남쪽으로부터 유거수가 유입되어 생성된 툴레어 호수의 면적은 타호 호수 면적의 4배다. 그러나 배수, 토지 평탄화, 기업의 대규모 경작, 수로 변경 등으로 인해 툴레어 호수는 훼손되어 사라졌다. 센트럴 밸리의 중앙 지역에서 과거 샌와킨강이 길게 흘러 내려왔던 구간이 이제는 완전히 건천화되었다. 이 계곡의 북부에 위치한 새크라멘토강, 아메리칸강, 페더강, 유바강도 마찬가지다. 댐과 운하 건설, 수천 킬로미터에 이르는 제방 설치, 쌀 경작을 위한 농경지 배수 등으로 인해 강이 심각하게 훼손되었다. 이와 같은 변화는 자연 생태계, 철새의 이동, 역사적으로 거대한 연어어장이었던 이 지역에 심각한 피해를 초래했다. 특히 물새에 미치는 영향은 매우 커, 과거 4,000만 마리에 달하던 개체 수가 오늘날 500만 마리 미만으로 대폭 감소했다.[14]

캘리포니아주 내에 존재하는 습지 보호 구역과 철새 피난처는 여전히 거위, 오리, 두루미, 백조, 따오기뿐만 아니라 북극과 캐나다에서 날아와 봄이 되면 다시 북쪽으로 이동하는 철새들을 포함해 다양한 조류종을 수용하고 있다. 하늘을 가로질러 비행하는 철새 무리를 보면, 과거 미국 원주민들과 초기 유럽 탐험가들의 경험담을 일부라도 미루어 짐작할 수 있다. 그러나 습지 보호 구역의 수는 대폭 감소해 현재 남아 있는 보호 구역은 손에 꼽을 정도이며 여러 지역에 산재해 있다. 습지 보호 구역 내에 서식하는 철새들의 개체 수 역시 과거에 비하면 극히 일부에 불과하다.

오리건주 남쪽에 위치한 애버트호는 물새, 인치팔색조, 도요새, 흰빰검둥오리 등 철새들이 쉬어가는 중요한 태평양 철새 이동 경로의 중간 기착지이며 다수 종의 오리가 서식한다. 지금까지 80여 종 수십만 마리의 새가 여기에서 목격되었다. 애버트호는 (만수 시) 북서 태평양 지역에서 여섯 번째로 총면적이 큰 고염분 농도의 호수다.[15] 이 호수의 염분 농도는 종종 바다의 염분 농도를 상회하는데, 브라인슈림프, 알칼리성 어류와 그 외 무척추생물 등 철새의 먹이가 되는 작은 수생 생물이 무수히 서식할 수 있는 환경이 조성된다.

전 세계의 내륙호와 마찬가지로, 애버트호는 농장, 도시, 산업의 성장으로 물이 대량 이용됨에 따라 유입량이 대폭 감소하고 있으며, 기온 상승에 따른 증발 증가 등 기후 변화로 인한 취약성이 급증하고 있다.◆ 2014년에 극심한 가뭄이 발생했을 때, 애버트호의 면적은 최대 면적의 5% 수준으로 감소했고, 평균 염도는 3배 상승해 호수의 생태계가 붕괴되고 철새 먹이 감소 등의 결과로 이어졌다. 이 호수의 염도가 8% 수준이었을 때는 브라인슈림프의 개체 수가 최대치에 달했으

◆ 터미널 호수는 증발 외에는 달리 자연적인 유출이 발생하지 않아 염분이나 이외 미네랄이 축적되는데, 애버트호는 유입량 감소에 취약하다.

나, 가뭄으로 인해 호수의 염도가 20%로 치솟았을 때는 브라인슈림프가 전멸했고 다른 무척추생물 역시 거의 찾아볼 수 없었다. 이와 같이 고염도 환경에서는 도요물떼새 개체 수 역시 대폭 감소했다. 2012년 4만여 마리가 관측되었던 귀이빨도요새가 2014년에는 한 마리도 관측되지 않았고, 2015년에는 845마리만 관측되었다. 희귀한 도요물떼새인 팔색조의 경우, 2012년에 21만여 마리가 관측되었으나 2014년에는 2만 1,000마리도 안 되었고, 2015년에는 1만 3,000마리로 더욱 감소했다.[16]

미국 서부에 위치한 대부분의 내륙호는 담수가 사라지면서 호수 면적과 유입량이 감소하는 동시에 호수 염도가 증가하는 것으로 보고되었다. 유타주의 그레이트솔트호는 1800년대 이후 호수 표면 면적의 3분의 1이 감소했고, 2000년대 초 가뭄이 연이어 발생하면서 이 호수에 서식하던 물새 개체 수도 3분의 1로 감소했다. 2022년 7월 이 호수의 수위는 가뭄 및 기후 변화로 인해 역대 최저로 하락했다.[17] 캘리포니아주 중부와 남부에 위치한 모노호와 솔턴호는 매년 수십만 마리의 철새가 찾지만 담수 유입량이 감소하면서 호수 면적이 줄어들고 염도가 상승하고 있다. 네바다주의 워커호는 지난 100년 동안 수위가 45미터 하락했고 염도는 상승하고 있다.[18]

미국 서부 지역의 습지와 철새가 겪는 상황이 세계 다른 곳에서도 발생하고 있다. 이란의 경우, 지하수 과다 취수, 가뭄 및 기온 상승과 함께 우르미아호로 유입되던 하천의 물 사용이 증가하면서, 이 호수의 총면적과 유량이 감소했다. 이 지역에 종종 발생하는 폭풍으로 인해 호수의 물이 일시적으로 소폭이나마 보충되곤 한다. 중앙아시아의 아무다리야강과 시르다리야강은 구소련 시대에 목화농장의 관개 목적으로 하천수가 전량 이용되면서, 아랄해와 수중 생태계가 완전히 붕괴되었다. 사막 모래밭과 같은 강에 방치된 녹슨 어선의 모습은 마치 악한 신이 그곳에 운반해놓은 것과 같은 암울한 분위기를 자아낼 정도다.

구북구舊北區(생물 지리구 중 하나로, 유라시아 대륙의 히말라야 이북 지역을 가리킨다)와 아프리카를 잇는 철새 이동 경로를 따라 비행하는 수백여 종의 새는 네 개의 중요한 아프리카 습지를 중간 서식지로서 삼는데, 바로 차드호, 나이저강 삼각주, 세네갈강 삼각주, 그리고 나일강 유역의 거대한 수드 늪지대다. 철새들의 생존은 강우량, 하천의 유량, 홍수 발생 시기와 범위, 습지 식생의 생산성, 곤충, 씨앗과 같은 먹이의 공급량 등과 깊은 연관이 있다. 차드호의 면적 및 범위의 급격한 변화는 인간, 어류 및 조류에게도 영향을 미쳤다. 아프리카 대륙 전역에 걸친 농업 및 도시화의 확대로 인한 토지 이용 변화는 습지 및 자연 산림 서식지의 손실을 초래했다. 유럽에서 발생한 산업화, 토지 매립, 하구와 습지 인근의 항구 확장 등에 따른 습지 면적의 대규모 손실은 아프리카 지역의 상황을 악화시키면서 철새의 감소를 초래했다.[19]

현재는 시대적 흐름이 잘못된 방향으로 가고 있다. 전 세계적으로 실시했던 설문조사에 따르면, 물새 종류의 38%가 개체 수 감소를 겪고 있다. 이미 많은 종이 멸종했으며 다수 종이 가까운 미래에 멸종 위협에 처하거나 이미 멸종 위기에 처한 것으로 나타났다.[20] 이 문제는 아시아 지역에서 가장 심각한데,◆ 이 지역의 물새 개체 수 중 이미 3분의 2가 감소했고 상당수는 이미 멸종했다.[21]

전 세계적으로 보면, 새들의 생존에 중요한 부분을 차지했던 자연 생태계가 이제 인간이 초래한 기후 변화라는 또 다른 도전에 직면하고 있다. 수질 오염, 수자원 가용성 악화, 해수면 상승, 가뭄이나 홍수 등 이상기후는 먹이 생물과 식량의 공급, 습지의 면적과 건강성, 해안 생태계와 철새 경로의 지속 가능성, 번식 성공률 등에 상당한 영향을 미치고 있다. 이미 조류들은 기후 변화에 대처하기 위해 겨울나기를 위한 철새 비행 형태와 식이 방식을 변경하고 있다.[22]

물의 남용으로, 조류뿐만 아니라 담수 어류도 훼손되고 있다. 담수 어류종은 다른 척추생물보다 훨씬 빠르게 사라지고 있다. 지구상 물 중 97%는 염분을 지니고 있는데, 우리에게 알려진 전 세계 3만 6,000종의 어류종이 강, 호수와 담수 습지에 서식한다. 향후 생물학자들이 수백만 년에 걸쳐 진화한 새로운 어류종을 지속적으로 발견하겠지만,[23] 이와 동시에 인간은 기존 어류종의 멸종을 초래하고 있는 것이다. 다수의 담수 어류종에 대한 보호 노력에도 불구하고 기존 어류종의 30%는 우려스러운 상황에 처해 있다. 이들은 가까운 미래에 멸종 위기에 직면하거나, 현재 멸종 위기에 처해 있거나, 이미 절멸한 상태다. 담수 척추생물 개체 수의 감소율은 육상이나 해수 생태계의 2배나 된다.[24] 2020년 한 해에만 멸종한 16종을 포함해

◆ 2006년 스트라우드와 그의 동료들은 연간 종합평가에서 동아시아 및 동남아시아 습지 지역의 80%가 위험에 처한 것으로 분류하고 이 습지에 대한 위협이 증가하고 있다고 보고했다. D. A. Stroud et al., "The Conservation and Population Status of the World's Waders at the Turn of the Millennium," in *Waterbirds Around the World: International Wader Study Group*, ed. G.C.Boere, C. A. Galbraith, and D. A. Stroud, 643-648 (London: Stationery Office, 2008).

80여 담수 어류종이 이미 멸종한 것으로 선언되었고, 학계에서는 그 외 115개 어류종 역시 멸종한 것으로 추정한다.[25] 과학자들이 새로운 종을 찾아내기 전에 더 많은 담수 어류종이 사라질 수도 있다.

어류는 인류의 중요한 식량자원으로서 수천 년 동안 인간의 식단을 구성하는 주요 식품군이기도 하다. 2022년 11월 과학자들은 약 78만 년 전 호모 에렉투스가 물고기를 익혀 먹었다는 확실한 증거를 제시했는데, 이는 인간의 초기 조상인 호미닌이 음식을 익혀 먹었다는 가장 오래된 역사적 고증이다.[26] 프랑스의 아브리 뒤 푸아송 동굴에서 2만 5,000년 전에 조각된 것으로 추정되는 1미터 길이의 연어 부조가 발견되었다(그림 24). 스페인 안달루시아 지역의 라필레타 동굴에서는 약 2만 년 전 작품으로 추정되는 넙치 벽화가 연어 부조보다 더 큰 크기로 발견되는 등 석기 시대의 여러 동굴벽화가 발견되었다. 이런 벽화들은 담수 어류가 초기 인류에게 얼마나 중요한 존재였는지 보여준다.[27] 오늘날 담수 어업은 경제적 가치로 환산하면 연간 약 380억 달러 규모이며, 전 세계 인구 중 2억 명에게 필수적인 단백질과 각종 영양소를 제공하고 있다. 담수 어획량은 2017년 전 세계 총어획량의 약 13%를 차지했다. 아시아 지역의 총어획량 중 3분의 2와 아프리카 지역의 35%에 달하는 담수 어업은 약 6,000만 명의 일자리를 창출하고 있다.[28]

담수 어획량은 이미 하락세에 접어들었다. 담수 어류에 대한 수요 증가, 어류 서식지 관리 미숙 등으로 인해 다수의 주요 어류종이 붕괴 위기를 맞고 있다. 야생 철갑상어와 이국적인 관상용 어류 등이 불법으로 남획되는 등 취약한 어종의 생존이 위협받고 있다. 메콩강

그림 24. 프랑스 아브리 뒤 푸아송 동굴에서 발견된 2만 5,000년 전에 조각된 연어 부조 사진. 웰컴 컬렉션Wellcome Collection 미술관 소장.

유역의 경우, 2000년부터 2015년까지 계속된 댐 건설과 서식지 훼손으로 어획량의 78%가 감소했는데도 불구하고 향후 다수의 댐이 더 건설될 예정인 것으로 알려져 있다. 아프리카의 세네갈강에 관개용수를 공급하기 위한 디아마댐과 마난탈리댐이 건설된 후,[29] 이 지역의 강 시스템이 심각하게 훼손되어 연간 어획량이 무려 90%나 감소했다.◆

인간의 파괴적인 행동으로 인해 가장 취약한 담수 어종은 눈에 띄기 쉽고 어획이 용이한 대형 어종이다. 200종 이상의 어종이 거대 동물megafauna◆◆로 분류되고 있는데, 이 중 85종은 국제자연보전연맹IUCN

◆ 댐은 또한 강의 화학 특성을 변화시켜 주혈흡충병schistosomiasis의 발병이 크게 증가했다.

◆◆ 무게가 30킬로그램 이상 나가는 수생 어류종도 포함된다.

이 정한 적색 목록Red List에서 '위급critically endangered', '위기endangered', '취약vulnerable' 등급으로 분류되고 있다.[30] 유러피언 철갑상어는 과거에 쉽게 발견되던 어종이었으나, 이제는 프랑스의 가론강을 제외하고는 유럽 어느 강에서도 찾아볼 수 없을 정도로 완전히 멸종했다. 또한 전 세계적으로 철갑상어 25종 중 21종의 생존이 위협받고 있다. 양쯔강의 알락돌고래, 메콩강의 거대 메기, 이라와디강의 돌고래 역시 빠르게 사라지고 있다. 중국의 경우, 대형 댐 건설, 남획, 오염 등으로 인해 양쯔강의 담수어인 바이지와 중국주걱철갑상어가 멸종한 것으로 선언되었다. 전체적으로 보면, 이 거대 어류의 개체군은 94% 감소했고, 일부 어류는 인공 번식 형태로 인간의 개입에 의존해 생존해나가고 있다.[31]

거대 어류 외에도 연어, 칠성장어, 청어, 정어리, 철갑상어, 일부 뱀장어 등 생애주기의 일부를 담수에서, 다른 일부를 해수에서 보내는 소하성 어류종 역시 심각한 위협에 처해 있다. 현재까지 취합된 자료에 따르면, 담수 회귀성 어류 개체군은 평균적으로 76% 감소했는데, 그중 가장 많이 감소한 지역은 유럽(93%), 남아메리카와 카리브해 인근 지역(84%)이다. 주요 원인은 서식지의 훼손, 댐 건설, 무분별한 남획 등으로 분석되고 있다.

조류 개체군 및 어류종의 감소는 담수 생태계의 건강이 악화되고 있음을 보여주는 주요 지표다. 이 외에도 공기와 물의 오염 물질 정화, 식량 생산, 의약품 재료 제공 등 자연이 인간에게 제공하는 편익 역시 위협받고 있다. 종종 우리는 지친 마음을 위로하고 여가를 즐기기 위해 자연에 의존한다. 북아메리카와 유럽 내 집계된 자료에 따르면, 여가를 즐기기 위한 낚시는 전 세계적으로 연간 최소 650억~800억 달러의 수입을 창출하고 지역 경제에 수십만 명의 고용 기회를 제공한다.[32]

담수의 무분별한 취수와 남용, 폐수 방출, 토지 이용을 위한 습지 매립과 각종 훼손, 강의 흐름을 막는 운하 및 댐 건설 등 인간의 다각적인 활동으로 인해 수생 생태계가 위협받고 있다. 인간이 담수를 이용·관리하기 위해서 선택해온 수자원 개발 노력이 우리 사회를 또다시 과거 고질적 재앙이었던 극심한 홍수와 가뭄의 위험에 노출시키고 있다.

· 20장 ·

홍수와 가뭄

건조기에는 풍요로웠던 과거를 기억하지 못했고
강우기에는 건조기였던 지난날을 기억하지 못했다. 항상 이런 식이었다.

_ 존 스타인벡Joan Steinbeck, 『에덴의 동쪽East of Eden』

우리가 살고 있는 지구는 수문학적으로 보면 극한 기후를 가진 행성이다. 칠레 아타카마 지역이나 수단의 일부 사하라 사막 지대에는 수년간 비가 내리지 않았다. 인도 체라푼지 지역은 1860년 8월에서 1861년 7월까지 12개월에 걸쳐 무려 25.5미터의 강우량을 기록했다. 하와이의 와이알레알레산은 연간 12미터 이상의 강우량을 기록한다. 이와 같은 극한 지역 외 다른 지역에서도 홍수와 가뭄 같은 기상이변이 발생하곤 한다. 첫 번째 물의 시대 대홍수 이야기 등 예로부터 내려오는 전설이나 신화로 익히 들은 바와 같이, 인류의 초기 문화권에서는 기상이변을 일상생활의 일부나 일종의 천벌로 여겼다. 이때는 기상이변의 유무가 인간의 생사를 결정했다.

인간의 지식이 확장되고 공학과 과학기술의 발전이 도약한 두 번째 물의 시대에는 홍수와 가뭄이 인간이 극복해야 할 과제로 여겨졌다. 강우기에는 물을 저장할 대형 저수지를 건설하고 미래의 홍수 피해를 경감하기 위해 강을 따라 제방을 쌓는 방법을 배웠다. 수로와 관개 시스템을 구축해 수천 킬로미터 이상 물을 운반해 가뭄 취약 지역의 도시와 농장에 안정적으로 물 공급이 이루어지도록 했다. 물 통제를 중요시하는 당시 사고방식을 미국 서부 지역에서 찾아볼 수 있다. 이 지역에서는 물을 경제 성장을 위한 필수적 자원인 동시에 신뢰할 수 없는 위험한 자원으로 여겼다.

1800년대 중반 미국 서부 지역은 반쯤 길든 야생지대였다. 이 지역에 정착해 살고 있던 수백 명의 원주민 부족은 홍수처럼 밀려드는 새로운 정착민의 침입을 받았다. 캘리포니아의 금광 열풍, 동부 지역의 내전, 유럽과 중국으로부터의 이주, 새로운 기회와 넓은 땅을 차지하기 위한 이주 러시로 인해 미국 서부의 풍경은 서서히 바뀌었다. 새로운 도시가 세워지고, 캘리포니아주 센트럴 밸리의 온화한 기후와 비옥한 토양 덕택에 새로운 농경지가 경작되고, 도로와 농장, 전신, 산업, 정부 등 현대 사회의 골격이 형성되기 시작했다. 그러나 이 지역의 실제적인 기후나 급변하는 날씨에 대한 정보는 없었다. 특히 새로 이주한 정착민들이 지진, 홍수, 가뭄에 취약한 토지 위에 건축물을 세울 때 어떤 위험이 발생하는지 아는 바가 거의 없었다. 이후 이들은 쓰라린 경험을 통해 직접 깨달았다.

새크라멘토시는 원래 골드러시 초기에 시에라네바다산맥의 북부를 흐르는 새크라멘토강과 아메리칸강이 교차하는 지점에 물품을 매매하는 교역소로서 세워졌다. 이 강들은 이후 새크라멘토산 호아킨 삼각주를 지나 샌프란시스코만으로 흘러들며, 해안과 내륙 계곡을 연결하는 지리적 요충지의 장점을 지닌 운송경로가 되었다. 1854년 지리적 편의성과 그간의 상업활동을 통해 축적된 경제적 부 덕택에 새크라멘토는 새로운 주의 수도로 선포되었다. 겨울철 홍수 위험에 대비하기 위해 강을 따라 간단한 제방을 몇 개 설치해 강우기에 도시를 보호하기도 했다. 하지만 이때는 이 강으로 인해 발생할 위험을 전혀 예측하지 못했다. 당시 미국 원주민들은 우기인 겨울철에는 높은 산기슭으로 이동하고 건기인 여름철에는 다시 계곡 아래로 내려오곤 했다. 앞서 이곳에 정착한 스페인과 멕시코 이주민들 역시 언덕 위에 오두막을 지었다. 만일 새크라멘토 시민들이 이들의 움직임을 눈여겨보았다면 상황이 달라졌을지도 모른다. 그러나 새크라멘토의 상업적 편의성과 상거래에 적합한 지리적 장점이 우선시된 나머지 이외의 여건은 사람들의 관심에서 점차 멀어졌다.

1861년 11월 비가 내리기 시작했다. 초기 정착민들은 캘리포니아는 10월부터 다음 해 4월까지 지속적으로 계곡에 비가 내리고 산에 눈이 쌓인다는 것을 알고 있었다. 그런데 12월까지 비가 쉬지 않고 내렸고, 이듬해 1월에는 더 많은 비가 내려 컬럼비아강에서 멕시코 국경에 이르는 지역에 걸쳐 전대미문의 강수량이 기록되었다. 마치 40일 동안 쉬지 않고 비가 내린 성경 내용을 연상시키듯 3미터 이상의 폭우가 하늘에서 쏟아져 강이 범람하고 토양이 침수되고 시에라네바다산맥이 거대한 눈으로 뒤덮였다. 그런데 뒤이어 나타난 강한 고온 폭풍으로 인해 산을 뒤덮었던 눈이 급속히 녹아내려 엄청난 양의 물이 산에서 이미 포화 상태인 센트럴 밸리로 쏟아져 내렸다. 그 결과 재앙적인 홍수가 발생했다. 새크라멘토강과 아메리칸강의 수위는 2미터, 4미터, 8미터로 점점 늘어나더니 강둑 위로 상승해 강이 범람했고 센트럴 밸리의 대다수 지대가 내륙형 바다로 바뀌었다. 그해 1월 중순, 『새크라멘토 유니언Sacramento Union』 신문은 "계속되는 비와 산에 쌓인 눈이 녹으면서 캘리포니아주의 최대 자랑이었던 계곡과 도시에 재앙과 파괴를 가져왔다"라고 보도했다.[1]

1862년 1월 10일, 신임 주지사 릴런드 스탠퍼드Leland Stanford의 취임 선서를 앞두고 캘리포니아주 의회가 열리고 있었다. 그때 제방이 무너지면서 약 8미터 높이의 물이 도시로 쏟아져 들어오는 바람에 스탠퍼드 주지사는 조각배를 타고 취임식장에 간신히 도착했다. 당시 새크라멘토에 머물렀던 예일대학교 지질학자 윌리엄 브루어William Brewer는 몇 통의 편지로 이 사실을 외부에 알렸다.

> 캘리포니아주의 센트럴 밸리가 물에 잠겼다. 새크라멘토 밸리에서 샌와킨 밸리로 이어지는 이 지역은 길이가 250~300마일이고 폭은 평균 20마일에 달하며, 총면적은 5,000~6,000제곱마일에 이른다. 캘리포니아주의 정원과도 같은 이 지역의 농장 수천 곳이 침수되었다. 배고픈 소가 여기저기서 익사하는 모습이 발견되었다. 자선단체와 구호 보트가 바쁘게 활동 중이다. 수천 명의 이재민이 발생했다. 이 거대한 지역의 모든 주택과 농장이 완전히 침수되었다. 이처럼 미국에서 도시 전체를 초토화시킨 규모의 홍수는 유례를 찾아볼 수 없다.[2]

이와 같이 암울한 상황은 다른 지역으로 확대되었다. 캘리포니아 남부의 경우, 1861년 크리스마스이브에 내린 비가 4주간 쉬지 않고 계속되었는데, 이때 내린 비가 이 지역 연간 강우량의 8배였다. 샌게이브리얼산맥에 위치한 금광마을 엘도라도빌은 홍수로 인해 파괴되었다. 로스앤젤레스강 인근 농장과 과수원은 홍수에 휩쓸려 떠내려갔고, 샌타애나강 유역 전체가 침수되었다.

1906년 캘리포니아주를 강타한 대지진보다 끔찍한 사상 최악의 재앙으로 알려진 이 대홍수로 인해 수천 명의 사람과 소 20만 마리, 양 50만 마리가 익사했다. 미국의 동부와 서부를 연결하기 위해 새로 설치되었던 전신주도 물에 잠겨 수개월 동안 미국 동부 지역과 통신이 두절되었다. 농장과 마을 전체가 사라졌으며, 평균적으로 캘리포니아주 8가구 중 1가구가 멸실되었다. 캘리포니아주 경제의 4분의 1이 홍수에 떠내려간 것으로 추산되었다.[3]

캘리포니아주뿐만 아니라 멕시코 북부에서 캐나다 남부, 태평양 연안 대륙에서 유타주에 이르는 지역에서도 홍수가 발생했다. 미국 서부 역사상 최악의 홍수였다. 유타주 남부 지역에서는 1861~1862년을 '홍수의 해'로 일컫곤 한다. 오리건주에서는 몇 주간 윌래밋 밸리 기슭이 침수되었으며, 힐러강과 콜로라도강을 따라 세워진 뉴멕시코준주 서부의 마을이 홍수에 휩쓸려 내려갔다.[4]

1861년 말에서 1862년 초까지 미국 서부를 강타한 대홍수의 주요 원인은 미국 서부 해안에 막대한 양의 수증기를 퍼부은 소위 '대기천atmospheric river'이었다. 태평양을 가로질러 형성되는 날씨와 북극 기후 여건의 영향을 받아 생성된 이 대기천은 열대 지역에서 수천 킬로미터 떨어진 곳까지 수증기를 운반해와서 미국 서부 지역에 폭우를 퍼부었다.

캘리포니아주는 대기천의 세력이 약해지거나 북쪽 연안으로 향하면 가뭄을 겪고, 대기천의 세력이 강해지거나 제트 기류에 의해 캘리포니아주 방향으로 향하면 습해진다. 당시 캘리포니아주가 겪은 대재앙은 오랜 기간 대기천이 미국 서부 지역을 여러 차례 휩쓸고 지난 후 이례적으로 찾아온 따뜻한 기후로 인해 폭풍이 생성된 결과였다. 일반적으로 봄과 여름에 서서히 녹는 눈이 그해에는 유난히 따뜻한 날씨로 인해 급속히 녹으면서 발생한 이변이었다.

이후 100여 년 동안 미국의 지방, 주, 연방 기관들은 서부 지역의 홍수를 통제하고 관리하기 위해 수천 개의 크고 작은 댐을 건설해 홍수를 막고 겨울철 강물을 저장하는 동시에 수천 킬로미터에 달하는 제방을 쌓아 저지대를 보호하는 조치를 시행했다. 이 모든 것이 두 번째 물의 시대에 종종 이용된 조치였다. 그러나 불행한 현실은 그동안 안전조치로 여겨졌던 댐과 제방이 전혀 예측하지 못한 결과를 가져왔다는 점이다. 과거에는 홍수가 범람하던 토지 위에 댐과 제방을 쌓아 대규모 개발을 추진해왔다. 그러나 캘리포니아주를 강타한 홍수와 유사한 대홍수가 향후에 다시 발생하면◆ 댐과 제방은 전혀 보호 기능을 하지 못할 것으로 보인다. 오늘날 과학자들은 1861년 12월부터 1862년 1월에 걸쳐 발생한 캘리포니아 대홍수의 규모와 유사한 메가톤급 홍수인 '방주 폭풍ARkStorm'이 발생할 가능성을 논의하고

◆ 필자는 홍수의 발생 가능성이 아니라 언젠가는 홍수가 발생한다는 것을 의미했다.

있다.◆ 오늘날 이와 같은 메가톤급 홍수가 캘리포니아주에 다시 발생할 경우, 수조 달러의 재산 손실 및 수백만 명의 이재민과 현재 주택 수의 4분의 1이 파손될 것으로 추정된다.

한편, 미국 서부 지역은 홍수와 정반대 재난을 우려하고 있다. 바로 극심한 가뭄이다. 극심한 가뭄은 가용 수자원 감소, 농경지 건조화, 산림 훼손과 산불 발생, 도시의 수자원 공급 부족 등을 초래할 수 있다. 역사는 또다시 향후 어떠한 기후 재난이 발생할지 암시하고 있다.

1930년대 이전 100여 년간 미국 연방 정부는 수백만 명의 이주자가 서부로 이주하도록 장려하는 토지정책을 시행했다. 토지법 시행은 이와 같은 토지 정책의 일부로, 당시 링컨 대통령은 서부로 이주한 이주민에게 토지 형태의 보상을 제공하도록 서명했다. 이 시대의 미국 토지 정책은 서부 지역의 농업 성장을 장려하는 동시에 동부 지역의 인구 증가 및 노동력 문제를 완화하며 미국 원주민들을 다른 지역으로 추방하기 위해 실시되었다. 대평원의 기후는 유럽에서 건너온 북아메리카 정착인들이 과거 경험했던 기후와 달랐고, 실제로 자연환경 역시 매우 가혹했다. 다코타주, 캔자스주, 네브래스카주, 오클라호마주, 텍사스주 북부의 평원에는 집을 짓거나 연료로 사용할 나무가 거의 없었고, 목축업을 영위하기에는 자연 식생이 부족했으며, 겨울에

◆ '방주 폭풍'은 평균적으로 500년에서 1,000년에 한 번 발생하는 수준의 강우량을 생성하는 '대기천' 폭풍을 의미한다. US Geological Survey, "Overview of the ARkStorm Scenario," Open-File Report 2010-1312, *Multihazards Demon-strationsProject* (2011) 발췌.

는 세찬 바람과 눈보라가 일고 여름에는 극심한 무더위, 해충으로 인한 질병, 그리고 특히 물이 부족했다. 또한 동부에서는 부족하지 않다고 생각될지 모르는 미국 연방 정부의 토지 보상 65만 제곱미터는 서부 대평원에서 생활하기에 부족했다. 토지법에 따라 이주한 정착민들은 기후가 온화한 해에는 그럭저럭 생활할 수 있었으나, 기후가 좋은 해라도 항상 예외적 상황이 벌어졌다.

이주 초기 이주민들이 새로운 환경에서 적응하기 시작할 때, 대평원은 잠시나마 농작물 경작에 이상적인 기후를 보여주었다. 20세기 초, 특히 미국 대공황이 발생하기 10년 전, 평년보다 높은 강우량과 밀 시장 확대, 농업의 기계화 덕택에 농업은 빠르게 성장했다. 1929년 무렵 대평원의 총경작지 규모는 16만 제곱킬로미터에 달했다. 과거 수백 명에 이르던 미국 원주민 부족과 수백만 마리의 들소가 살던 대평원은 초기에는 건강하고 지속 가능한 자연 생태계를 이루었다. 그러나 이후 이주해온 수많은 사람은 토지에 대한 개념이 상이했다. 이주민은 토지를 경작하고, 가뭄에 강한 뿌리 깊은 토종 풀을 뽑아버린 뒤 가뭄에 취약한 밀 품종을 심고, 수백 마리의 가축을 키우기 위한 토지로 전환했다. 당시 연방 정부도 보고서에 이 지역을 "결코 훼손되지 않는 불변의 토지 자원"이라고 기재했는데, 이 같은 연방 정부의 태도를 통해 당시 만연했던 토지 개념을 알 수 있다.[5]

그러나 풍요로운 땅이라고 믿었던 그들의 생각은 한낱 신기루에 불과했다.

인간의 기대 심리와 현실의 괴리가 눈앞에 나타났다. 1930년대 (캐나다, 멕시코 일부와 접하는) 미국 서부 지역은 개척 초기 역사상 가장 심각한 가뭄을 겪었다. 10여 년 동안 이상고온이 지속되었고 낮은 강우량은 토양의 건조화를 초래해 농경과 목축이 어려웠다. 그리고 표토층의 침식으로 인해 거대한 먼지 폭풍이 무자비하게 대평원을 휩쓸어 농장과 마을을 뒤덮어버려 수많은 이재민이 발생했다. 이 시기에 약 200만~300만 명에 이르는 대규모 환경 피난민이 이 지역을 떠났다.

1931년에 시작된 가뭄은 낮은 강우량과 함께 1939년까지 계속되었고, 텍사스주 북부에서 캐나다 남부까지, 그리고 콜로라도주 동부의 평원에서 캔자스주 동부까지 수십만 제곱킬로미터에 이르는 광대한 지역에 악영향을 미쳤다. 1932년에는 먼지 폭풍이 14차례나 강타했고, 다음 해에는 폭풍이 38차례 발생했다. 1934년에는 약 40만 제곱킬로미터에 달하는 토지의 표토층이 손실된 것으로 추정되었고, 1935년 4월까지 매주 먼지 폭풍이 발생한 것으로 기록되었다. 4월 14일 '검은 일요일Black Sunday' 폭풍으로 알려진 사상 최악의 폭풍이 텍사스주와 오클라호마주 팬핸들 지역을 휩쓸며 거대한 먼지 쓰나미가 몰아쳤다. 캔자스주에 거주하던 주부 에이비스 칼슨Avis Carlson은 마치 "미세한 모래가루를 삽에 가득 담아 얼굴에 패대기친 것 같았다"라며 당시 경험을 떠올렸다. "사람들은 모두 집에 갇혔다. 소용돌이치는 흙먼지를 통과할 수 있는 빛이 없어 모든 차량이 멈춰 섰다. 우리는 먼지와 함께 살고, 먼지를 먹고, 먼지를 덮고 잠을 잤다. 먼지가 집 안의 모든 물건을 뒤덮고 사람들로부터 한 줄기 희망조차 빼앗아가는 것을 망연자실한 모습으로 지켜볼 수밖에 없었다"라고 당시를 회상했다.[6]

또 다른 피해자인 농부 캐롤라인 헨더슨Caroline Henderson도 친구에게 보낸 여러 통의 편지에서 "먼지를 먹고 먼지를 호흡하고 먼지를 마신다. 침대 위, 휴지통 안, 접시 위, 벽면과 창문 모두 먼지로 뒤덮여 있다. 머리카락, 눈, 귀, 치아, 목구멍으로 들어오는 먼지는 말할 것도 없다. 바닥과 창틀에 쌓인 먼지 더미가 내일도 찾아올 끔찍한 일상"이라고 표현하며 이 시기의 절망, 빈곤, 그리고 먼지와의 끝없는 투쟁을 묘사했다.[7]

이후 AP 통신 기자 로버트 가이거Robert Geiger는 검은 일요일 폭풍에 대한 경험을 토대로 쓴 기사에서 '먼지 대폭풍Dust Bowl'이라는 표현을 썼는데, 이 표현이 이후 많은 공감을 얻으며 자주 인용되었다.[8] 미국 서부의 연대기 작가이자 환경 역사가인 도널드 워스터Donald Worster는 저서 『먼지 대폭풍: 1930년대의 남부 평원Dust Bowl: The Southern Plains in the 1930s』에서 "갑자기 검은 눈보라가 북쪽 지평선에 나타났다"라고 적었다.[9]

이 모래 폭풍은 미국 포크송 가수 우디 거스리Woody Guthrie에게 영감을 제공하기도 했다. 텍사스주 팜파 지역을 휩쓴 폭풍을 바라본 그는 "마치 홍해가 이스라엘 아동들 앞에서 닫히는 것 같았다"라고 언급했다. 그 경험을 바탕으로 쓴 포크송 〈더스티 올드 더스트Dusty Old Dust〉에는 다음과 같은 가사가 나온다.

> 먼지 폭풍이 천둥처럼 몰아치네요
>
> 먼지가 우리를 덮고 또 뒤덮듯이 몰아치네요

먼지 대폭풍의 교훈은 많은 변화를 일으켰다. 당시 관행으로 여겨졌던 농경 방식과 토양 보전이 개선되었을 뿐 아니라, 화석 대수층에서 물을 끌어 올리는 수백만 개의 지하수 펌프, 댐과 저수지를 설치하는 등 인공적 관개 분야에 막대한 투자가 이루어졌다. 이러한 노력의 결과 이 지역은 미국의 주요 농업 생산 지역으로 성장하는데, 오늘날 이 지역의 관개는 거의 전적으로 고원 대수층에서 지하수를 펌프로 끌어 올려 취수하는 방법에만 의존하는 결과를 가져왔다. 고원 대수층에서 퍼 올린 지하수는 대부분 동물 사료와 정부 보조금 대상인 에탄올 생산에 사용되는 옥수수와 대두를 재배하기 위해 수만 제곱킬로미터에 이르는 농경지의 관개 목적으로 이용되는데, 실제 수요량을 초과해서 취수되고 있으며 이에 대한 정부 규제는 미미한 상황이다. 향후 먼지 대폭풍이 다시 발생할 경우, 이 지역은 과거보다 더욱 취약한 상황에 놓일 것이다.

홍수와 가뭄은 아직도 전 세계 사람들에게 고통을 주고, 이를 극복하기 위한 대응 방안이 지속적으로 모색되고 있다. 1931년 중국은 사상 초유의 홍수를 경험했다. 그 당시 양쯔강, 화이허강, 황허강을 따라 발생한 홍수와 잇따른 기아, 질병으로 인해 400만 명이 사망한 것으로 추정되고 있다. 이 홍수는 예년 대비 강우량의 급상승과 홍수 방재 시설의 부실 관리로 인해 발생했다. 이후 중국은 수십 년에 걸쳐 새로운 홍수 통제 프로젝트를 전개했다. 물 부족과 가뭄 문제를 극복하기 위해 중국은 세계 최대 규모의 남북 물 전환 프로젝트를 실시해 양쯔강의 유량이 북쪽의 건조하고 인구가 밀집된 도시로 흘러갈 수 있도록 수로를 전환했다. 그러나 물의 순환을 통제하려는 이와 같은 노력에도 불구하고 향후 기상이변으로 인한 사망과 피해는 계속 될 것이다. 그 어떤 수자원 관리 시스템도 모든 홍수나 극심한 가뭄을 예방할 수는 없기 때문이다. 인간이 초래한 기후 변화와 날로 악화되는 기상이변으로 또 하나의 거대한 먹구름이 지평선 너머에서 다가오고 있다.

· 21장 ·

기후 변화

인간이 지구상에 미치는 영향은 매우 광범위해,
현재 우리는 새로운 지질학적 시대인 '인류세'에 살고 있다.

_ 엘리자베스 콜버트Elizabeth Kolbert,
『하얀 하늘 아래 펼쳐지는 미래의 본질Under a White Sky: The Nature of the Future』

동서남북 어느 방향으로든 20킬로미터 정도 이동해보라. 어느 방향으로 이동하든 익숙한 풍경이 펼쳐질 것이다. 물론 실제로 출근, 쇼핑, 영화 관람을 위해 이와 같이 장거리를 운전할 사람은 별로 없을 것이다. 그러나 우리 머리 위로 20킬로미터를 이동하면 모든 날씨가 발생하는 대기권에 도착한다. 이 얇고 섬세한 가스층에서 수분이 상승, 하강, 증발, 응축해 구름과 소용돌이치는 폭풍을 생성하고 육지, 바다, 만년설의 열과 수분의 균형을 결정한다. 이 모든 것이 태양으로부터 방출되는 에너지, 지구의 자전, 대기권의 가스 구성 등 다양한 요소의 영향을 받는다. 지구 전체 규모로 그중 하나만 변동해도 지구의 날씨와 기후가 바뀐다. 바로 이것이 지금까지 우리가 취해온 행동이다.

인류의 역사인 두 번째 물의 시대에 대부분 날씨는 변동했지만 기후는 안정적이었다. 기후만큼은 인간도 영향을 미치지 못했다. 그렇다. 지구의 기후는 태양 주위를 도는 지구의 공전 궤도 변화, 자전, 자전축 기울기 등에 따라 서서히 변화하면서 수만 년에서 수십만 년에 걸쳐 천체의 움직임에 따라 변화해왔다. 초기 인간 사회는 이와 같이 장기간에 걸친 지구의 기후 변화를 인식하지 못했다. 현대 문명사회는 역사적으로 세계 곳곳에서 평균적인 기후 지역에 세워졌다. 반면, 날씨는 거의 예측할 수 없고, 매일 또는 계절에 따라 변동하는 여러 조건의 집합체로 인해 발생하며 종종 극심한 기상이변이 찾아오곤 했다. 인류는 직접 경험을 통해, 그리고 과거로부터 전해 내려오는 구전 및 역사 기록을 통해 변화무쌍한 날씨를 이해해왔다.

불과 수십 년 전부터 과학자들은 선진적인 방법으로 날씨를 예측하기 시작했다. 두 번째 물의 시대에 부상한 유체역학, 기상학, 카오스 이론[1] 등 과학 지식 증가, 컴퓨터의 성능과 처리 속도 증가, 지표면 또는 오늘날 우주에 설치된 관측기기를 통해 수집되는 광범위한 실시간 측정 정보의 축적 등을 통해 날씨를 예측할 수 있다. 이와 같은 과학기술의 진보를 통해 과학자들은 오늘부터 며칠 혹은 그 후 날씨까지 높은 신뢰도로 예측하는 컴퓨터 모델을 개발했다. 이제는 날씨 외에 지구의 기후까지 매우 정교하고 복잡한 예측 모델링을 이용해 수년 혹은 수십 년 후까지 정확하게 예측할 수 있다.

매우 절묘한 타이밍이다. 지구 역사상 최초로 오늘날 인간은 글로벌한 영향력을 미치는데, 지구를 둘러싼 섬세한 대기권을 구성하는 가스 비율을 포함해 인류 진화와 현대 사회의 초석을 이뤄온 날씨와 수자원 간의 미묘한 균형에도 영향을 미치는 것이다. 이 책의 주체는 기후 변화가 아니라 물이다. 그럼에도 불구하고 이 두 요소를 별도로 분리해서 논의할 수 없고, 전체적인 수문 순환hydrologic cycle은 지구의 기후 시스템을 구성하는 필수 불가결한 부분이기 때문에 기후가 변화하면 이미 날씨 자원이 변화하는 것이다. 필자는 연구 활동을 통해 물과 기후의 상호작용을 이해하는 동시에 인간의 활동으로 인해 이 자연적 순환이 교란될 경우 발생하는 영향에 대한 이해를 고취하고자 한다.

글로벌 기후 변화라는 도전과제가 최고 정점에 도달하는 이 시기에 두 번째 물의 시대가 막을 내리고 물 위기가 더욱 심화하는 것은 결코 우연이 아니다. 전 세계 인구 규모, 소비와 경제 속성, 에너지 및 수자원 이용 등 모든 요소가 결합해 인간의 생존 자체를 방해하고 위협한다는 징후인 것이다.

물론 기후 변화가 없더라도 바람, 물, 태양열로 인해 발생하는 혼란스러운 대기의 특성 때문에 극심한 기상이변은 항상 우리를 위협해왔다. 이러한 극단적인 기상이변은 허리케인, 열대성 저기압, 대기천, 토네이도, 폭우, 폭설, 홍수, 가뭄과 건기의 장기화 등의 형태로 나타난다. 미국 서부의 초기 정착민들이 자연재해로 인해 그들의 삶과 꿈이 예측하지 못했던 어긋난 모습으로 찾아오면서 겪은 쓰라린 경험과 같이 마야, 아카드, 당나라 등의 문화권도 장기간의 극심한 가뭄으로 인해 세력이 약화하거나 멸망했다.[2] 오늘날은 과거와 다른 빈도, 기간, 강도로 기상이변이 발생하고 있다. 과거에는 홍수나 가뭄과 같은 기상이변이 기후의 자연적 변화로 인해 다소 정상적인 범위에서 발생했으나, 이제는 정상 범위를 초월해 거듭 악화되는 추세다. 그 책임은 바로 인간에게 있다.

지난 수십 년에 걸쳐 과학자들은 기후 모델을 통해 축적한 정보를 바탕으로 지속적인 경고 메시지를 전해왔다. 온실가스가 대기권에 지속적으로 축적되어 더 많은 열이 대기권 밖으로 방출되지 못한 채 갇히고, 갇힌 에너지가 기후 변화에 기폭제 역할을 하기 시작한다. 1800년대에는 조제프 푸리에Joseph Fourier, 클로드 푸예Claude Pouillet, 유니스 뉴턴 푸트Eunice Newton Foote 등 다수의 과학자가 실험을 통해 대기권과 가스가 지구의 생명력에 미치는 영향을 예측하기 시작했다. 기후과학 분야가 발전하면서, 과학자들은 특정 가스의 농도 상승이 지구 온난화를 초래하고 기후 변화가 가속화됨에 따라 물의 순환 방식이 강화되면서 지구의 습한 지역은 더 습해지고 건조한 지역은 더 건조해진다는 사실을 이해했다.[3] 필자는 1980년대와 1990년대 기후 변화와 물의 행태를 연구하면서 강우량 감소와 기온 상승은 캘리포니아주의 연간 가뭄 빈도를 증가시킬 뿐만 아니라 본질적으로 산에 쌓인 눈의 해빙 시기와 가용성, 하천의 유량을 변화시킨다는 점을 발견했다. 이와 유사한 기후 변화는 수자원의 가용성, 유출, 수력발전 외에도 콜로라도강, 나일강 및 다른 지역의 염분 농도에 위협적인 영향을 미칠 수 있다.[4]

이러한 과학 모델의 예측은 이제 우리의 현실이 되었다. 지구 온난화가 가속화함에 따라 지구는 더욱 습하고 건조해지는 극심한 기상이변을 경험하고 있는데, 온실가스 증가가 그 원인임을 알려주는 확증이 여기저기서 제시되고 있다. 이미 남부 유럽, 아프리카 대부분 지역, 아시아, 북아메리카 서부, 중앙아메리카와 남아메리카 일부 및 기타 지역에서 가뭄의 빈도와 강도가 증가하며 가뭄이 더욱 장기화할 가능성이 높아지고 있다.[5] 인간이 초래한 기후 변화가 영향을 미친 최근 기상이변의 실제 사례로는 2010년 2월 미국 동부 지역의 스노마겟돈Snowmageddon('눈'과 최후의 종말을 뜻하는 '아마겟돈'의 합성어–옮긴이), 2012년과 2013년의 슈퍼태풍 샌디와 하이옌, 2013년 콜로라도주의 대홍수를 들 수 있다.[6] 북아메리카 서부 로키산맥, 호주, 시베리아, 중국 및 기타 지역에서 산불의 빈도와 강도 역시 상승하고 있다.[7] 이미 가뭄은 전 세계적으로 확산되었으며, 인간이 초래한 기후 변화가 가뭄에 악영향을 미치고 있다는 확실한 증거 자료가 제시되고 있다.[8]

기후 변화가 심화함에 따라 세계 어느 지역도 예외가 될 수 없다.

호주는 대부분 건조 지역이어서 종종 기상이변이 발생한다. 1997년 초 무렵부터 2009년까지 호주는 역사상 최악의 가뭄을 경험했다. 호주의 많은 지역이 밀레니엄 가뭄으로 불리는 극심한 가뭄을 겪었다. 가뭄에 대비해 물을 저장해온 저수지는 바닥을 드러냈다. 농업 관개용수 부족으로 농작물의 생산량이 20% 이상 감소했다.[9] 산업 생산량이 감소하고 국민들은 기본적인 일상생활을 하는 데 어려움을 겪었다. 이 가뭄이 지나간 후, 또다시 2010~2011년에 호주 역사상 50년 만의 대홍수가 발생해, 20만 명의 수재민이 발생하고 100만 제곱킬로미터에 해당하는 면적이 훼손되어 최소 100억 달러 이상 피해를 입은 것으로 추산되었다. 과학자들은 해수 온도 상승으로 인해 홍수의 피해가 더욱 확대되었다고 분석했다.[10] 호주의 기상 악화는 계속되었다. 2017년 초 다시 가뭄이 찾아왔고, 2022년에는 호주 동부 지역에서 전례 없는 홍수가 발생해 20명이 사망하고 수십억 달러의 재산 피해가 발생했다. 2022년 5월 호주의 보수연합 정부가 퇴출된 배경으로는 기후 변화 문제에 대한 대응 정책이 미미했다는 국민의 분노가 한몫했다.[11]

지구 반대편 지중해 동쪽 지역에서는 2006~2011년에 역사상 최악의 가뭄이 발생했다. 시리아의 경우, 농작물 생산이 급감해 사회적 혼란, 경제적 어려움, 그리고 내전 발발로 이어졌다. 기후 변화와 가뭄의 연관성을 지적해온 과학자 중 한 명인 마틴 호얼링Martin Hoerling 박사는 가뭄 연구 논문에서 "가뭄의 강도와 빈도는 자연적인 변동성만으로 설명할 수 없다"라고 지적했다.[12] 이란 역시 극심한 가뭄을 겪었다. 1951~2013년 이란의 기온은 섭씨 1.3도 상승하고 폭염 빈도가 증가하고 연간 강우량이 하락했다.[13] 호주와 마찬가지로 이란에서도 극심한 가뭄이 대홍수로 이어졌다. 약 100명이 사망하고 수천 킬로미터에 이르는 도로가 유실되었으며 농경지 대부분이 훼손되고 수십억 달러에 이르는 재산 피해가 발생했다. 이와 같이 기후 변화가 가뭄과 홍수를 악화시켰음을 보여주는 실제 증거가 곳곳에서 나타나고 있다.[14]

유럽은 2014년부터 심각한 가뭄과 폭염에 시달리고 있는데, 과학자들은 2,000년 만에 찾아온 이와 같은 최악의 기상이변 또한 기후 변화로 인해 더욱 악화되고 있다고 진단한다. 수천 명의 사망자와 농작물의 피해, 그리고 여러 차례 산불이 발생했다.[15] 이와 같은 징조는 2003년 이미 수만 명의 사망자가 발생한 폭염에서 찾아볼 수 있다.

과학자들은 이제 인간이 초래한 기후 변화로 인해 폭염 발생 가능성이 2배 증가했다고 추정한다.[16] 2020년 10월 영국은 역사상 가장 습한 날씨를 겪었는데, 인간이 초래한 기후 변화로 인해 폭우 발생 가능성이 2.5배 높게 발생한 것으로 추정되었다. 그리고 2022년 또다시 폭염이 유럽 전역을 휩쓸었다.

지난 20년 동안 캐나다는 유례없는 가뭄과 홍수로 인해 많은 지역이 어려움을 겪었다. 서스캐처원대학교의 수자원 및 기후변화연구 위원장인 존 포머로이Dr. John Pomeroy의 연구 결과에 따르면, 캐나다의 지하수는 오염이 심해지고, 호수의 조류 번식 역시 악화되며, 일부 지역에서는 역사상 최악의 폭설을 경험하는 한편, 다른 지역에서는 가뭄, 먼지 폭풍, 폭우를 겪고 있는데, 이와 같은 이상기후는 기후 변화가 원인임이 밝혀졌다.[17] 2017년 캐나다 남서부 브리티시컬럼비아주에서 전대미문의 산불이 발생해 역사상 최대 피해 면적인 1만 2,000제곱킬로미터를 불태웠다. 과학자들은 그 원인으로 인간이 발생시킨 인위적인 기후 변화로 인해 고온건조한 날이 유례없이 지속되었기 때문이라고 거듭 지적했다.[18] 브라질 북동부 지역은 2012~2016년 극심한 가뭄으로 농업 생산량과 수력발전이 감소하고 상파울루와 리우데자네이루 등을 포함한 지역사회에 물 부족 사태가 발생했다.

미국의 일부 지역에서도 기록적인 기상이변을 경험하고 있다. 지난 20년간 콜로라도강 유역과 미국 남서부는 심각한 가뭄에 시달리고 있다. 2021년은 매우 건조한 해였으며, 2000~2021년은 서기 800년 이후 역사상 가장 건조한 22년으로 기록되고 있다. 과학자들은 극한 가뭄의 19%는 인간이 초래한 기후 변화 때문이라 지적하고, 오늘날에는 이러한 현상을 '메가가뭄mega-drought'이라고 부른다.[19] 미국에서 가장 건조한 지역으로 꼽히는 이 지역에서 과거 수천만 명에게 물을 공급해왔던 콜로라도강의 유량은 이제 저수지를 건설하고 수자원 이용 권리를 배분하며 수자원 관리 기관을 운영했던 100년 전 수준으로 회귀하지 못할 것으로 분석하고 있다.[20] 캘리포니아주는 전례 없는 지구 온난화로 인해 2012~2016년 역사상 기록적인 5년간의 가뭄과 폭염을 겪었으며, 이후 기록상 가장 습한 2017년을 경험했다.[21] 이 해에 강력한 폭풍이 발생해, 미국에서 최고로 높은 오로빌 댐이 거의 파괴되었고 강 하류 지역의 주민 20만 명이 긴급 대피했다. 2020년부터 미국 서부 지역에 다시 가혹한 가뭄이 찾아왔고, 2022년 서부 전역은 극심한 가뭄에 시달렸다. 산불 역시 전례 없는 빈도와 강도로 수년간 지속되고 있다.

미국 북동 지역과 남동 지역 역시 강우량이 최근 20년간 지속적인 상승세를 보이고 있으며, 2019년 미국의 중부와 동부 지역은 기록적으로 습한 겨울을 보냈다.[22] 2011년 텍사스주는 12개월간 기록적인 건조기를 보냈고, 이후 2017년 허리케인 하비Harvey가 단 며칠 만에 1,000밀리미터 이상의 강우량을 기록하며 미국 역사상 최악의 폭우를 퍼부은 것으로 추정된다.[23] 기후 변화가 심화함에 따라 과학자들은 금세기 말까지 전대미문의 기상이변 발생 가능성이 과거보다 10배 높을 것으로 예상한다.[24]

현재 기상이변을 제어하기 위한 제반 시스템, 운영 기관 및 물리적 인프라는 과거의 기후 기준에 맞춘 것이어서, 오늘날 급변하는 기후나 향후 다가올 더욱 강도 높은 기상이변을 수용하지 못할 것으로 보인다. 인간이 초래한 기후 변화를 극복하지 않는 한, 진정으로 지속 가능한 세 번째 물의 시대는 도래하지 않을 것이다. 역사는 향후 발생할 수 있는 미래 가능성에 대한 방향성을 제공하므로 과거의 경험치를 활용하는 것은 필수적이다. 그러나 과거의 경험치에 의존하는 것만으로는 불충분하다는 사실을 과학적 발견을 통해 알 수 있다. 세계 곳곳에서 발생하는 기상이변은 더 이상 순수한 '자연적' 재난이 아니라, 화석 연료 연소로 인한 배출 가스가 대기권 밖으로 방출되지 못하고 갇힌 채 열을 증폭시키는 현상 등으로 인한 재해임이 드러나고 있다.

과거에는 볼 수 없었던 새로운 형태의 이례적인 날씨와 기후 재난이 계속 발생하고 있다. 세계적으로 기록적인 기상이변 현상과 인간이 초래한 기후 변화의 상관관계를 나타내는 방대한 데이터와 연구 결과물이 지속적으로 축적되고 있다. 두 번째 물의 시대가 막바지에 접어들면서, 이러한 기상이변으로 인간과 자연의 관계가 악화되며, 인류가 자연적인 재해뿐만 아니라 더 이상 자연적이지 않은 인적 재해에 취약한 상태임을 알려주고 있다. 세 번째 물의 시대에는 우리가 통제하기 어려운 기후 변화를 완화하고 더 이상 피할 수 없는, 인간이 초래한 결과에 대응하기 위해 노력해야 한다.[25]

• 22장 •

두 번째 물의 시대에서 세 번째 물의 시대로 전환

아마도 운명은 바로 이 순간에도 당신을 농락하고 있을 것이다.
위로 올라갈수록 안정적이고 근사한 삶을 누릴 것으로 생각하지만,
결국 잠시 후 아래로 추락할 것을 인지하지 못할 뿐이다.
_ 윌리엄 포크너William Faulkner, 『압살롬, 압살롬!ABSALOM, ABSALOM!』

마치 지구의 수자원이 고갈되지 않을 것처럼 물을 사용하고 통제한 두 번째 물의 시대가 종말을 고하고 있다. 앞서 다룬 바와 같이, 수십억 명의 인구가 직면한 물 빈곤의 지속, 수질 오염의 악화, 지하수의 고갈, 물 폭력의 증가, 자연 생태계의 붕괴, 그리고 점증하는 기상이변과 기후 위협 등 심각한 위기가 발생했으나 대처 방안이 미흡했기 때문이다. 비약적인 과학기술의 발전, 수십억 명의 인구에 수자원을 공급해온 수자원 제도 등 두 번째 물의 시대가 제공한 편익이 사라질 필요는 없지만, 이 시점에서 우리는 사회가 의존하는 수자원과 새로운 관계를 형성할 필요가 있다.

지구는 물이 부족한 행성이 아니다. 지구에서 순환하는 방대한 물

저장량과 유량을 감안한다면, 지구의 물 부족 개념은 현실성이 없는 것처럼 보인다. 21세기 초 수십 년 동안 인간이 지하수를 취수한 총량은 연간 약 4,000세제곱킬로미터이고, 지구의 담수 저장량은 무려 3,500만 세제곱킬로미터로 추정된다. 이를 감안하면, 결국 물 문제는 단순히 총량이 아닌 시간, 공간, 자금력, 제도 등에 기인함을 알 수 있다. 지금 우리는 물 사용량의 최고점에 도달해 있고, 이 최고점을 넘어서면 결국 하강한다. 무엇보다 물 사용이 제약을 받을 수밖에 없는 상황이라면, 새로운 세 번째 물의 시대가 등장할 필요가 있다.

오늘날 우리 사회가 직면한 난제는 새로운 사고방식과 새로운 접근 방법으로 해결해야 한다. 이와 같은 물 문제를 이해하고 해결하기 위해서는 담수의 지역별 저장량과 유량을 관측하고 강우, 유출수, 지하수의 사용이 해당 지역에 미치는 영향 등을 검토해야 한다. 초기에는 이와 같은 물의 사용을 측정하기 위해 인간이 이미 오용한 지하수의 양을 추정하기도 했다. 샌드라 포스텔Sandra Postel과 동료들은 100여 년 전에도 인간은 이미 지구의 재생 가능하고 '접근 가능한' 담수의 절반 이상을 오용하고 오염시켰다고 결론 내린 바 있다.[1] 인간의 활동이 '지구의 경계선planetary boundaries'에 어떻게 다가가고 넘나드는지 규명하기 위한 최근의 연구 결과에 따르면, 지하수 취수뿐만 아니라 강우량, 토양 수분량, 증발에 미치는 영향을 통해 인간이 물의 순환을 왜곡하면서 지속 가능성의 한계에 접근하며 일부 지역의 경우 이 한계를 이미 초과하고 있다.[2]

자원의 장기적 지속 가능성 맥락에서, 재생 가능한 자원과 재생 불가능한 자원을 분리해서 고려하는 것이 중요하다. 재생 가능한 자원은 사실상 무한해 고갈되지 않지만, 이러한 자원은 사용 시점에 실제로 얼마나 활용할 수 있느냐에 따라 사용량이 제한된다. 예를 들어, 태양광 에너지의 경우 태양에서 방출되는 에너지가 사용량만큼 줄어드는 것은 아니지만, 태양광 에너지를 얼마나 신속하게 집적하고 운송하느냐에 따라 사용이 제한된다. 일부 수자원의 경우도 마찬가지다. 오늘 강물을 이용한다고 해서 내일 또는 내년에 강물의 양에 영향을 미치지는 않지만, 우리는 해당 연도의 유량만 사용할 수 있는 것이다.

반면, 재생 불가능한 자원은 해당 자원의 공급량이 제한적이다. 석유와 석탄은 수백만 년에 걸쳐 축적되었으나 오늘날 이를 소비하는 속도는 자연적으로 생성되는 속도보다 훨씬 빠르다. 재생 불가능한 자원이 고갈되거나 구매 가격이 상승하면 대안을 찾아야 한다.◆ 화석 지하수는 다수의 지역에서 특히 농작물 생산을 위해 중요한 자원이며, 오늘날 전 세계적으로 생산되는 식량의 3분의 1 이상이 지하수에 의존하고 있다. 화석 지하수는 화석 연료와 유사한 상황에 처해 있다. 인간이 화석 지하수를 소비하는 속도는 화석 지하수가 자연적으로 생성되는 속도를 초월한다. 지하수는 한 번 고갈되면 더 이상 사용이 불가능한 자원이다. 이와 같은 자원의 유한성에 대한 문제점은 이미 잘 알려져 있다. 에너지 분야와 관련해 1950년대 지질학자 킹 허버트M. King Hubbert가 도입한 '석유 생산 정점peak oil' 개념을 도입했는데, 이는

◆ 아이러니하게도, 화석 연료 사용의 궁극적인 한계는 생산 능력의 최고 정점이 아니다. 화석 연료 연소가 수반하는 광범위하고 심각한 환경 문제로 인해, 인간은 지하에 축적된 모든 화석 연료를 소비할 수 없는 현실적 한계를 의미한다.

석유 생산 정점은 처음에 증가한 후 일정 수준을 유지하다가 하락한다는 개념으로 석유 저장량의 한계를 지적한 것이다.[3]

물은 재생 가능한 동시에 재생 불가능한 자원이다. 물의 이러한 이중적인 특성으로 인해, 석유 생산 정점 개념을 적용한 '수자원 생산 정점peak water'의 개념, 즉 물도 생산 정점이 있다는 개념 역시 타당할 뿐 아니라 물의 지속 가능성을 위해 물의 사용량 역시 제한할 필요성이 부각되고 있다. 이 수자원 생산 정점은 자원의 특성을 감안해 세 가지 유형으로 분류될 수 있는데, 모두 수자원 정책 입안자, 수문학자, 수자원 관리자에게 필요한 개념이다. 이 새로운 개념은 두 번째 물의 시대가 막을 내리는 시점에서 우리가 어떤 도전 과제에 직면하고 있는지 구체적으로 알려줄 뿐만 아니라, 세 번째 물의 시대로 전환되는 과정에서 문제 해결에 필요한 통찰력을 제공한다. 물 생산 정점 개념의 세 가지 유형은 '재생 가능한 수자원 생산 정점peak renewable water', '비재생 수자원 생산 정점peak non-renewable water', '생태적 수자원 생산 정점peak ecological water'을 의미한다.[4]

'재생 가능한 수자원 생산 정점'은 일정 시점이 경과하면 사용 가능한 수자원 유량의 한계점에 도달한다는 의미다. 인간이 사용할 수 있는 대부분의 물은 재생 가능하다. 끝없는 수문 순환에 따라 바다에서 대기권을 통과해 강으로, 호수로, 그리고 지하로 흘러 들어가는 물은 다시 바다로 끊임없이 이동한다. 물이 재생 가능한 수자원이라는 의미는 강의 유량처럼, 어느 특정한 시점에 사용 가능한 물은 강의 총유량 이하로 제한됨을 의미한다. 우리 사회는 북아메리카의 콜로라도강이나 중국의 황허강, 중동의 요르단강에서 더 많은 물을 끌어다 사용하기를 원하지만, 자연의 유량은 한계가 있다. 콜로라도강은 미국의 7개 주와 멕시코에서 전적으로 소비되지만, 극도로 강우량이 많은 시기를 제외하고는 콜로라도강 하구에 더 이상 물길이 닿지 않는다. '재생 가능한 수자원 생산 정점' 개념은 바로 이러한 상황을 의미하며, 현재 전 세계 수많은 유역에서 발생하는 상황이 이미 이 한계점에 도달하고 있음을 시사한다. 물론 여기에서 한계점이란 강의 총유량(만수일 경우)을 의미하지만, 자연 생태계를 보호하기 위해서는 이보다 훨씬 낮은 실질 한계점practical limits을 적용해야 할 것이다.

두 번째 유형인 '비재생 수자원 생산 정점'은 지하수가 자연적으로 재생되는 속도를 추월하는 속도로 취수되는 지하수 시스템에 적용된다. 석유와 마찬가지로 '화석' 지하수는 인간에게 의미 있는 어느 시간대에도 재생될 수 없다. 최근 추정치에 따르면 세계의 총지하수 사용량의 40%는 지속 불가능한 수준으로 수요를 훨씬 초과해 과다하게 남용되고 있다. 석유 생산 정점 곡선과 유사하게, 시간이 경과함에 따라 지하수의 과다 취수로 인해 지하수 수위는 하강하고 취수 비용은 증가하는데, 결국 생산 정점에 도달해 취수량이 감소한다.

세 번째 유형인 '생태적 수자원 생산 정점'은 자연 생태계에서 취수한 물은 사용 목적에 따라 사회적 또는 경제적 편익을 제공하는데, 이때 강이나 유역에 비용이 발생한다는 개념이다. 물은 인간의 삶과 상업, 산업 및 다양한 활동을 유지해주는 한편, 조류와 어류를 포함한 동식물의 생존에 필요불가결한 자원이다. 지하수 추출 방식의 모든 물 공급 프로젝트는 생태계 유지를 위해 남겨져야 할 물의 양을 감소시키고 일정 수준에 도달하면 생태계 교란을 초래하는데, 이때 발생하는 비용이 물 사용으로 인해 창출되는 경제적 이익을 초과한다. 바로 이 시점에서 생태적 수자원 생산 정점에 이른다. 경제학자들이 이 비용을 어떻게 측정할지 명확한 기준을 설정하지 못해, 사실상 이 비용은 오랫동안 경제학자의 관심을 끌지 못했다. 그럼에도 불구하고 이제는 세계 많은 지역이 이와 같은 생태적 수자원 생산 정점에 도달하거나 이미 초과한 것으로 나타나고 있다.

물과 화석 연료 사이에는 중요한 차이점이 있다. 열, 전기, 운송수단 등의 편익을 제공하는 화석 연료를 대체할 에너지원은 많다. 반면, 물의 경우에는 대체재가 존재하지 않는다. 바로 이와 같은 대체재의 부재로 인해 수자원 생산 정점의 중요성과 시급성이 부각되고 있다. 물 공급이 제약되는 상황이 발생할 경우 우리가 선택할 수 있는 대안은 많지 않다. 예를 들어, 물 사용의 효율성을 개선하거나, (가상의 물 개념을 이용해) 더 많은 물 공급이 가능한 지역에서 재화와 서비스를 구입하거나, 새로운 수원을 찾거나, 지금까지 물을 사용해서 얻은 편익을 중단하는 방안이다.

왜 우리는 석유 기업처럼 물을 운송선에 적재해 물이 풍부한 지역에서 물이 부족한 지역으로 운송하지 못하는 것일까? 왜 우리는 사상 최대 길이의 파이프라인을 설치해, 예를 들어 미시시피강이나 오대호에서 건조한 미국 서부 지역으로 물을 운송할 수 없을까? 아니면 최선의 방법일지는 모르지만, 대형 담수화 플랜트를 건설해 바닷물을 이용할 수 없을까? 이 질문의 답은 결국 경제성, 환경적 영향, 그리고 정치적 요인이다. 석유는 운송 비용에 비해 경제적 가치가 높기 때문에 전 세계 곳곳으로 운송된다. 현대식 초대형 유조선으로 운송할 수 있는 석유는 2억 5,000만 달러 규모의 경제적 가치를 지니는 반면, 운송 시 소요 비용이 상대적으로 낮아 석유 채굴 지역에서 전 세계 석유 사용 지역으로 운송할 수 있다. 그러나 이 초대형 운송선을 이용해 물을 운송할 경우 물이 가지는 경제적 가치는 최대 수십만 달러에 그치는 반면,◆ 초대형 운송선의 소요 비용은 하루에 10만 달러 이상이다. 이런 방식의 물 운송은 매우 비경제적이다. 이와 유사하게, 산 너머 장거리 파이프라인을 이용하는 방법이나 담수화 플랜트를 이용해 바닷물에서 염분을 제거하는 방법 역시 물 부족 문제를 해결하기 위한 다른 대안보다 훨씬 많은 비용이 발생한다.◆◆

지역사회에서 멀리 또는 지역에서 지역으로 물을 운송하는 것에 대한 지역사회의 정치·환경적 반발 역시 상당하다. 오대호는 미국의 8개 주와 캐나다의 2개 주가 공유해,◆◆◆ 국제적 공동 합의가 없으면 오대호의 물을 다른 지역으로 운송하는 것을 금지하는 조약이 체결되어 있다.[5] 물 부족 문제를 해결하기 위해 종종 오대호의 물을 유역 밖으로 운송하는 제안이 제기될 때마다 즉각적이고 격렬한 반대에 부딪혔으며, 지역 정치의 '난제the third rail'로 불리는 상황으로 발전했다.[6]

◆ 이 경제적 가치는 산업 부문과 도시 사회에서 물을 사용할 때 지불할 가격까지 반영한 것이다.

◆◆ 장거리 물 운송의 제한적인 경제적 가치가 적용되지 않는 유일한 예는 생수다. 생수는 물의 일반 비용보다 훨씬 높은 프리미엄 가격으로 판매되지만, 생수 역시 장거리 운송에 소요되는 에너지 비용이 매우 높아 대량 운송 방법으로는 문제를 해결할 수 없다. P. H. Gleick and H. S. Cooley, "Energy Implications of Bottled Water," *Environmental Research Letters* 4 (2009).

◆◆◆ 미국의 일리노이주, 인디애나주, 미시간주, 미네소타주, 뉴욕주, 오하이오주, 펜실베이니아주, 위스콘신주와 캐나다의 온타리오주, 퀘벡주가 공유한다.

물의 생산 정점에 근접하거나 이미 도달한 것으로 보이는 사례가 발생하는 지역이 점점 증가하고 있다. 이는 두 번째 물의 시대가 막을 내리고 있음을 알려주는 징조다. 북아메리카, 중국, 중동 지역에 있는 주요 강의 수자원은 이미 매년 완전히 분배되어 소비되고 있으며, '재생 가능한 수자원 생산 정점'에 도달하고 있음을 의미한다. 전 세계 지하수 분지는 이미 자연적 보충을 초과하는 수준으로 과다 취수되어 '비재생 수자원 생산 정점'에 이르고 있으며, 일부 지역에서는 식량 생산이 이미 하락세에 접어들었다. 세계 모든 지역의 수생태계는 수자원의 남용과 오염을 겪는 상황이며, 이는 '생태학적 수자원 생산 정점'에 이른 것으로 해석할 수 있다.

미국은 이미 물의 생산 정점을 지난 것으로 추정되며, 이를 뒷받침하는 확증이 제시되고 있다. 20세기 초반부터 중후반까지 미국의 인구, 경제 및 지하수의 총취수량은 모두 동일한 방향으로 가파른 증가세를 보였으나, 1970년대 말 이후 상승 곡선이 서로 분리되기 시작했다. 인구와 경제는 지속적으로 상승세를 보이지만, 지하수 취수량은 정점에 도달한 후 일정 수준을 유지하다가 하락한다. 이는 두 번째 물의 시대에 보여준 역사적 패턴과 현저하게 다른 추세다(그림 25). 이와 같은 극적인 변화가 발생한 주요 원인으로는 과학기술 진보에 따른 물 사용 효율성의 증가, 미국 경제 구조의 변화, 수질관리법 실시로 인한 산업 용수 사용량 및 방출량 감소, 새로운 수원의 이용과 관련된 물리적, 경제적, 환경적 제약 등을 들 수 있다.[7]

이미 하락하기 시작한 물 사용 추세 곡선이 향후 다시 상승 곡선을 그릴 가능성도 있지만, 이러한 하락세를 보이는 수자원 생산 정점에

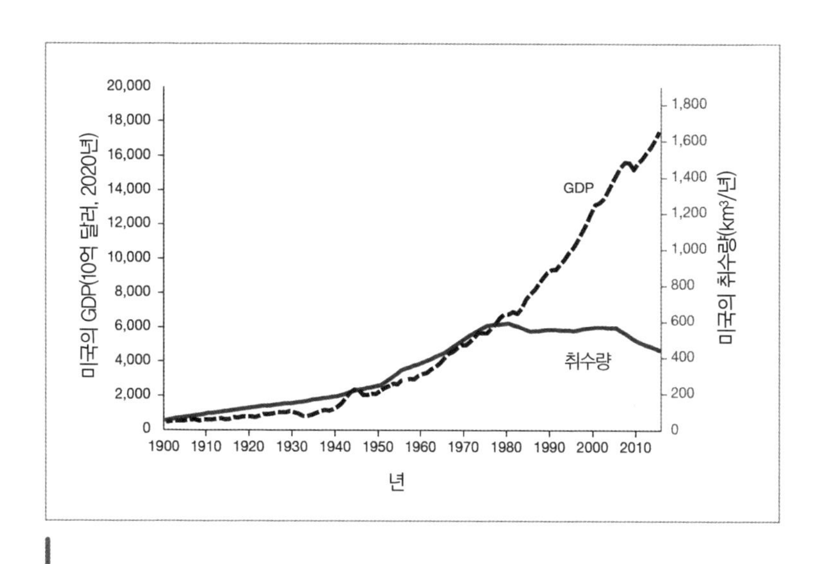

그림 25. 1900~2015년 미국의 국내총생산 및 총취수량. P. H. Gleick & H. Cooley 'Freshwater Scarcity', *Annual Review of Environment and Resources* 46 (2021): 319–348.

기여한 여러 제약적 요인은 여전히 존재한다. 향후 관개 농업이 확대될 가능성은 작다. 특히 미국 서부 지역의 예를 들면, 지하수 고갈 및 하천 유량의 감소 상황에 대처하기 위해 관개 농경지를 축소하려는 움직임이 이미 증가하고 있다. 또한 미국 정부가 생산 에너지 단위당 냉각수 수요량이 훨씬 적은 신재생 에너지 친화적 정책을 도입함에 따라 과거 화석 연료 기반의 화력발전소와 원자력발전소의 냉각수로 이용되었던 물 수요 역시 감소하고 있다. 이 외에 산업용 기계와 가전제품의 에너지 효율성 증가에 따라 산업용수와 생활용수의 사용량 역시 감소 추세다.

앞서 살펴본 바와 같이 수자원 생산 정점이 가까워지면서 두 번째 물의 시대를 마감하고 새로운 시대로 전환하는 지역이 늘어나고 있다. 수자원에도 생산 정점이 존재한다는 유한성에 대한 인식이 확대된다면, 새로운 사고방식, 새로운 기술, 새로운 제도의 도입을 통해 보다 지속 가능한 물의 미래라 할 수 있는 세 번째 물의 시대의 도래를 앞당길 수 있을 것이다. '연성의 물 경로'로 특징지을 수 있는 세 번째 물의 시대는 점점 더 분명해지고 매력적이다. 우리는 그저 이 시대가 머지않아 도래할 것임을 확신하고 이를 선택하면 된다.

THE THREE AGES OF WATER

3부

세 번째 물의 시대

…

어떠한 어둠도 영원히 지속될 수 없다. 설사 어둠이 아직 걷히지 않았다 하더라도 어둠 안에는 별이 있다.
– 어슐러 르 귄URSULA LE GUIN의 『머나먼 바닷가The Farthest Shore』

WATER

· 23장 ·

앞으로 나아갈 새로운 방법

미래를 상상하는 것이 과거를 분석하는 것보다 더 중요할 수 있다.
_ 프라할라드C. K. Prahalad, 사업가이자 작가이자 교사

두 번째 물의 시대는 종착역에 다다르고 있다. 너무 지연되지 않았기를 바란다. 전 세계는 현재의 지속 불가능한 길에서 벗어나 새로운 미래, 즉 지속 가능한 세 번째 물의 시대로 전환해, 과거의 긍정적인 과학기술 진보가 초래한 인류에게 불행할 수 있는 결과에 대처해야 한다. 오늘날 인간은 역사상 그 어느 때보다 평균적으로 더 현명하고 부유하고 건강하고 교육 수준이 높다. 여기에서 '평균적'이란 말은 적절치 않을 수 있다. 냉장고에 머리를 집어넣고 오븐에 발을 넣어도 우리 신체의 '평균' 온도는 완벽할 정도로 적당한 수준이라는 오래된 유머가 있다. 우리가 표면상으로 '평균'에 집중하다 보면, 그 이면에 존재하는 극한 상황, 불평등과 같은 문제를 은폐하고 잠재적인 재앙적 상황을 간과할 수 있다.

우리는 명백한 선택의 여지가 있다. 오늘날 사회는 두 번째 물의 시대가 지향해온 '경성의 물 경로hard water path'로 계속 나아가거나, 필자가 '연성의 물 경로soft water path'라고 부르는 새로운 방향으로 전환할 수 있다.[1] 여기에서 경성의 물 경로란 댐, 수로, 중앙 집중 방식의 수자원 처리 시설 등 물리적인 인프라 혹은 중앙 정부나 지방 정부가 운영하는 대형 자원관리 기관이나 도시 상수도 시설 등에 거의 전적으로 의존해 수자원 서비스가 제공되는 통상적인 기존의 접근 방식을 의미한다. 과거 경성 경로는 산업 재화와 서비스, 관개, 수력발전, 건강 증진과 같은 중요한 편익을 제공해왔지만, 이 시대에 의존해왔던 물 인프라는 노후화되어 향후 이를 유지, 개량, 재정비할 때 소요 비용 역시 상승한다. 더군다나 경성의 경로는 모든 이에게 편익을 제공하지 못했으며, 빈곤 계층이나 소외된 사회를 간과했다. 그뿐만 아니라 생태계를 교란하고 사회적 혼란을 일으킨 자본 집약적 접근 방식에 의존해 좀 더 광범위한 환경적 영향과 점증하는 위기를 미처 인식하지 못했다. 기득권층은 여전히 경성 경로만이 수자원의 수요를 충족하기 위한 최선의 방법이며, 지금까지 늘 해왔던 기존의 방법을 유지하되 강도를 높일 필요가 있다고 지속적으로 주장해오고 있다. 그러나 과거를 통해 알 수 있듯이 기존 접근 방법은 결국 죽어가는 생태계, 바다에 도달하지 못하는 강, 고갈되어 복원 불가능한 대수층 등 부정적인 결과를 초래했다. 기존의 접근 방법은 실패했다.

그러나 앞으로 나아갈 수 있는 새로운 접근 방법이 있다. 그러나 이를 위해서는 전통적인 경제학자들과 수자원 정책 입안자들이 생각의 오류에서 벗어나야 한다. 여기에서 생각의 오류란 강하고 건강한 사회로 발전하기 위해서는 무한한 성장이 필요하고, 인구 증가 및 경제 성장을 뒷받침하기 위해서는 수자원의 수요가 영원히 증가해야 하며, 이 수요를 충족하기 위한 유일한 방법은 강이나 지하수를 보다 많이 이용하고 자연환경으로부터 지하수를 보다 많이 수취하는 것이라는 잘못된 믿음을 말한다. 대신에 우리는 사회가 진정으로 원하는 편익을 최대화하되 이에 필요한 물을 최소화하는 방향으로 물 수요를 충족해야 한다. 생태계를 구성하는 각 구성원의 권리를 유지하면서 생태계 시스템을 보호하되, 누구나 물을 이용할 수 있는 보편적 인권을 옹호하고 일부 계층만이 아닌 모든 사람에게 지속 가능한 수자원 서비스를 제공해야 한다. 그리고 정부, 지역사회 및 기업은 개인의 이익이 아닌 공공의 이익을 최대화하기 위해 공동의 노력을 기울여야 할 것이다.

우리가 지향해야 할 '연성의 물 경로'는 다음과 같은 다섯 가지 주요 특징을 지닌다.

첫째, 물 이용에 대한 보편적 권리를 인식하고 단순한 물 공급에서 벗어나 물과 관련된 수요를 충족하기 위해 집중하되, 일부 계층이 아닌 누구나 기본적으로 안전한 식수와 위생 서비스를 이용할 수 있도록 해야 한다. 수리권을 보장하고 성취하는 것이야말로 물을 매개로 한 질병을 근절하고, 물 분쟁을 줄이며, 소녀들과 여성들의 교육 및 경제적 기회를 개선하고, 광범위한 빈곤 문제를 해결하기 위한 핵심 방안이다.

둘째, 물의 진정한 가치를 인식해야 한다. 우리 사회 스스로 물의 가치는 단순히 물을 사용하고 버림으로써 발생하는 금전 이상의 가치를 지닌다는 사실을 인식하지 않는 한, 정책이나 개인, 기업, 정부의 행동 변화를 이끌어내기 어렵다. 생태경제학, 경제적 정의, 사회 복지 및 이와 관련된 다수의 분야에서 새로운 접근 방식과 해결 방안이 새로 모색되고 있다. 이를 통해 과거 경성의 경로가 집중했던 소비, 자원 추출, 단기 금전적 이익과 협소한 화폐적 가치 등에서 벗어나 물의 가치를 평가하는 시각이 확대되고 있다. 이제는 생태 건강의 가치, 기본적인 재화와 서비스의 평등한 배분뿐만 아니라 과거에 종종 경시되어왔던 진정한 미래 세대의 이해관계까지 수용하는 방향으로 물의 가치에 대한 시각이 확대되고 있다.

셋째, 자연환경 보호에 필요한 기본적인 물 공급과 수질을 보장하고, 두 번째 물의 시대에서 인간의 무지와 소홀로 인해 훼손된 생태계를 복원함으로써 생태계의 건강을 보호해야 한다. 자연 상태의 수로와 습지에 잔존하는 물은 낭비되는 것이 아니라 지구의 생존과 자연에 의존하는 인류 활동을 지속하기 위해 매우 중요한 역할을 한다. 습지는 홍수 피해를 제한하는 완충 작용을 하고 물을 정화하며 어류와 철새에게 서식지를 제공한다. 물 자원과 생태계가 건강하게 유지될 수 있도록 기후 변화를 억제하기 위한 적극적인 노력이 요구된다.

넷째, 연성의 경로는 물 한 방울을 사용할 때마다 사회와 개인의 행복이 증대한다. 물을 단순히 사용하는 것에서 벗어나 건강, 식량, 깨끗한 옷과 가정 및 필요한 재화와 서비스 등 사람들이 원하는 편익을 효율적으로 제공한다. 경성의 경로에 편중된 정책 입안자는 물 사용량 감소와 생활 수준 하락을 동일시하는 사고방식에서 벗어나지 못하고 있는데, 이는 위험한 오류다. 사회는 이와 같은 편익을 제공하려면 물이 얼마나 필요한지와 같은 이념적 선입견을 갖지 말아야 한다. 효율적인 물 사용과 생산성 증진을 통해 물이나 환경의 영향을 최소화하면서 우리가 필요한 편익을 최대화할 수 있다.

다섯째, 연성의 경로는 폐수, 가정의 생활 잡배수, 빗물을 처리해 수자원의 가용성을 확대한다.◆ 이와 같은 새로운 수원은 자연으로부터 물을 더 취수하지 않고도 물 가용성을 높인다. 특정한 용도의 용수로 적정 수질에 도달하도록 폐수를 처리함으로써 물 공급 비용을 절감하고 수자원 남용을 방지할 수 있다. 부유한 국가에서는 가격이 높은 고도 수질의 물을 화장실 양변기용 물로 사용하고 잔디밭과 골프장에 물을 공급한다. 이 관행은 물의 실제 사용량을 확대해 물 공급의 전체 비용을 상승시킨다.◆◆ 높은 수질의 물은 다른 용도를 위해 비축해둬야 한다. 해양수나 기수에서 염분을 제거한 물 역시 특정한 여건에서 새로운 수원으로 활용할 수 있다. 다양한 물 공급원의 특성을 각각 감안해 물 시스템에서 신규 투자 우선순위가 결정된다.

연성의 물 경로는 일부 지역에서 이미 현실화되어 있으며, 긍정적이고 지속 가능한 세 번째 물의 시대에 대한 약속과 희망을 제시해준다. 그러나 아직 갈 길이 멀다.

새로운 시대로의 전환에서 기술 발전은 중요한 도구로서 작용한다.

◆ 생활 잡배수gray water란 가정에서 가볍게 사용한 물을 의미하며, 이를 포집해 화장실 양변기용 물이나 야외 조경을 위한 용도로 재활용할 수 있다.

◆◆ 건조한 지역에서 잔디밭과 골프장이 없어진다면, 수자원 부족 현상이 완화될 수 있다.

새로운 물 모니터링 기능과 물 배분 시스템은 벌써 민간 기업과 일반 가정의 효율적인 물 사용과 효과적인 물 관리를 가능하게 하며 불필요한 물 수요를 감소시킨다. 스마트 관개 시스템은 농부들이 더 적은 물로 더 많은 식량을 재배할 수 있도록 한다. 지구와 우주에 설치된 원격 관측 플랫폼은 수문 순환과 기후 순환에 대한 이해를 증진하고, 자연환경의 건강 상태와 물 사용 현황을 모니터링하며, 폭풍과 기상 이변 가능성에 대한 사전 경고를 제공하고 있다. 과학 부문에서는 첨단 컴퓨터 모델링을 통해 미래를 위한 다양한 경로를 제시하고 정책 결정 과정에서 필요한 일종의 가이드를 제시하고 있다.

교육과 정보 공유 역시 중요하다. 지속 가능하고 성공적인 물 시스템을 위해서는 전문 직업군 종사자와 일반 국민도 신기술과 생태계 가치를 이해하고, 법 규제와 시장 기능, 정부의 다양한 역할에 대한 정보를 공유하며, 이를 위해 일반 국민과 정책 입안자가 능동적으로 참여할 방안에 대한 정보를 공유해야 한다. 물 문제를 해결하기 위한 모든 가능한 선택지를 이해해야 현명하게 선택할 수 있다. 이를 위해서는 교육이 효과적이다.

싱가포르와 미국 샌디에이고 지역에서는 공공 정보 캠페인을 통해 초기 다수의 반대에도 불구하고 고도로 처리된 폐수의 재사용 확대에 대한 긍정적인 여론을 조성할 수 있었다. 또한 물 효율성 증대 캠페인을 통해 가정에서 물을 더욱 생산적으로 사용해 물 비용을 절감하고 있다. 농부 역시 인공위성, 드론, 토양 수분량 모니터링, 실시간 일기 예보 등으로 유용한 정보를 활용해 신중하고 정확한 농업 관개를 운용함으로써, 관개용수를 줄이고 농작물 수확량과 품질을 개선하고 있다. 소셜미디어 등 새로운 커뮤니케이션 채널은 새로운 방식으로 대중에게 정보를 제공하고 정책 입안자들이 행동에 나설 수 있도록 여건을 조성한다. 특정 지역에서 강과 호수를 정화하고 댐을 철거한 성공 사례 역시 여타 지역사회에서 환경보호를 실천할 수 있도록 독려한다.

규제적 수단도 중요하다. 물이 사용되는 가전제품이나 주택 건설 시 적용되는 물 효율성 기준, 물 절약 정책, 식수 수질 관련 법령, 지하수의 과다 사용 제한, 환경보호 등과 관련해 효과적인 규제 수단이 강구되어야 할 것이다. 미국의 주 단위에서 채택된 가전제품의 물 사용 효율성 기준이 미국 전역으로 확대 적용되고 있는데, 이는 미국 가정의 1인당 물 사용량이 현저하게 감소하는 데 기여했다. 국가 단위의 물 오염원 규제법은 산업용수의 오염 감소, 절수, 안전한 식수 공급을 현실화할 수 있는 효과적인 수단이다. 수생 동식물종 및 자연 보호 관련 법 규정은 현재 위협받는 수생 생태계를 보호하고 복원하기 위한 효과적인 방안으로 활용되고 있다.

수자원 관리를 위한 새로운 우선순위와 전략 역시 필요하다. 안전한 식수나 위생 시설이 구비되지 않은 지역사회에 물 서비스를 제공해온 수자원 기관이 지난 수십 년 동안 현장에서 체득한 교훈 중 하나는, 가장 성공적인 물 프로젝트는 계획 단계부터 지역사회를 참여시켜 지역사회 구성원들이 지역사회에서 필요한 것이 무엇인지 정의하고 프로젝트를 어떻게 구성하고 운영하며 어느 당사자에게 소유권을 귀속시킬 것인지 스스로 결정하도록 한 경우였다는 것이다.

새로운 전략과 수요가 대두함에 따라 새로운 제도가 필요한 시점이다. 과거 인종차별 제도를 실시했던 남아프리카공화국에서 넬슨 만델라Nelson Mandela는 낡은 아파르트헤이트 방식으로 운영되던 당시 수자원 제도를 개혁하면서 다음과 같이 언급했다. "기존 제도의 문제점을 지적하는 것과 더 나은 새로운 접근 방식으로 기존 제도를 대체하는 것은 서로 다른 별개의 사안이며, 후자가 더 어렵다."[2]

경제학 역시 중요한 역할을 한다. 다수의 수자원 기관은 분산형 수자원 인프라에 투자하는 것이 기존의 대규모 중앙집중 방식의 인프라 투자 대비 비용 효율성이 비슷하거나 경우에 따라서는 보다 더 효율적임을 인식하기 시작했다. 물 시스템의 초기 유지 관리 및 개량 투자 비용이 향후 문제가 발생했을 때 처리 비용 대비 효율성이 높다는 점을 알고 있다. 혁신적인 수도요금 구조는 수도 시설의 경제적 건전성을 개선하는 동시에 물 소비자가 스스로 절수하도록 독려한다. 일부 지역의 경우, 수자원의 시장 기능은 통상적인 수리권이 제대로 기능하지 않는 지역에서 더욱 유연하고 효율적인 해결책을 제공할 수 있다. 예를 들어, 소비자가 기존의 가정용품을 절수용 제품으로 교체하거나 물 수요량이 많은 잔디 대신 가뭄에 강한 내건성 식물로 대체하는 등 물 소비자에게 일종의 보상 차원에서 수도 요금의 일정 비율을 환급해주는 방안도 고려해볼 수 있다.

생태계에 경제적 가치를 부여하면 생태계를 보호할 수 있다. 에너지, 수자원, 토지 이용 분야 관련 기관들이 통합적인 운영 계획을 마련해 정책을 실시하면, 그렇지 않을 경우에 비해 더 비용 효율적으로 사회적 편익을 제공할 수 있다. 예를 들면, 에너지 절약과 온실가스 배출 감축을 위한 가장 저렴하고 신속한 해결책은 에너지 관리 기관이 추진한 에너지 효율 증대 프로그램이 아니라 수자원 관리 기관이 추진한 수자원 효율 증대 프로그램이었다.

다시 말해, 연성의 물 경로는 변화된 산업 및 사회적 역학관계 내에서 새로운 접근 방식으로 기술 및 환경적 위험을 완화하고 이에 수반되는 비용을 크게 절감하는 방향으로 진전될 수 있으며, 이는 결국 막다른 길에 도달할지 모르는 경성의 물 경로를 고집하는 것보다 더 좋은 선택이 될 것이다.◆

◆ 필자의 오랜 친구 에이모리 로빈스Amory Lovins는 에너지 분야에서 '연성의 경로'로의 전환 필요성을 피력한 그의 선구적인 초기 저서에서 이와 같이 언급했다. A. B. Lovins, *Soft Energy Path: Toward a Durable Peace Peace* (San Francisco: Friends of the Earth International; Cambridge, MA: Ballinger, 1977).

· 24장 ·

인간의 기본적인 욕구 충족

수리권은 인간의 존엄한 삶을 영위하는 데 필수적이며
다른 인권의 실현을 위한 전제조건이다.

_ UN 경제·사회·문화적 권리위원회, 〈일반논평 제15호〉(2002)

두 번째 물의 시대가 종료되는 시점이 다가오면서, 인간의 담수 이용은 더욱 상업화되어 하나의 상품으로 시장에서 거래되고 있으며, 심지어 특정 지역사회에만 제공되는 공공 상수도 시스템도 존재한다. 부유층, 특권층, 권력층은 안전한 식수를 안정적으로 공급받는 반면, 빈곤층과 소외계층은 여전히 기본적인 물 서비스를 이용하기 위해 고군분투하는 상황이다. 지속 가능한 세 번째 물의 시대로 전환하기 위해서는 이와 같은 불평등 문제에 대처하고 물에 대한 접근성을 기본적인 인권으로 인식해야 한다.

국제 사회는 인권을 국적, 종교, 인종, 성별, 민족성이나 다른 요인의 영향을 받지 않고 본질적으로 모두가 누릴 수 있는 평등한 권리로 정의한다. 이와 같은 권리는 지난 수 세기 동안 점증적으로 관련 부문의 국제 협약을 통해 정의되어왔다. 예를 들어, 정치·사회·경제·문화적 권리, 노예 제도 및 고문으로부터 자유로울 권리, 생명과 자유에 대한 권리, 발언하고 의견을 제안할 자유, 취업·교육 및 적절한 생활수준에 대한 접근, 그리고 신체적·정신적 건강 증진 등이 있다. 그러나 물이 인간의 생존에 필수적인 요소임에도 불구하고 불과 몇 년 전까지만 해도 안전한 물과 위생에 대한 권리와 관련해 실제로 개별 국가 법령이나 국제적 협약을 통해 공식적으로 인정하거나 반영된 경우는 미미했다.

이러한 상황이 변화하기 시작한 것은 1994년 남아공의 아파르트헤이트 정권이 붕괴한 후 넬슨 만델라 대통령이 새 내각을 구성하는 과정에서 카데르 아스말Kader Asmal 장관에게 산림수자원부 수장으로 합류할 것을 요청하면서부터다. 인권변호사이자 남아공 아파르트헤이트 연합 정부의 초기 멤버였던 아스말 장관은 아일랜드에서 오랫동안 망명 생활을 하고 있었으나 마침내 새로운 내각에 합류했다. 오랫동안 소외되어왔던 지역의 형평성과 정의 실현에 관심이 많았던 아스말은 물 분야 전문가는 아니었지만, 남아공의 새로운 헌법과 새로운 수자원법에 포함될 수자원 관련 최종 문구를 작성하는 데 중요한 역할을 했다.

아스말 장관은 1996년 당시 지역사회 수자원기관 전문가인 필자의 동료 래리 파웰Larry Farwell과 필자를 초빙해 남아공의 수자원, 수자원 관리 및 인권에 대해 여러 차례 논의했다. 그해 앞선 시기에 필자는 사람이 일상생활에서 음식을 조리하고 물을 마시고 청소하고 적절한 위생 수준을 유지하지 위해서는 매일 1인당 50리터의 안전한 물이 필요하다는 내용의 논문을 발표한 바 있는데, 남아공 신정부가 국가적 차원의 물 관리 혁신 방안을 모색할 때 필자의 논문 내용을 염두에 두고 있었던 것이다.[1]

래리와 필자는 몇 주에 걸쳐 남아공 지역사회의 주요 인사, 남아공 대학의 물 분야 전문가, 아스말 장관을 포함한 신정부 공무원, 주요 상수도 시설 관리관 및 동 지역 내 유역의 생태 복원을 위해 지원하는 비영리단체 담당자와 심도 있는 논의를 거듭했다. 지난 한 세기 동안 흑인 공동체에 대한 억압과 차별, 지배로 점철된 이 나라를 다시 일으켜 세우겠다는 긍정적인 의지와 희망이 남아공 전체에 가득한 시점이었다.

10월 중순, 남아공 이스턴케이프주의 해안 도시 이스트런던에서 열린 콘퍼런스에서 오랜 기간 지속되어온 불평등한 수자원 관리를 개선하기 위한 혁신적인 법률적 해결 방안과 원칙을 구상하기에 이르렀다. 법학자 역시 남아공 헌법 개정 과정에 동참했는데, 이 모든 노력의 결과로 개정된 〈권리헌장〉에 "누구나 충분한 식량과 식수를 이용할 수 있는 권리를 보유한다"라는 조항이 삽입되었고, 이는 공식적으로 물 권리를 인정하는 최초의 헌법이 되었다.◆ 또한 아스말 장관의 노력으로 1998년 물과 관련된 혁신적 개념이 반영된 새로운 '수자원법National Water Act'이 시행되었다. 이 법은 모든 남아공 국민의 물 권리, 수생 생태계를 위한 공식적인 물 배분, 유역 공유를 위한 주변국과의

◆ 남아프리카공화국 헌법의 권리장전 제27조 (1)(b)항

협력에 대한 원칙, 지역사회와 구성원 간의 진정한 협력적 운영에 대한 촉구 등을 포함한다.[2] 이와 같은 공로가 인정되어 아스말 장관은 2000년 물 분야에서 가장 권위 있는 스톡홀름 물 상Stockholm Water Prize을 받았다.

오늘날 남아공은 여전히 극심한 가뭄과 식량난, 불평등한 물 이용, 안전한 식수와 위생 시설 이용에 대한 일관성 부족 등으로 어려움을 겪고 있지만, 과거 아파르트헤이트 시대에 비하면 크게 개선된 모습이다. 만델라 정부는 물에 대한 공식적인 인권을 주장하는 것은 어떤 일이 옳고 정당한 일인지 알려주는 행동인 동시에 우리가 추구해야 할 도전적 목표임을 보여주었다. 이 역시 세 번째 물의 시대가 지향하는 핵심적인 구성 원칙 중 하나다.

인권의 역사는 시간을 거슬러 올라가 고대에서부터 시작되며, 오랜 기간에 걸쳐 진화된 도덕, 윤리, 편향적 사고와 문화적 신념을 반영하고 있다. 고대 메소포타미아에서는 다수의 선언문과 조약을 통해 특정 집단, 일반적으로 남성에게 기본 권리와 특권을 부여하고 여성이나 노예 등 다른 구성원에게는 그러한 권리를 제공하지 않았다. 초기 그리스에서는 자유 시민들에게 발언권과 투표권을 부여했다. 영국 헌법의 근원으로 알려진, 1215년에 제정된 〈마그나카르타 대헌장〉은 정당한 재판이 실시되기 전에는 불법 투옥을 금지하는 권리 등을 비롯해 당시 영국 왕과 귀족 간 분쟁의 원인을 제공했던 다양한 권리를 명시했다. 그리고 이후 여러 국가에 걸쳐 법령 및 선언문의 채택이 잇따랐다. 1689년 영국의 〈권리장전〉, 1789년 프랑스의 〈인간과 시민의 권리에 관한 선언〉, 1789년 미국의 헌법 및 후속 〈권리장전〉 등을 예로 들 수 있다. 이 무렵 존 로크John Locke를 비롯한 철학자 및 사상활동가들은 인간은 모두 평등하게 창조되었으며, 종교의 자유 및 표현의 권리뿐만 아니라 '생명, 건강, 자유 또는 소유의 권리' 등을 포함해, 정부가 제공하는 모든 권리에 우선하는 '자연권natural right'을 보유한다는 사상을 전파했다.[3]

포괄적이고 양도될 수 없는 인권의 개념은 18세기와 19세기에 걸쳐 지속적으로 발전해왔으며, 제2차 세계 대전 종식 후 1948년 UN 총회가 〈세계 인권 선언〉을 비준하면서 더 큰 진전을 보였다. 현대적인 세계 인권 개념을 반영한 이 선언은 보편적으로 보호되어야 할 정치적 권리와 시민적 권리를 최초로 통합적으로 반영한 의미를 지닌다. 물과 위생 시설을 이용할 권리나 식량, 건강, 교육을 포함한 인간의 기본적 필요 사항을 충족할 권리는 포함되지 않았지만, 1960년대와 1970년대 이후에는 이러한 경제적·사회적·문화적 권리가 인정되고 보호되기 시작했다.

물 위기가 글로벌 개발 의제로 대두하면서, 안전하고 적절한 식수를 이용할 권리를 인권보호 목록에 추가해야 한다는 제안이 국제 사회에서 지속적으로 제기되었다. 1977년 마르델플라타 국제 물 콘퍼런스에서 안전하고 적절한 식수를 이용할 권리를 명시한 획기적인 성명이 다음과 같이 발표되었다. "모든 이는 개별 국가의 개발 단계나 사회적·경제적 여건과 관계없이 기본적인 필요를 충족할 수 있는 양과 수질의 식수를 이용할 권리를 보유한다."[4]

1986년 UN 총회는 〈개발 권리에 관한 선언〉을 채택해,[5] 모든 국가가 물을 포함한 '기본적인 자원'의 접근과 관련한 개발 및 기회의 형평성 권리를 보호하기 위해 모든 필요한 조치를 할 것을 촉구했다. 1992년 퍼시픽대학교의 법학 교수이자 UN 국제법위원회 위원인 스티븐 매캐프리Stephen McCaffrey는 물에 대한 인권이 국내 및 국제적으로 미치는 영향에 대한 획기적인 논문을 작성했다.[6] 1998년 필자 역시 전 세계적으로 물 인권에 대한 공식적인 인정을 촉구하는 첫 번째 포괄적 내용의 논문을 발표했다. 인권법에 근거한 법적 분석 내용을 바탕으로 한 이 논문의 일부는 다음과 같다.

> 기본적인 수요를 충족할 수 있는 물 이용 권리는 본질적인 인권으로서, 국제적 차원의 법과 선언문의 채택 및 개별국 활동을 통해 암묵적·명시적으로 지원되어야 한다. 정부, 국제 구호기구, 비영리 단체 및 지역사회가 공동으로 노력해 인권보호 차원에서 모든 사람이 기본적인 물 접근성을 보장받도록 해야 한다. 물 공동체는 물에 대한 인권을 공식적으로 인정하고 현재 물 권리가 제한되는 이들이 물 권리를 실현할 수 있도록 보장하는 의지를 표명함으로써, 지난 20세기 산업 성장 시대가 놓쳤던 가장 중요한 실패 중 하나를 바로잡을 수 있다.[7]

20세기 말, 물 권리는 모든 수자원 관리 국제 콘퍼런스에서 주요 의제로 포함되었다. 2000년 네덜란드 헤이그에서 개최된 제2차 세계 물 회의와 2001년 독일 본에서 진행된 세계 담수회의 등을 사례로 들 수 있다. 그러나 진전 속도는 더뎠다. 국제 콘퍼런스가 개최될 때마다 국제 사회에서 영향력을 가진 미국 등 일부 국가들은 물에 대한 권리를 명시적으로 선언하기를 주저하거나 적극적인 반대 의견을 제기해왔다.[◆] 이 국가들은 인권 보호 이슈가 정치적·시민적 권리 보호라는 협소한 차원에서 벗어나 보다 광범위한 사회적·문화적·경제적 권리 보호로 확대되는 것을 원치 않았다. 이 국가들이 반대한 또 다른 이유는 물 권리가 실현되지 못한 자국의 정책적 실패에 대해 부정적 여론이 조성될 가능성 때문이었다. 이 외에 물은 기본적인 인권이라는 개념과 모든 자원을 상업화하고자 하는 자본주의 개념 간 미묘한 긴장도 일부 부정적으로 작용했다. 물을 이용할 수 있는 인권 개념은 물을 상품화해서 판매하는 개념 및 상수도 서비스에 요금을 책정하는 상수도 운영 방식과 모순되기 때문이었다.

이러한 반대 움직임에도 불구하고, 물에 대한 인권을 옹호하는 사회적 여론은 확산되었다. 2002년 UN 경제·사회·문화적 권리위원회는 물에 대한 인권은 기존에 인정된 다른 인권과 동등한 권리임을 인정하는 획기적인 선언 〈일반논평 제15호〉를 다음과 같이 발표했다.

> 물에 대한 권리는 적절한 생활 수준을 확보하기 위한 필수적인 보장의 범주에 속한다. 그 이유는 물은 생존을 위해 가장 필요한 조건 중 하나이기 때문이다. (…) 물에 대한 권리는 실현 가능한 최고 수준의 건강에 대한 권리, 적절한 주거 및 식량에 대한 권리와 불가분의 관계를 지닌다. (…) 회원국은 이 〈일반논평〉에 명시된 바와 같이 하등의 차별 없이 물 권리를 실현

◆ 필자는 2000년 헤이그 회의에서 미국 공식 대표단의 과학자문위원으로 활동하면서 실제로 좌절감과 실망감을 안고 이와 같은 상황을 지켜보았다. 당시 다른 참가국들은 물 권리 인정을 강력하게 촉구했지만 자문위원인 필자의 반대에도 불구하고 결국 물 인권에 대한 요구사항이 명시적으로 삭제된 채 공식적인 장관급 성명이 발표되었다.

하기 위한 효과적인 조치를 채택해야 한다.[8]

2003년 바티칸은 다음과 같은 메시지를 발표했다.

> 수리권에 대한 권리를 공식적으로 채택하려는 움직임이 증가하고 있다. 인간의 존엄성을 감안하면 당연히 물의 권리가 인정되어야 한다. (…) 물 인권은 양도될 수 없는 기본적인 권리다.

2003년 9월 유럽 의회는 '식수를 이용할 수 있는 권리는 기본적인 인권'임을 선언했으며, 2004년 1월 유럽 환경법위원회는 "식수와 위생 시설을 이용할 수 있는 권리는 인간의 본질적인 권리다. 이 권리의 실행은 법에 의해 보장되어야 한다"라고 선언했다.[9]

잇따라 다수의 정부, NGO 단체, 지역사회와 개인들이 이와 같은 움직임에 동참하기 시작했다. 남아공의 뒤를 이어 다른 국가들 역시 자국의 헌법에 물에 대한 권리를 포함하기 시작했다.[10] 2003년 인도 대법원은 "인도 헌법 제21조에 의거해 깨끗한 식수를 이용할 권리는 삶을 영위하는 데 필수적이며, 국가는 국민에게 깨끗한 식수를 제공할 의무가 있다"라고 판결했다.[11] 2010년 케냐 헌법은 다음과 같이 명시하고 있다. "모든 이는 합리적 수준의 위생 시설과 적절한 양의 깨끗하고 안전한 식수를 이용할 권리가 있다."

마침내 2010년 7월 UN 총회는 물과 위생에 대한 권리를 인정하고, 이러한 권리가 다른 모든 인권의 실현에 필수적임을 인정하는 〈결의안 64/929호〉를 발표했다.

본 총회는 깨끗한 식수와 위생 시설에 대한 공평한 이용이 모든 인권의 실현에 중요한 구성요소임을 인정한다. 안전하고 깨끗한 식수와 위생을 누릴 권리는 삶의 완전한 향유와 모든 인권 실현에 필수적임을 인지한다.[12]

그리고 얼마 뒤 제네바에서 개최된 UN 인권이사회는 이와 유사한 결의안을 채택해 "안전한 식수 및 위생 시설에 대한 인권은 적절한 생활 수준을 누릴 수 있는 권리에서 비롯되며, 실현 가능한 최고 수준의 신체적·정신적 건강에 대한 권리와 생명권 및 인간 존엄성과 불가분의 관계에 있다"라고 확인하고, "국가는 모든 인권의 완전한 실현을 보장할 우선적 책임이 있으며, 안전한 식수 및 위생 관련 서비스 제공을 제삼자에게 위임한다고 해서 국가의 인권 보호 의무가 면제되는 것은 아니다"라고 명시했다.[13]

물을 공급받을 수 있는 권리를 인권으로 선언한다고 해서 물이 무상으로 제공되어야 하는 것은 아니다. 안전한 물과 물 서비스를 제공하는 상수도 공급기관이 물 서비스를 지속 가능한 수준으로 공급하고 향후 상수도 시스템을 개선하기 위해 당연히 이 과정에서 발생한 비용을 회수해야 한다. 실제 사례에 따르면, 극빈 계층까지도 안전한 물을 공급받기 위해서 기꺼이 비용을 지불할 의사가 있음이 밝혀졌다.[14] 또한 이들은 현재 부유층보다 소득 중 더 높은 비중의 수도요금을 지불하는 것으로 알려졌다. 수리권은 국가와 수도 공급 기관이 비용을 지불할 능력이 없는 이에게도 기본적인 물 서비스를 제공하도록 하며 모든 국가가 물 부족 계층에게 물 서비스를 제공하기 위해 점진적이고 체계적으로 노력할 책임이 있음을 요구한다.

앞서 살펴본 바와 같이 2010년 UN 선언문이 발표되었다고 해서 모든 상황이 종료된 것은 아니다. UN 결의문 자체로는 법적 구속력이 없기 때문이다. 1966년 UN은 식량에 대한 인권을 경제·사회·문화적 권리에 관한 국제 규약의 제11.1조항 및 제11.2조항에 포함시켜 식량에 대한 인권을 공식적으로 인정했다.◆ 그럼에도 불구하고 아직까지 수천만 명에 이르는 사람이, 특히 어린이들이 오늘도 굶주린 채 잠들고 다음 날 식량을 어디서 구해야 할지 모르는 상황이 지속되고 있다.

하지만 UN의 공식 선언문은 각 국가가 물에 대한 권리를 인정하고 이 권리를 충족하기 위해 행동하도록 압력을 가하는 효과적인 수단으로 작용한다. 또한 이와 같은 UN의 조치는 각국이 이행해야 할 핵심적 의무사항을 정의해준다. 여기에는 질병 방지를 위해 개인 및 가정의 일상생활에 최소한으로 필요한 물을 이용할 수 있도록 보장할 의무, 그 어떠한 차별도 없이 모든 계층에게 물과 물 시설을 이용할 수 있도록 보장할 의무 등이 포함된다. 이와 더불어 UN 결의안은 특히 선진국을 포함한 여러 국가로 하여금 개발도상국 정부가 이와 같은 의무를 이행할 수 있게 국제적인 재정적·기술적 지원을 공여하도록 촉구한다.

◆ 1966년 경제·사회·문화적 권리에 관한 국제 규약은 "누구나 자신과 가족을 위해 적절한 식량, 의복 및 주거 공간을 포함해 적절한 생활 수준을 보장받고 생활 여건의 지속적인 개선을 누릴 수 있는 권리"를 인정하며, "기아와 영양실조에서 벗어날 수 있는 기본적인 권리"를 보장하기 위해 시급한 조치가 필요하다고 명시했다. United Nations, 'International Covenant on Economic, Social and Cultural Rights' (UN Office of the High Commissioner for Human Rights, 1966)

보다 많은 국가가 물과 위생에 대한 인권을 자국의 헌법, 법률이나 관련 정책에 반영하면서 공식적으로 인정하는 움직임을 보이고 있다. 2015년, 총인구가 약 45억 명에 달하는 50여 개국이 다양한 형태로 이 권리를 공식적으로 인정했다.[15] 주 단위와 지역사회 역시 행동에 나서고 있다. 2012년 미국 캘리포니아주는 "모든 사람은 일반적 소비, 음식 조리 및 위생 목적에 적절한 안전하고 깨끗하고 비용이 저렴한 물에 접근할 권리를 가진다"라는 내용의 법안을 통과시켰으며,[16] 물이 부족한 지역사회에 안전한 물 서비스를 제공하도록 재정적 지원을 공여하고 있다.

물에 대한 인권 선언 자체로는 오랜 기간 기본적인 필요를 충족하지 못해온 정부의 실패를 마술과 같이 한 번에 해결해주지 않는다. 실제로 2010년 UN 선언문이 발표된 지 10여 년이 지났지만, 아직도 수억 명의 사람이 저렴하고 안전한 물을 공급받지 못하며, 수십억 명에 이르는 사람이 적절한 위생 시설을 이용하지 못하고 있다. 그러나 물에 대한 인권을 인식하고자 하는 노력은 긍정적인 세 번째 물의 시대로 가는 긴 여정의 주요 이정표가 될 것이다. 앞으로도 정부의 정책을 결정할 때, 그리고 개발 정책의 우선순위를 설정할 때 모든 사람에 대해 기본적으로 안전한 물과 위생 서비스 공급이 중심이 되어야 하며, 국제 구호단체 및 기금 역시 이 부문에 지속적으로 관심을 가져야 할 것이다.

세 번째 물의 시대로 가는 여정의 또 다른 주요 이정표는 물의 가치를 평가하는 방식을 변경하는 것이다. 즉, 건강한 물 시스템이 우리에게 제공하는 편익이 어떠한 가치를 지니는지 평가하는 방식이 변해야 한다. 이를 위해서는 물과 관련된 경제학 측면의 새로운 시각 외에도 우리가 어떻게 환경적 가치를 정의하고 정량화해 정부의 정책 및 실천 방안에 반영할지 모색하는 새로운 접근 방식이 필요하다.

· 25장 ·

물의 진정한 가치 인정

오늘날 사람들은 모든 것의 가격은 알지만 진정한 가치에 대해서는 인식하지 못한다.

_ 오스카 와일드Oscar Wilde, 『도리언 그레이의 초상The Picture of Dorian Gray』

두 번째 물의 시대에 발생한 많은 실패 사례는 물이 무한한 자원이라는 잘못된 생각과 물의 진정한 가치를 이해하지 못한 인식의 실패에 기인한다. 물론 대부분의 경우는 의도적이지 않지만 자연 생태계 시스템의 기능에 대한 인간의 무지와 돈 및 경제에 대한 사회의 편협한 사고방식이 초래한 결과라고 할 수 있다. 전통적인 경제학자들은 자연 생태계에서 물을 퍼 올려 생산한 재화 및 서비스 또는 대형 댐에 화폐적 가치를 부여하는 데는 매우 뛰어난 성과를 보였으나, 생태계의 건강 및 생물 다양성 유지, 물 분쟁 방지, 빈곤 완화 등 이에 상응하는 가치를 오랜 기간 경시해왔다.

두 번째 물의 시대에 전통적인 경제학과 경제학자들은 경제적 부를 평가하는 다양한 평가지표를 개발했다. 생산 자본, 인적 및 물적 자본, 소비된 자원의 가치 등이 여기에 포함된다. 그러나 이와 같은 평가지표는 생태계 서비스, 환경오염, 온실가스나 천연자원 고갈 등과 같이 시장이 존재하지 않는 것을 제외했다. 최근 경제학자들은 중요성이 나날이 확대되는 이런 요소를 반영하기 위해 노력하고 있다. 노벨 경제학상 수상자인 엘리너 오스트럼Elinor Ostrom은 물과 같은 공유자원을 둘러싼 제도, 관리, 거버넌스 등의 역할과 기능을 상세히 고찰한 획기적인 연구 자료를 발표했다. 오스트럼은 일부 수역이 다른 수역보다 더 오염된 이유, 일부 농부들이 더 효율적인 관개 시스템을 사용하는 이유, 공유 수역의 남용을 방지할 방법 등을 연구했다.[1] 그러나 아직 환경 및 자원 경제학에 중점을 둔 경제학자들조차 생태계 서비스, 생소한 오염 물질로 인한 대규모 독성화 현상, 자원 고갈, 기후변화와 핵전쟁 등 극단적인 사건이 발생한 결과의 가치를 정량화하는 데 상당히 어려움을 겪는 분야가 많다.[2]

1960~1970년대 환경운동은 과연 우리 사회가 환경 파괴적인 대규모 수자원 프로젝트의 장단점을 제대로 평가하는지 문제를 제기해왔다. 환경운동 단체에 대한 대응 방안으로 대부분 정부는 대형 댐 건설과 같은 대형 프로젝트의 장점 대비 소요 비용을 비교 분석하는 '비용편익분석'를 실시해왔지만, 이와 같은 분석 방법은 그동안 실패했다. 물론 실패 요인은 여러 가지가 있으나, 주요 원인은 경제학자와 회계사가 수력발전, 홍수 방지, 댐의 위락적 편익 등과 같은 가치는 산출해서 분석에 반영했지만, 강의 자연적 흐름 억제, 지역사회 이전, 원주민 거주지 침수, 미래 세대에 미치는 영향, 종 멸종 등의 가치에는

화폐적 가치를 부여하지 않았기 때문이다. 물(혹은 전력이나 식량)의 경우도 자연환경에서 취수해 산업적 또는 상업적 목적으로 소비될 때만 비로소 정량적 가치를 부여했다.

전통적인 경제학 관점에서 보면, 농부가 화석 지하수를 과도하게 취수해 농작물 경작에 이용할 경우, 이때 생산된 농작물은 정량적 가치를 갖는 반면, 지하수 수위 하락으로 인해 바닥을 드러낸 우물, 하천, 대초원 습지나 생태계에는 아무런 가치도 부여하지 않는다. 수자원 관리 기관이 강의 재생 가능한 총유량을 취수해 농경 또는 도시의 성장을 목적으로 사용하거나 모든 강에 수력발전용 댐을 건설할 경우, 경제학자는 이러한 목적으로 이용된 물이나 생산된 전력에 경제적 가치를 부여하지만, 강 삼각주의 파괴, 강변에 서식하는 동식물의 멸종, 강과 바다의 훼손 등에 대한 가치는 회계장부에 기재되지 않는다. 상업지구나 주택지 개발을 위해 습지를 메울 경우, 부동산 중개업자는 해당 부동산의 가치만 산정하고 이 개발 프로젝트로 인해 서식지를 잃은 철새의 죽음에는 0의 가치를 부여한다. 인간과 환경의 관계를 회복하려면 이와 같은 전통적인 경제학의 사각지대를 제거하는 동시에 인간의 가치와 생태학적 가치를 정의하고 정량화해 경제적 사고와 연계해서 반영해야 한다. 이것이 아직 초기 단계에 있는 생태경제학이 추구하는 목표다.

지난 수십 년 동안 미래 지향적 경제학자들은 생태학적 재화와 서비스의 가치를 정의하고 정량화하기 위한 새로운 이론적 개념과 실행 방안을 개발하고자 노력해왔다. 2021년 초, 케임브리지대학교의 파르타 다스굽타Sir Partha Dasgupta는 세계 유수의 생태학자들과 경제학자들이 수년간 진행해온 생물 다양성의 경제학 연구에 대해 총체적인 평가분석을 했다.[3] 이 보고서는 전통적인 경제학에서 오랜 기간 경시되거나 과소평가된 생물 다양성의 여섯 가지 핵심 가치를 정의하고 있다. 지구 행성의 파괴 속도를 조금이라도 지연시키려면 이 핵심 가치를 반드시 고려해야 할 것이다.

첫째, '인간 존재의 가치'다. 인간의 기본적인 욕구가 충족되지 못하거나 생태계 시스템이나 생물 다양성이 붕괴할 경우, 독성 수질 오염, 홍수, 기후 이변, 물을 매개로 한 질병 등 위협적인 상황이 발생할 수 있다는 개념이다.

둘째, '사람 건강의 가치'다. 오염 확대, 팬데믹 발생, 수백만 건에 이르는 물을 매개로 한 질병, 의약품 원료로 이용되는 동식물의 훼손, 천연자연의 소실로 인한 정신건강 등에 기인하는 비용 발생 등도 포함된다.

셋째, '환경의 어메니티amenity 가치'다. 인간이 자연환경 안에서 향유할 수 있는 즐거움의 가치를 의미한다. 많은 사람이 하이킹, 캠핑, 조류 관찰, 낚시, 고래 관찰 여행, 생태 여행을 즐기기 위해 비용을 지불할 의사가 있다. 2011년 미국 어류 및 야생동물 관리국의 조사에 따르면, 미국인 중 4,700만 명이 조류 관찰을 즐기며, 그 가운데 1,800만 명은 실제로 조류 관찰을 위해 여행을 떠나는데, 이들은 조류 관찰 여행과 관련된 장비 구매 비용으로 연간 400억 달러를 지출하는 것으로 추정된다.[4] 그러나 이와 같은 유형의 금전적 추정치는 우리가 실제로 야생에서 자연을 즐긴다든지, 집 마당에서 자연을 보면서 느끼는 즐거움에 그 어떤 가치도 부여하지 않는다.

넷째, '사용 가치'다. 이는 생태계의 자연적 기능이 제공하는 깨끗한 공기, 물 등과 같은 재화와 서비스의 가치를 의미한다. 전통적인 경제학자들은 오염수를 복원하기 위한 폐수 처리 시설 건설 비용은 추산할 수 있지만, 자연적으로 오염을 복원하는 서비스를 제공하는 자연 생태계 시스템의 가치는 인식하지 않는다.

다섯째, '존재 가치'다. 어느 특정 동식물 개체 종이나 생태계가 사용됨으로써 발생하는 가치가 아니라 존재 자체만으로 발생하는 가치다. 생태계나 개체 종의 멸종 위기 또는 멸종은 전통적인 가치평가 과정에서 경제적 비용이 발생하지 않는 것으로 추정된다. 그러나 진정한 가치가 지니는 그 무언가가 우리 곁에서 사라지고 있다.

최종적으로 다스굽타와 동료들은 '자연의 본질적인 가치'를 논의했다. 즉, 자연은 신성하거나 도덕적인 가치를 지닌다는 개념으로, 인간이 실제로 그 가치를 인식하든 정량화하든 관계없이 항상 자연의 가치는 존재한다는 것이다.[5] 과거 공론화되지 않았던 숨겨진 비용에 대한 인식이 증가하면서, 사회는 더 이상 물의 취수나 오염이 빈곤층이나 환경에 미치는 영향을 도외시한다거나 생태계가 인간에게 미치는 영향과 관련해 인간의 건강이 환경의 건강과 무관하다고 주장할 수 없게 되었다.

세 번째 물의 시대는 이와 같은 자연의 존재 가치를 인정하고 측정해, 이 가치의 훼손을 초래할 개발 프로젝트 등의 장점과 비교 검토해 해당 프로젝트의 추진 여부를 현명하게 선택하도록 한다. 궁극적으로는 생태계의 물 사용과 사람의 이익을 위한 물 사용 간 리밸런싱 rebalancing이 이루어질 것이다.

우리는 이러한 비전통적인 재화와 서비스를 대상으로 전통적인 경제적 가치를 부여해야 한다. 예를 들어, 개인이나 지역사회가 이미 자연 생태계가 인간에게 제공하는 서비스를 개선하거나, 가치가 과소평가되는 생태계나 멸종 위기에 직면한 특정 개체 종을 보호하기 위해 '기꺼이 비용을 지불할 의사가 있는지' 알게 된다면, 이와 같은 부문에 가치를 부여할 수 있다. 여기서 '기꺼이 비용을 지불할 의사'는 개인의 윤리적 신념을 비롯해 매우 다양한 요인의 영향을 받는다.

과거에 미국 국민이 수영, 낚시, 보트 타기가 가능한 수준으로 수질을 개선하기 위해 비용을 지불할 의사가 있는지 실시한 연구 조사 결과, 연간 400억~500억 달러(1990년 달러 가치 기준)를 지불할 의사가 있는 것으로 나타났다.[6] 최근 중국 남부 지역 주민들을 대상으로 실시한 연구 조사에서도 수질과 물 서비스의 수준 개선을 위해 현재 부담하는 수도 요금의 거의 2배를 지불할 의사가 있었다.[7] 지금까지 전 세계에 걸쳐 물 서비스의 수준 개선이나 수질 개선 등을 위해 추가 비용을 지불할 의사가 있는지 실시한 수백 건의 연구 조사 결과는 수자원 예산 계획을 수립·시행하는 정책 입안자와 수자원 인프라 관련 투자 비용을 감안해 적절한 수도요금을 책정하고자 하는 수자원 관리 기관에 유용한 정보를 제공하고 있다.

경제학자들도 과거 가치평가 대상으로 여기지 않았던 생태계와 자연 서비스의 가치를 정량화하기 위해 '우발적 가치평가 방법'를 적용하기 시작했다. 이를 위해 설문 조사를 실시해 무료로 이용했던 환경 서비스environmental services에 대해 비용을 지불할 의사가 있는지와 이 경우 비용을 어느 정도 지불할 것인지 묻고 이에 대한 응답자들의 답변을 반영했다. 우발적 가치평가 방법은 대기질과 수질 개선, 수질 오염 완화, 습지 및 멸종 위기종의 보호·보전, 기본적 식수 및 위생 서비스 이용 등이 지니는 경제적 편익 외에도 미래 세대가 자연 보호 구역 방문, 조류 관찰, 낚시 등을 즐길 수 있도록 천연자연을 보호하는 선택적 노력의 가치까지 평가한다. 그러나 우발적 가치평가 방식을 이용한 연구 결과나 해석은 여전히 논란의 여지가 있으며, 실제로 이와 같은 연구 결과가 예산 책정이나 투자 결정 과정에 반영되는 속도는 더디다.[8]

이런 생태계 서비스의 가치에 대한 포괄적 평가는 인간의 경제적 부, 행복 및 사회적 지속 가능성이 자연의 자산과 자본에 의해 결정된다는 원칙을 한 단계 발전시킨 것이다. 동시에 생태계 서비스는 생태계 시스템이 존재함으로써 인간이 얻는 편익이며 생태계가 그 기능을 온전히 수행할 때 제공되는 편익이라는 원칙을 한 단계 발전시킨 형태라고 할 수 있다.◆ 물론 다양한 생태계 서비스 간의 상호작용을 추적하고 이들이 제공하는 편익을 전통적인 금전적 차원에서 계량화하기는 어렵다. 그런데도 생태학자들은 2011년 기준 글로벌 생태계 서비스의 연간 가치는 125조 달러(2007년 달러 가치 기준)로 추정했는데, 이는 전통적인 글로벌 경제 가치를 훨씬 웃돈다. 이 중 습지, 호수 및 강의 가치는 연간 29조 달러에 이른다. 당시 전 세계 연간 국내총생산GDP은 75조 달러 수준이었다.[9] 또한 1997~2011년 세계 토지

◆ 특히 니콜라스 제오르제스쿠로이젠Nicholas Georgescu-Roegen, 허먼 데일리Herman Daly, 그레첸 데일리Gretchen Daily, 로버트 코스탄자Robert Costanza 등 관련 생태학자 및 경제학자의 연구 논문을 참고하기 바란다.

이용 변화로 인해 연간 4조 3,000억~20조 2,000억 달러 범위의 손실이 발생했으며, 이 손실의 절반가량이 습지 훼손에 기인한다는 연구 결과 역시 중요한 시사점을 가진다.[10] 다양한 생태계 서비스 중 대부분이 전통적인 경제 시장에서 거래되지 않을 뿐 아니라 통상적인 서비스처럼 가치가 제대로 인정되지 않아, 생태계 서비스는 정부, 개발 기관, 일반 국민의 의사 결정 과정에서 간과되거나 제대로 평가되지 않고 있다.

이러한 인식의 전환은 사회와 정부가 물을 인식하고 가치를 인정하는 방식을 서서히 변화시키고 있다. 그동안 수많은 연구를 통해 물과 위생 시설에 대한 인간의 보편적 요구를 충족하는 데 비용이 어느 정도 소요되는지 추정해왔으나, 이와 같이 물과 위생 시설이 제공되었을 때 생성되는 수많은 편익의 가치에 대한 분석은 미흡했다. 예를 들어, 현재 물 서비스 취약 계층에게 양질의 물 서비스를 제고하기 위해서는 연간 약 1,140억 달러가 소요될 것으로 보이며, 이는 과거 수자원 관련 투자 금액의 3배에 달한다.[11] 그러나 이와 같은 현재의 비용 대비 투자 후 생성될 편익(또는 미투자 시 향후 발생할 비용)을 비교 분석해보면, 생성될 편익이 이러한 과정에서 소요될 비용을 훨씬 초과한다는 점은 분명하다.◆

가장 큰 개선 분야로는 건강 증진, 물 관련 질병 감소, 직장 내 생산성 향상, 과거 오랜 기간 물을 길어와야 했던 어린 소녀들과 젊은 여

◆ 필자는 이 정도 수준의 투자도 국제 사회의 능력 범위 내에서 부담할 수 있는 적절한 수준임을 언급하고자 한다.

성들의 교육 및 사업 기회 확대 등을 들 수 있다. 세계보건기구는 수질 및 위생 시설 개선에 투자되는 모든 1달러는 향후 4달러 상당의 편익을 증진할 것으로 추정하며, 종국에는 글로벌 경제 성장에 상당히 기여할 것으로 예상한다.[12] 2022년 7월 비영리 환경단체 디그딥DigDeep이 발간한 보고서는 미국 내 수백만 명은 아직도 수돗물과 화장실 위생 시설을 제대로 이용하지 못하며, 이로 인해 미국 경제에 연간 85억 달러의 비용이 발생할 것이라고 보고했다. 그러나 이 문제를 해결하기 위해 투자되는 1달러는 향후 건강 증진, 더 나은 직장의 기회와 경제적 생산성 제고 등의 형태로 나타나 5달러 상당의 편익 증가로 되돌아올 것이라고 분석했다.[13]

세 번째 물의 시대는 물의 모든 형태와 기능을 외면하지 않고 물의 진정한 가치를 존중해야 하며, 물을 어떻게 관리하고 사용할 것인지에 대한 의사 결정이 정확한 정보를 기반으로 이루어져야 한다고 요구하고 있다. 우리가 물의 진정한 가치를 인식한다면, 새로운 사고방식과 행동방식이 생성될 것이며, 물과 생태계는 우리가 과거에 오염시키고 소비하고 파괴했던 자원이 아니라 앞으로 보호하고 보전하며 복원해야 할 자원이 될 것이다. 오늘날에는 환경을 복원하기 위한 혁신적인 노력이 점차 확대되고 있다. 자연의 복원은 연성의 물 경로와 세 번째 물의 시대로 전진하기 위한 또 다른 핵심 원칙이기도 하다.

· 26장 ·

보호와 복원

톱니바퀴처럼 맞물린 자연을 복원하려면 부속품 하나하나를 잘 관리해야 한다.
_ 알도 레오폴드

지속 가능한 세 번째 물의 시대로 향하는 중요한 여정은 생태계의 물 사용과 인간의 이익을 위한 물 사용이 리밸런싱을 이루고, 생태계의 근간이 되는 물을 보호하여, 과거 두 번째 물의 시대에 잔인하게 훼손된 생태계를 복원하는 것이다. 우리는 이제 더 이상 물 사용으로 인해 환경에 미치는 영향을 경시하거나 과학적·경제적 측면의 생태계 중요성을 도외시하거나 인류 건강이 환경과 밀접하게 연관되어 있다는 사실을 모르는 척하며 행동할 수 없다.

시대의 흐름은 아직도 잘못된 방향으로 가고 있다. 최근 연구 평가에 따르면, 전 세계 강의 절반 이상, 즉 지구 지표면의 40% 이상을 차지하는 강 유역이 수생물의 다양성, 생물종의 풍부성 및 생태계의 기능성·안정성 측면에서 크게 악화되었다.[1] 이러한 상황인데도 현실감이 부족한 수자원 정책 입안자와 정치권은 여전히 댐을 추가로 건설하고 지하수를 채취하거나 오염시킬 수원을 찾으려 한다. 중국은 아시아와 아프리카의 강에 지속적으로 댐을 건설하고 있지만, 이 과정에서 강과 지역사회에 미치는 영향에 대한 관심이나 우려는 미미한 것 같다. 미국 서부에서 아직 현실감각이 부족한 수자원 정책 입안자들은 댐을 추가로 건설하거나 더 먼 강의 물을 끌어오는 것이 물 문제를 해결하는 방안이라 이해하고 있다. 더 이상 끌어올 새로운 물이 존재하지 않는데도 말이다.

반면, 강과 습지의 복원을 추진하는 역방향의 움직임도 있다. 과거 물 정책으로 생긴 결과를 되돌리기 위한 노력이 서서히 가속화하고 있다. 이와 같은 노력의 첫 번째 단계는 오염 물질 배출 규제를 통한 산업용수와 생활용수의 오염 감축이었다. 다수의 언론 보도를 통해 환경 재해의 위험성에 대한 부정적 여론이 거세진 가운데 여러 정부가 강도 높은 수질 오염 방지 정책을 실시했다. 특히 1980년대와 1990년대에 다수의 국가가 수질 오염법을 제정해서 시행했다.

두 번째 단계는 자연 생태계 역시 수질과 마찬가지로 물의 수량과 시기에 의존한다는 점을 인식하는 것이다. 그로 인해 하천과 습지의 생태적 건강과 기능 유지를 위해 필요한 최소 유량을 설정하고 보존하는 노력이 증가하고 있으며 자연환경에 명시적인 '권리'를 부여하는 노력까지 이루어지고 있다.[2] 미국의 경우, 연방 정부 또는 주 정부 차원의 야생 및 경관하천법 시행을 통해 2만 킬로미터에 이르는 원시 강과 하천을 보호한다.◆ 이 법은 대형 댐 건설 프로젝트를 시행할 경우, 강 하류 서식지를 보호하기 위한 최소 유량을 유지하도록 요구한다. 2020년 12월, 중국 정부는 양쯔강 보호법을 제정해 수질 및 생태 유량 기준 설정, 오염물 배출 한도 운용, 환경 복원 및 수자원 보전 지침, 생물 다양성 조치, 재해 예방 및 경감 정책을 수립했다.[3] 슬로베니아와 스웨덴은 자국 내 강을 보호하는 명시적인 법을 제정해서 시행하고 있으며, EU 물관리기본지침은 강 보호와 관련해 포괄적 규정의 근간이 될 수 있는 조항을 담고 있다. 뉴질랜드는 마오리족과의 합의를 통해 황거누이강을 독립적 주체로 인정하고, 이를 대변해서 행동할 후견인을 임명한 2017년 법을 제정했다. 캐나다의 맥파이강은 2021년에 최초로 법적 '인격personhood'이 부여되어 자유롭게 흐를 권리, 오염으로부터 보호받을 권리, 심지어 스스로 보호하기 위해 소송을 제기할 권리 등 9가지 명시적 권리를 부여받았다. 이와 같은 법 제정을 통해 물의 자연적, 문화적, 여가 활동적 가치를 보전하고 보호하기 위한 과정이 시작되었다.[4]

과거의 훼손을 되돌릴 수 있는 세 번째 단계는 수십 년 또는 수백 년에 걸쳐 훼손된 생태계 복구 과정을 시작하는 것이다. 학계 및 환경보호 운동가들의 노력으로, 습지 복원 프로젝트, 강과 어류 서식처를 훼손한 노후 댐 철거 프로젝트 등 생태 복원 활동이 확대되고 있다. 이러한 활동은 세 번째 물의 시대에 수생 생태계를 영구적으로 보호하

◆ 야생 및 경관하천법Wild and Scenic Rivers Act(16 USC 1271-1287), 공법Public Law 제 90-542(1968년 10월 2일). 이 법에 의해 규제되는 강은 미국 전체 강의 1% 미만에 불과하다. National Wild and Scenic River System, "About the National Wild and Scenic Rivers System"(2020), https://www.rivers.gov.

고 개선하기 위한 초석이 될 것이다.

전 세계 수만 개에 이르는 대형 댐과 저수지는 전력 생산, 강우기에 비축한 물의 건기 사용, 홍수 방지, 여가 활동 등의 편익을 제공한다. 반면, 생태학적 측면에서 댐은 자유롭게 흐르는 강을 죽이고 회귀성 토종 어류종을 감소시키며, 생태적으로 중요한 강 삼각주 내 영양 물질과 유사의 재유입을 방해하고, 지역사회의 강제 이주 등 부정적 결과를 초래한다. 댐 건설을 위한 대형 저수지 조성으로 인해 전 세계적으로 최소 8,000만 명의 집이 물에 잠겼는데, 특히 중국에서만 1,500만 명이 집을 잃었다. 댐 건설로 강제 이주한 지역사회는 종종 더욱 빈곤하고 소외되는 상황에 직면한다.[5]

시간이 지남에 따라 댐은 강의 자연적 유사 퇴적으로 인해 운영을 멈추거나, 안전성이 저하되는 비경제적 노후 시설로 변할 수 있다. 댐의 부정적 영향에 대한 인식이 증가하고 생태경제학 분야에서 과거에 경시되었던 생태적 재화 및 서비스의 개념이 주목받기 시작하면서 일부 댐의 경우 편익보다 실제 비용이 과도하게 발생한 사실이 밝혀졌다. 이후 댐 철거라는 새로운 공학과 실용 환경과학 분야가 등장하면서 다수의 노후 댐이 철거되기 시작했다.

지난 수십 년 동안 주로 미국을 포함해 세계 곳곳에서 댐이 해체되거나 전면 철거되었다. 철거된 댐의 대부분은 비경제적이고 위험한 소형 노후 댐이었으나, 이와 같은 노력으로 강물이 자유롭게 흐르는 일부 구간이 복원되고 어장이 다시 살아나며 생태환경 가치가 향상되는 성과를 거두었다. 하천 보호 부문의 비영리 환경보호단체 아메리칸 리버스American Rivers에 따르면, 1912년부터 2021년까지 미국에서

1,951개의 댐이 철거되고, 2021년에만 57개가 철거되었다.[6]

현재까지 세계 최대 댐 철거 프로젝트는 미국 워싱턴주 올림픽반도에 있는 엘화강의 엘화 댐 및 글라인스캐니언 댐 해체 프로젝트다.◆ 엘화강은 올림픽산맥에서 환드퓨카 해협까지 이어지는데, 원래 북아메리카 태평양 연어 5종(핑크연어, 홍연어, 코호연어, 첨연어, 치누크연어)과 토종 무지개송어, 컷스로트송어, 바다송어의 산란 및 서식지로 유지되었던 태평양 북서부의 몇 개 안 되는 강 중 하나다.

연어는 하천에서 부화한 뒤 바다로 이동해서 성장한 후 원래 태어난 하천으로 돌아와서 산란한다. 건강한 연어는 건강한 하천의 상징이다. 엘화강은 원주민 클랄람 부족과 지역 주민의 중요한 식량 공급원이었다. 연어와 무지개송어를 모니터링 및 보호하는 미국 해양대기청NOAA 수산국은 서부 해안의 강에 서식하는 28개 어종을 연방멸종위기종법에 의거해 가까운 미래에 멸종 위기에 처할 수 있는 '위협' 등급 또는 이미 멸종 위기에 처한 '멸종 위기' 등급에 속하는 것으로 선언했으며, 이중 엘화강에서만 푸젓사운드(워싱턴주 서북부에 있는 만灣—옮긴이)의 치누크연어, 무지개송어, 바다송어 3종이 '위협' 등급으로 등록되었다.[7]

엘화 댐은 1913년에 건설되었고, 그 후 건설된 글라인스캐니언 댐은 1926년에 완공되었다. 도시와 제지 공장의 운영에 필요한 전력을 공급하기 위해 건설된 이 댐들은 강의 생태 건강을 심각하게 파괴했

◆ 이 책이 출간될 무렵, 오리건주와 캘리포니아주 북부의 클라매스강에서도 대형 댐 철거 프로젝트가 승인되어 개시될 예정이었다.

다. 엘화 댐은 높이가 33미터, 글라인스캐니언 댐은 높이가 64미터에 이르는 대형 댐이다. 댐이 건설되기 전에는 약 40만 마리의 연어가 산란을 위해 바다에서 엘화강으로 회귀했으나, 댐 건설로 강 상류가 단절되면서 어류 개체 수가 급감했다. 21세기 초반 댐 하류 서식지에서 산란하는 연어 개체 수는 4,000마리도 안 되었다.

2011년 9월 17일, 이 지역의 댐 철거 작업이 개시되었다.◆ 약 6개월 후 엘화 댐이, 2014년에 글라인스캐니언 댐이 완전히 철거되었다. 그로 인해 강은 자유로운 흐름을 되찾았고, 저수지로 인해 침수되었던 미국 원주민의 신성한 유적지가 발견되었으며, 자연 생태적 치유 과정이 진행되었다.[8] 2017년 엘화 댐 지역을 방문했을 때 필자는 엘화강의 빠른 복원 속도에 매우 놀랐다. 댐의 흔적은 여전히 강둑에서 확인할 수 있었지만, 엘화강은 야생의 자유로운 흐름을 지닌 하천의 모습을 다시 갖추기 시작했다.

생태계의 붕괴는 빠르게 진행되는 반면, 복원하는 데는 오랜 시간이 걸린다. 하천에 설치된 콘크리트 장벽 철거를 통해 자연적 유수 체계를 복원하는 일은 시작일 뿐이다. 이후 장기적인 하천 시스템 복원을 위해서는 최저 유량을 확보하고, 강과 삼각주에 퇴적되는 유사를 관리하며, 토종 식물종을 복원하고 어류, 조류 및 곤충 서식지를 재건해야 한다. 하천은 서서히 회복되기 때문에, 과학자들은 하천 시스템을 모니터링하며 시간을 두고 전략과 정책을 조정해나가야 한다. 과학

◆ 1992년 미국 의회는 '엘화강 생태계·어장 복원법'을 제정해 두 댐의 철거 및 강과 토종어장의 복원을 승인했다.

자들은 무지개송어와 바다송어가 돌아오고, 댐 상류로 이동하는 치누크연어와 코호연어가 증가하는 등 변화를 보이는 엘화강을 모니터링하며 회복되는 상황에 주목한다.[9] 그리고 예상과 달리 멸종위기종법에 따른 어류 목록에 포함된 다른 어류도 엘화강에서 60여 년간 자취를 감추었다가 다시 모습을 드러냈다. 2015년 엘화강 삼각주 연구를 진행하던 과학자들은 연어나 다른 해양동물의 먹이 공급원인 빙어 또는 캔들피시 종이 수백 마리 산란하고 있음을 발견했다.[10] 원주민들은 종종 빙어를 '구원salvation' 물고기라고 불렀다. 태평양 북서부 지역의 겨울 한파 이후 빙어가 다시 연안의 하천에 모습을 드러내느냐가 원주민들의 생존과 죽음의 경계를 가른다고 생각했기 때문이다.[11]

다른 국가들도 강을 복원하기 위한 노력을 시작했다. 프랑스 노르망디 지역의 셀륀강에 있는 브쟁 댐과 라로슈키부아 댐은 20세기 초반에 건설된 후 저수지의 유사 퇴적으로 인해 생산성이 저하되고 여름철 고온이 지속되면 독성 시아노박테리아가 확산해 수생 동물이 떼죽음하는 상황이 이어졌다. EU 물관리기본지침에 의거해, 프랑스 정부는 2012년 두 댐의 생산성 저하 및 안전성 우려에 대해 발표한 후 댐 해체 계획안을 수립·시행했다. 2020년에 두 댐이 철거되어 총길이 90킬로미터에 달하는 하천이 자유를 찾았으며, 회귀성 연어, 뱀장어 및 기타 수생 동물을 되살리고 하천의 수질을 개선하기 위한 노력이 지속적으로 진행되었다.[12]

중국에서도 산업화·현대화 정책에 따라 적극적으로 추진한 많은 대형 댐과 수로 건설이 하천의 건천화를 초래함에 따라 댐 철거 및 하천 복원 움직임이 서서히 진행되고 있다. 중국은 세계 최대 규모인 양쯔강의 싼샤三峽 댐에서부터 각 지방과 세계 여러 지역의 하천에 설치한 소형 댐에 이르기까지 수만 개의 댐을 건설했다. 그중 상당수는 환경 평가가 제대로 이루어지지 않았거나 장기적인 수문학적 또는 환경 영향에 대한 체계적 분석 없이 건설되어 치명적인 결과를 맞이했다. 하천은 말라버렸고, 유명한 양쯔강 대왕자라, 바이지 돌고래, 중국주걱철갑상어 등 수많은 어류종이 멸종 위기에 직면했다. 워낙 방대한 대규모 상용화, 수질 오염, 댐 건설로 인해 양쯔강은 전 세계 어느 강보다 많은 어류종이 멸종 위기에 처해 있다.[13] 경제 개발 광풍에 따른 생태계 파괴 현상이 곳곳에서 발생하는 문제를 인식한 시진핑習近平 주석은 2018년 양쯔강 지역을 방문한 후 환경보호를 독려하고 4만 개의 소형 수력발전소를 철거 또는 개량하기 위한 국가 단위의 정책을 시행했다.[14]

잘못된 수자원 정책으로 인해 하천의 자유로운 흐름이 훼손된 것과 마찬가지로, 두 번째 물의 시대 대부분은 습지와 늪지의 훼손을 초래했다. 생태계는 어류와 철새에게 서식지와 번식지를 제공하고 다양한 자연환경의 편익을 제공한다. 맹그로브 숲과 같은 해안 습지는 일반 열대우림보다 최대 55배 신속하게 탄소를 흡수하는 반면, 이탄지는 전체 육상 탄소의 30%를 저장하고 홍수와 가뭄을 예방한다. 그러나 1970년 이후 전 세계 습지의 3분의 1 이상이 사라졌고 습지 생태계에 의존하는 생물종 역시 다른 지역의 종보다 빠르게 감소하고 있다.[15]

생태계는 한번 파괴되면 복원 또는 재생하기가 어렵다. 습지 복원은 건강한 생태계를 구성하는 물, 토양, 식생, 곤충, 동물, 기후의 복잡한 자연적 특성과 기능의 재생을 수반하므로 과학만큼이나 복잡하고 미묘한 분야다. 습지의 종류가 다양하고 습지가 직면한 위협 요인이 서로 다르기 때문에 습지 복원에는 복잡한 접근 방식이 필요하다. 수질 오염, 해수면 상승, 상류 수자원 남용, 매립 등으로 인해 연안 및 해양 시스템이 악영향을 받고 있으며, 댐, 하천수 취수, 수질 오염, 유사 감소 등으로 인해 강변과 호수 습지가 훼손되고 있다. 습지는 매립·포장되었으며 인간의 목적에 따라 습지의 유로가 인위적으로 변경되었다.

의료 조치와 마찬가지로, 모든 환경 복원 프로젝트의 첫 번째 단계는 피해를 유발하는 행위를 중단하는 것이다. 습지의 경우, 토지 개발 프로젝트로 인한 훼손을 중단하고, 생태계의 건강을 유지하기 위해 적절한 물 수량과 수질 보장으로 소중한 수자원을 보호하며, 습지가 지원하는 많은 생물종을 위협하는 요인을 제거해야 한다. 실제 복원은 더 난해하다. 수자원 보호 지역 설정과 수자원·토지자원 위원회 운영이 필요하다. 수자원 보호 지역 관리는 다양한 요인이 복잡하게 얽힌 상황을 관리해야 한다. 즉, 토지를 보호하고 적절한 시기에 적절한 양의 물이 공급되도록 펌프, 유수 전환, 운하 및 법적·제도적 요인 등을 복합적으로 관리해야 한다. 수질 오염 한도, 특히 용수 취수 한도를 설정하고 부과해야 한다. 종 다양성, 유기적 상호작용, 생태 기능 등이 포함된 생태계 시스템이 반드시 재건되어야 한다.

자연 습지를 보호 또는 복원하기 위한 노력이 서서히 가시화되고 있다. 미국 캘리포니아주 센트럴 밸리에는 약 830제곱킬로미터에 이르는 공공 및 사적 습지 보호 구역이 있다. 최근 캘리포니아주가 추진하는 철새 서식지 확대 방안에는 수천 제곱킬로미터 규모의 논 경작지를 소유한 농가들이 연속적으로 쌀 생산이 가능한 다양한 벼 품종을 파종하는 동시에 철새에게 적합한 계절성 서식지를 제공하기 위해 수확 전략을 변경하는 방안도 포함되었다. 논은 철새에게 자연 습지에 비해 절반 정도 먹이를 제공하지만, 월동 서식지로 이곳을 찾는 철새의 개체 수가 증가하고 있다. 이는 농부와 자연보호주의자들이 서로 협력한 상생의 사례다.[16]

그러나 불행하게도 겨울철 조류 서식지로 논을 활용하는 노력은 최근 몇 년 동안 지속된 가뭄 외에 경제적 이익이 높은 과수원으로 전환되면서 어려움을 겪었다. 과수원은 물새 서식지로서 부적합하다. 이제 남은 과제는 오랜 기간 농장과 도시에 부여된 권리와 유사한 센트럴 밸리 야생동물 난민을 위한 합법적인 물 권리를 부여하는 것이다. 정치적 논란과 이념적 분쟁으로 계속 좌절되었고, 심지어 오랫동안 자연환경보호를 위해 약속된 소량의 물조차 공급되지 않았다.

일본도 습지 복원을 위한 노력을 시작했다. 일본은 인구밀도가 높고 대다수 인구가 도시에 집중되어 있으며, 습한 기후와 상대적으로 길이가 짧고 하상이 가파른 강이 많아 홍수에 취약한 지형이다. 지난 수 세기 동안 일본은 경제 성장 및 홍수 방지를 위해 수로 건설, 매립, 유수 전환, 직강화 등을 통해 하천과 습지를 파괴해왔다. 현재 도쿄 인근의 도네강, 에도강, 아라카와강, 나카강을 포함한 모든 도심 주변의 홍수터는 오래전에 경작지와 도시형 토지로 전환되었다. 1868년부터 21세기 초까지 일본은 '일단 건설한 후 향후 문제가 생기면 그때 해결한다'라는 성장 위주의 정책에 따라 국내 습지의 60%가 소실되었다.

그러나 지난 수십 년 동안 강과 습지를 보호·복원하려는 국내 여론이 조성됨에 따라 복원 노력이 증가했다. 1990년 일본 국토교통성 산하 하천관리국은 하천과 수생 생물 다양성을 보전·복원하기 위한 정책을 실시했다. 오늘날까지도 이 정책은 홍수 방지, 댐 건설, 유사 관리에 중점을 두고 있지만, 이제 그 일부로 수생 서식지와 생물 다양성을 개선하고 도시 하천을 되살리며 강을 복원하는 노력도 기울이고 있다.[17]

1990~2004년에 일본의 중앙 및 지방 정부는 강변 환경을 개선하기 위해 수천 건의 프로젝트를 개발·진행해왔으며, 습지의 건전성을 향상하기 위한 방안으로 일부 논을 자연상태 수준으로 복원하기 위한 노력도 기울였다.[18] 일부 강의 대형 댐 하류에는 최저 유량 기준이 설정되었고, 주변의 개발 압력으로 훼손되었던 일본 최대 내륙형 습지인 구시로 습원과 이타치강, 도네강 등을 포함한 강의 홍수터 및 삼각주의 복원 프로젝트가 시행되었다.[19]

최근 중국도 북서 지역에 있는 양쯔강, 황허강, 란창(메콩)강의 발원지인 싼장위안三江源 지역을 포함해 습지 복원 프로젝트를 시작했다. 그동안 중국에서는 온화한 해안 습지의 약 53%와 광활한 강변 서식지가 소실되었다.[20] 중국 중앙 정부는 습지의 보호·복원을 위해 약 100억 위안 규모의 예산을 책정해 국가 전체의 습지 공원을 확대하는 정책을 실행했다. 그 결과, 2015~2020년에 전체 습지 면적이 2,000제곱킬로미터 이상 확대되었고, 호수의 면적이 증가했으며, 수질이 개선되었다. 2021년 1월 습지 훼손에 따른 벌금을 부과하고 토지개발 추진 시 최소한의 습지 복원 노력을 의무화하는 습지 보호법

초안이 전국인민대표대회에 상정되었다.[21]

강과 습지를 복원하려는 이러한 노력은 미미한 수준이지만 이제 시작이다. 이를 위해서는 (특히 동아시아의) 조간대 습지의 매립을 중단하고, 가축 방목을 위한 무분별한 산림 벌채와 초원 생태계의 의도적인 용도 변경을 중지하는 한편, 생물종을 보호하고, 어류종의 무분별한 어획을 축소하며, 철새 이동 경로에 있는 주요 조류 서식지와 습지를 보호하고, 도시 개발 목적의 습지 매립과 포장 행위를 중단하는 등의 조치들도 잇따라 실행되어야 한다.

세 번째 물의 시대를 맞이하는 시점에 과거를 통해 배운 중요한 교훈이 있다. 생태계가 파괴된 후 복원 또는 복원 실패로 인한 결과를 수용해야 하는 상황에서 지불해야 하는 비용이 생태계의 건전성을 유지·보호하는 비용을 훨씬 초과한다는 점이다. 이와 같은 우려가 현실로 다가오면서, 수질 오염 방지법 강화, 훼손된 하천·습지 복원, 비환경 친화적 개발사업 억제 등 다양한 생태계 보호·복원 노력이 강화되고 있다. 더불어 가속화되고 있는 기후 변화 위협으로부터 수자원을 보호해야 한다는 중요성에 대한 인식 역시 고취되어야 할 것이다.

· 27장 ·

기후 변화 대응

결국 우리가 할 수 있는 일이 그저 가만히 서서
예측치가 실현되기를 기다리는 것뿐이라면,
미래를 예측하는 첨단 과학기술을 발전시킨 것이 무슨 소용 있겠는가?
_ 셔우드 롤런드F. Sherwood Roland, 대기화학자·노벨상 수상자

세계는 마침내 인간이 초래한 기후 변화의 위협에 눈을 뜨고 있다. 물이 기후 시스템의 핵심이자 에너지 생산 및 사용과 밀접하게 연결되어 있으므로, 물 문제는 기후 변화에 대응하는 방향으로 해결되어야 할 것이다. 두 가지 우선순위가 있다. 첫 번째는 물 시스템과 직접적으로 연결된 오염원을 포함한 온실가스 배출 감축을 통해 이상기후를 경감하는 것이다. 두 번째는 수자원 인프라와 수자원 제도의 회복력을 배가해 더 이상 회피할 수 없는 이상기후 영향에 적응하게 하는 것이다.

에너지 시스템과 물 시스템은 밀접한 상호 연관성을 지닌다. 가정, 농업, 산업에서 사용되는 물을 집수, 정화, 공급, 사용, 처리하기 위해서는 막대한 양의 에너지가 필요하다. 화석 연료의 연소를 통해 에너지가 생산될 때마다 기후 파괴를 악화시킨다. 또한 화석 연료를 연소하는 화력발전소 등 다양한 형태로 이루어지는 에너지를 생산하기 위해서는 거대한 양의 냉각수가 필요하기 때문에, 특히 건조하고 가뭄에 취약한 지역의 수자원 공급에 압력을 가한다. 최근 이러한 연관성에 대한 연구가 이어지면서 물 시스템의 '에너지 발자국energy footprint'과 에너지 시스템의 '물 발자국water footprint' 개념이 최초로 도입되었다. 미국 캘리포니아주의 경우, 주 전체 연간 전력 사용량의 20%, 발전소 전력 생산 과정을 거치지 않는 천연가스 소비량의 3분의 1과 연간 디젤 연료의 수십억 리터가 가정 온수를 포함해 물과 관련된 용도로 사용되고 있다.[1]

물의 에너지 수요를 줄이는 가장 저렴하고 신속하고 간단한 방법은 절수다. 절수는 물 사용 효율성과 생산성 제고를 통해 이룰 수 있다. 이와 같이 비효율적인 부분을 최대한 제거하는 것은 물론, 그 외에도 온실가스 배출을 절감할 방법은 많다. 펌프 시설 및 수처리 시스템의 효율성을 개선하고, 탄소 기반 연료를 재생 가능 에너지로 대체하며, 지하수 취수와 보충의 균형을 유지해 지하수 수요의 지속적인 증가를 방지하고, 지역 상수도 시스템의 접근을 개선해 물 운송 거리를 줄이는 방법 등 다양하다.

모든 수자원 시스템의 첫 번째 단계는 실제로 물을 확보하는 것이다. 예를 들어, 하천 또는 호수의 유로를 변경하거나, 지하수를 지표면 위로 끌어 올리거나 바닷물에서 추출하는 방법을 통해 사용할 물을 확보한다. 이렇게 취수한 물은 정화 처리 시설로 운송되거나 실제 사용처로 직접 운송된다. 에너지 역시 이와 같은 단계를 거친다. 예를 들어, 미국 북부 캘리포니아에서 장거리에 있는 농장과 도시로 대량의 물을 운송하는 캘리포니아주 물 프로젝트는 캘리포니아주 내에서 가장 많은 전력을 사용하는 단일 사용처다. 테하차피산맥을 가로질러 남부 캘리포니아의 주요 도시로 지하수를 끌어오기 위해 소요되는 막대한 에너지가 일부 원인이기도 하다.

두 번째 단계는 물 사용 전에 요구되는 수질 기준(일반적으로 '먹는 물' 기준)에 적합하도록 정수하는 것이다. 제약 및 반도체 산업과 같이 더욱 엄격한 수질 기준을 준수해야 하는 경우도 있다. 정수 처리는 여과, 정화, 살균 등 여러 단계를 거치며 단계별로 에너지가 소요된다.

정수 처리 후 사용처로 운송된 물은 음용, 음식 조리, 청소, 식량 재배를 포함해 사회에 필요한 재화 및 서비스를 생산하기 위해 사용된다. 대부분 온수 형태로 사용되기 때문에 물을 가열하기 위해 소모되는 에너지가 물 시스템 내 가장 큰 에너지 발자국을 생성하는 것으로 밝혀졌다. 온수를 생산하기 위해서는 목재나 천연가스, 프로판, 석유 등 화석 연료를 연소하거나 일반적으로는 전기 온수기를 사용한다. 자주 사용되는 가스 온수기는 일반적으로 에너지 효율이 63% 수준으로, 생성된 총에너지의 3분의 2 정도만 물을 가열하는 데 사용된다. 반면, 전기 온수기는 종종 에너지 효율이 90% 이상이어서, 가스 온수기를 전기 온수기로 교체하면 온실가스 배출량을 줄일 수 있다. 특히 세탁기, 식기세척기, 샤워기 등 온수를 사용하는 가정용 가전제품과 일부 산업용 제품의 물 사용 효율을 개선하면 물 사용으로 인한 에너지 발자국과 온실가스 배출량이 감소한다. 화석 연료 대신 대체

에너지원의 사용 역시 온실가스 배출량 감소에 기여한다.

비화석 연료 방식의 전력 생산을 선호하는 지역이 점차 증가하고 있다. 독일은 2050년까지 화석 연료 퇴출을 달성하겠다는 목표를 수립했으며, 현재 목표 달성 시점을 2035년으로 앞당기기 위해 노력하고 있다. 미국의 캘리포니아주, 하와이주, 메인주 등도 향후 몇 년 내 100% 비탄소 에너지원을 기반으로 전력을 생산한다는 목표를 수립하고 노력을 기울이고 있다.

최종적인 단계는 폐수 처리 단계다. 물은 종종 사용 후 폐수 형태로 버려지는데, 폐수를 집수해 폐수 처리장으로 운송한 후 처리 과정을 거친다. 현지 법 규정에서 요구되는 수질 기준에 따라 폐수 처리 과정에서 에너지가 소요된다. 이와 같이 물을 재사용하면 새로운 수원을 발굴할 필요가 없다.

에너지는 각 단계에서 절약할 수 있다. 태평양연구소의 최근 연구에 따르면, 비용효율적이고 실현 가능한 물 절약 및 효율성 개선을 실현하면 인구 증가에도 불구하고 2015년부터 2035년까지 미국 캘리포니아주 상수도 시스템의 전체 전력 및 천연가스 수요를 15~19% 감축할 수 있다. 주 정부의 탈탄소화 전력 생산 정책과 통합 운용된다면, 캘리포니아주의 물 부문에서 배출되는 온실가스 배출량은 70% 감소할 것으로 예상된다.[2] 이와 같은 프로그램은 글로벌 차원에서 시행될 수 있으며, 온실가스 배출을 완화해 기후 변화 속도를 늦출 뿐 아니라 추후 기후 변화를 예방하는 데도 기여할 수 있다.

불행히도 이와 같은 온실가스 감축 노력을 이행하는 데는 시간이 걸린다. 이미 세계 곳곳에서 나타나고, 앞으로도 계속될 기후 변화가 초래할 결과에 대응하기 위해서는 반드시 취약한 물 시스템의 복원력을 배가시켜야 한다. 이것이 바로 방정식의 '적응adaptation' 측면이다. 나쁜 소식과 좋은 소식이 있다. 나쁜 소식은 자연적 물 시스템과 인간이 인위적으로 구축한 물 시스템 모두에 미치는 기후 변화의 영향에 대응하기 위해서는 수많은 일이 성공적으로 이루어져야 한다는 것이다. 좋은 소식은 지속 가능한 세 번째 물의 시대에 물 시스템의 복원력을 강화하기 위해 우리는 다양하고 현명한 전략을 운용할 수 있다는 점이다.

물 시스템이 기후 변화에 적응하기 위해서는 세 가지 핵심 사항이 이루어져야 한다. 첫째, 누구나 기본적으로 안전하고 저렴한 식수와 위생 시설을 이용할 수 있게 보장한다. 둘째, 수문학적 재난으로부터 취약한 지역사회를 보호한다. 셋째, 급변하는 환경에서 자연 생태계의 건강과 원활한 기능이 지속되도록 한다.

물의 복원력 개념은 최근 점증하는 기후 변화 위협에 대응하기 위해 도입되었다. 특히 사회적, 문화적, 경제적 요소의 복합성을 가진 물 시스템 문제를 해결하기 위해 취한 조치들이 실패하면서 물의 복원력 개념이 수면 위로 대두했다. 예를 들어보자. 서방 구호 단체의 아프리카 우물 설치 이후 우물의 일부 기능이 제 기능을 상실하면 무용지물로 전락하는 경우가 있는데, 이는 마을 주민에게 우물의 유지 보수 교육이 제공되지 않아 고장 난 우물의 수리가 불가하기 때문이다. 해안을 따라 건설된 폐수 처리장의 경우, 해수면 상승과 해안 폭풍의 위협에 취약할 수 있다. 가뭄과 홍수 피해 방지 목적으로 건설된 댐이나 제방은 기후 변화로 악화되는 기상이변으로 인해 제 기능을 수행하지 못할 수 있다. 바로 이러한 상황에서 '복원력resilience'의 중요성이 부각된다. 태평양연구소는 복원력의 의미를 "최전선과 극심한 피해를 입은 이들이 충격, 스트레스, 변화가 거듭되는 상황에서도 잘 살아갈 수 있도록 물 시스템이 기능을 수행하는 능력"이라고 정의했다.[3] 기후 변화 측면에서, 이는 물 시스템이 과거의 예상치를 초과한 변수가 작용하는 상황에서 물 서비스를 지속적으로 제공할 수 있는 능력을 의미한다. 이 외에 물 시스템은 상황 변화에 적응하고 어려움을 극복해 복원될 수 있도록 유연성을 지녀야 하며, 공정·공평하고 포괄적이어야 한다.

그 어떤 시스템도 모든 재난을 수용하도록 구축될 수는 없다. 그러나 기후 변화는 기존의 모든 가정에 의문을 제기하고 역사적 경험이 더 이상 미래의 적절한 지침을 제공하지 않음을 경고한다. 이런 이유로 세 번째 물의 시대에는 변화하는 기후 상황에서 진정한 복원력을 갖춘 물 시스템이 어떤 모습인지 본질적으로 재고해야 한다.

지역사회는 홍수 피해를 방지하고자 더 높은 제방을 구축하는 대신, 홍수터를 재건해야 한다. 해수 담수화 처리 시설이나 폐수 처리장을 건설하는 대신 해수면 상승에 덜 취약한 지역사회에 지역의 물을 효율적으로 재활용·재사용할 수 있도록 소규모 분산형 폐수 처리장을 건설할 수 있다. 잔디와 같은 물 집약적인 정원을 고집하는 대신, 기온 상승과 극심한 가뭄에 강한 친환경적이고 물 효율성이 높은 내건성 정원으로 바꾸면 야외 물 사용량을 크게 줄일 수 있다. 이러한 조치들은 기존의 물 문제를 해결하는 동시에 더욱 거세질 기후 위협에 노출될 미래를 위해 요구되는 복원력을 확보하는 데 도움이 될 것이다.

해수면 상승, 기온 상승, 강우 형태 변화로부터 수생 생태계를 보호하는 것은 기후 적응 과제 중 가장 어려운 문제일 수 있다. 생태계는 매우 서서히 진화하며, 기회가 있을 때만 진화한다. 예를 들어, 지구상에서 거대 담수 생태계 중 하나였으나 크게 훼손된 미국 플로리다주의 거대한 에버글레이즈 습지를 보호·복원하기 위해 수십억 달러의 예산이 투입되었으나, 현재 기후 변화가 초래한 해수면 상승으로 에버글레이즈와 플로리다주 연안 대부분이 휩쓸릴 위험에 처해 있다. 전 세계적으로 수만 제곱킬로미터의 야생지가 보호되어왔지만, 이제는 산불, 이상고온, 강우량 변화로 인해 야생지에 서식하는 동물종이 멸종 위기에 처하거나 더 유리한 기후 지대로 강제로 이동하는 상황이지만, 적절한 인근 서식지의 부족, 도시 및 농업 개발로 인한 서식지 감소, 생태계 적응 속도의 자연적 한계 등으로 인해 심각하게 위협받고 있다.

그러나 우리가 도울 수 있다. 최우선 과제는 최대한 자연환경을 보호하는 동시에 기후 변화를 고려한 생태계 복원 계획을 수립하는 것이다. 지금까지 보호된 것보다 더 다양한 생태계에서 더 넓은 지역의 땅을 보호할 수 있다. 여기에는 습지, 늪지, 어류 번식지, 하천의 유로 복원이 포함된다. 더 좋은 기후를 찾아서 이동하는 조류, 동식물에게 연속적인 이동 통로를 제공할 수 있다. 더 극심한 가뭄 상황에도 모든 생태계에 최소한의 유량과 수질을 보장하고, 하천의 흐름을 막는 노후 댐을 철거하며, 습지와 삼각주의 유사 퇴적을 줄이고, 하류의 수온을 높일 수 있다.

기후 변화의 도전 과제는 우리가 물을 어떻게 사용해야 할지 새로운 사고방식을 시급하게 모색하고, 변화하는 상황에서 누구나 지속적으로 이용할 수 있는 새로운 수원과 시스템을 개발하는 것이다. 이를 위한 핵심 요소로는 자연에서 과도하게 취수하기보다 물을 아끼고 물 한 방울의 효율성과 생산성을 높여 우리가 현재 사용하는 물로 더 많은 일을 할 방법을 모색하는 것이다.

• 28장 •

낭비 회피

낭비하지 말고 욕심을 버려라.
_ 필자의 어머니

오늘날은 새로운 물 공급원을 발굴하고 사용하는 데 중점을 두는 시대다. 인구 증가에 따른 수요 증가로 늘 더 많은 물이 필요하다고 가정해왔다. 경제가 성장하면 물 수요도 증가해 자연 시스템에서 더 많은 양의 물을 취수해야 한다고 생각했던 것이다. 만일 물 공급이 풍부하고 생태계의 회복력이 강하다면 이와 같은 접근 방식이 효과적일 수 있으나 영원히 지속될 수는 없다.

이제 이와 같이 무조건으로 반응하는 사고의 흐름에서 벗어나 '수요demand' 측면을 살펴봐야 한다. 세 번째 물의 시대의 핵심은 물 사용 효율성 개선, 생산성 개선, 비생산적 낭비 감축, 물 한 방울에서 생산되는 편익 최대화 등을 통해 수요를 충족할 방안을 모색하는 것이다.

신중하고 효율적인 물 사용은 학교에서 공학이나 자원 관련 수업 시간에 배울 수 있는 개념이 아니다. 도시정책 입안자 및 수자원 관리자가 미래에 대해 접근하는 방식도 아니다. 그러나 일단 이러한 방식으로 사고하기 시작하면, 과거의 사고방식은 갑자기 구태의연할 뿐 아니라 위험한 사고방식으로 인식된다.

미국의 경우, 수자원 전문가를 포함해 대부분 사람이 미처 인식하기도 전에 수십 년 전 경제 성장, 인구 증가, 물 수요 증가의 연결고리가 이미 끊어졌다. 1900년에서 1980년 사이 미국 GDP는 15배 증가하고, 총취수량은 10배 정도 늘어났다.◆ 그러나 1980년에서 2015년 사이 GDP는 다시 3배 가까이 상승했지만, 총취수량은 실제로 하락했다(22장 그림 25 참고). 1980~2015년에 1인당 취수량은 하루에 약 7,200리터에서 3,800리터로 50% 가까이 감소했다.◆◆ 다른 선진국에서도 이와 유사한 패턴을 찾아볼 수 있으며, 일부 개발도상국에서조차 전체 물 사용량이 인구 증가와 경제 성장 요인으로부터 분리되는 현상이 나타난다.[1]

음용을 비롯해 가장 기본적인 수요를 제외하고, 반드시 물이 사용될 필요는 없다. 우리는 깨끗한 옷이나 건강한 신체, 섭취할 음식, 공

◆ GDP는 경제적 건강을 계량화하는 기존 방식이지만 결함이 많다. 막대한 재건 비용이 필요한 홍수 피해 등 계량화가 가능한 부정적 요인을 반영하되 생태계 건강과 수질 오염 결과 등 계량화가 불가능한 중요한 가치를 제외한다.

◆◆ 이 수치는 가정, 산업, 농업, 에너지 사용을 포함한 모든 용도의 미국 내 전체 물 사용량을 반영한다. 물론 가정에서의 개인 물 사용량은 이보다 훨씬 적다. 가정 내 1인당 물 사용량 역시 유사하게 급감했다.

산품, 문화·예술, 지역사회 안보, 안정된 사회와 같은 재화나 서비스가 필요하다. 이 모든 것을 생산하기 위해 물이 다양한 형태로 사용되고 있지만, 이제는 물 생산성을 제고해 최소량의 물로 우리의 필요를 충족할 수 있도록 해야 한다.

부유한 국가의 대부분 사람은 수세식 화장실 형태와 같은 안전한 위생 시설을 사용하는 편익을 누리고 있다. 첫 번째 물의 시대에는 개울물에 분뇨를 흘려보내는 방식이 이용되었고, 두 번째 물의 시대 중반 무렵에 실내 화장실을 도입했다. 현재 공용 표준으로 이용되는 실내 수세식 화장실은 1596년 영국 엘리자베스 1세 여왕의 양자였던 존 해링턴John Harington이 발명했다. 그는 그 당시 이용되던 변기에 수관과 밸브를 설치해, 약 30리터의 물로 분뇨를 흘려보낼 수 있도록 고안했다.◆ 엘리자베스 1세 여왕이 이 수세식 화장실을 궁전에 설치할 정도로 기존의 화장실 개념을 한 단계 개선했다. 그리고 19세기 들어 토머스 크래퍼Thomas Crapper◆◆가 현재 널리 이용되는 수세식 화장실 개념을 도입했다. 오늘날 선진국 대부분은 이와 같이 대량의 수돗물을 이용해 변기의 분뇨를 정화조나 하수 시설로 흘려보내 중앙집중형 폐수처리장으로 운반하는 방식을 이용하고 있다.

그러나 우리가 사용하는 편리한 수세식 화장실은 대량의 깨끗한 물을 단시간에 오염시킨다. 물 효율성 개념을 이해하기 위해서는 진정

◆ 수세식 화장실의 애칭 '더 존the John'의 유래는 이 발명자의 이름에서 비롯된 것이라고들 한다.

◆◆ 농담이 아니라 그의 실제 이름이다.

한 목적이 무엇인지 이해하는 것이 중요하다. 수세식 화장실을 발명한 본래 목적은 인간의 분뇨를 안전하면서 악취를 제거하는 방법으로 처리하는 것이었다. 만일 물을 적게 사용하거나 전혀 사용하지 않고 이 같은 목적을 달성할 수 있다면, 지속 가능한 물 사용과 관련해 두 건의 핵심 과제, 즉 인간의 물 수요를 감축하고 수질 오염의 심각도와 범위를 감소시킬 것이다.

우리는 현재 올바른 방향을 향해 발걸음을 내딛고 있다. 1970년대 미국에서 사용한 표준형 수세식 변기는 안정성이 부족한 금속성 부유 장치가 부착된 물 밸브 형태로, 물을 내릴 때마다 최소 23리터의 물이 소모되었다. 400년 전 존 해링턴이 발명한 초기 버전에서 거의 진척되지 않은 형태였다. 이 변기는 자주 막히고 주기적으로 물이 샜다. 1970년대 중반에 한 번 내릴 때마다 13리터의 물이 사용되는 최초의 변기가 출시되었으나, 당시에는 수요가 거의 없었고 성능 역시 우수하지 않았다. 이후 1976년, 1977년, 1980년대 말에 발생한 극심한 가뭄 등의 영향으로 인해 캘리포니아주는 새로운 모델이 출시될 때마다 더욱 엄격한 물 효율 기준을 의무화하는 법 규정을 제정했다. 얼마 지나지 않아 다른 주에서도 이와 비슷한 물 효율 기준을 설정하기 시작했다. 1988년에 매사추세츠주는 최초로 모든 신축 및 리모델링 시 효율적인 변기 사용 의무화를 도입했으며, 얼마 지나지 않아 다른 주도 이에 동참했다.

주마다 서로 다른 기준을 적용하는 방식에서 벗어나 가전제품이 생산되는 시점부터 범국가 차원의 절수 기준을 준수하도록 관련 주법 제정을 통해 동참하는 주가 증가했다. 1992년 조지 H. W. 부시George

H. W. Bush 대통령은 '국가 에너지 정책법National Energy Policy Act'◆에 서명해 모든 신축 주거용 및 상업용 건축물에 대해 한 번 물 내릴 때마다 6리터 이하의 물을 사용하도록 하는 연방 기준을 충족하도록 의무화했다.◆◆ 이 법은 소변기, 수도꼭지, 샤워 헤드에 대한 효율 기준도 포함했다. 이와 같은 법 규제는 미국 전체 물 사용량을 상당히 감축하는 데 기여했다.

2006년 미국 환경보호청은 국가 단위의 '워터센스WaterSense' 프로그램을 실시해 다양한 배관설비에 대한 물 절약 관련 표준을 설정했다. 캘리포니아주는 기존에 적용하던 주 단위 기준을 대폭 강화해 주 내에서 판매되는 모든 변기와 소변기가 워터센스 기준을 충족하도록 의무화했으며, 이후 심각한 가뭄이 계속되자 주에서 판매되는 모든 변기는 1회당 4.8리터 이하의 물을 사용하도록 하고 샤워기, 소변기, 수도꼭지에 대해 보다 엄격한 규제 기준을 설정했다. 캘리포니아주는 다른 가전제품에 대해서도 유사한 규제 사항을 적용하고 있다. 구형 식기세척기는 1회당 물 사용량이 약 35~60리터이지만 신형 식기세척기는 20리터 미만이다. 세탁물을 앞에서 넣는 방식의 드럼 세탁기는 세탁물을 위에서 넣는 방식의 구형 세탁기를 대체하면서 물과 에너지 사용량을 반 이상 절감했다. 물 사용 가전제품에 대한 현행 효율성 기준을 완전히 이행할 경우, 캘리포니아주 전체 물 사용량을 연간

◆ 공법 제102-486호.

◆◆ 고효율성 야외용 간이 화장실부터 퇴비화 방식의 화장실까지 물을 전혀 사용하지 않고 안전하게 분뇨를 처리하는 다양한 기술이 있다.

수억 리터 저감할 수 있다. 전 세계에는 이와 같은 절수 방법이 적용될 수 있는 수많은 변기, 세탁기, 식기세척기가 있다. 이와 같은 절수 노력은 다른 용도로 사용할 물을 확보할 뿐만 아니라 수도요금을 절감하고 폐수 방출량을 줄이며 물을 집수·처리·분배하는 데 필요한 에너지를 줄일 수 있다.[2]

상업 및 산업 분야에서도 절수가 가능하며, 사회에서 소비할 재화와 서비스를 생산하기 위해 필요한 물을 절약할 수도 있다. 제2차 세계 대전 이전 미국에서는 제철 공정상 엄청난 양의 물이 필요했다. 1톤의 철강을 생산하는 데 200톤의 물을 사용했다. 오늘날 가장 효율적인 공정을 갖춘 제철소는 1톤의 철강을 생산하기 위해 10톤 이하의 물을 사용하며, 일부 제철소는 4톤 이하의 물을 사용하는 등 물 사용 효율성 측면에서 급격한 개선이 이루어졌다.[3]

철강보다 물 효용성이 뛰어난 알루미늄이 자동차, 주택, 가전제품 등에서 철강을 대체함에 따라 제조 산업의 전체 물 발자국은 지속적으로 감소하고 있다. 2016년 세계반도체위원회World Semiconductor Council는 2001년부터 2015년까지 반도체 산업이 1제곱센티미터 면적의 실리콘 웨이퍼를 생산하는 데 필요한 물의 양을 49% 절감하고 폐수 발생량을 25% 줄였다고 발표했다.[4] 1970년대 낙농업은 우유 1리터를 생산하기 위해 3~6리터의 물이 필요했으나, 오늘날 가장 효율적인 유가공업체는 우유 1리터당 1리터 미만의 물을 사용한다.[5]

농업 분야도 빼놓을 수 없다.

1967년 5월 미국 린든 존슨 대통령은 워싱턴 DC에서 열린, 미국과 UN이 주최한 '평화를 추구하는 국제 물 콘퍼런스'에서 "물은 우리의 간단한 물음(마실 수 있는 물, 식량을 재배할 물, 산업 성장을 지속할 물)에 대한 답을 가지고 있다. 오늘날 물에 대한 수요가 증가하면서 인간은 패배하고 있다"라고 말했다.[6]

이 콘퍼런스에 제출된 「한 방울당 더 많은 작물 수확More Crop per Drop」이라는 논문에서 로버트 헤이건Robert Hagan, 클라이드 휴스턴Clyde Houston, 로버트 버기Robert Burgy는 공동으로 농업 분야에서 물 효율성을 증대하는 방법을 학습해 물 한 방울마다 식량 재배량을 늘려야 한다고 주장했다. 이후 이 표현은 점차 더 많은 곳에서 인용되기 시작했다. 1970년 5월 오크리지 국립연구소의 담수화 및 물 사용에 관한 콘퍼런스 논문,[7] 같은 해 캐나다 농업연구소의 보고서,[8] 1973년 인도의 정기 간행물 『농장과 공장Farm and Factory』에서 관개 방식 개선을 촉구한 기사,[9] 1974년 미국 국립연구위원회에서 발간한 농업연구소 홍보 간행물[10] 등이 대표적이다. 샌드라 포스텔은 1999년에 발간한 『모래 기둥Pillar of Sand』에서 "20세기 후반 토지 1헥타르당 생산되는 작물량으로 산출되는 토지 생산성 증대가 새로운 경지의 개척이 된 것처럼 물 한 방울당 더 많은 작물을 수확하는 물 생산성이 21세기 농업 분야의 새로운 지평이 되었다"라고 했다.[11]

2000년에 이르러 '한 방울당 더 많은 작물 수확'이라는 문구가 널리 사용되기 시작했다. 이 말에는 수자원에 대한 압력이 악화되기 시작하면서 더 적은 양의 물로 더 많은 식량을 재배해야 한다는 시대적 보편성이 내포되어 있다.

수천 년 전 빗물을 모아 저장하거나 고대 메소포타미아의 강에서 간단한 도랑을 판 후 인접 농경지에 물을 대어 작물을 재배한 인류 초기의 노력에서도 볼 수 있듯이, 인간의 인위적인 물 사용은 식량을 재배하기 위한 목적이었다. 오늘날 인간이 자연에서 취수하는 물의 80%는 농업 분야에서 사용되고 있다.

두 번째 물 시대가 막을 내리는 시점의 주요한 흐름 중 하나는 인구증가에 따른 육류 및 어류 단백질 수요 증가와 제한적인 물 공급의 불일치였다. UN 식량농업기구는 2020년에 식량 자체, 식량을 구입할 재원 또는 기타 자원 부족으로 인해 7억 2,000만~8억 1,100만 명에 이르는 인구가 기아에 직면해 있다고 추정했다. 글로벌 경제 성장 이후 오랜만에 처음으로 기아 현상이 전 세계적으로 증가하고 있다.[12] 기아는 다양한 요인으로 인해 발생하며, 모든 요인이 전쟁과 관련된 것은 아니다. 세계는 이미 모든 이에게 충분한 식량을 공급할 수 있는 수준으로 식량을 재배하고 있지만, 대량의 곡물이 동물 사료로 전용되고 있다. 수확되지 못한 채 밭에서 썩어가는 식량부터 가공공장과 식료품점에서 발생하는 손실, 가정에서의 과소비와 낭비에 이르기까지 식량 시스템에는 상당한 손실과 불필요한 낭비가 존재한다. 어느 측면에서 보면 이와 같은 비효율성과 손실은 좋은 소식일 수 있다. 오늘날에도 지구상 모든 사람에게 건강한 식단을 제공할 잠재력이 있다는 의미이기 때문이다. 그러나 시스템적인 비효율과 손실은 자연에서 채취되어 실제로 인간의 식량으로 이용되지 못한 식품을 생산하기 위해 사용된 물의 거대한 발자국을 의미한다.

농업 분야의 '한 방울당 작물 수확량' 개선 목표는 토양의 건강과 식량 공급의 안정성을 보호하는 동시에 인간이 섭취하는 식품의 생산에 영향을 미치지 않는 방법으로 물 사용량을 감소하는 것, 다른 말로 표현하면 가능한 한 적은 양의 물을 사용해 농업의 '물 사용 생산성'을 증대하는 것이다. 작황에 필요한 관개 수량은 재배 품종, 토양 유형, 기후 조건과 관개 유형에 따라 결정된다. 작황에 필요한 최소 관개 수량은 일반적으로 '기준 작물 증발 산량'이나 '잠재적 증발 산량'으로 일컬어지는데, 현실적으로 작물 재배에 소요되는 관개 수량은 항상 이 최소 기준을 초과한다.

오늘날 농업 분야가 직면한 문제는 관개 토지가 아닌 관개용수 부족이다. 인도, 파키스탄 등 남아시아 지역은 농업용수의 공급 부족이 심해져, 이미 재생 용수의 40% 이상을 관개용수로 사용하고, 중동과 북아메리카의 농업 분야는 재생 용수의 약 60%를 사용한다. 미국 캘리포니아주 및 대평원의 지표수는 사라지고 있으며 지하수는 과잉취수되고 있다. 농업 외 다른 부문의 물 수요 경쟁으로 인해, 정책 결정자들은 농업용수의 효율성을 급격히 개선할 것인지 아니면 식량의 자국 생산을 포기하고 세계 시장으로 향할 것인지 선택해야 하는 어려운 상황이다.[13]

건강한 생태계를 조성하고 누구나 안전한 식수와 위생 설비를 이용할 수 있는 세 번째 물의 시대로 전환할 희망이 있다면, 더 적은 물로 더 많은 식량을 생산해야 한다. 이를 위해서는 세 가지 전략이 주효하다. 첫째, 비생산적인 물 손실을 줄이기 위해 실제로 작물 재배에 사용되지 않는 물의 사용을 억제한다. 둘째, 농업용수 사용 단위 대비 식량 생산을 배가하기 위해 작황률을 개선한다. 셋째, 식생활 측면의 물 발자국을 줄이기 위해 작물 품종과 식단을 변경한다.

농업 관개용수가 실제로 식량 재배에 사용되지 않은 채 용수의 회귀나 재생이 실행되지 않는다면 이는 비생산적인 물 손실이다. 비생산적인 용수 손실은 증발, 작물 뿌리 아래로의 침출수, 유출수 등이 회수되지 않는 경우를 포함한다. 농업용 화학 물질로 심각하게 오염되어 재생이 불가능한 용수 역시 비생산적인 물 손실이다. 유로를 전환해 경작지에 물을 대는 담수관개는 가장 일반적인 관개 방법이지만 농업용수 손실이 커서 다른 관개 방법에 비해 효율성이 낮은 것으로 알려져 있다.[14]

고대 수메르인과 인더스 밸리의 농부들은 20세기 중반까지 거의 대부분 이 초기 관개 방법에 의존해 물이 대량 낭비되었다. 비생산적인 용수의 손실을 줄이는 방법으로는 보다 정교한 살수장치sprinklers나 미세 관개장치drip 등의 관개 방식 선택, 강우 효율적인 품종 식재, 피복작물 식재를 통한 토양 수분 증발 억제, 경작지 평탄화를 통한 유출수 감소, 토양 수분량 모니터링으로 관개용수가 필요한 시기와 장소 맞춤식 관개 등이 있다.

전 세계 쌀의 80% 이상이 아시아 지역에서 재배된다. 쌀은 물 집약적인 작물이어서 인간에게 필요한 전체 물 수요량의 3분의 1을 소비한다. 담수관개 방식으로 재배한 습식 쌀은 전체 쌀 재배량의 5분의 4를 차지하는데 재배 과정에서 2분의 1 이상의 관개용수가 증발해 손실된다.[15] 국제물관리연구소가 말레이시아에서 수행한 연구에 따르면, 담수관개가 필요한 다양한 품종을 섞어서 파종하는 것보다 건식 단일 품종을 파종할 때 관개용수의 손실이 25% 감소한다.[16] 또한 그간 담수관개 방식으로 재배해온 면화 등 다수의 작물을 미세관개 방식으로 바꾸면 비생산적 용수 손실을 획기적으로 줄일 수 있다는 사실이 다른 연구조사를 통해 밝혀짐에 따라, 농부들은 농업용수를 정밀하게 관개할 방법을 선호하고 있다. 1984년 미국 서부에서는 전체 관개 농경지 중 37%만이 정밀 살수장치나 미세 관개장치 방식의 관개 시스템을 이용했으나 2018년에는 72%로 증가했다.[17]

현대적인 관개 기술을 이용하면 농업용수의 생산성을 제고할 뿐만 아니라 수확량과 품질도 개선할 수 있다. 작물과 지역 토양 및 기후 조건에 따라 맞춤형 관개 일정을 조정해 실제로 물이 필요한 시기와 장소에 정확하게 농업용수를 관개할 수 있다. 부족분 공급 방식 관개deficit irrigation 기술은 작물의 생육 시기 중 물이 필요하지 않은 특정 시기에 관개를 제한함으로써 물 사용을 줄이고 작물의 품질을 향상시킬 수 있다.[18] 관개 제어 장치, 토양 수분량 측정 센서, 더욱 정확한 일기예보를 통합한 관개 일정 조정 등 다양한 관개 방법으로 농업용수의 생산성을 제고하는 데 기여했다. 이제는 저비용 토양조사로 토양 수분량 관련 정보를 수집, 전송해 컴퓨터 제어장치를 통해 필요할 때만 물을 공급할 수 있다. 드론과 위성 시스템은 농부와 물 관리자에게 실시간 데이터를 전송하며, 새로운 관개 관련 앱은 더욱 신중하고 정확한 관개를 가능하게 한다. 미국 캘리포니아주의 관개관리 정보 시스템은 작물 상태, 농업용수 필요 수량, 토양 수분량을 맵핑한 현장 정보를 농부에게 제공해 실제 관개에 활용하도록 하고 있다.

이와 같은 기술 발전은 효과를 거두고 있다. 1969년부터 2017년까지 미국 관개용수 총사용량은 25% 감소한 반면, 수확량과 농가 소득은 지속적으로 증가했으며,[19] 전 세계 다른 지역에서도 이와 유사한

성과가 실제로 나타나고 있다. 또한 가속화되는 기후 변화가 세계 식량 생산에 미치는 영향을 고려할 때 건조하고 기온이 상승하는 기후 조건에서 작물 수확량에 영향을 미치지 않거나 더 증가할 만한 품종을 모색 또는 개발하려는 노력도 증가하고 있다. 가뭄은 이미 전 세계적으로 농작물 손실의 주요 원인이 되었으며, 물 스트레스에 덜 취약한 식량 품종을 개발하기 위한 연구 활동이 오랜 기간에 걸쳐 진행되고 있다.[20]

농업용수 감축을 위해 다양한 선진 기술을 이용하는 방법 외에도, 중요한 핵심 전략 중 하나는 물 집약적이지 않은 식품 위주의 식단으로 변경하는 것이다. 지난 세기의 주요한 시대적 흐름은 오히려 반대 방향을 향했다. 물 집약적인 육류 제품의 소비가 급증함에 따라 이를 생산하기 위한 용수 역시 증가세를 보였다. 이와 같은 상황에서 다양한 식품 선택이 가져올 긍정적인 결과에 대한 논의가 증가했으며, 식량 생산이 미치는 환경 영향을 줄이는 동시에 인간의 건강을 증진할 수 있는 보다 지속 가능한 식단을 모색하는 분위기가 조성되었다. 소고기, 돼지고기, 가금류 등 육류 생산 및 소비는 곡식, 과일, 채소 위주의 식단에 비해 물 (그리고 토지) 집약적이라는 사실이 점점 더 많은 연구를 통해 밝혀지고 있다.

재화 및 서비스 생산에 필요한 물의 표준 평가지표는 '물 발자국'을 활용한다. 물 발자국이란 생산 공정에서 필요한 물의 필요량을 정량화한 수치다. 물 발자국은 종종 지하수 및 지표수(청색수)와 빗물에서 취수한 물(녹색수)로 구분하는데,[21] 이와 같은 구분은 스웨덴의 물 전문가 말린 팔켄마르크Malin Falkenmark가 처음 도입했다.◆ 육류 위주 식단의 문제는 대부분 작물의 물 발자국은 작물 자체의 재배에 필요한 물만 소요하지만, 육류의 물 발자국은 동물이 평생 섭취한 곡물을 재배하기 위해 소요되는 물뿐만 아니라 육류 가공공장에서 사용되는 물도 포함되기 때문이다. 소고기의 물 발자국을 예로 들면, 소고기 1킬로그램을 생산하는 데 약 1만 5,000킬로그램의 물이 사용되는 반면, 과일·채소 1킬로그램을 생산하는 데는 500~1,000킬로그램의 물이 사용되는 것으로 추정된다.[22] 따라서 육류 비중이 적은 식단으로 변경하면 농업의 전체 물 발자국을 20~50%까지 줄일 수 있다.[23] 특히 육류가 평균 식단에서 큰 비중을 차지하는 유럽과 미국 등 선진국에서 육류 소비를 조금만 줄인다면 물 사용량을 대량 아낄 수 있다.

산업, 가정, 농업 분야에서 물 사용 효율성을 개선하면, 다양한 '공동의 편익'을 창출할 수 있다. 여기에는 농업용 비료와 제초제 및 살충제로 인한 지표수와 지하수 오염 완화, 토지와 산림의 피해 감소, 에너지 사용량 및 온실가스 배출 감소, 새로운 수도 시스템을 위한 추가 투자 축소, 소비자 부담 비용 감소 등이 포함된다. 이와 같은 공동 편익은 실제적이고 종종 매우 가치 있는 편익으로 돌아온다.

도시용수 및 농업용수의 효율성 개선 효과는 이미 현저하다. 20세기 초부터 중반까지 미국에서 1세제곱미터의 물을 사용하면 약 6~10달러의 경제적 이익을 창출했다. 1970년대 후반부터 물 사용 생산성

◆ 필자는 말린과 공동 연구를 하는 즐거움을 가졌다. 말린은 필자의 첫 번째 저서 *Water in Crisis* (Oxford: Oxford University Press, 1993) 중 일부 내용을 기고했다. 말린은 필자와 필자의 아내를 초대해 본인이 만든 디저트 무스무스를 대접해주었는데, 이 디저트는 그녀의 복잡한 물 철학보다 소화하기 어려웠던 기억이 있다.

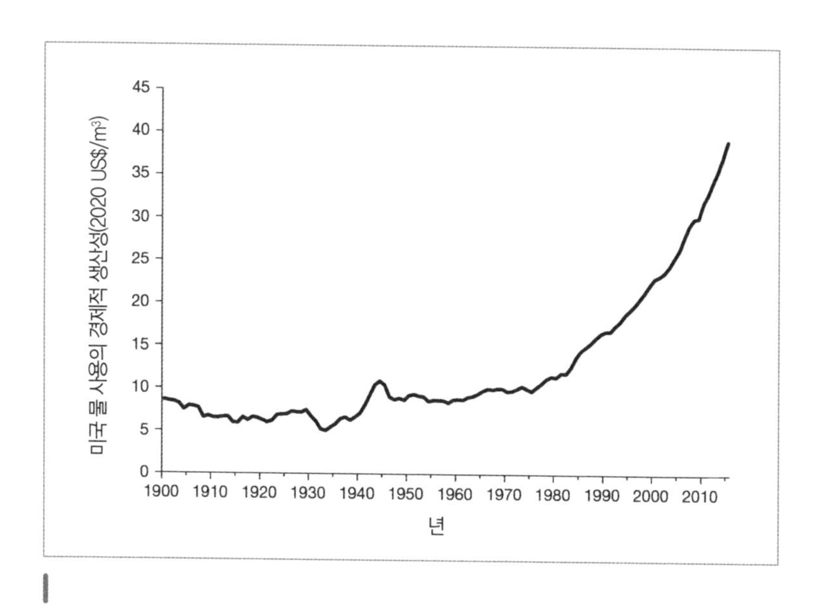

그림 26. 미국 내 물 사용의 경제적 생산성(단위: 물 사용량당 2020년 달러 기준). "Gross Domestic Product (GDP) in Current Dollars (SAGDP2)" (US Bureau of Economic Analysis, 2019); and C. A. Dieter et al., "Estimated Use of Water in the United Statesin 2015" (US Geological Survey, 2018).

이 급격히 증가해 오늘날에는 1세제곱미터의 물이 40달러 이상의 경제적 재화와 서비스를 창출하고 있다(모두 2020년 달러 기준, 그림 26).

물 사용 효율성 및 생산성 향상이 가지는 중요성과 가치에 대한 또 다른 고찰 방법은 대안을 모색하는 것이다. 미국의 경우, 1970년대 이후부터 물 사용 효율성이 개선되지 않았다면 전체 물 수요가 지금보다 2배 이상 증가했을 것이다. 만일 그러한 상황이었다면 물을 어디서 공급해야 했을까? 현재 수준의 물 사용량에도 주요 수자원 시스템은 심각한 스트레스를 받고 있다. 미국 남서부의 주요 강인 콜로라도강은 완전히 고갈되었다. 캘리포니아주에서 가장 큰 새크라멘토강과 샌와킨강도 완전히 과잉 취수되고 있다. 현재 어려움을 겪는 생태계를 살리기 위해 물을 수자원 시스템으로 되돌리는 방법에 대해 정치적 논쟁이 벌어지고 있다. 캘리포니아주의 센트럴 밸리와 대평원의 지하수 유역 내 취수량은 증가가 아니라 감소해야 한다. 습도가 높은 동부 지역과 오대호 또는 미시시피강과 미주리강은 이론적으로 습윤기에 물이 필요한 곳으로 수로를 변경할 수 있으나, 현실적으로 고비용과 환경 파괴가 뒤따른다는 문제가 있고 지역적 정치 여건상 불가능한 상황이다.

반면, 연성의 경로 방식을 통해 물 사용의 효율성 및 생산성 향상이 이루어진다면 가능하다. 이는 비용을 절감하고 환경 피해를 방지할 뿐 아니라 희소 자원의 접근을 둘러싼 정치적 분쟁을 감소시킨다. 또한 물 부족, 경쟁 및 기후 변화가 심화하는 세계에서 물 수요에 대한 해결법을 제공하는 이 새로운 사고방식은 이미 남용되는 자연 시스템에서 새로운 물 공급원을 취하고자 하는 '막다른 길' 방식의 접근 방법보다 더 많은 편익을 제공할 수 있다. 연성의 물 경로를 지원하는 다른 전략 방안들과 함께 적용된다면 효율적인 물 사용이 제공하는 편익은 더욱 분명해진다. 세 번째 물의 시대가 도래하면서 물 수요 개념에 대한 새로운 시각이 필요하듯, 이제는 물 공급 개념에 대한 새로운 사고방식이 요구되며, 자연으로부터 더 많은 물을 취하지 않아도 되는 새로운 물 공급원을 모색해야 하는 시점이다.

• 29장 •

재활용과 재사용

미래의 폐쇄형 경제를 '우주인' 경제라 부를 수 있다.
지구는 사용할 자원과 오염시킬 자원이 제한적인 우주선과 유사하다.
따라서 인간은 순환하는 생태계 시스템에서 자신의 자리를 찾아야 한다.

_ 케네스 볼딩Kenneth Boulding, 경제학자, 사회과학자 및 평화운동가

오늘날 인구 증가세가 둔화하고 물 사용 효율성이 잠재적으로 급상승할 수 있는데도, 사회는 더 많은 사람을 위해, 신산업을 성장시키기 위해, 그리고 생태계를 보호하기 위해 더 많은 물을 요구한다. 새로운 최대 물 공급원은 우리 앞에 있다. 바로 우리가 한 번 사용하고 버리는 물이다. 두 번째 물의 시대의 특징 중 하나는 깨끗한 물을 자연에서 취수해 한 번 사용한 뒤 폐기하는 것을 당연시했다. 단기적으로는 자연에 맡기면 공짜로 정화가 가능한 물을 구태여 비용을 들여가며 정화할 필요가 없었기 때문이다. 그러나 장기적 관점에서 보면, 무료로 제공되는 것은 하나도 없으며 이와 같은 잘못된 관행은 지구에 막대한 비용을 초래한다. 이제는 폐수를 일종의 부채로 여겼던 구식의

'쓰고 버리는' 사고방식에서 벗어나 물 한 방울이라도 처리 과정을 거쳐 재사용할 수 있는 소중한 자산이라는 인식의 전환이 필요하다.

첫 번째 물의 시대에는 폐수를 인근 강에 방류해 처리했다. 당시에는 이와 같은 처리 방법이 문제가 되지 않았다. 인구는 적고 여러 지역으로 분산되어 폐수가 대부분 자연에 쉽게 흡수되어 정화되었기 때문이다. 두 번째 물의 시대 전반까지 지역사회는 더 나은 폐수 처리 방법을 인지하지 못했다. 당시에는 기술 발전도 미미한 수준이었다. 그러나 오늘날 대규모 수질 오염이 심각한 물 위기 시대를 직면하고 있지만, 우리는 확장된 지식을 기반으로 대응책을 세울 수 있기에 과거와 달리 명확한 목표를 세울 수 있다. 세 번째 물의 시대에는 통합적인 물 재활용과 재사용이 가능하도록 단순히 야외 조경에 물을 주거나 지하수를 재보충하는 것부터 시작해 음용수의 간접 및 직접적 재사용, 고부가가치 산업에 적합한 초순수 용수 생산, 우주 임무 시 소중한 물의 재활용 및 재사용에 이르기까지 다양한 목적에서 물 시스템을 재설계하고 재구축할 수 있다.

지구 표면에서 약 400킬로미터 상공에 위치한 국제우주정거장ISS은 한 번에 최대 6명의 우주 비행사가 거주할 수 있는 주거 공간과 연구 플랫폼을 갖추고 있다. 2000년 11월부터 2022년 중반까지 총 250여 명의 우주 비행사가 ISS에 머무르면서 관련 연구 활동을 수행했다. 우주 비행사에게 필요한 모든 것, 즉 ISS에 동력을 제공하는 햇빛만 제외하고 우주 비행사 자신을 비롯해 장비, 로켓 연료, 음식과 물 등 우주 비행에 필요한 모든 것을 로켓에 적재해 ISS로 공급해야 한다.

물은 무겁다. 물 1리터의 무게는 1킬로그램이다. 물 1세제곱미터

(1,000리터)의 무게는 1톤에 달한다. ISS의 운영이 시작된 이후, 총 5만 킬로그램 이상의 물이 우주로 발사되었는데, 이는 화물 7킬로그램 중 1킬로그램을 차지하는 비중이다. 우주로 발사되는 물 1킬로그램당 수천 달러의 비용이 소요된다. 미국 항공우주국의 달 과학자 케이시 호니볼Casey Honniball은 "물은 인간의 생명 유지에 매우 중요하지만, 우주로 쏘아 올리는 데는 고비용이 발생한다"라고 언급했다.[1]

머큐리Mercury호, 제미니Gemini호, 아폴로Apollo호와 초기 소련 및 중국 탐사선의 우주 비행사들은 우주 비행 시 물을 가져가 한 번 사용한 후 폐수를 지구로 돌려보내거나 표현 그대로 에어로크airlock 밖의 우주로 던져버렸다. 향후 여섯 차례 우주 비행을 한 아폴로 탐사선의 착륙 지점에 박물관이 세워지거나 역사 유적지로 지정된다면 박물관 큐레이터와 연구자들은 지표면에 남겨진 96개의 냉동 배설 가방을 발견하고는 이를 어떻게 처리해야 할지 고민할 것이다.[2]

최초의 미국 및 러시아 우주 정거장인 스카이랩Skylab과 미르Mir는 재공급되는 물과 산소에 의존하고 응축수를 모아 물 필요량의 일부를 충당했다. 미국 우주 왕복선은 연료전지로 수소와 산소를 이용해 전기와 물을 생성했다.[3] 그러나 이러한 초기 시스템이 장기적인 우주 탐험 임무나 우주 식민지를 지원하기는 역부족이었다. 그 결과 우주 탐사 목적으로 좀 더 정교하고 지속 가능한 물 시스템을 설계하고 테스트하는 데 많은 연구와 노력이 진행되었다. 지구상에서 세 번째 물의 시대를 구성하는 핵심 요소인 물의 재활용·재사용이 우주에서도 해답을 제공해준다.

우주로 발사하는 물을 최소화하기 위해 ISS에는 공기에서 여과된 물과 폐수를 집수·재활용하는 정교한 시스템이 탑재되어 있으며, 이 시스템을 이용해 음용수뿐만 아니라 세척, 음식 조리 등에 필요한 고도 정수를 생산한다.◆ 현재 ISS에서 사용되는 물 중 90% 이상이 재활용·재사용되고 있다. 초기 시스템에 비하면 획기적인 개선을 이룬 셈이다. 그러나 지구에서 물의 재공급이 어려운 장기간의 우주 탐사를 위해서는 현재의 시스템도 추가로 더욱 개선되어야 한다.

ISS은 러시아와 미국이 각각 관리·운영하는 두 개의 구역으로 나뉘어 있으며, 각 구역은 개별적인 물 재활용 시스템을 갖추고 있다. 미국 시스템은 수증기, 수도꼭지·싱크대 유출수, 소변을 집수하고 재처리해 하루에 약 14리터의 정수를 생산한다. 러시아 시스템은 수증기와 샤워 유출수만 재활용하며 정수 생산량이 적다. 미국 시스템은 추가적인 물 소독을 위해 요오드를 사용하지만, 러시아는 은을 사용한다. 이와 같은 재활용 시스템을 통해 생산되는 물은 지구상의 최고 고도 수질 기준을 웃돈다.[4]

지구상에서는 사람이 하루에 음용, 음식 조리, 청소와 기본 위생을 위해 최소 약 50리터의 물이 필요하지만, 아직도 빈곤이나 정부의 정책 실패 등으로 수억 명의 인구가 이보다 적은 물로 생활하고 있다.[5] 평균적으로 미국인은 하루에 가정 내 수세식 화장실, 세탁기, 식기세척기, 음식 조리, 정원 조경을 위해 약 300~400리터의 물을 사용하

◆ 새로운 중국 우주 정거장 톈궁에도 물과 소변으로부터 물을 집수하고 재처리하는 시스템과 물 및 수소를 물로 전환하는 연료전지가 설치되어 있다고 알려져 있다. China Global Television Network, "Space Log: How to Ensure Water Supply at China's Space Station?," July 24, 2021.

는데, 여기에는 이들이 섭취하는 음식과 사용하는 재화 및 서비스의 생산에 필요한 물은 포함되지 않는다.

우주에서는 이와 같은 수요를 최소 수준으로 유지하며 우주인들은 기본적인 생존을 위해 하루에 5리터 미만의 물을 이용해 땀, 호흡, 배설을 통해 손실된 수분을 보충한다. 음용과 식사를 위해 우주인은 물을 건조 식량과 혼합해서 섭취하고, 정수 시스템에 연결된 재생 물 파우치에 들어 있는 물을 마신다.

우주 비행사가 우주에서 어떻게 샤워하는지 궁금할지 모르지만, 우주인은 샤워를 하지 않는다. 2011년 우주 비행사 마이크 포섬Mike Fossum은 무중력 공간에서는 "물이 배수구로 내려가지 못해 일반적인 샤워를 할 수 없다"라고 말했다. 대신 수건에 물과 비누를 묻혀 닦거나 물을 사용하지 않는 샴푸를 사용하며, 이 과정에서 사용된 물은 증발해 공기 순환 시스템을 통해 회수된다.◆

ISS의 물 시스템은 우주 비행사가 식수 저장 시스템에서 물을 마시거나 건조 식량에 물을 섞어 섭취하는 순간 가동된다. 우주인은 숨을 내쉴 때 수증기를 내뿜는다. 우주인 역시 화장실을 사용한다. 우주 화장실은 모두 동일한 기본 원리로 작동하는데, 액체와 고체를 흡입해 배설물 처리 탱크에서 처리하는 방식이다. 고체는 폐기물 용기에 저장되어 다른 쓰레기, 즉 낡았거나 고장 난 부품, 이미 사용한 실험 도구 등과 함께 지구에 복귀할 때 가져오거나 대기권에 재진입할 때 소각한다. 그러나 액체인 소변은 매우 중요하다. 6명의 우주 비행사는

◆ 세탁에 대해서는 질문을 하지 않는 것이 좋다. 우주에서는 세탁을 하지 않는다.

하루에 약 9리터의 소변을 보는데, 이 소변은 소변 처리 시스템으로 분리되어 물을 처리·여과·증발한 후 잔존 농축수는 다른 쓰레기와 함께 폐기된다. 이 과정에서 증발한 물은 응축되어 폐수 저장 탱크에 저장된다.

ISS 표면과 전자장치의 부식 및 손상을 방지하고 절수하기 위해, 우주 비행사(및 실험동물)◆가 우주 정거장 내에서 내뿜는 수증기는 일련의 과정을 통해 생성된 물과 함께 회수되어 폐수 저장 탱크에 저장된다. 우주를 유영할 때 생성된 물, 탑재체의 탐사 임무 수행 때 회수된 물, 산소 발생기를 통해 배출된 물, 이산화탄소 제거 과정에서 생성된 물 등 우주선 내부에서 발생한 물 역시 회수해 저장된다.[6] 이와 같이 폐수 처리 탱크에 저장된 물은 물 회수 시스템WRS을 통해 처리된다.[7]

산소 발생 시스템은 물을 이용해 전기 멤브레인membrane에서 산소와 수소로 분리한 후 우주 비행사가 호흡할 수 있는 산소를 재순환시킨다. 수소는 포집된 후 사바티에 반응기Sabatier reactor로 전달되는데, 이 반응기의 이름은 1897년 이산화탄소와 수소가 고온과 고압에서 반응해 메탄과 물을 생성한다는 사실을 발견한 프랑스 화학자 폴 사바티에Paul Sabatier의 이름에서 따왔다. 사바티에 반응기 내부에서 수소는 공기에서 회수된 이산화탄소와 결합하는데, 이를 통해 우주 비

◆ 오래전부터 다양한 종류의 동식물 유기체가 우주선에 탑승되었다. 개, 원숭이, 침팬지, 생쥐, 쥐, 토끼, 다양한 물고기 종, 기니피그, 수생거북, 육지거북, 와인파리, 거저리 애벌레, 거미, 도롱뇽, 귀뚜라미, 달팽이, 해파리, 아메바, 도마뱀, 해조류, 곰팡이, 개미, 애벌레, 마다가스카르히싱 바퀴벌레, 전갈, 하와이안밥테일 오징어, 타디그레이드와 프랑스 고양이 한 마리 등이다. 프랑스 스트라스부르에 있는 국제우주대학교ISU에는 이 고양이 펠리셋의 동상이 세워져 있다.

행사를 사망에 이르게 할 수 있는 이산화탄소의 축적을 방지한다.◆ 사바티에 반응기에서 생성된 물은 물 회수 시스템으로 전달된다. 사바티에 반응기가 ISS 내에 설치되기 전에는 산소 발생기가 전기를 사용해서 소중한 물 분자를 수소와 산소로 분리해 수소를 우주로 배출했다. 러시아 측 우주정거장은 여전히 이러한 방식의 산소 발생기를 사용한다. 산소 발생기와 사바티에 반응기가 이용되면서 지구가 ISS로 재공급해야 할 물의 양이 대폭 감소했으며 수소 역시 소량만 재공급하게 되었다.

물 회수 시스템으로 집수된 다양한 형태의 물은 입자, 비누, 부스러기 및 기타 유기·무기 오염원을 여과하는 다단계 시스템에서 정화된다. 이후 물은 유기물을 산화·분해하고 바이러스와 박테리아를 박멸하는 반응기로 이동한다. 마지막 단계에서는 많은 백패커 여행가가 즐겨 사용하는 요오드를 이용한 정화 방식으로 처리한 후 식수대로 보내진다. 이와 같은 물 처리 공정을 통해 시간당 13리터의 물을 정화할 수 있으며, 그렇게 생산된 물은 지구상에서 대부분의 사람이 사용하는 물보다 깨끗하다.[8]

아무리 효율적인 선진 물 시스템이라도 우주정거장 내 모든 물을 회수하지는 못한다. 일부는 사용할 수 없는 수준의 농축수 또는 고형 배설물에 잔존하거나 우주정거장의 에어로크 개방 시 우주로 공기가 빠져나갈 때 손실되며, 이산화탄소 및 산소 시스템 운영 시에도 일부 손

◆ 이산화탄소 축적은 아폴로 13호에 탑승한 우주 비행사가 직면했던 위기 중 하나였다. 톰 행크스가 출연한 할리우드 영화에서는 우주 비행사가 맥가이버처럼 창의적으로 난제를 해결하는 모습을 실감나게 표현했다.

실된다. 우주정거장은 약 2,000리터의 비상용 물을 비축하고 있지만,[9] 손실된 물은 지구에서 물 시스템 수리용 부품이나 달·화성 탐사에 필요한 다른 새로운 물질과 함께 재공급되어야 한다.

미래의 달, 화성 및 다른 행성으로의 우주 탐사 시, 우주 비행사의 물 사용을 최소화하고 물 재활용을 극대화하는 방식으로 ISS의 첨단 물 시스템을 더욱 발전시켜야 한다. 우주를 돌고 있는 우주선과 같은 지구에서도 동일한 원칙이 적용된다.

현재 전 세계적으로 매년 380조 리터 이상의 폐수가 발생하며, 2050년에는 570조 리터 이상 발생할 것으로 예상된다. 아시아 지역이 가장 많은 양의 폐수를 생성하며(모든 도시 폐수 중 42% 비중), 유럽과 북아메리카(각각 18% 비중)가 그 뒤를 잇고 있다.[10] 이는 수십만 제곱킬로미터의 농지를 관개하거나 지구상의 모든 사람이 최소한의 기본 물 수요를 충족할 수 있는 물이다. 재활용·재사용 물이 증가하면 자연에서 취수하는 물이 감소하고 환경 피해도 저감되며 제한된 물 공급으로 더 많은 인구, 재화, 서비스, 식량을 지원할 수 있다.

지구상의 물 재활용은 ISS의 물 시스템과 동일한 방식을 이용한다. 즉, 여과, 증류, 화학적 및 생물학적 정화를 통해 원하는 수질의 물을 생산해 재사용하는 것이다. 오염이 심각하거나 염분이나 유기물 농도가 높은 물이라 하더라도 순도가 높고 안전한 식수로 재활용이 가능하다. 그러나 일부 예외적 경우를 제외하고는 1회만 사용한 후 버려진다.

1996년에 필자는 아프리카 나미비아의 수도인 빈트후크를 방문해 현지 수자원 관련 기관들과 여러 차례 회의를 했다. 이때 지난 30

년간 효용성이 증명된 폐수 처리 기술의 집합체이자 당시 세계에서 가장 정교한 직접적 식수 재활용 시스템인 고랑갑 매립장Goreangab Reclamation Plant에서 폐수를 여과·정화·소독한 후 도시의 식수관에 직접 공급하는 기술을 직접 목격했다. 나미비아는 지구상에서 가장 건조한 국가 중 하나이며 빈트후크는 오랜 기간 물 재사용을 통해 현지의 부족한 물 공급 문제를 해결해왔다. 필자가 그곳에 머무는 동안 마신 음용수는 수질이 양호했다. 당시 소규모로 운영되던 나미비아 수자원 시스템을 연구한 필자의 경험은 오늘날 현대적 폐수 재사용 시스템의 토대를 마련하는 데 큰 도움이 되었다.

그리고 10여 년 후, 필자는 '새로 태어난 물'이라는 의미를 지니는 싱가포르 뉴워터NEWater 프로젝트 현장을 방문했다. 이것은 현대식 대규모 수 처리 플랜트 집합체로, 싱가포르에서 버려지는 폐수를 최대한 높은 수준으로 처리한 후 재사용하는 프로젝트다. 싱가포르는 선진적 폐수 처리를 통한 물 재사용 부문의 선두 국가다. 이 대규모 폐수 처리장은 물 공급원 확대, 비효율적인 물 사용 절감, 이웃 나라 말레이시아의 물 의존에 따른 정치적 부담 감소 등 통합적인 전략의 일환으로 건설되었다. 오늘날 싱가포르의 뉴워터 플랜트를 통해 처리된 물은 주로 음용수보다 높은 고도의 수질을 요구하는 PC 웨이퍼 제조 산업이나 상업용 건물에 공급되고 있다. 이는 싱가포르에서 사용되는 물의 40%에 이른다. 뉴워터에서 생산되는 물의 일부는 식수와 혼합해 재처리한 후 사람이 사용할 수 있도록 공급하는 간접적 식수 재사용에 활용된다. 뉴워터 플랜트가 생산하는 모든 물은 싱가포르나 미국의 음용수 수질 기준보다 훨씬 높다. 미국 국립과학아카데미는 고도의 폐수 처리를 통해 생산된 식수가 건강에 미치는 위험은 전통적인 방법으로 처리된 물보다 "높지 않은 것으로 보이며 오히려 더 낮을 수 있다"라고 발표했다.[11]

싱가포르의 물 재사용 프로그램 초기에는 대중의 우려와 부정적 의견이 대부분이었다. 이에 능동적으로 대응하기 위해, 싱가포르 공공시설위원회Public Utilities Board는 재사용 계획에 대한 교육 프로그램을 실시했다. 이 프로그램은 2년에 걸친 수질 및 잠재적 건강 위험 평가 등 연구 프로젝트를 포함하는데, 이 연구 수행 결과 뉴워터는 "수돗물보다 깨끗하다"라고 결론 내렸다.[12] 공공수도 관련 기관이 이 연구에 대한 후속 조치로 국민 홍보, 광범위한 광고, 지역사회 토론회, 학교 설명회 등을 여러 차례 진행한 결과, 이 프로젝트는 싱가포르 국민으로부터 긍정적인 반응을 얻고 있다. 현재 싱가포르의 한 수제 맥주 양조장은 뉴워터를 사용한 인기 있는 블론드 에일 맥주를 광고하고 있다.[13]

이스라엘도 이와 유사한 폐수 재사용 노력을 기울여왔다. 현재 이스라엘은 전체 폐수량의 85% 이상을 재활용하며, 이것으로 농업용수 수요량의 절반을 충당하고 있다.[14] 싱가포르의 정교한 폐수 처리 공정에 비하면 수처리 공정이 다소 낮지만, 농업용수로 사용하기에는 충분한 수질이다. 이러한 노력으로 이스라엘은 정치적으로 민감하고 공급이 제한적인 강과 지하수 자원의 취수를 줄이고 폐수의 해양 방출을 줄여나간다. 폐수의 중요성은 날로 높아져, 현재 이스라엘은 가자지구에서 방출되는 하수를 세데롯 인근 폐수 처리장에서 처리한 후 자국 농경지의 농업용수로 재사용하고 있다.

미국 캘리포니아주 역시 한 세기가 넘도록 물을 재사용해왔다. 1910년 무렵에는 단순한 처리 과정을 거친 재생수를 소규모 농업에 사용했으나, 1950년대에는 100여 곳의 지역사회에서 야외 조경과 농업에 재생수를 사용했다.[15] 최근 캘리포니아는 폐수에서 높은 수질의 정수를 생산하는 기술이 효과적이며 성숙한 단계에 이르렀음을 입증했고, 폐수 처리 기술이 더욱 탄력적인 물 시스템의 주요한 핵심 구성 요소임을 인지했다. 현재 폐수 처리 기술은 캘리포니아주의 대규모 수자원 지역의 미래 수자원 계획을 수립할 때 중요한 부분을 차지하고 있다.

수십 년 전만 하더라도 남부 캘리포니아의 오렌지 카운티 수자원지구는 인구 증가에 따른 물 수요를 충족하기 위해 해안 지하수를 과잉 취수했는데, 담수의 대량 취수로 인해 염수가 잔여 지하수로 침투해 수질 오염을 악화시켰다. 이러한 상수도 공급의 위협에 대처하기 위해 오렌지 카운티는 1970년대 중반 워터 팩토리 21Water Factory 21 폐수 처리장을 건설해, 고도로 처리된 폐수를 해안선을 따라 설치된 23개의 우물에 공급해 염수의 침투를 막는 일종의 담수 장벽을 설치했다. 이 폐수 처리 공정을 통해 하루에 8만 5,000세제곱미터의 재생수를 생산하는 동시에, 대수층의 오염을 방지하고 폐수의 해양 방류를 줄이는 성공적인 성과를 거두었다.

이와 같은 기술 활용 경험이 점차 축적되고 폐수 처리 수요가 증가하면서, 오렌지 카운티는 폐수 처리 시스템을 확대해 현재 세계 최대 규모의 폐수 정화 시설인 지하수 보충 시스템을 건설해 간접적 식수 재사용에 박차를 가하고 있다.[16] 이 지역에서는 폐수를 미세 여과,

역삼투압 멤브레인, 자외선과 과산화수소수의 사용을 통해 집수·정화해, 하루에 38만 세제곱미터의 깨끗한 물을 생산한다. 이렇게 생산된 물의 3분의 2는 지하수 여과 장치로 주입되어 모래와 자갈을 통과해 여과된 후 깊숙한 대수층으로 흘러 들어가 지역 식수 공급량 증가에 기여한다. 나머지는 해안 우물에 주입되어 염수 침투를 방지한다. 캘리포니아주 인구 중 약 100만 명이 사용할 실내외 생활용수의 수요를 충족하기 위해 이 시스템이 생산하는 재생수 규모를 하루 약 50만 세제곱미터로 확대하는 노력이 진행되고 있다. 현재 캘리포니아주는 1년에 10억 세제곱미터의 폐수를 처리해 재사용하는데, 2030년까지 이 폐수 처리량을 1년에 30억 세제곱미터 이상으로 확대할 목표다.[17]

폐수를 부채가 아닌 자산으로 생각하는 사고방식으로 전환하기란 쉽지 않다. 미처리 폐수의 질병 초래, 생리학적인 오랜 관습, 그리고 폐수는 과학적으로 설명할 수 없지만 '역겨운' 것이라는 기존의 내재된 편견 때문이다. 모든 폐수는 결국 자연에 의해 처리되고 재활용되며, 오늘날 누구나 마시는 물의 일부는 고대의 공룡과 강 상류에서 활동하던 이웃 동물종의 소화관을 통과하며 여러 번 순환되었을 것이 거의 확실하지만, 오늘날 인간이 폐수 처리한 물을 인위적으로 그리고 직접적으로 재활용한다는 생각을 받아들이기가 어렵다.

초기의 물 재활용 프로젝트는 소규모 형태로 혹은 비공개로 실행되거나, 당시 기존의 공공 상수도 시스템에 대한 신뢰가 높은 시대적 여건으로 인해 물 재활용에 대한 대중의 관심이나 참여도가 저조했다. 그러나 이후 폐수 처리 프로젝트의 범위와 규모가 확대되면서, 대중의 부정적인 반응과 반대가 심해졌다.

1980년대 말에서 1990년대 초, 미국 로스앤젤레스 인근 샌게이브리얼강의 대규모 폐수 정화 및 대수층 보충 프로젝트가 제안되었다. 이 프로젝트가 진행될 유역에 필립모리스 계열사인 밀러브루잉의 대형 맥주 제조 시설이 있어, 프로젝트 제안 시점부터 주민들의 반대에 부딪혔다. 특히 당시 인기 있던 TV 프로그램 〈투나이트쇼The Tonight Show〉에서 진행자 제이 레노Jay Leno가 이 프로젝트와 밀러 맥주 특유의 누런 색상에 대해 농담을 하며, 맥주의 너도밤나무를 활용한 비치우드 에이징beechwood aging 숙성 과정을 '도자기 숙성 과정porcelain aging'(도자기는 변기를 의미함—옮긴이)으로 대체하는 것이냐고 농담조 질문을 던지기까지 했다. 그로 인해 필립모리스는 이미지에 치명적인 타격을 입었다.

필립모리스는 '화장실 물이 수돗물로toilet-to-tap'라는 슬로건을 내걸고 이 폐수 처리 프로젝트에 반대하는 지역 주민단체를 적극 지원했는데, 연구자 안나 스클라Anna Sklar는 사실 이 슬로건을 밀러브루잉 홍보 팀이 만들었다고 주장했다.[18] 듣는 이에게 심한 거부감이 들게 하지만 대중의 이목을 끄는 데 성공한 이 짧은 문구는 프로젝트를 반대하는 이들에 의해 자주 사용되었다. 당시 언론사 역시 대중의 심리를 파고드는 이 짧은 문구를 앞다투어 보도기사에 인용했고 오늘날까지도 언론사 지면을 통해 활용될 정도다.[19] 1994년에 밀러브루잉은 이 프로젝트 중단을 위해 소송을 제기했고, 이에 신속히 동참하는 지역 정치인들을 지원하면서, 결국 이 폐수 정화 프로젝트는 중단되었다.

비슷한 시기에 캘리포니아주의 다른 도시들도 지하수 보충, 저수지 공급수 대체, 조경 및 산업용수를 공급하기 위해 자체적으로 선진적인 수자원 처리 공정 도입을 계획하기 시작했다. 도시에서 사용되는 용수의 약 90%를 수입에 의존해오던 샌디에이고시는 노스시티 물 재생 플랜트에서 하루에 7,500만 리터의 고도 처리수를 가져다 추가로 정화한 다음, 산비센테 저수지의 물과 혼합해 한 단계 높은 정화를 실시한 후 도시의 식수로 보충하는 프로젝트를 제안했다. 샌디에이고시는 아쿠아 2000 연구센터에서 야외 관개용수 목적으로 하루에 약 400만 리터의 폐수를 처리하는 소규모 시범 프로젝트를 운영해왔다.

과거 로스앤젤레스 유역에서 물 수입 의존도를 줄이기 위한 또 다른 프로젝트가 제안된 적이 있다. 그 프로젝트에 따르면, 이스트 밸리 물 재활용 플랜트를 건설하고, 이를 통해 틸만 물 재생 플랜트에서 처리된 수십억 리터의 물을 세풀베다 유역으로 보내, 필터 과정을 거쳐 지하수로 여과한 뒤 다른 물과 혼합해서 다시 양수해 재처리 과정을 거친 후, 산페르난도 밸리와 로스앤젤레스시 남동 지역 7만여 가구의 생활용수로 공급하는 것이었다. 그러나 기존의 '화장실 물이 수돗물로' 캠페인이 매우 부정적인 영향을 미치면서 샌디에이고시를 비롯한 로스앤젤레스 프로젝트에 대한 대중의 반대 여론이 조성되어 결국 관련 수자원 정책 입안자는 두 프로젝트를 중단하기로 했다. 로스앤젤레스 재활용 프로젝트 반대 운동을 보도한 언론 기사에는 대중을 호도하는 문제의 '화장실 물이 수돗물로'라는 표현이 83회나 사용되었다.[20] 샌디에이고시는 가뭄으로 인해 심각한 물 부족을 겪는 상황인데도, 2004년 현지 공공수도 당국이 실시한 여론 조사에 따르면 시민의 63%가 재생수의 식수 사용에 반대했다.[21]

그러나 필요성과 경험에 의해 이러한 상황이 변하고 있다. '필요성'

은 캘리포니아주를 비롯한 어느 지역에도 새로운 미개발 수자원이 존재하지 않고 최근 수십 년 동안 지속된 가뭄과 물 수요 급증에 따라 새로운 대안을 모색해야 할 필요성을 의미한다. '경험'은 폐수 처리 기술의 발전, 여론 형성 및 교육 방법에 대한 이해 제고, 실제 재생수 사용 경험 등이 더 스마트하고 포괄적인 물 재사용 프로그램으로 이어지고 대중의 긍정적인 인식이 증가하는 취지에서의 경험을 의미한다.

싱가포르 뉴워터 프로그램의 성공 요인은 이 프로그램과 관련한 박물관, 홍보 전시 센터, 광고, 국가 지도자가 참여한 방송 이벤트 등을 통한 체계적인 대국민 홍보와 교육을 위한 노력 등이었다. 미국 캘리포니아주의 경우에도 2000년대 중반 이후 물 부족 우려와 물 재사용에 대한 대중의 인식을 변화시키기 위한 적극적인 홍보로 여론의 흐름이 바뀌기 시작했다. 샌디에이고시는 2035년 말까지 샌디에이고시 물 공급량의 40% 이상을 재생수로 공급하기 위해 다년간 물 재사용 프로그램인 '퓨어 워터 샌디에이고Pure Water San Diego'를 실시했으며, 이를 위해 사실에 기반한 구체적인 수치 자료, 홍보 뉴스, 지역사회 공청회, 독립적인 자문위원회 설치, 지역사회의 참여 등 다양한 노력을 기울였다.

이와 같은 새로운 노력은 효과를 거두고 있다. 2011년에는 샌디에이고시의 여론이 긍정적으로 바뀌었다. 식수 공급에 고도 재활용수를 추가하는 프로젝트와 관련한 설문 조사 결과, 과거에는 응답자 중 3분의 2가 반대한 것과 달리, 응답자의 3분의 2가 적극적으로 선호하거나 선호하는 것으로 나타났다.[22] 이런 긍정적 여론에 힘입어 샌디에이고시는 드디어 시범 설비를 가동해 하루 400만 리터 분량의 고도 재생수를 생산한다. 극심한 가뭄이 4년째 이어진 2015년 4월 현재 설문 응답자의 71%는 식수 공급원으로 재생수 이용이 가능하다는 점을 이해하고 있다고 밝혔으며, 이와 유사한 비율의 응답자(73%)는 고도 재생수를 적극 선호하거나 선호하는 것으로 나타났다.[23]

나미비아, 싱가포르, 캘리포니아, 이스라엘이 물 재사용에 집중할 수 있었던 공통점은 무엇일까? 모두 물 생산의 정점 한계와 기존 물 공급원의 가용성 한계에 직면하고 있다는 점이다. 나미비아는 지구상에서 손꼽히는 건조한 국가 중 하나다. 싱가포르는 작은 섬나라여서 큰 강이 없고 말레이시아의 물 공급에 의존하는, 정치적으로 취약한 국가다. 미국 캘리포니아주와 이스라엘은 반건조 기후로 밀집된 인구의 물 부족 현상이 급속히 악화하고 있지만, 선진 폐수 처리 시설을 운영할 자금력과 기술 전문성을 갖추고 있다.

이 모든 사례는 '폐수' 개념이 이제 시대에 뒤떨어진 사고방식이라는 점을 강조한다. 폐수를 더 이상 은폐하거나 외면하고 버릴 수 있는 부채로 간주하면 안 된다. 세 번째 물의 시대에는 회수되어 재처리된 물이 소중한 자산이며 신뢰할 수 있는 새로운 물 공급원으로 이용되고, 조경·농업·산업·생활용수 등 다양한 목적으로 사용 가능함을 반드시 인식해야 한다. 우주정거장이든 지구든 소중한 자원의 공급이 제한적인 폐쇄된 환경에서, 진정한 지속 가능한 물의 미래 시대에는 물의 재활용과 재사용을 통해 물 공급을 확대하는 선택지를 결코 무시할 수 없다.

우주 비행사가 이용할 수 없는, 지구상에만 존재하는 또 다른 새로운 수원은 거대한 해수다. 해수는 염분 농도가 지나치게 높아 식수나 농업용수로 이용할 수 없지만, 폐수 처리장에서 불순물을 여과하기 위해 사용하는 기술과 동일한 방식으로 염분을 걸러낼 수 있다. 담수 자원의 생산 정점 한계에 근접하고 있는 오늘날, 잠재적으로 중요한 수원으로서 해수의 매력은 점점 커지고 있다.

• 30장 •

담수화

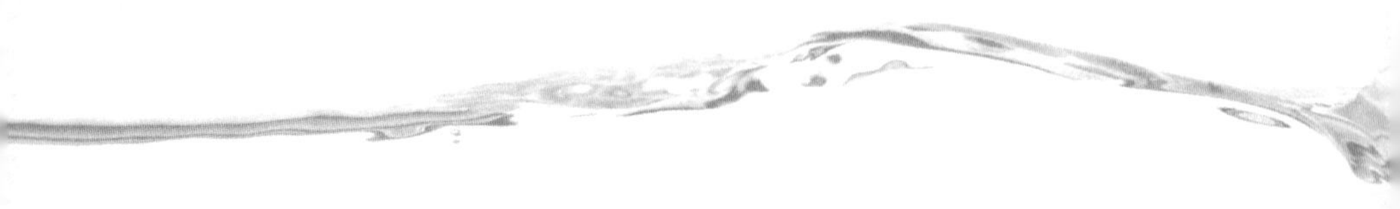

만일 우리가 저렴한 비용으로 바닷물에서 담수를 얻을 수 있다면,
다른 어떠한 과학적 성과보다 인류의 장기적 이익을 증진하는 길이라고 생각한다.
_ 존 F. 케네디John F. Kennedy

필자에게 오는 물과 관련된 이메일, 휴대폰 문자, 트위터 중에서 해수의 담수화와 관련된 내용이 가장 큰 비중을 차지한다. 또한 글로벌 물 이슈에 대해 일반 청중과 이야기할 때 가장 먼저 받는 질문 중 하나는 담수화 가능성 유무다. 담수화는 과학기술 낙관론자의 꿈이다. 충분히 이해 가능하다. 지구는 바다로 둘러싸여 있고 물에서 염분을 제거하는 기술이 이미 알려져 있는데, 지구에서 어떻게 물 부족 상황이 발생할 수 있을까? 실제로 물로 둘러싸인 이 행성에서 어떻게 갈증, 물 부족, 물 분쟁이 발생할 수 있는지 이해하기 어려울 것이다.

모든 자연수에는 소량의 염분이 포함되어 있으며, 빗물이 토양을 통과할 때 미네랄을 용해하고 다시 바다로 흘러간다. 수십억 년에 걸쳐 이 미네랄이 바다에 축적되었는데 자연 증발 과정을 통해 담수는 대기 중으로 빠져나가고 염분은 남는다. 1리터의 식수는 일반적으로 약 0.5그램 미만의 염분을 함유한다. 그런데 오늘날 바닷물은 1리터당 35그램의 염분을 포함하고 있다. 증발이 유일한 유출 경로인 막다른 곳에 있는 호수는 염분 농도가 더 높을 수 있다. 미국 유타주의 그레이트솔트호와 이스라엘, 요르단, 팔레스타인이 공유하는 사해는 1리터당 300그램 이상의 염분을 함유하는데, 이는 염분 농도가 30%를 초과함을 의미한다.

물로 둘러싸인 행성이 물 부족으로 인해 어려움을 겪는 모순은 이미 오래전부터 존재해왔다. 새뮤얼 테일러 콜리지의 서사시 「늙은 선원의 노래Rime of the Ancient Mariner」에서, 바다에서 좌초된 저주받은 배에 대해 노쇠한 선원이 들려주는 슬픈 이야기의 일부를 보면 다음과 같다.

> 하루 또 하루, 하루 또 하루,
> 우린 꼼짝 못 했네. 활기도 움직임도 없이
> 그림 속의 배처럼
> 정지해 있었지.
> 물, 물, 온 사방이 물이었고
> 갑판 전체가 오그라들었네
> 물, 물, 온 사방이 물이었어
> 그러나 마실 물은 한 방울도 없었네…….[1]

오래전 선원들에게는 신선한 물을 찾는 것이 끊임없는 도전이었다. 통에 물을 넣어 저장한 후, 물이 상하지 않기를 기도했다. 돛에 내린 빗물을 모으기도 했다. 초기 그리스인들은 저녁에 양가죽에 맺힌 이슬을 다음 날 아침 그릇에 짜내어 물을 얻었다. 항해 중인 배는 강과 용천에서 담수를 구할 수 있을 때마다 물을 보충했으며, 초기 항해 지도에는 주요 급수 지점이 표시되어 있었다. 해군은 바닷물을 식수로 전환하는 기술을 개발하는 이에게 포상했다. 시간이 흘러가면서 선원들은 바닷물을 가열해 증발하는 담수를 포집했고, 오늘날 해군은 바닷물에서 염분을 분리하는 정교한 멤브레인을 이용해 여과하는 방식으로 담수를 얻고 있다.

담수화에 대한 가장 오래된 내용은 고대 그리스에서 발견되었다. 2,300년 전 아리스토텔레스는 바닷물을 가열하면 담수가 증발하고 이후 강우와 강 유출수의 순환에 따라 바다가 보충된다는 사실을 관측했다. 그는 "증발한 바닷물은 담수가 되고 이때의 수증기가 다시 응축되면 바닷물로 되돌아가지 않는다는 사실을 실험으로 증명했다"라고 기술했다.[2] 한 세기 후 아프로디시아스의 알렉산더Alexandros of Aphrodisias는 증류 방법을 이용한 인공적인 담수화 기술에 대해 상세히 설명했다. "사람들은 이와 같이 바다에서 담수를 취한다. 바닷물이 담긴 큰 용기를 불 위에 올려놓고 뚜껑을 덮어 가열해서 수증기를 포집하고, 이때 포집된 수증기가 응축되어 담수가 된다."[3]

4세기 초, 카이사레아의 대주교였던 성 바실리우스Saint Basilius는 끓는 물이 담긴 냄비 위에 스펀지를 달아 담수 증기를 포집하는 방법을 알렸다. 1588년 프랜시스 드레이크Sir Francis Drake와 함께 스페인 함대에 맞서 전투를 벌였던 영국의 선원이자 이후 제독이 된 리처드 호킨스Sir Richard Hawkins는◆ 1590년대 초 남태평양을 항해하면서 해상에서 증류한 담수를 사용했다. "오랜 항해로 인해 담수가 며칠간 고갈되었지만 배에 설치된 발명품 덕택에 생명을 유지하기에 충분한 양의 담수를 바다에서 쉽게 얻었다. 나무로 만든 빌릿billet 네 개를 이용해 상당량의 물을 추출했다. 이 증류수는 선원의 건강을 유지할 정도로 영양이 풍부해 보였다."[4]

1600년대 후반에서 1700년대 초반, 영국과 유럽에서는 항해할 때 선박에서 사용할 수 있는 다양한 증류 시설이 발명되었는데, 홍보 전단지, 광고, 특허 출원을 이용해 대중의 관심을 이끌어내거나, 상용화되거나 정부와 해군의 승인을 기다리는 발명품이 잇따랐다. 영국 및 프랑스 군함에서 담수화 실험이 진행되었고, 이후 수많은 장거리 항해에서 단순한 증류장치를 이용해 증류수를 얻었다. 제임스 쿡James Cook 선장은 2차 세계 탐험(1772~1775년) 중 배에 설치된 증류기를 이용해 바다에 떠내려온 얼음조각을 가열해서 하루에 110~150리터의 담수를 생산했다고 탐험 일지에 기록했다.[5] 토머스 제퍼슨Thomas Jefferson은 1791년 미국 하원에 제출한 보고서에 다음과 같이 기재했다.

◆ 이 외에도 호킨스는 감귤류가 괴혈병의 치료제임을 발견한 최초의 탐험가 중 한 명이다. 이는 괴혈병에 대한 감귤류의 효능을 입증한 것으로 알려진 제임스 린드James Lind보다 1세기 이상 앞선 발견이다. "괴혈병에 가장 좋은 치료법은 오렌지와 레몬의 섭취다. 이는 하느님의 놀라운 능력과 지혜가 담긴 비밀로, 이 과일에 내포된 유익한 영양분이 이 질병의 효과적인 치료법이 될 수 있다." D. McDonald, "Dr. John Woodall and His Treatment of the Scurvy," *Transactions of the Royal Society of Tropical Medicine and Hygiene* 48 (1954): 360–365.

> 오랜 기간 항해사들에게 바닷물에서 담수를 얻는 것은 매우 중요한 사안이었다. 선박에 간단한 증류 시설을 설치한 후 어느 선박에서나 쉽게 찾을 수 있는 용기를 이용하는 간단한 증류 방법은 매우 효율적이었다. 이 방식은 30년 이상 이용되었고 여러 선박에서 실제로 이루어졌지만, 일부 선원만 알고 있을 뿐 아직 많은 선원이 인지하고 있지 않다. 따라서 증류법이 주요 사안으로 대두한 이 시점에, 국무장관은 지금 이와 같이 유용한 증류 방법을 미국 선원들에게 실용적으로 확산할 기회로 삼아야 한다는 의견을 제안한다.[6]

1811년 담수와 관련된 안내문에는 담수를 공급하기 위한 새로운 '화로 기구'의 실험에 대한 논의를 포함해 영국 국회의원과 해군 지휘관들이 나눈 대화가 기록되어 있다. 여기에는 HMS 로열오크Royal Oak호, HMS 아부키르Aboukir호, HMS 트러스티Trusty호 등의 함장과 지휘관들이 증류 장치에 대해 매우 긍정적으로 평가한 내용이 포함되어 있다. 그중 동인도회사 선박인 시티 오브 런던City of London의 조지프 예이츠Joseph Yates 사령관은 다음과 같이 언급했다.

> 내가 선장이었던 동인도회사 선박 시티 오브 런던호를 타고 항해하는 동안 램앤코Lamb and Co.가 새로 발명한 응축기를 실험해보았는데, 그 효과가 놀라웠다. 항해 중에 식수 공급은 가장 중요한 일인데, 짠 바닷물에서 순수한 담수를 지속적으로 공급하는 이 제품을 여타 선박의 선주와 선장들에게 추천하는 것이 내 임무라고 생각한다.[7]

이와 같은 성공에도 불구하고, 대량의 증류에 필요한 목재나 석탄의 고비용, 화약을 적재한 목선에서의 화재 발생 위험 등으로 인해 현대식 담수화 공정이 개발될 때까지 증류 방식 기반의 담수화는 당시 해군 선박의 주요 식수 공급원이 되지 못했다. 그러나 현대적 담수화 기술의 발달로 모든 대형 해군 함정에는 담수화 시설이 설치되어 있으며, 그중 일부는 상당한 규모다. 잠수함과 구축함은 하루에 2만~4만 5,000리터의 해수 담수화 역량을 갖추고 있다. 약 6,000명이 탑승 가능한 미국 항공모함의 경우 하루에 최대 25만 리터의 물을 담수화할 수 있다.[8] 2010년 아이티섬 대지진 때, 미국 핵 추진 항공모함 칼 빈슨Carl Vinson(CVN-70호)은 자체 담수화 시설을 활용해 아이티에 긴급 식수를 공급했다.[9]

현대적 담수화 플랜트는 극히 일부만 증류법을 사용한다. 대신 해수에서 염분을 선택적으로 분리할 수 있는 정교한 멤브레인이 개발되면서 새로운 담수화 기술의 시발점이 되었다. 이 '역삼투' 멤브레인은 반투과성 막을 통해 해수에 압력을 가하면 담수가 미세한 구멍을 통과하면서 더 큰 분자인 염분과 기타 용해된 미네랄을 농축수에 남겨, 생성된 담수를 회수하고 농축수를 폐수 처리하는 과정이다. 역삼투 방법은 증류 방법보다 저렴하고 효율성이 높아 최근 대규모 담수화 플랜트는 모두 이 방법을 사용한다.

이러한 플랜트는 기술 및 공학적으로 보면 놀라운 업적이지만, 외견상으로는 그다지 압도적인 규모가 아니다. 싱가포르, 이스라엘, 미국 캘리포니아주와 플로리다주, 아랍에미리트에 있는 실험용 및 상업용 해수 담수화 시설을 방문할 기회가 있었다. 대형 창고와 같은 시설

그림 27. 이스라엘 아슈도드 담수화 플랜트의 역삼투 방식의 멤브레인 랙.

사진: 피터 글릭(2019).

에 대형 펌프, 몇 킬로미터 길이의 파이프, 천장에서 바닥까지 이어지는 멤브레인 랙 등이 설치되어 있었다. 이 시설에서는 해수에서 담수를 분리하는 담수화 과정을 통해 생성된 담수를 도시와 산업 부문으로 공급하고, 그 과정에서 남겨진 농축수를 다시 바다로 방출하는 방식으로 운영되었다(그림 27 참고).

2020년 현재 전 세계적으로 약 1만 6,000여 곳에서 담수화 플랜트가 운영되어 매일 약 1억 세제곱미터 규모의 담수를 생산한다. 이 생산 규모의 절반은 물 부족 문제가 심각한 중동과 북아메리카에서 이루어지고, 나머지는 수원이 부족한 여타 건조 및 반건조 지역에 분산

되어 있다.[10]

이와 같이 담수화 생산 능력은 향상되고 있지만,◆ 전체 도시용수 및 산업용수 중 극히 일부만 차지하며 현재 전 세계 물 수요 중 1%를 충당할 뿐이다.[11] 그 이유는 무엇일까? 해수 담수화 개념은 단순해 보일 수 있으나, 실제적으로는 현실적인 복잡성과 수많은 물 문제가 기술적 요인이 아닌 경제적·환경적 요인에 기인하기 때문이다.

담수화 이용 확대를 제약하는 최대 요인은 플랜트 건설 및 운영 부문과 해수에서 염분 분리 시 필요한 에너지 공급에 수반되는 높은 경제적 비용이다. 담수화 플랜트에는 배관, 콘트리트, 펌프, 파이프, 제어 시스템 등 많은 물리적 인프라가 필요하다. 가격이 비싼 멤브레인을 정기적으로 교체해야 한다. 최근 몇 년 동안 현대식 담수화 플랜트의 운영 효율성이 제고되었지만, 소금 이온과 물 분자의 화학적 결합을 분리하는 데는 여전히 방대한 에너지가 필요하다. 이러한 제약 요인으로 해수 담수화는 물 수요를 줄이는 물 사용 효율성 증대 방안이나 폐수 처리 및 재사용 등과 같은 새로운 물 공급 방안에 비해 경제성이 떨어진다.

태평양연구소의 헤더 쿨리Heather Cooley와 동료들이 실시한 연구 평가에 따르면, 미국 캘리포니아주의 도시용수 효율성 증대 방안, 즉 폐수 처리 및 재사용, 강우 포집 등의 방안을 모두 비교 분석한 결과 다

◆ 내륙 지역의 염분 농도가 낮은 바닷물을 담수화하고자 소규모 담수화 설비가 설치된 적이 있다. 해수 담수화 대비 분리해야 할 염분량이 적기 때문에 기술적으로나 경제적으로나 다소 유리하긴 하지만, 이 역시 해당 지역의 여타 수원과 경쟁해야 하며 담수 추출 후 잔존하는 농축수를 안전한 방법으로 폐기해야 한다.

른 담수화 방법이 해수 담수화 방법보다 훨씬 저렴했다. 즉, 비교 분석한 다른 방안에 비해 해수 담수화의 경제성이 가장 낮았다.[12]

또한 해수 담수화는 대량의 해수를 플랜트로 양수해 담수를 추출한 후 남는 대량의 농축수를 바다로 방출함에 따라 어류 등 해양생물에 대한 영향을 포함해 상당한 환경적 책임을 가지고 있다. 이러한 환경적 영향을 축소하기 위한 방법으로는 정교한 취수 필터와 파이프를 사용하고, 폐수 농축수를 넓은 지역에 걸쳐 방출해, 바다로 안전하게 다시 섞여 들어가도록 하는 것이 있다. 그러나 상업용 플랜트는 대규모 취수 및 유출 파이프를 설치해 폐수 농축수를 폐쇄된 만이나 바다로 대량 방류하는 저렴한 방법을 이용한다. 이와 같이 방류된 농축수는 방류지 인근 지역의 생태 여건에 악영향을 미칠 수 있으며 담수화 공정에서 사용된 저농도의 화학 물질을 포함할 수 있다.

이 외에도 해수 담수화의 주요 환경 영향은 담수화 플랜트의 막대한 에너지 수요에 기인한다. 현재 대부분의 담수화 플랜트는 전통적인 화석 연료에 의존하고 있어, 담수화 공정에서 다량의 온실가스가 발생해 기후 문제를 일으킨다. 미래의 담수화 플랜트가 보다 효율적인 재생 에너지로 운영되고, 해수 포집과 폐수 농축수 방출과 관련해서 더욱 친환경적인 기술이 도입되지 않는다면, 지속적으로 높은 환경 비용이 발생할 것이다.

이러한 책임에도 불구하고, 적어도 물 수요 관리나 물 재사용 등 여타 접근 방식의 가용성이 소진되고 소비자가 담수화에 따르는 모든 경제적 비용을 기꺼이 부담할 만큼 물의 가치가 상승하는 지역에서는 결국 물 공급 부족으로 인해 담수화에 대한 의존도가 증가할 것이다. 하천과 대수층으로부터의 취수에 의존하지 않고 가뭄에 취약하지 않은 안정적인 물 공급원이라는 점에서 담수화의 가치는 증가하고 있다. 그러나 다수의 물 공급 방법 가운데 비용이 가장 많이 들어간다는 점을 감안하면, 담수화가 주요한 물 공급원이 되기 위해서는 현재 사회가 직면한 문제에, 폐수 방출로 인한 해양오염 등 추가적 문제가 생기지 않는 방향으로 추진되어야 할 것이다.

• 31장 •

미래를 위한 비전

뒤로 더 멀리 볼수록, 앞으로 더 멀리 볼 수 있다.
_ 윈스턴 처칠 Winston Churchill

이 책은 인류가 과거를 통해 배움으로써 현재를 더 이해하고 더 나은 미래를 상상하고 건설할 수 있다는 중요한 내용을 다룬다. 지금 우리는 중요한 갈림길에 서 있다. 세 번째 물의 시대로 향하는 두 가지 잠재적인 길이 보인다. 각각 너무나 다른 미래로 이어지는 길이다.

그 길 중 하나는 디스토피아적인 암울한 미래로 이어진다. 우리 모두 대중문화, 영화, 도서, TV, 소셜미디어 등을 통해 공상과학, 판타지, 로봇의 인간 정복, 외계인 침공, 핵전쟁 아마겟돈, 글로벌 팬데믹, 좀비, 소행성의 지구 충돌, 지오스톰geostorm, 인공지능 반란 등의 형태로 언제 어디서든 발생할 수 있는 잠재적 재난에 대해 익히 잘 알고 있다. 필자 역시 이런 종류의 이야기를 좋아한다. 필자는 좋은 드라마든 나쁜 드라마든 물과 관련된 재난물은 대부분 시청하는 편인데, 그 중 상당수가 물 전쟁, 악인이 배후에서 물 공급 라인을 조작하거나 통제하는 이야기, 정치인의 부패, 기업의 탐욕, 물이 가장 중요한 자원으로 부상하는 종말 이후의 지구 등 물을 핵심 테마로 삼고 있다.

1964년 고전 영화 〈닥터 스트레인지러브Dr. Strangelove; or, How I Learned to Stop Worrying and Love the Bomb〉에서는 미국의 광적인 장군이 공산주의자들이 미국 상수도와 국민의 '소중한 신체기관'을 오염시키려는 음모를 꾸민다는 망상에 사로잡혀 소련과 전쟁을 벌인다. 립 톤Rip Torn과 데이비드 보위David Bowie가 주연을 맡은 1976년 공상과학영화 〈지구로 떨어진 남자The Man Who Fell to Earth〉는 죽어가는 행성을 위해 물을 구하러 지구로 온 휴머노이드 외계인 이야기를 다룬다. 1995년 풍자 영화 〈탱크 걸Tank Girl〉에는 광적인 말콤 맥도웰Malcolm McDowell이 종말 이후 지구에 잔존하는 소량의 물을 지배하는 메가 기업 워터 앤드 파워를 이끄는 사악한 수장역으로 출연한다. 〈007 퀀텀 오브 솔러스Quantum of Solace〉(2008)에서는 제임스 본드가 남아메리카의 한 국가에서 수자원을 지배하려는 사악한 배후 세력에 맞서 싸운다.

지구를 거대 기업이나 과대망상증 환자가 담수를 지배하는 황폐화된 사막으로 묘사하는 공상과학영화의 다른 예로는 〈태양의 전사들Solarbabies〉(1986), 〈노메드의 검Steel Dawn〉(1987), 〈워터월드Waterworld〉(1995), 〈동방삼협Executioners〉(1993), 일본 애니메이션 〈사막의 해적! 캡틴 쿠파砂漠の海賊! キャプテンクッパ〉(2001) 등이 있다. 필자는 휴고 위빙Hugo Weaving, 내털리 포트먼Natalie Portman, 루퍼트 그레이브스Rupert Graves가 출연한 다크 무비 〈브이 포 벤데타V for Vendetta〉(2006)를

좋아한다. 이 영화에는 부패한 파시스트 정치세력이 비밀리에 영국 상수도에 독극물을 주입해서 대중의 공포심을 확산시켜 절대적 권력을 얻는데, 이에 반하는 대중의 혁명적 투쟁을 선동하는 익명의 히어로가 등장한다. 〈매드맥스: 분노의 도로Mad Max: Fury Road〉(2015)에서는 종말 이후 지구에서 물을 지배하는 자가 권력을 소유한다.

이 책이 디스토피아적인 또 다른 비전을 제시할 필요는 없다. 그것은 분명 우리가 상상할 수 있는 미래이지만, 선택의 여지가 있다면 결코 가고 싶지 않기 때문이다. 오늘날 선택권을 가진 우리는 다른 미래로 이어지는 길을 선택할 수 있고, 이 미래는 우리가 설계하고 건설할 수 있다는 점이 이 책의 핵심이다. 이제는 디스토피아 대신 긍정적인 물의 미래에 대한 비전을 추구해야 할 시점이다.

회고: 2099년 시점에서 본 회상

21세기가 저물고 새로운 시대가 시작되고 있다. 우리는 과거의 혼돈과 갈등, 그리고 궁극적으로는 사회 및 환경적 혁신을 되돌아보고 성찰할 기회를 가진, 그야말로 놀라운 전환의 순간에 서 있다. 수십만 년 동안 인류는 진화의 고향인 아프리카에서 시작해 주변 지역으로 정착지를 확대한 호모 사피엔스 무리에서 최초의 수렵·채집 정착촌과 아프리카, 아시아, 유럽 및 아메리카 대륙의 마을과 제국을 세웠다. 이 진화 과정에서 인구가 증가함에 따라 결국 지구에 미치는 파장과 발자국이 폭발적으로 증가했다. 우리는 과학·산업·사회적 혁명의 가속화, 그리고 최종적으로 20세기 후반과 21세기 초반의 급격한 인구 성장으로 지구의 인구가 100억 명을 초과하면서 사회적 불평등, 자원 고갈, 기후 파괴와 폭력 등 글로벌 위기가 도래했다.

19세기 말 이후 발생한 인류 사회의 변혁은 지난 20만 년 동안 발생한 그 어떤 변화보다 극적이며 잠재적으로 문명의 멸망을 초래할 수 있는 규모다. 이 시기의 의사 결정은 인류를 발전의 정점과 붕괴 직전까지 치닫게 했으며, 일관되고 정의로우며 지속 가능한 인류 문명이 과연 미래에도 생존할 수 있을지 의문을 제기했다. 2000년대 초반에는 문화·종교·정치적 이념으로 인한 사회 붕괴, 핵 종말 가능성뿐만 아니라 지구의 물, 에너지, 해양 및 대기권의 오용과 남용으로 인한 환경과 생태계의 붕괴 위험이라는 세 가지 실존적 글로벌 위협이 크게 대두했다.

19~20세기에는 인류의 산업·경제 개발 노력이 환경에 미치는 직간접적 결과에 대해 무지하거나 그 중요성을 경시했다. 현재 2099년을 살고 있는 우리는 이제 우리가 물을 취수하고 사용할수록 생태계와 하천의 건강 훼손이라는 비용이 발생한다는 점을 알고 있다. 지하수의 과도한 취수는 제한된 지하수의 고갈을 야기하고, 섬세하게 서로 연결된 강과 호수에 영향을 미칠 위험이 상존한다. 생활 폐기물과 산업 폐기물 또는 폐열이 자연 담수 자원으로 방출될 경우, 수생 생물이나 하류의 물 사용자가 피해를 입는다.

1800년대 발생한 여러 수자원 재난은 환경에 대한 대중의 인식이 확대되는 시발점이 되었고, 1900년대 후반 새로운 형태의 통신 수단을 통해 죽어가는 호수, 화염에 휩싸인 강, 사라지는 야생 세계와 동식물, 파괴적인 폭풍에 대한 이미지와 이야기가 공유되면서 환경에 대한 공감대가 급속도로 확산되었다. 헨리 데이비드 소로, 조지 퍼킨스 마시, 알도 레오폴드, 마저리 스톤먼 더글러스Marjory Stoneman Douglas, 앤 에를리히, 파울 에를리히, E. E. 슈마허Schumacher, 존 맥피John McPhee, 에드워드 애비, 도넬라 메도스Donella Meadows, 데니스 메도스Dennis Meadows를 포함한 다수의 저자는 인류 보호에 중요한 생태학적 가치를 이해하고 이를 보호하기 위한 글로벌 운동에 영감을 불어넣었다. 그리고 21세기 초 과학자들은 인간이 지구의 기후를 변화시키고 지구의 물 순환과 관련된 모든 부문에 새로운 위협을 가하고 있다는 사실을 인식하게 되었다.

한 세기에 걸쳐 악화되었던 일련의 환경·사회적 재해가 발생한 이후, 우리는 이제 위험할 정도로 불안정하고 불평등했던 과거 세상으로부터 인간과 자연의 균형이 유지되고 환경적으로 지속 가능한 세상으로 놀라운 전환이 시작되었음을 목격했다. 다가오는 신세기에 인류를 보호하기 위한 생태학적 건강을 복원하는 데 상당한 진전이 있었다. 글로벌 위협 요인을 파악하고 인지하고 직면하면서, 과거에 분열되었던 정치·문화적 공동체가 공동의 목표를 위해 하나로 모였다.

물론 실행되어야 할 많은 난제가 산적해 있다. 세계 인구가 증가에서 감소로 돌아서기 위한 인류 최초의 능동적 노력, 현대 산업 및 기술 문명 시대에 파괴되었거나 심각하게 훼손된 소중한 생태계의 복원, 지구의 대기·물·기후에 대한 교란 중지 및 궁극적인 안정화와 부분적인 복원 등 아직 끝내지 못한 일이 있다. 그러나 이제 우리는 이와 같은 위협 요인들을 인식하고 긍정적인 미래로 가는 길을 파악해 적극적인 의지를 가지고 이 길을 걸어가고 있다. 아마도 사회가 식량, 산업, 인류, 생태계의 생존을 위해 담수를 관리하고 이용하는 노력이야말로 이러한 긍정적인 전환을 가장 여실히 보여주는 증거일 것이다. 바로 이것이 세 번째 물의 시대로 전환하는 이야기다.

2세기 고대 그리스의 파우사니아스Pausanias는 시민들에게 깨끗한 물을 공급할 수 없는 도시는 '도시'라고 불릴 자격이 없다고 말했다. 그러나 21세기 초반에도 수십억 명의 인구가 안전하고 저렴한 식수와 위생 시설을 이용하지 못했으며, 매년 수백만 명이 물을 매개로 한 예방 가능한 질병으로 사망했다. 22세기를 시작하는 오늘날에는 인류 역사상 처음으로 누구나 안전하고 저렴한 식수와 위생 시설을 이용할 수 있다. 안전한 식수와 위생 시설에 대한 보편적 접근이 가능해져, 먼 거리를 걸어가서 종종 깨끗하지 않은 물을 길어오는 고된 노동에 속박되었던 여성들과 소녀들이 자유로워졌다. 이들이 학교와 직장으로 돌아감에 따라, 세계 경제도 호황을 누렸다. 오염된 물로 인한 콜레라와 설사병은 이제 과거의 유물이 되었다. 물을 매개로 한 예방 가능한 질병이 많이 감소하면서 인류의 고통이 경감되었으며 의료 시스템에 가중되었던 어려움이 해소되어 전 세계적으로 생산성이 향상되었다. 이제 혁신적인 소규모 분산형 폐수 처리 시스템을 이용해 폐수를 포집, 처리할 수 있게 되어 물 공급을 확대하고 과거에 오염되었던 강과 호수의 수질 및 건강성이 회복되었다.

20세기 후반과 21세기 초 수십 년에 걸쳐 호황을 누렸던 생수 산업의 종말이 목격되었다. 환경 파괴적이고 소모적이었던 생수 산업은 깨끗한 물을 플라스틱병에 담아 소비자에게 판매했는데, 생수의 판매

가격은 효율적으로 운영되는 공공 상수도의 안전한 상수도 가격보다 수천 배나 비쌌다. 오늘날 안전한 식수에 대한 보편적인 접근이 확보되면서, 생수는 단기적 재난 상황에 대비한 비상용품을 제공하는 틈새시장 상품으로 변모했다. 물론 플라스틱 생산과 폐기물을 줄이기 위한 전 세계적 노력의 일환으로 현재 플라스틱 재질의 생수 물병은 100% 재사용·재활용되고 있다.

전 세계가 깨끗한 물을 이용하기까지 마법의 해법이란 없었다. 과거와 현재에 걸쳐 개인, 지역사회, 농업, 산업 분야 등의 물 수요를 충족하기 위해 다양한 신·구 기술이 접목되고 있으며 앞으로도 그럴 것이다. 이 다양한 기술에는 하천, 호수, 지하수 등 기존 수자원 이용, 폐수의 초정수화 및 재사용, 염수와 해수의 담수화, 수증기 포집 등 현재 지구가 운영하는 화성 식민지에 물을 공급하기 위해 사용되는 기술과 동일한 기술이 포함된다. 수요가 발생한 지역에 물 분배 시스템이 구축되었고 노후 시스템이 개량되었다. 현대적 위생 시스템은 모든 산업 폐기물과 생활 폐기물을 수거, 처리해 오염 물질을 제거하고 영양 물질, 탄소, 질소, 에너지, 물을 재활용해 지역에서 재사용한다. 기존의 대규모 중앙 집중식 물 관리 시스템은 이제 비용 부담이 경감된 소규모 분산형 시스템으로 보완되어 누구나 물을 이용하고 있다.

이러한 새로운 물 공급원은 물 효율성 혁명으로 인해 확대되었다. 21세기 초 산업, 가정, 농업 부문에서 대량의 물이 낭비되고 비생산적으로 사용되고 있음이 밝혀졌다. 일부 부유한 물 사용자나 대규모 산업체가 거의 비용을 내지 않은 채 우수한 수질의 용수를 대량 사용하는 반면, 빈곤층은 안전하지 않은 물을 간헐적으로 공급받거나 개인 급수 업체나 생수 회사로부터 물을 구입하기 위해 소득 대비 훨씬 비싼 비용을 부담했다. 일부 농부들은 거의 농업용수 비용을 부담하지 않았기에 식량 생산이 확대됐지만, 용수를 남용하는 비효율적인 관개를 초래했다. 물 사용 효율성 부문의 혁명은 물 사용 기술의 발전, 합리적인 물 가격 책정, 물 관리 개선을 통해 산업과 농업 부문의 생산성이 확대되는 동시에 물 사용이 감소했다.

최근 수년간 가장 극적인 변화는 지속 가능한 물 사용, 기후 변화, 삼림 벌채, 토지 사막화의 파괴적인 영향을 늦추고 복구하기 위한 노력의 일환으로 생태계 복원을 위한 전 세계적 노력이 시작되었다는 점이다. 인간이 초래한 기후 변화, 특히 수문 순환에 미치는 피해는 앞으로도 계속되겠지만, 비탄소 에너지원으로의 전환은 이제 완료되었으며, 생태적 복원과 대기 중 온실가스 제거를 가속화하려는 노력이 효과를 거두고 있다. 다양한 수원 사용과 환경 파괴 요인이 밀접하게 연관된다는 점을 감안할 때, 과거의 지속 불가능한 물 사용에서 벗어나 새로운 연성 물 경로로 전환하기 위해 실행된 모든 시도는 다각적인 편익을 생성하고 있음을 의미한다.

북아메리카, 중국, 유럽에서 강의 건전성을 파괴하는 댐의 의존도가 감소하면서 수질 개선과 어류 서식지 복원이 이루어졌다. 습지가 복원되면서 자연 수 처리 개선, 토양의 탄소 저장 가속화, 철새 및 멸종 위기에 직면한 어류와 수생 동식물의 서식지 확대로 이어졌다. 지하수의 과잉 취수가 중단되고 체계적인 지하수 관리를 통해 하천의 흐름이 복원되었으며 토지 침하를 방지하고 수백만 명의 농부에게 좀 더 안정적이고 지속적인 농업용수가 공급된다. 물 집약적인 화석 연료 발전소가 사라지면서 대량의 물이 생태계 복원과 인류의 물 이용 목적을 위해 활용된다. 이제 물 관리에 대한 대중의 참여는 예외적 상황이 아니라 하나의 표준이 됨에 따라 누구나 물의 중요성을 인식한다. 과거에는 비공개로 진행되던 의사 결정이 이제는 해당 결정 사항이 가장 큰 영향을 미칠 지역사회를 통해 이루어진다.

물에 대한 접근과 통제를 둘러싼 전쟁과 폭력의 위협도 사라졌다. 물 또는 물 시스템이 폭력을 유발하거나 폭력의 무기 또는 공격 대상으로 이용되었던 과거는 이제 역사 속으로 사라졌으며, 안전한 물에 대한 보편적 접근이 확보되고 관련 국제법과 규범이 강화되어 시행되었다. 지구상 모든 주요 강 및 지하수 유역에 대해 공정하고 공평한 수자원 이용, 공동 유역 관리, 물 가용성과 수질에 대한 정보 공개 및 공유 원칙을 기반으로 하는 물 협약이 체결되었다. 이제 지상 및 위성 기반 센서를 활용해 수자원 시스템의 오작동, 수질 오염, 재해, 기상 이변을 포함한 기타 재난에 대한 실시간 모니터링이 가능하며, 국가적 또는 국제적 차원의 공동 대응을 통해 신속한 문제 파악과 대응이 가능하다.

물론 좋은 소식만 있는 것은 아니다. 아직 해결해야 할 난제가 많다. 그러나 두 번째 물의 시대가 막을 내리고 세 번째 물의 시대가 활짝 열리면서 우리는 지속 가능한 물의 미래로 가는 길을 걷고, 우리의 행보로 세상은 더 나아지고 있다.

· 32장 ·

전환기

앨리스: "난 어디로 가야 하나요?
체셔 고양이: "네가 어디로 가고 싶은지에 달렸지."

_ 루이스 캐럴Lewis Carroll, 『이상한 나라의 앨리스』

필자는 세 번째 물의 시대가 제시하는 긍정적인 미래는 가능한 것이 아니라 필연적이라고 생각한다. 이런 긍정적인 생각이 있었기에 필자는 지금까지 기후, 물, 지속 가능성이라는 매우 중요한 글로벌 도전 과제를 연구할 수 있었다. 공상과학소설 또는 SF 영화에서 투영되는 지구 멸망이나 비관적 종말론자의 디스토피아와 같은 대안을 받아들이기에는 너무 암울하기 때문이다. 만일 인간이라는 지적 생명체가 섬세하고 유한한 자원을 가진 행성에 살면서 발생하는 도전 과제를 극복할 만큼 충분히 지적이지 않아 혼돈의 암흑기로 회귀한다거나 더 심하게 공룡의 길을 밟는다면 참으로 수치스러울 것이다.

가능한 일이다. 그러나 꼭 그럴 필요는 없지 않은가? 우리가 물의 긍정적인 미래를 달성하지 못했다면 그것은 우리가 할 수 없어서가 아니라 하지 않았기 때문이다. 이 책을 통해 제시하고자 하는 물에 대한 희망적인 비전은 달성 가능하고 실현 가능하며, 이미 세계적으로 진전되는 혁신적이고 성공적인 노력을 통해 이미 상당 부분 실현되고 있다.

오해는 금물이다. 우리가 지금까지 물과 관련한 도전 과제를 해결하지 못해서 초래한 문제들은 긍정적인 세 번째 물의 시대가 오기 전까지 계속될 것이다. 무분별하고 불평등한 물 소비로 인해 자원의 지속 가능성 감소, 인간의 기본적인 수요 불충족, 예방 가능한 질병 발생, 생태계 건강 악화, 전 세계적 기후 재난, 일자리·주택·교육·물·에너지·운송수단 공급 부족, 세계 극빈 지역 중심의 폭력적 분쟁 발생 등의 결과가 나타날 것이다.

지난 수 세기 동안 경제 분야의 정책 입안자, 학자, 유관 기관은 세계 인구, 소비, 생산의 기하급수적 성장은 필연적일 뿐 아니라 긍정적인 요인이라고 가정해왔다. 두 번째 물의 시대에서 발현된 기술의 진보와 물 관련 제도들은 현재의 발전 수준을 성취하는 데 기여해온 반면, 자원을 무분별하게 남용하고 자연을 소비하거나 파괴해왔다. 이러한 과거의 가정과 정책은 도전 상황을 맞는 가운데 건전한 생물 다양성과 안정적인 기후야말로 건강하고 회복력 있는 사회의 진정한 토대라는 새로운 인식으로 대체되고 있다. 세 번째 물의 시대에는 회복력, 공정성, 사회적 형평성과 정의 실현, 생태 보호를 중심으로 물과 관련된 기술 발전 및 제도 정착이 이루어져야 한다. 앞으로 수십 년 안에 호모 사피엔스 인류 역사상 처음으로 세계 인구가 정점에 도달한 뒤 감소하기 시작할 것이다. 세계 인구 증가율은 이미 둔화하고 있으며, 머지않아 하락할 것이다. 바로 그날이 성장이 지배했던 세계와 진정한 장기적 지속 가능성으로 전환할 기회를 포착한 세계를 서로 분리하는 일종의 경계선이 될 것이다. 우리가 이를 시급하게 이해하고 받아들일수록 긍정적인 미래로의 전환이 더욱 신속하게 이루어질 수 있다.

각각의 개인이 이루어야 할 실천 과제가 있다. 지역사회와 기업 차원에서, 그리고 정부와 정치 지도자들의 실행이 요구되는 실천 과제도 있다.

물 빈곤을 종식하고 지구상 모든 사람에게 안전한 식수와 위생 서비스를 제공하자. 기본적인 물 요구사항을 충족하기 위한 다양한 기술과 접근 방식이 있지만 정부, NGO, 지역사회가 더 많은 노력과 자금조달 역량을 결집해 물 빈곤을 종식해야 한다. 안전한 식수와 위생 시설에 대한 보편적인 접근이 가져올 경제·사회·보건 측면의 편익은 비용을 훨씬 초과한다. 솔직히 모든 사람에게 기본인 안전한 물 서비스를 제공하지 못한다면 과연 '문명사회'라고 할 수 있을지 의문이다.

물의 소중함뿐만 아니라 물이 철학·경제적 측면에서 부여하는 생태학적 혜택을 인식하자. 사람들은 이미 물의 소중함을 인식하기 시작했다. 이는 세계 곳곳의 여론 조사, 대중의 공개적 지지 표명과 다른 관계자들과 나눈 필자의 대화 등을 통해 이미 확인할 수 있다. 경제·정치 시스템은 통상적으로 효율성, 장기적 지속 가능성, 환경보호보다는 자원 사용, 수익 창출, 소비만을 중요하게 여겨왔다. 그러나 건강한 환경의 중요성에 대한 인식이 고취되고 생태적 복원 노력이 배가 되면서 서서히 변화하고 있다. 천연자원의 유일한 가치는 취수, 소비, 오염을 통해 이루어진다는, 아직도 팽배한 기존의 선입견을 배제하기 위해 지속적으로 노력해야 한다.

모든 물 사용의 효율성과 생산성을 확대하자. 식량 재배에서부터 소비재 생산, 삶의 질 향상에 이르기까지 물 사용이 제공하는 편익이 증가하는 동시에 이를 위한 물의 필요량을 저감할 수 있는 물 사용의 효율성 혁명이 추진되어야 한다. 이러한 혁명은 이미 일부 진행되고 있으나 가정, 지역사회, 기업, 산업, 농업 분야에서 가속화해야 한다. 이 혁명의 기술적 측면은 물의 필요 수량을 최소화하면서 생산성을 높이는 도구를 개발하는 것이다. 과거에는 대형 댐이 물 인프라로 간주되었지만, 이제는 물 효율성이 높은 세탁기, 식기세척기, 수세식 화장실도 물 인프라로 관리되어야 한다. 그러나 효율성 혁명의 다른 측면은 공급이 증가해야 한다는 구시대적 사고방식에서 현재의 공급 수량만으로도 더 많은 일을 할 수 있다는 사회·제도적 측면의 인식 전환이 이루어져야 할 것이다.

새로운 물 공급원을 개발하자. 자연에서 추가적인 취수에 의존하지 않는 새로운 물 공급원을 발굴하는 일은 필수 불가결하며 실현 가능하다. 폐수에서 생산되는 고도 수질의 물은 부채가 아닌 자산이다. 오늘날 폐수 처리 과정을 거치지 않은 채 자연환경으로 대량 방출되고 있는 폐수는 반드시 집수, 정화, 재사용되어야 한다. 우리는 어떤 수질의 물에서도 놀라울 정도로 깨끗한 물을 생산할 역량과 기술을 갖추고 있다. 폐수를 집수 및 재사용할 경우 자연 시스템에서 물 취수량과 산업·생활 폐수량을 크게 감축할 수 있다. 폭우를 포함한 빗물 역시 집수해서 사용한 뒤 지하수 보충, 생태계 유량 복원, 새로운 수원 공급 등으로 순환되도록 해야 할 것이다. 또한 적절한 여건에서의 해수 담수화는 다른 대안이 없을 경우 양질의 물을 제공하는 수원이 될 수 있다.

기존의 수자원 기관을 개혁하거나 새로운 기관을 설립하자. 수자원은 분산 운영 방식이 아닌 통합 운영 방식으로 관리되어야 한다. 에너지, 공업, 토지 사용, 정책 입안 등 관련 있는 기관들이 공조해 수자원을 통합적으로 관리해야 한다. 세 번째 물의 시대에는 효율성, 형평성, 회복력을 중시하고 사회의 모든 구성 요소를 통합적으로 관리하는 수자원 관리 기관이 필요하다. 새로운 기관은 과학·경제·사회적 도구를 통합적으로 사용하고 지역사회의 고유한 형태, 요구사항, 우선순위에 세심한 주의를 기울여 수자원을 운영해야 한다.

우리 각자가 인류와 물의 관계를 재고찰하고 재구상해야 한다. 위대한 생물학자 E. O. 윌슨Wilson은 "인류의 진정한 문제는 구석기 시대의 감정, 중세의 제도, 신과 같은 기술을 가진 점이다"라고 말했다.◆ 물과 관련한 측면에서는 석기 시대의 감정이 좋은 것일 수 있다. 그 당시 사람들은 물을 매우 소중하게 다루었기 때문이다. 중세 시대의 제도를 현대 시대에 이용할 수는 있지만, 이를 위해서는 매일 국민 개개인과 정치권 모두 현상 유지가 아닌 미래를 위한 개선을 모색하

◆ 2009년 9월 9일 미국 매사추세츠주 케임브리지에 있는 하버드 자연사박물관에서 개최된 토론회 때 언급된 내용이다.

기 위해 적극적으로 행동해야 한다. 19세기와 20세기에 인류에게 도움이 되었던 제도가 21세기에는 더 이상 통용되지 않는다.

국가, 지방 정부, NGO, 국제기구는 경제적 사고방식의 전환, 보편적인 물 수요 충족을 위한 개발 및 자금조달 노력 확대, 프로젝트 계획 및 실행과 관련된 새로운 접근 방식 요구, 단기적 우선순위보다 장기적 지속 가능성을 지원하는 법률, 지침 및 규정을 마련하기 위한 조치를 취해야 한다.

우리 개개인은 물의 공급원이 어디인지 인지하고 유역, 강, 하천을 보호하기 위해 지역사회가 할 수 있는 일이 무엇인지 파악해야 한다. 더욱 효율적인 세탁, 식기 세척, 화장실, 정원 물주기 및 식량 재배 시 절수를 통해 물 효율을 증진할 수 있다. 또한 보다 나은 지역 물 관리 기관을 지지하고, 물 이해도가 높고 책임감 있는 정치인에게 투표권을 행사해야 한다. 그리고 한 단계 더 나아가 새로운 제도적 틀을 수립하고 물 이해도를 갖춘 정치인 또는 지역 수자원위원회 위원으로 나서거나 유역 보호 조직에 참여하고, 우리 자신의 물 발자국을 줄이며, 다음 세대에게 물의 중요성에 대한 가르침을 줘야 한다.

기업은 조직 및 공급망을 운영하는 책임 있는 물 관리자로서 제 역할을 수행해야 한다. 물을 상업적으로 판매하는 생수 업체가 아니더라도 모든 기업은 재화와 서비스를 생산하는 과정에서 물을 사용한다. 따라서 각 기업은 물 사용량을 파악하고 이를 최소화하며, 사업장이 있는 지역의 유역 및 지역사회를 보호하고, 이를 통해 물 부족과 오염, 기업의 평판 악화 및 물 영업권 상실 등 물 관련 리스크를 축소해야 할 사회적 책임이 있다. 태평양연구소와 같은 단체들은 수년간 UN의 'CEO 수자원 관리책무Water Mandate' 프로그램을 주도하며 미래 지향적인 기업들과 협력해, 물 관련 위협 및 기회 요인을 이해하도록 지원해 전 세계 유역의 물 관리 역량을 향상시키고 있다. 전 세계 수자원에 미치는 영향에 대해 책임을 다하지 않는 산업과 기업은 교육 참여를 의무화하거나 규제 대상으로 관리해야 한다. 옳은 일을 실행하고자 능동적으로 노력하는 기업들은 세 번째 물의 시대의 흐름에 맞춰 기업이 갖춰야 할 모범 규준을 제시하고 시장의 이목을 집중시키며 긍정적인 평가를 받아야 한다.

세 번째 물의 시대가 단순히 꿈이 아니라 실현 가능하다는 실질적 사례, 모범 규준, 서로에게 배울 수 있는 경험을 통해 증명되기를 바란다. 이러한 맥락에서 필자는 과연 누가 이와 같이 옳은 일을 실행에 옮기는지 종종 질문을 받곤 한다. 이전 장에서 설명한 바와 같이 우리 주변에는 성공 사례가 많다. 양치할 때 수도꼭지를 잠그거나 물 효율이 높은 가전제품을 구입하거나 물 집약적인 잔디를 가뭄에 강한 내건성 식물로 교체하는 개개인의 행동에서부터 안전한 식수와 위생 시설을 소외 계층에 제공하고자 하는 수자원 활동가, NGO 및 정부의 노력에 이르기까지 우수한 성공 사례가 많다. 또한 식량 재배의 물 효용성을 증대하는 농부, 새로운 폐수 및 해수 정화 기술을 모색하는 발명가와 엔지니어, 유역 및 수자원에 미치는 영향을 저감하고자 노력하는 기업, 생태 보호와 복원을 위해 함께 노력하는 지역사회도 이에 포함된다.

첫 번째 물의 시대는 인류가 석기 시대에서 근대 시대로 넘어가는 길목에서 시작되었다. 두 번째 물의 시대는 현대 문명의 기초를 닦은 산업·농업·기술 혁명을 발전시켰지만 의도치 않은 결과를 초래했다. 이제는 또 다른 혁명이 전개될 세 번째 물의 시대가 도래할 시점이다. 필자의 경험과 주변에서 볼 수 있는 성공 사례는 우리에게 희망을 지니게 하는 동시에 긍정적이고 지속 가능한 세 번째 물의 시대가 다가오고 있다는 확신을 뒷받침해준다. 그날이 가능한 한 일찍 오도록 우리가 할 수 있는 일을 실행에 옮기자.

• 감사의 말 •

물에 관한 한 권의 책이 인류가 직면한 물과 관련된 수많은 난제를 해결하는 데 도움이 될 거라고 여기는 것은 어리석은 생각일지도 모른다. 물론 작가가 글을 쓸 때는 독자들이 읽어주기를 희망하지만, 그것이 글을 쓰는 유일한 이유는 아니다. 나는 생명체가 있는 유일한 행성으로 알려진 지구의 생명 유지 시스템이 인간에 의해 파괴된 세상에서 살아가며 일하고 있다. 과학자 그리고 작가로서의 경험과 일상적 업무를 통해 나는 매일 우리가 마주하는 위협에 대한 새로운 정보를 접한다. 어제에 이어 오늘도 잠에서 깨어나 이 세상을 마주하기 위해, 우리가 선택할 수 있는 대안적인 미래는 실현 가능하고 긍정적인 비전을 제공한다고 믿는다. 이 책은 이와 같은 긍정적인 미래가 어떻게 실현 가능한지 연구, 고찰, 분석한 결과를 바탕으로 미래를 향한 비전을 공유하고자 쓴 것이다.

아나이스 닌Anaïs Nin은 이렇게 말했다.

> 나는 사람이 살아갈 수 있는 세상을 만들어야 하기 때문에 작가들이 글을 쓴다고 생각한다. 부모 세대에서 물려받은 세상, 전쟁의 세상, 정치의 세

상 등 나에게 주어진 어떤 세상에서도 난 살 수 없었다. 내가 숨 쉬고 다스릴 수 있는 세상, 살아가는 과정에서 파괴되어가는 나 자신을 재창조할 수 있는 세상을 재창조해야 했다. 여기에는 그러한 세상에 필요한 기후, 국가, 대기 등이 포함된다.

내가 이 책을 펴낸 계기이자 동기도 이와 같다. 나 자신뿐만 아니라 다른 사람들에게 들려주고 싶은 희망적인 물의 비전에 관한 이야기를 쓰고 싶었다. 과거부터 언론인, 작가, 학자 들은 수차례에 걸쳐 다양한 형태로 물 이야기를 해왔다. 나는 고고학, 신화, 전설, 기후학, 수문학, 그리고 개인적 여정, 인생 경험, 정신적·신체적 방황을 종합해서 물과 관련한 오랜 인류의 역사 이야기를 이 책에 담았다.

지난 60여 년 동안 교류의 즐거움뿐만 아니라 긍정적인 영향을 준 많은 동료와 친구를 모두 기억해 감사의 말에 포함하기란 거의 불가능하다. 혹여 이 장에서 누락되더라도 용서하기 바란다.

먼저 가장 감사하고 싶은 사람은 사랑하는 아내 니키 노먼이다. 이 글 마지막이 아니라 가장 먼저 그녀에게 감사를 표하고자 한다. 그녀는 개인적·정서적 지원은 물론 삶의 가치를 부여해주었으며 지적인 기여도 많이 했다. 내가 가끔 바보처럼 느껴지지 않도록 의견을 경청하고 이해한 후, 이를 새로운 아이디어, 새로운 방향성, 새로운 사고방식으로 반영하는 그녀의 능력은 정말 놀라웠다. 또한 인내심으로 이 책의 초고를 읽어주었고, 횡설수설하는 글을 좀 더 일관성 있게 변화시키는 데 도움을 주었다. 물론 이 책에 잔존하는 바보 같은 내용은 내 본연의 모습 그대로 반영된 것이다.

그리고 책 출판이라는 난해한 세계를 탐험할 때 통찰력과 현명한 조언을 해준 멋진 여동생 벳시에게 특별한 감사를 표한다. 사진에 대한 가득한 열정으로 내 사진을 찍어준 커티스 로맥스에게 감사드린다.

존 홀드런, 로저 레벨, 길버트 화이트, 말린 폴켄마크, 헬렌 잉그램, 앤 에를리히, 파울 에를리히, 스티븐 슈나이더, 샌드라 포스텔, 리타 콜웰, 아모리 로빈스, 이스마일 세라젤딘, 마거릿 케이틀리칼슨, 커크 스미스, 펠리시아 마커스 등 초기 학문적 멘토, 동료 및 해당 분야의 전문가들에게 감사드린다. 태평양연구소에서 수년 동안 함께 일한 헤더 쿨리를 비롯한 많은 동료는 지속적인 영감과 통찰력의 원천이 되어주었다. 나와 함께 수년간 물과 분쟁 이슈를 연구해온 모건 시마보쿠는 티그리스강과 유프라테스강 유역의 물 분쟁 지도를 제작해주었다.

글로벌 팬데믹 시기에 집필하다 보니 실제로 이 책과 관련된 유물을 추적하거나 박물관을 방문해 과거 기록물을 확인하기가 어려웠다. 고대 설형문자의 번역본부터 오래된 책, 서신, 메모 및 첨단 글로벌 기후 모델의 성과물 등에 이르기까지 디지털 자료에 대한 접근이 없었다면 이 책의 집필은 불가능했을 것이다. 친구와 동료뿐만 아니라 참고문헌을 추적하고 데이터 정보를 찾고 초안을 검토하는 데 도움을 준 필 플레트, 마이클 맥기어, 알렉스 티머만, 휴 그루컷, 제이 파미글리티에게 감사드리고, 칼 갠터, 아일린 갠터, 로스 우즈, 레아 그레이엄, 찰스 피시먼, 로런 오코너, 조 매닝, 마이클 그레슈코, 매슈 머리, 실라 커런 버나드를 포함해 현재 디지털 정보로 제공되지 않는 오래된 기록물을 하나하나 찾아볼 수 있도록 도움을 준 분들에게도 감사드린다.

휴 제이미슨, 슈테파니 시에르홀츠와 NASA 팀원들이 친절하게 국제우주정거장에 공급된 물 수량 관련 정보를 수집해주었다. 토성의 위성 중 하나인 엔켈라두스에서 간헐천이 분출하는 사진(및 저자가 몇 시간이나 집중해서 보았던 수천 장의 사진)을 전송해준 NASA 제트추진연구소, 우주과학연구소의 캐럴린 포코와 토성 탐사선 카시니의 이미징 팀원들에게 감사드린다. 유카 오츠키 에스트라다는 이 글의 수많은 숫자와 그래프를 쉽게 이해할 수 있는 그림으로 바꾸는 데 도움을 주었다. 제러미 세토는 남아프리카공화국의 스테르크폰테인 고고학 유적지에 소장된 인류학자 로버트 브룸의 흉상 사진을 친절하게 제공해주었다. 장뤽 프레로트는 이집트의 사드 엘카파라 댐 사진을, 필립 맷만은 루브르 박물관의 독수리 비석 사진을, 한스위르겐 크라크허는 개인 소장품인 오래된 슈웹스 생수병 사진을 감사하게도 보내주었다.

물에 대한 이야기는 다양하고 이를 전달하는 방법도 다양하다. 내 서고에는 마크 아락스, 에드워드 바비어, 신시아 바넷, 줄리오 보칼레티, 로빈 클라크, 셰릴 콜로피, 마크 드 빌리에, 찰스 피시먼, 에리카 기스, 로버트 글레넌, 대니얼 힐렐, 제럴드 코펠, 자크 레슬리, 앨런 무어헤드, 샌드라 포스텔, 알렉스 프루돔, 마크 라이스너, 데이비드 세들락, 세스 시겔, 폴 사이먼, 스티븐 솔로몬, 월리스 스테그너, 도널드 로스터 외 오랜 기간 물 문제를 연구해온 과학자들과 주요 저자들의 책이 무수히 꽂혀 있다. 이와 같은 책들 옆에 내 책을 나란히 꽂을 수 있게 되어 영광으로 생각한다.

이 외에도 독특한 작가 휴양 프로그램에 받아준 메사 리퓨지의 직원들에게 감사드린다(이 특별한 프로그램에 참여하면서 보낸 시간은 수많은 단편적 메모, 아이디어, 생각을 적절한 순서에 따라 올바른 표현으로 구체화하는 데 큰 도움이 되었다). 그리고 피난처에 머무를 수 있도록 지원해주고 '매리언 웨버 치유 예술 펠로십'을 수여해준 매리언 웨버에 감사를 표한다.

마지막으로, 구체화된 언어로 표현할 수 없었던 생각을 글로 표현하도록 도와준 편집자 클라이브 프리들과 기요 사소, 셰나 레드먼드 외 카피에디터 애넷 웬다 등 이 글이 실제 책으로 편집될 수 있도록 도움을 준 퍼블릭어페어스의 많은 분에게도 감사드린다. 내 생각이 실제로 책으로 출간될 수 있다고 믿어준 매니저 킴 위더스푼에게도 감사드린다.

• 주석 •

서문

1 A. Klesman, "How Did the First Chemical Element Appear in the Universe?," *Astronomy* (December 12, 2018).

2 R. Trager, "Oxygen First Formed in the Universe at Least 13 Billion Years Ago," *Chemistry World* (March 10, 2017).

1장 | 우주의 물

1 S. Jarugula et al., "Molecular Line Observations in Two Dusty Star-Forming Galaxies at z = 6.9," *Astrophysical Journal* 921, no. 97 (2021).

2 J. Aléon et al., "Determination of the Initial Hydrogen Isotopic Composition of the Solar System," *Nature Astronomy* 6 (February 3, 2022): 458–463; L. Piani et al., "Earth's Water May Have Been Inherited from Material Similar to Enstatite Chondrite Meteorites," *Science* 369 (2020): 1110–1113.

3 M. Fischer-Gödde and T. Kleine, "Ruthenium Isotopic Evidence for an Inner Solar System Origin of the Late Veneer," *Nature* 541 (2017): 525–527; A. H. Peslier et al., "Water in the Earth's Interior: Distribution and Origin," *Space Science Reviews* 212 (2017): 743–810.

4 H. Genda, "Origin of Earth's Oceans: An Assessment of the Total Amount, History and Supply of Water," *Geochemical Journal* 50 (2016): 27–42; J. Wu et al., "Origin of Earth's Water: Chondritic Inheritance Plus

Nebular Ingassing and Storage of Hydrogen in the Core," *Journal of Geophysical Research: Planets* 123 (2018): 2691–2712.

5 G. Budde, C. Burkhardt, and T. Kleine, "Molybdenum Isotopic Evidence for the Late Accretion of Outer Solar System Material to Earth," *Nature Astronomy* 3 (2019): 736–741.

6 D. C. Lis et al., "Terrestrial Deuterium-to-Hydrogen Ratio in Water in Hyperactive Comets," *Astronomy and Astrophysics* 625 (2019).

7 A. N. Deutsch, G. A. Neumann, and J. W. Head, "New Evidence for Surface Water Ice in Small-Scale Cold Traps and in Three Large Craters at the North Polar Region of Mercury from the Mercury Laser Altimeter," *Geophysical Research Letters* 44 (2017): 9233–9241.

8 M. Delva et al., "First Upstream Proton Cyclotron Wave Observations at Venus," *Geophysical Research Letters* 35 (2008).

9 P. Lowell, *Mars and Its Canals* (New York: Macmillan, 1906).

10 R. Orosei et al., "Radar Evidence of Subglacial Liquid Water on Mars," *Science* 361, no. 490 (2018); P. Plait, "So Is There Liquid Water Under the Martian Ice Cap or Not?," *SYFY Wire* (January 26, 2022).

11 Y. Liu et al., "Zhurong Reveals Recent Aqueous Activities in Utopia Planitia, Mars," *Science Advances* 8, no. 19 (2022).

12 A. Fedorova et al., "Multi-annual Monitoring of the Water Vapor Vertical Distribution on Mars by SPICAM on Mars Express," *Journal of Geophysical Research: Planets* 126, no. 1 (2021); J. I. Lunine et al., "The Origin of Water on Mars," *Icarus* 165 (2003): 1–8; E. L. Scheller et al., "Long-Term Drying of Mars by Sequestration of Ocean-Scale Volumes of Water in the Crust," *Science* 372 (2021): 56–62.

13 S. Hall, "Soaked in Space: Our Solar System Is Overflowing with Liquid Water," *Scientific American* 314, no. 1 (2016): 14–15.

14 F. Nimmo and R. Pappalardo, "Ocean Worlds in the Outer Solar System," *Journal of Geophysical Research: Planets* 121 (2016): 1378–1399.

15 G. L. Bjoraker, "Jupiter's Elusive Water," *Nature Astronomy* 4 (2020): 558–559; C. Li et al., "The Water Abundance in Jupiter's Equatorial Zone," *Nature Astronomy* 4 (2020): 609–616.
16 NASA Science, "Enceladus: Ocean Moon," *NASA Solar System Exploration* (2018).
17 I. Shiklomanov, "World Fresh Water Resources," in *Water in Crisis: A Guide to the World's Fresh Water Resources*, ed. P. H. Gleick, 13–24 (New York: Oxford University Press, 1993).

2장 | 생명의 기적

1 E. Wasilewska, *Creation Stories of the Middle East* (Philadelphia: Jessica Kingsley, 2000).
2 Canadian Museum of History, "Egyptian Civilization-Myths-Creation Myth," *Creation Myths of Egyptian Civilization* (2022).
3 L. Mays and A. Angelakis, "Ancient Gods and Goddesses of Water," in *Evolution of Water Supply Through the Millennia*, 1–42 (London: IWA, 2012).
4 A. Gregory, *Ancient Greek Cosmogony* (London: Bristol Classical Press, Bloomsbury, 2007).
5 Vatican, "La Santa Sede: The Book of Genesis," Vatican.va (n.d.).
6 T. Itani, *Quran in English—Clear and Easy to Read* (n.p.: CreateSpace, 2014).
7 R. M. Berndt and C. H. Berndt, *The Speaking Land: Myth and Story in Aboriginal Australia* (Rochester, VT: Inner Traditions, 1994); D. A. Leeming and M. A. Leeming, *A Dictionary of Creation Myths* (Oxford: Oxford University Press, 1994).
8 M. S. Dodd et al., "Evidence for Early Life in Earth's Oldest Hydrothermal Vent Precipitates," *Nature* 543 (2017): 60–64; B. K. D. Pearce et al., "Constraining the Time Interval for the Origin of Life on

Earth," *Astrobiology* 18 (2018): 343-364.

9 J. W. Schopf et al., "SIMS Analyses of the Oldest Known Assemblage of Microfossils Document Their Taxon-Correlated Carbon Isotope Compositions," *Proceedings of the National Academy of Sciences* 115 (2018): 53-58.

10 L. M. Longo et al., "Primordial Emergence of a Nucleic Acid-Binding Protein via Phase Separation and Statistical Ornithine-to-Arginine Conversion," *Proceedings of the National Academy of Sciences* 117 (2020): 15731-15739.

11 P. Schmitt-Kopplin et al., "High Molecular Diversity of Extraterrestrial Organic Matter in Murchison Meteorite Revealed 40 Years After Its Fall," *Proceedings of the National Academy of Sciences* 107 (2010): 2763-2768.

12 J. E. Elsila, D. P. Glavin, and J. P. Dworkin, "Cometary Glycine Detected in Samples Returned by Stardust," *Meteoritics and Planetary Science* 44 (2009): 1323-1330; K. Altwegg et al., "Prebiotic Chemicals—Amino Acid and Phosphorus—in the Coma of Comet 67P/Churyumov-Gerasimenko," *Science Advances* 2, no. 5 (2016).

13 M. C. De Sanctis et al., "Bright Carbonate Deposits as Evidence of Aqueous Alteration on (1) Ceres," *Nature* 536 (2016): 54-57.

14 Q. H. S. Chan et al., "Organic Matter in Extraterrestrial Water-Bearing Salt Crystals," *Science Advances* 4, no. 1 (2018).

3장 | 인류의 진화

1 P. Forster, "Ice Ages and the Mitochondrial DNA Chronology of Human Dispersals: A Review," *Philosophical Transactions of the Royal Society B: Biological Sciences* 359 (2004): 255-264; J. Agustí and D. Lordkipanidze, "Out of Africa: An Alternative Scenario for the First Human Dispersal in Eurasia," *Mètode Science Studies Journal* 8 (2018): 99-105.

2 M. A. Maslin, S. Shultz, and M. H. Trauth, "A Synthesis of the Theories and Concepts of Early Human Evolution," *Philosophical Transactions of the Royal Society B: Biological Sciences* 370 (2015).

3 Maslin, Shultz, and Trauth, "Synthesis of the Theories and Concepts of Early Human Evolution"; W. H. Kimbel and B. Villmoare, "From *Australopithecus* to *Homo*: The Transition That Wasn't," *Philosophical Transactions of the Royal Society B: Biological Sciences* 371 (2016); M. Grove, "Palaeoclimates, Plasticity, and the Early Dispersal of *Homo sapiens*," *Quaternary International* 369 (2015): 17–37.

4 A. Timmermann et al., "Climate Effects on Archaic Human Habitats and Species Successions," *Nature* 604 (2022): 495–501.

5 A. L. Billingsley, "Pan-African Climate Variability Since the Plio-Pleistocene and Possible Implications for Homin in Evolution" (PhD diss., University of Arizona, 2019); M. A. Maslin and M. H. Trauth, "Plio-Pleistocene East African Pulsed Climate Variability and Its Influence on Early Human Evolution," in *The First Humans: Origin and Early Evolution of the Genus Homo*, 151–158 ([Dordrecht]: Springer, 2009).

6 R. B. Owen et al., "Progressive Aridification in East Africa over the Last Half Million Years and Implications for Human Evolution," *Proceedings of the National Academy of Sciences* 115 (2018): 11174–11179.

7 Timmermann et al., "Climate Effects on Archaic Human Habitats and Species Successions."

8 W. D. Gosling, E. M. L. Scerri, and S. Kaboth-Bahr, "The Climate and Vegetation Backdrop to Hominin Evolution in Africa," *Philosophical Transactions of the Royal Society B: Biological Sciences* 377 (2022); E. M. L. Scerri et al., "Did Our Species Evolve in Subdivided Populations Across Africa, and Why Does It Matter?," *Trends in Ecology and Evolution* 33 (2018): 582–594; P. Raia et al., "Past Extinctions of *Homo* Species Coincided with Increased Vulnerability to Climatic Change," *One Earth* 3 (2020): 480–490.

9 A. Mondanaro et al., "A Major Change in Rate of Climate Niche Envelope Evolution During Hominid History," *iScience* 23 (2020).

10 H. S. Groucutt et al., "Multiple Hominin Dispersals into Southwest Asia over the Past 400,000 Years," *Nature* 597 (2021): 376–380; R. M. Beyer et al., "Climatic Windows for Human Migration Out of Africa in the Past 300,000 Years," *Nature Communications* 12 (2021).

11 Beyer et al., "Climatic Windows for Human Migration Out of Africa."

12 A. Timmermann and T. Friedrich, "Late Pleistocene Climate Drivers of Early Human Migration," *Nature* 538 (2016): 92–95.

13 C. Clarkson et al., "The Archaeology, Chronology and Stratigraphy of Madjedbebe (Malakunanja II): A Site in Northern Australia with Early Occupation," *Journal of Human Evolution* 83 (2015): 46–64; C. Clarkson et al., "Human Occupation of Northern Australia by 65,000 Years Ago," *Nature* 547 (2017): 306–310.

14 Forster, "Ice Ages and the Mitochondrial DNA Chronology of Human Dispersals."

15 M. R. Bennett et al., "Evidence of Humans in North America During the Last Glacial Maximum," *Science* 373 (2021): 1528–1531; J. Clark et al., "The Age of the Opening of the Ice-Free Corridor and Implications for the Peopling of the Americas," *Proceedings of the National Academy of Sciences* 119 (2022); L. Becerra-Valdivia and T. Higham, "The Timing and Effect of the Earliest Human Arrivals in North America," *Nature* 584 (2020): 93–97; L. Bourgeon, A. Burke, and T. Higham, "Earliest Human Presence in North America Dated to the Last Glacial Maximum: New Radiocarbon Dates from Bluefish Caves, Canada," *PLOS One* 12 (2017).

4장 | 농업의 시작

1 T. D. Price and O. Bar-Yosef, "The Origins of Agriculture: New Data,

New Ideas: An Introduction to Supplement 4," *Current Anthropology* 52 (2011): S163-S174.

2 D. R. Piperno, "The Origins of Plant Cultivation and Domestication in the New World Tropics: Patterns, Process, and New Developments," *Current Anthropology* 52 (2011): S453-S470; T. D. Price, "Ancient Farming in Eastern North America," *Proceedings of the National Academy of Sciences* 106 (2009): 6427-6428.

3 D. Q. Fuller, "Contrasting Patterns in Crop Domestication and Domestication Rates: Recent Archaeobotanical Insights from the Old World," *Annals of Botany* 100 (2007): 903-924; D. R. Piperno et al., "Processing of Wild Cereal Grains in the Upper Palaeolithic Revealed by Starch Grain Analysis," *Nature* 430 (2004): 670-673; M. A. Zeder, "The Origins of Agriculture in the Near East," *Current Anthropology* 52 (2011): S221-S235.

4 S. Manning et al., "The Earlier Neolithic in Cyprus: Recognition and Dating of a Pre-pottery Neolithic A Occupation," *Antiquity* 84 (2015): 693-706; J.-D. Vigne et al., "First Wave of Cultivators Spread to Cyprus at Least 10,600 Y Ago," *Proceedings of the National Academy of Sciences* 109 (2012): 8445-8449.

5 L. Liu et al., "Paleolithic Human Exploitation of Plant Foods During the Last Glacial Maximum in North China," *Proceedings of the National Academy of Sciences* 110 (2013): 5380-5385.

6 S. Jiang et al., "The Holocene Optimum (HO) and the Response of Human Activity: A Case Study of the Huai River Basin in Eastern China," *Quaternary International* 493 (2018): 31-38; H. Y. Lu, "New Methods and Progress in Research on the Origins and Evolution of Prehistoric Agriculture in China," *Science China Earth Sciences* 60 (2017): 2141-2159.

7 D. J. Cohen, "The Beginnings of Agriculture in China: A Multiregional View," *Current Anthropology* 52 (2011): S273-S293; M. A. Sameer, "A

Critical Appraisal of Ancient Agricultural Genesis in China Emphasis on Rice, Millet and Mixed Farming: An Archaeobotanical Endeavor," *Asian Journal of Advances in Agricultural Research* 1, no. 11 (2019); X. Yang et al., "Early Millet Use in Northern China," *Proceedings of the National Academy of Sciences* 109 (2012): 3726-3730.

8 Lu, "New Methods and Progress."

9 K. He et al., "Prehistoric Evolution of the Dualistic Structure Mixed Rice and Millet Farming in China," *Holocene* 27 (2017): 1885-1898.

10 M. H. Fisher, *An Environmental History of India: From Earliest Times to the Twenty-First Century* (Cambridge: Cambridge University Press, 2018).

11 D. R. Harris, ed., *The Origins and Spread of Agriculture and Pastoralism in Eurasia* (London: UCL Press, 1996).

12 K. Gangal, G. R. Sarson, and A. Shukurov, "The Near-Eastern Roots of the Neolithic in South Asia," *PLOS One* 9 (2014); J.-F. Jarrige, "Mehrgarh Neolithic," *Pragdhara* 18 (2008): 136-154, paper presented at the international seminar "First Farmers in Global Perspective," Lucknow, India, January 18-20, 2008.

13 L. Giosan et al., "Fluvial Landscapes of the Harappan Civilization," *Proceedings of the National Academy of Sciences* 109 (2012): E1688-E1694.

14 Giosan et al., "Fluvial Landscapes of the Harappan Civilization."

15 Jarrige, "Mehrgarh Neolithic"; Y. Enzel et al., "High–Resolution Holocene Environmental Changes in the Thar Desert, Northwestern India," *Science* 284 (1999): 125-128; A. Sarkar et al., "New Evidence of Early Iron Age to Medieval Settlements from the Southern Fringe of Thar Desert (Western Great Rann of Kachchh), India: Implications to Climate-Culture Co-evolution," *Archaeological Research in Asia* 21 (2020).

16 A. K. Pokharia et al., "Altered Cropping Pattern and Cultural Continuation with Declined Prosperity Following Abrupt and Extreme Arid Event at ~4,200 Yrs BP: Evidence from an Indus Archaeological

Site Khirsara, Gujarat, Western India," *PLOS One* 12 (2017).

17 Giosan et al., "Fluvial Landscapes of the Harappan Civilization"; Y. Dixitet al., "Intensified Summer Monsoon and the Urbanization of Indus Civilization in Northwest India," *Scientific Reports* 8 (2018); G. MacDonald, "Potential Influence of the Pacific Ocean on the Indian Summer Monsoon and Harappan Decline," *Quaternary International* 229 (2011): 140–148; T. H. Maugh, "Migration of Monsoons Created, Then Killed Harappan Civilization," *Los Angeles Times*, May 28, 2012.

18 L. Prates, G. G. Politis, and S. I. Perez, "Rapid Radiation of Humans in South America After the Last Glacial Maximum: A Radiocarbon-Based Study," *PLOS One* 15 (2020).

19 R. M. Rosenswig, "A Mosaic of Adaptation: The Archaeological Record for Mesoamerica's Archaic Period," *Journal of Archaeological Research* 23 (2015): 115–162.

20 R. E. W. Adams, *Prehistoric Mesoamerica*, 3rd ed. (Norman: University of Oklahoma Press, 2005); R. E. Blanton and S. A. Kowalewski, *Ancient Mesoamerica: A Comparison of Change in Three Regions* (Cambridge: Cambridge University Press, 1993).

21 Piperno, "Origins of Plant Cultivation and Domestication"; Piperno et al., "Processing of Wild Cereal Grains in the Upper Palaeolithic"; D. R. Piperno and B. D. Smith, "The Origins of Food Production in Mesoamerica," in *The Oxford Handbook of Mesoamerican Archaeology*, ed. D. L. Nichols and C. A. Pool, 151–164 (Oxford: Oxford University Press, 2012).

22 T. D. Dillehay, H. H. Eling, and J. Rossen, "Preceramic Irrigation Canals in the Peruvian Andes," *Proceedings of the National Academy of Sciences* 102 (2005): 17241–17244.

23 J. Haas, W. Creamer, and A. Ruiz, "Dating the Late Archaic Occupation of the Norte Chico Region in Peru," *Nature* 432 (2004): 1020–1023.

5장 | 대홍수

1 A. R. George, *The Babylonian Gilgamesh Epic: Introduction, Critical Edition and Cuneiform Texts* (Oxford: Oxford University Press, 2003).

2 "Society of Biblical Archaeology," *London Daily News*, December 4, 1872; "Chaldean History of the Deluge," *Times*, December 5, 1872.

3 "The Chaldean Account of the Deluge," *London Daily News* (1872).

4 "Chaldean History of the Deluge."

5 "Find Oldest Record of Noah's Flood; Nippur Clay Tablet of 2000 BC Tells Story Very Like the Later Bible Narrative," *New York Times*, March 19, 1910.

6 J. Bottéro, *Religion in Ancient Mesopotamia* (Chicago: University of Chicago Press, 2001).

7 R. D. Biggs and D. P. Hansen, *Inscriptions from Tell Abu Salabikh*, Oriental Institute Publications (Chicago: University of Chicago Press, 1974).

8 Y. S. Chen, *The Primeval Flood Catastrophe: Origins and Early Development in Mesopotamian Traditions* (Oxford: Oxford University Press, 2013); W. G. Lambert, A. R. Millard, and M. Civil, *Atra-Ḫ-asīs: The Babylonian Story of the Flood* (Winona Lake, IN: Eisenbrauns, 1999).

9 J. A. Black et al., *The Literature of Ancient Sumer* (Oxford: Oxford University Press, 2004).

10 A. R. Millard, "The Atrahasis Epic and Its Place in Babylonian Literature" (PhD diss., University of London, 1966).

11 S. Dalley, *Myths from Mesopotamia: Creation, the Flood, Gilgamesh, and Others*, rev. ed. (New York: Oxford University Press, 2009).

12 J. H. Tigay, *The Evolution of the Gilgamesh Epic* (1982; reprint, Wauconda, IL: Bolchazy-Carducci, 2002).

13 S. N. Kramer, "The Epic of Gilgameš and Its Sumerian Sources: A Study in Literary Evolution," *Journal of the American Oriental Society* 64, no. 1 (1944): 7-23.

14 S. Garth, ed., *Ovid's Metamorphoses in Fifteen Books, Translated by*

the Most Eminent Hands (London: Jacob Tonson, 1717).

15 Garth, *Ovid's Metamorphoses in Fifteen Books*.

16 W. B. F. Ryan et al., "An Abrupt Drowning of the Black Sea Shelf," *Marine Geology* 138 (1997): 119–126.

17 H. Brückner and M. Engel, "Noah's Flood—Probing an Ancient Narrative Using Geoscience," in *Palaeohydrology: Geography of the Physical Environment*, ed. J. Herget and A. Fontana, 135–151 (Dordrecht: Springer, 2020); J. O. Herrle et al., "Black Sea Outflow Response to Holocene Meltwater Events," *Scientific Reports* 8 (2018): 1–6; V. Yanko-Hombach et al., "Holocene Marine Transgression in the Black Sea: New Evidence from the Northwestern Black Sea Shelf," *Quaternary International* 345 (2014): 100–118.

18 S. Langdon and L. Ch. Watelin, *Excavations at Kish: The Herbert Weld (for the University of Oxford) and Field Museum of Natural History (Chicago) Expedition to Mesopotamia* (Paris: Librairie P. Geuthner, 1930).

19 V. M. A. Heyvaert and C. Baeteman, "A Middle to Late Holocene Avulsion History of the Euphrates River: A Case Study from Tell ed-Dēr, Iraq, Lower Mesopotamia," *Quaternary Science Reviews* 27 (2008): 2401–2410; M. Mallowan, "Noah's Flood Reconsidered," *Iraq* 26 (1964): 62–82; R. Raikes, "The Physical Evidence for Noah's Flood," *Iraq* 28 (1966): 52–63.

20 A. Dundes, ed., *The Flood Myth* (Berkeley: University of California Press, 1988); D. MacDonald, "The Flood: Mesopotamian Archaeological Evidence," *Creation/Evolution Journal* 8 (1988): 14–20; L. Woolley, "Stories of the Creation and the Flood," *Palestine Exploration Quarterly* 88 (1956): 14–21.

21 China Heritage Project, "Chinese Myths of the Deluge," *China Heritage Quarterly* (Australian National University), no. 9 (2007); Q. Wu et al., "Outburst Flood at 1920 BCE Supports Historicity of China's Great Flood and the Xia Dynasty," *Science* 353 (2016): 579–582.

6장 | 물 통제

1 H. W. F. Saggs, *The Babylonians: A Survey of the Ancient Civilisation of the Tigris-Euphrates Valley* (London: Folio Society, 1999).

2 S. D. Walters, *Water for Larsa: An Old Babylonian Archive Dealing with Irrigation* (New Haven, CT: Yale University Press, 1970); D. R. Frayne, *A Struggle for Water: A Case Study from the Historical Records of the Cities Isin and Larsa (1900–1800 BC)* (Toronto: Canadian Society for Mesopotamian Studies, 1989); J. Neumann, "Five Letters from and to Hammurapi, King of Babylon (1792-1750 B.C.), on Water Works and Irrigation," *Journal of Hydrology* 47 (1980): 393-397.

3 B. Liu et al., "Earliest Hydraulic Enterprise in China, 5,100 Years Ago," *Proceedings of the National Academy of Sciences* 114 (2017).

4 China Heritage Project, "Chinese Myths of the Deluge," *China Heritage Quarterly* (Australian National University), no. 9 (2007); Q. Wu et al., "Outburst Flood at 1920 BCE Supports Historicity of China's Great Flood and the Xia Dynasty," *Science* 353 (2016): 579-582.

5 B. F. Chao, "Anthropogenic Impact on Global Geodynamics Due to Reservoir Water Impoundment," *Geophysical Research Letters* 22 (1995): 3529-3532.

6 A. Poidebard, *La trace de Rome dans le désert de Syrie: Le limes de Trajan à la conquête Arabe; Recherches aériennes, 1925–1932* (Paris: Geuthner, 1934).

7 Cercle Aeronautique Louis Mouillard, "Antoine Poidebard, photographe et aviateur" (accessed December 31, 2021), https://calm3.jimdofree.com/app/download/7283481851/Poidebard+CALM+%282%29.pdf.

8 B. Müller-Neuhof, A. Betts, and G. Wilcox, "Jawa, Northeastern Jordan: The First 14C Dates for the Early Occupation Phase," *Zeitschrift für Orient-Archäologie* 8 (2015): 124-131.

9 S. W. Helms, *Jawa, Lost City of the Black Desert* (Ithaca, NY: Cornell University Press, 1981).

10 G. Garbrecht, "Sadd el-Kafara: The World's Oldest Large Dam," *International Water Power & Dam Construction* 27 (1985): 71-76.

11 H. Fahlbusch, "Early Dams," *Proceedings of the Institution of Civil Engineers: Engineering History and Heritage* 162 (2009): 13-18.

12 S. C. R. Markham, *Ocean Highways: The Geographical Review* (London: N. Trubner, 1874).

13 K. Romey, "'Engineering Marvel' of Queen of Sheba's City Damaged in Airstrike," *National Geographic*, June 3, 2015.

14 S. Dalley, *The Mystery of the Hanging Garden of Babylon: An Elusive World Wonder Traced* (Oxford: Oxford University Press, 2013); S. Dalley and J. P. Oleson, "Sennacherib, Archimedes, and the Water Screw: The Context of Invention in the Ancient World," *Technology and Culture* 44 (2003): 1-26.

15 A. A. S. Yazdi and M. L. Khaneiki, *Qanat Knowledge: Construction and Maintenance* (Dordrecht: Springer Netherlands, 2017).

16 M. Fattahi, "OSL Dating of the Miam Qanat (KĀRIZ) System in NE Iran," *Journal of Archaeological Science* 59 (2015): 54-63; M. Manuel, D. Lightfoot, and M. Fattahi, "The Sustainability of Ancient Water Control Techniques in Iran: An Overview," *Water History* 10 (2018): 13-30.

17 P. W. English, "*Qanats* and Lifeworlds in Iranian Plateau Villages," *Transformation of Middle Eastern Natural Environment*, Bulletin Series 3 (Yale School of Forestry and Environmental Studies) (1998), https://web.archive.org/web/20180819210054/https://environment.yale.edu/publication-series/documents/downloads/0-9/103english.pdf; M. Honari, "Qanats and Human Ecosystems in Iran," in *Qanat, Kariz and Khattara: Traditional Water Systems in the Middle East and North Africa*, ed. P. Beaumont, M. Bonine, and K. MacLachlan, 61-85 (London: Middle East Centre, SOAS and Middle East and North African Studies Press, 1989).

18 P. W. English, "The Origin and Spread of Qanats in the Old World,"

Proceedings of the American Philosophical Society 112 (1968): 170-181; D. R.Lightfoot, "The Origin and Diffusion of Qanats in Arabia: New Evidence from the Northern and Southern Peninsula," *Geographical Journal* 166 (2000): 215-226.

19 English, "The Origin and Spread of Qanats in the Old World"; M. Honari, "Qanats and Human Ecosystems in Iran with Case Studies in a City, Ardakan, and a Town, Xur (Khoor)" (PhD diss., University of Edinburgh, 1979); J. Laessøe, "The Irrigation System at Ulhu, 8th Century BC," *Journal of Cuneiform Studies* 5 (1951): 21-32.

20 Laessøe, "Irrigation System at Ulhu, 8th Century BC."

21 Lightfoot, "The Origin and Diffusion of Qanats in Arabia"; D. D. Luckenbill, *Ancient Records of Assyria and Babylonia* (Chicago: University of Chicago Press, 1927); O. W. Muscarella, "The Location of Ulhu and Uiše in Sargon II's Eighth Campaign, 714 B.C.," *Journal of Field Archaeology* 13 (1986): 465-475.

22 British Museum, "Paradise on Earth: The Gardens of Ashurbanipal," *British Museum* (blog), October 4, 2018, https://www.britishmuseum.org/blog/paradise-earth-gardens-ashurbanipal.

23 T. Jacobsen and S. Lloyd, *Sennacherib's Aqueduct at Jerwan* (Chicago: University of Chicago Press, 1935).

24 A. Frumkin and A. Shimron, "Tunnel Engineering in the Iron Age: Geoarchaeology of the Siloam Tunnel, Jerusalem," *Journal of Archaeological Science* 33 (2006): 227-237.

25 *The Complete Jewish Bible: Melachim II—II Kings—Chapter 20* (Brooklyn: Judaica Press, 2022).

26 M. S. Rosenzweig, "Ordering the Chaotic Periphery: The Environmental Impact of the Neo-Assyrian Empire on Its Provinces," in *The Provincial Archaeology of the Assyrian Empire*, ed. J. MacGinnis et al., 49-58 (Oxford: Oxbow Press, 2016).

27 Walters, *Water for Larsa*.

7장 | 1차 물 전쟁

1 G. A. Barton, "Inscription of Entemena #7," in *The Royal Inscriptions of Sumer and Akkad*, Library of Ancient Semitic Inscriptions (New Haven, CT: Yale University Press, 1929).

2 W. Sallaberger and I. Schrakamp, eds., *Arcane III: History & Philology—Associated Regional Chronologies for the Ancient Near East and the Eastern Mediterranean* (Turnhout, Belgium: Brepols, 2015).

3 J. S. Cooper, *Reconstructing History from Ancient Inscriptions: The Lagash-Umma Border Conflict* (Malibu: Undena, 1983).

4 P. H. Sand, "Mesopotamia, 2550 B.C.: The Earliest Boundary Water Treaty," *Global Journal of Archaeology and Anthropology* 5 (2018).

5 Sallaberger and Schrakamp, *Arcane III*; J. B. Nies, "A Net Cylinder of Entemena," *Journal of the American Oriental Society* 36 (1916): 137–139.

6 Sand, "Mesopotamia, 2550 B.C."

7 Sallaberger and I. Schrakamp, *Arcane III; Cooper, Reconstructing History from Ancient Inscriptions.*

8 Sallaberger and Schrakamp, *Arcane III.*

9 Barton, "Inscription of Entemena #7."

10 S. Lloyd, *Twin Rivers: A Brief History of Iraq from the Earliest Times to the Present Day*, 3rd ed. (Oxford: Oxford University Press, 1961).

11 S. M. Burstein, *The Babyloniaca of Berossus* (Malibu: Undena, 1978).

12 Herodotus, *Herodotus* (London: W. Heinemann, 1920); G. Rawlinson, *The History of Herodotus* (New York: D. Appleton, 1861).

13 P. Gleick, "The Water Conflict Chronology," *The World's Water: Pacific Institute for Studies in Development, Environment, and Security* (2022).

14 F. Hirth, "The Story of Chang K'ién, China's Pioneer in Western Asia: Text and Translation of Chapter 123 of Ssï-Ma Ts'ién's Shï-Ki," *Journal of the American Oriental Society* 37 (1917): 89–152; A. Janku, "China: A Hydrological History," *Nature* 536 (2016): 28–29.

8장 | 법과 제도

1 M. T. Roth, "Laws of Ur-Namma," in *Law Collections from Mesopotamia and Asia Minor*, 2nd ed. (Atlanta: Scholars Press, 1997).

2 T. Chandler, *Four Thousand Years of Urban Growth: An Historical Census* (Lewiston, NY: St. David's University Press, 1987).

3 R. Koldewey, *The Excavations at Babylon* (London: Macmillan, 1914); D. J. Wiseman, *Nebuchadrezzar and Babylon: The Schweich Lectures of the British Academy, 1983* (Oxford: British Academy by Oxford University Press, 1991).

4 C. J. Gadd, *Hammurabi and the End of His Dynasty* (Cambridge: Cambridge University Press, 1965); M. Rutz and P. Michalowski, "The Flooding of Ešnunna, the Fall of Mari: Hammurabi's Deeds in Babylonian Literature and History," *Journal of Cuneiform Studies* 68 (2016).

5 L. W. King, *The Letters and Inscriptions of Hammurabi, King of Babylon, About B.C. 2200* (London: Luzac, 1900).

6 King, *Letters and Inscriptions of Hammurabi*; N. Adamo and N. Al-Ansari, "In Old Babylonia: Irrigation and Agriculture Flourished Under the Code of Hammurabi (2000-1600 BC)," *Earth Sciences Geotechnical Engineering* 10 (2020): 41-57.

7 Hammurabi, "The Avalon Project: The Code of Hammurabi" (2008), https://avalon.law.yale.edu/subject_menus/hammenu.asp; R. F. Harper, *The Code of Hammurabi, King of Babylon: About 2250 BC*, 2nd ed. (Chicago: University of Chicago Press, 1904).

8 I. E. Kornfeld, "Mesopotamia: A History of Water and Law," in *The Evolution of the Law and Politics of Water*, ed. J. W. Dellapenna and J. Gupta, 21-36 (Dordrecht: Springer Netherlands, 2009).

9 S. D. Abulhab, *The Law Code of Hammurabi: Transliterated and Literally Translated from Its Early Classical Arabic Language* (New York: Blautopf, 2017); J. Postgate and M. Powell, *Irrigation and Cultivation*

in Mesopotamia (Cambridge: Sumerian Agriculture Group, University of Cambridge, 1988).

10 Hammurabi, "Avalon Project."

11 G. R. Driver and J. C. Miles, *The Babylonian Laws* (Eugene, OR: Wipf and Stock, 2007); R. C. Ellickson and C. D. Thorland, "Ancient Land Law: Mesopotamia, Egypt, Israel," *Chicago-Kent Law Review* 71 (1995): 321-411.

12 J. Krasilnikoff and A. N. Angelakis, "Water Management and Its Judicial Contexts in Ancient Greece: A Review from the Earliest Times to the Roman Period," *Water Policy* 21 (2019): 245-258.

13 D. A. Caponera and M. Nanni, *Principles of Water Law and Administration: National and International*, 3rd ed. (London: Routledge, 2019).

9장 | 첫 번째 물의 시대에서 두 번째 물의 시대로

1 P. B. Ebrey, *The Cambridge Illustrated History of China* (Cambridge: Cambridge University Press, 1996); X. Y. Zheng, "The Ancient Urban Water System Construction of China: The Lessons from History for a Sustainable Future," *International Journal of Global Environmental Issues* 14 (2015): 187-199.

10장 | 과학 혁명

1 H. Cavendish, "Three Papers, Containing Experiments on Factitious Air, by the Hon. Henry Cavendish, F.R.S.," *Philosophical Transactions* 56 (1766).

2 American Chemical Society, "Joseph Priestley, Discoverer of Oxygen: National Historic Chemical Landmark," *American Chemical Society* (2000).

3 A. J. Berry, *Henry Cavendish, His Life and Scientific Work* (London: Hutchinson, 1960).

4 A. Burnaby, *Travels Through the Middle Settlements in North America in the Years 1759 and 1760: With Observations upon the State of the Colonies* (London: T. Payne, 1775).

5 G. T. Koeppel, *Water for Gotham: A History* (Princeton, NJ: Princeton University Press, 2000).

6 W. Nelson, *Josiah Hornblower and the First Steam-Engine in America: With Some Notices of the Schuyler Copper Mines at Second River, N.J., and a Genealogy of the Hornblower Family* (Newark, NJ: Daily Advertiser Printing House, 1883).

7 Koeppel, *Water for Gotham*; J. L. Bishop, *A History of American Manufactures, from 1608 to 1860: Exhibiting the Origin and Growth of the Principal Mechanic Arts and Manufactures, from the Earliest Colonial Period to the Adoption of the Constitution and Comprising Annals of the Industry of the United States in Machinery, Manufactures and Useful Arts, with a Notice of the Important Inventions, Tariffs, and the Results of Each Decennial Census* (Philadelphia: Edward Young, 1866).

8 C. Colles, "Copy of a Proposal of Christopher Colles, for Furnishing the City of New–York with a Constant Supply of Fresh Water, to the Worshipful the Mayor, Aldermen, and Commonality, of the City of New-York, in Common Council" (1774).

9 M. A. Pierce, "Documentary History of American Water-Works: Christopher Colles 1774 Water System," *Documentary History of American Water-Works* (2015).

10 J. Thacher, *A Military Journal During the American Revolutionary War: From 1775 to 1783, Describing Interesting Events and Transactions of this Period, with Numerous Historical Facts and Anecdotes, from the Original Manuscript. To Which Is Added an Appendix, Containing Biographical Sketches of Several General*

Officers, 2nd ed. (Boston: Cottons & Barnard, 1827).

11 D. E. Popper, "Poor Christopher Colles: An Innovator's Obstacles in Early America," *Journal of American Culture* 28 (2005): 178-190; Saint Paul's Chapel and Churchyard, New York, Christopher James Colles Burial (1816).

12 M. A. Pierce, "List of Steam Engines Used in American Waterworks," *Documentary History of American Water-Works* (2020).

11장 | 수인성 질병 대처

1 A. R. David, ed., *The Manchester Museum Mummy Project: Multidisciplinary Research on Ancient Egyptian Mummified Remains* (Manchester: Manchester Museum, Manchester University Press, 1979).

2 D. I. Grove, *A History of Human Helminthology* (Wallingford, UK: CAB International, 1990).

3 M. M. Sajadi, D. Mansouri, and M.-R. M. Sajadi, "Ibn Sina and the Clinical Trial," *Annals of Internal Medicine* 150 (2009): 640-643.

4 Grove, *History of Human Helminthology*; G. F. H. Küchenmeister, *Die in und an dem Körper des lebenden Menschen vorkommenden Parasiten* (Leipzig: Druck und Verlag von B. G. Teubner, 1855).

5 S. N. DeWitte, "Mortality Risk and Survival in the Aftermath of the Medieval Black Death," *PLOS One* 9 (2014); S. N. DeWitte and J. W. Wood, "Selectivity of Black Death Mortality with Respect to Preexisting Health," *Proceedings of the National Academy of Sciences* 105 (2008): 1436-1441; N. Chr. Stenseth, "Plague Through History," *Science* 321 (2008).

6 Vitruvius, *Vitruvius: The Ten Books on Architecture* (Cambridge, MA: Harvard University Press, 1914).

7 M. T. Varro, *Cato and Varro: On Agriculture*, Loeb Classical Library 283 (Cambridge, MA: Harvard University Press, 1934).

8 World Health Organization, "Safer Water, Better Health" (2019).

9 World Health Organization, "Safer Water, Better Health"; L.-D. Wang et al., "China's New Strategy to Block *Schistosoma japonicum* Transmission: Experiences and Impact Beyond Schistosomiasis," *Tropical Medicine and International Health* 14 (2009): 1475-1483.

10 A. Prüss-Üstün et al., *Preventing Disease Through Healthy Environments: A Global Assessment of the Burden of Disease from Environmental Risks* (Geneva: World Health Organization, 2016).

11 H. Thompson, "France Warns of Increased Risk of Dengue Fever from Tiger Mosquitoes," *Connexion France News in English* (2022).

12 Prüss-Üstün et al., *Preventing Disease Through Healthy Environments*.

13 J. C. Peters et al., *A Treatise on Asiatic Cholera*, ed. E. C. Wendt (New York: William Wood, 1885).

14 J. P. Byrne, ed., *Encyclopedia of Pestilence, Pandemics, and Plagues: A–M, ABC-CLIO* (Westport, CT: Greenwood Press, 2008).

15 Byrne, *Encyclopedia of Pestilence, Pandemics, and Plagues*; J. Duffy, "The History of Asiatic Cholera in the United States," *Bulletin of the New York Academy of Medicine* 47 (1971): 1152-1168.

16 Byrne, *Encyclopedia of Pestilence, Pandemics, and Plagues*; C. E. Rosenberg, *The Cholera Years: The United States in 1832, 1849, and 1866* (Chicago: University of Chicago Press, 2009).

17 H. Pennington, "The Impact of Infectious Disease in War Time: A Look Back at WW1," *Future Microbiology* 14 (2019): 165-168.

18 J. T. Veitch, "Cholera in the Black Sea Fleet: General Correspondence," *Medical Times Gazette* 9 (1854): 360-361.

19 Veitch, "Cholera in the Black Sea Fleet."

20 M. V. Pettenkofer, "Cholera III: Modes of Propagation," *Popular Science Monthly* 26 (1885): 750-759.

21 R. D. Mason, "Medical and Surgical Journal of Her Majesty's Ship

Albion: January 1 1854-January 5 1856," fol. 73-76, https://discovery.nationalarchives.gov.uk/details/r/C4107054.

22 W. Smart, "On Asiatic Cholera in Our Fleets and Ships," *Transactions: Epidemiological Society of London* 5 (1887): 65-103.

23 "Cholera's Seven Pandemics," CBC News, May 9, 2008.

24 Byrne, *Encyclopedia of Pestilence, Pandemics, and Plagues*; J. G. Morris Jr. and R. E. Black, "Cholera and Other Vibrioses in the United States," *New England Journal of Medicine* 312 (1985): 343-350.

25 Byrne, *Encyclopedia of Pestilence, Pandemics, and Plagues*; Duffy, "History of Asiatic Cholera in the United States."

26 Byrne, *Encyclopedia of Pestilence, Pandemics, and Plagues*.

27 R. R. Colwell, "Global Climate and Infectious Disease: The Cholera Paradigm," *Science* 274 (1996): 2025-2031.

28 J. Deen, M. A. Mengel, and J. D. Clemens, "Epidemiology of Cholera," *Vaccine* 38 (2020): A31-A40; World Health Organization, "Cholera," *Health Topics* (2021).

29 A. Mutreja et al., "Evidence for Several Waves of Global Transmission in the Seventh Cholera Pandemic," *Nature* 477 (2011): 462-465.

30 D. Hu et al., "Origins of the Current Seventh Cholera Pandemic," *Proceedings of the National Academy of Sciences* 113 (2016): E7730-E7739.

31 D. Koo et al., "Epidemic Cholera in Latin America, 1991-1993: Implications of Case Definitions Used for Public Health Surveillance," *Bulletin of the Pan American Health Organization* 30 (1996): 134-143.

32 F. D. Orata, P. S. Keim, and Y. Boucher, "The 2010 Cholera Outbreak in Haiti: How Science Solved a Controversy," *PLOS Pathogens* 10 (2014).

12장 | 안전한 물의 과학

1 E. A. Underwood, "The History of Cholera in Great Britain,"

Proceedings of the Royal Society of Medicine 41 (1947): 165-173.

2 S. Galbraith, "William Hardcastle (1794-1860) of Newcastle upon Tyne, and His Pupil John Snow," *Archaeologia Aeliana* 27 (1999): 155-170; M. A. E. Ramsay, "John Snow, MD: Anaesthetist to the Queen of England and Pioneer Epidemiologist," *Proceedings of the Baylor University Medical Center* 19 (2006): 24-28.

3 "Smells Like Thames Sewage," BBC, June 5, 2009.

4 "The Great Stink," *Illustrated London News*, July 1858.

5 J. Snow, *On the Mode of Communication of Cholera*, 2nd ed. (London: John Churchill, New Burlington Street, 1855).

6 "Review of Snow: *On the Mode of Communication of Cholera*," *London Medical Gazette* (1849).

7 W. Farr, *On the Mortality of Cholera in England, 1848–1849* (London: W. Clowes and Sons, 1852).

8 Snow, *On the Mode of Communication of Cholera*.

9 J. Snow, "'Dr. Snow's Report,' in the Report on the Cholera Outbreak in the Parish of St. James, Westminster, During the Autumn of 1854" (1855), http://johnsnow.matrix.msu.edu/work.php?id=15-78-55.

10 Snow, "'Dr. Snow's Report.'"

11 P. H. Gleick, *Bottled and Sold: The Story Behind Our Obsession with Bottled Water* (Washington, DC: Island Press, 2010).

12 "Testimony of John Snow to a Parliamentary Committee" (1855),https://www.ph.ucla.edu/epi/snow/snows_testimony.html.

13 J. P. Byrne, ed., *Encyclopedia of Pestilence, Pandemics, and Plagues: A–M, ABC-CLIO* (Westport, CT: Greenwood Press, 2008).

13장 | 최신 시스템 구축

1 "Jersey City's Underground Railroad History: Thousands of Former Slaves Sought Freedom by Passing Through Jersey City," *Hudson*

Reporter, March 23, 2007.

2 "World Population Review, Jersey City, New Jersey Population 2020 (Demographics, Maps, Graphs)" (2020), https://worldpopulationreview.com/us-cities/jersey-city-nj-population.

3 M. J. McGuire, *The Chlorine Revolution: Water Disinfection and the Fight to Save Lives* (Denver: American Water Works Association, 2013).

4 J. L. Leal, "An Epidemic of Typhoid Fever Due to an Infected Water Supply," *Public Health Papers and Reports* 25 (1899): 166–171.

5 Leal, "Epidemic of Typhoid Fever."

6 T. Alcock, *An Essay on the Use of Chlorurets of Oxide of Sodium and of Lime, as Powerful Disinfecting Agents, and of the Chloruret of Oxide of Sodium, More Especially as a Remedy of Considerable Efficacy, in the Treatment of Hospital Gangrene; Phagedenic, Syphilitic, and Ill Conditioned Ulcers; Mortification; and Various Other Diseases* (London: Burgess and Hill, 1827).

7 J. Race, *Chlorination of Water* (New York: John Wiley & Sons, 1918).

8 "The Typhoid Epidemic at Maidstone," *Journal of the Sanitary Institute* 18 (1897).

9 M. H. G., "Sir Alexander Cruikshank Houston, 1865–1933: Obituary," *Biographical Memoirs of Fellows of the Royal Society* 1 (1934): 334–344.

10 McGuire, *Chlorine Revolution*.

11 W. J. Magie, "Report for Hon. W. J. Magie, Special Master on Cost of Sewers, etc., and on Efficiency of Sterilization Plant at Boonton" (1910), http://www.waterworkshistory.us/NJ/Jersey_City/1910Magie.pdf.

12 Race, *Chlorination of Water*.

13 Centers for Disease Control and Prevention (CDC), "Ten Great Public Health Achievements—United States, 1900–1999," *MMWR: Morbidity and Mortality Weekly Report* 48 (1999); Stacker Newswire, "100 Leading Causes of Death in the U.S." (2021), https://stacker.com/stories/1100/100-leading-causes-death-us.

14 US Environmental Protection Agency, Office of Water, "Drinking Water Infrastructure Needs Survey and Assessment: Sixth Report to Congress" (Washington, DC: US Environmental Protection Agency, 2018).

15 Water Environment Federation, "Found in Philadelphia: 200-Year-Old Wooden Water Mains," *WEF Highlights* (2017); S. Darmanjian, "Wood Water Mains Hundreds of Years Old Found in Albany," WTEN/News10 ABC, June 10, 2021.

16 Value of Water Campaign, American Society of Civil Engineers (ASCE)," The Economic Benefits of Investing in Water Infrastructure: How a Failure to Act Would Affect the U.S. Economic Recovery" (2020).

17 B. Lazovic, "The Rise and Fall of Flint, Michigan, Beginning in the 1800s," *Odyssey Online* (2016).

18 S. J. Masten, S. H. Davies, and S. P. Mcelmurry, "Flint Water Crisis: What Happened and Why?," *Journal of the American Water Works Association* 108 (2016): 22–34.

19 R. Fonger, "Flint DPW Director Says Water Use Has Spiked After Hundreds of Water Main Breaks," *MLive* (2015).

20 Masten, Davies, and Mcelmurry, "Flint Water Crisis."

21 M. Hanna-Attisha et al., "Elevated Blood Lead Levels in Children Associated with the Flint Drinking Water Crisis: A Spatial Analysis of Risk and Public Health Response," *American Journal of Public Health* 106 (2016): 283–290.

22 Masten, Davies, and Mcelmurry, "Flint Water Crisis."

23 C. Zdanowicz, "Flint Family Uses 151 Bottles of Water per Day," CNN, March 5, 2016; R. Fonger, "State Spending on Bottled Water in Flint Averaging $22,000 a Day," *MLive* (2018).

24 M. Hanna-Attisha, "Opinion: Is Water in Flint Safe to Drink? It's Not Just a Question of Chemistry," *Washington Post*, April 26, 2019.

25 D. Robertson, "Flint Has Clean Water Now. Why Won't People Drink It?," *Politico*, December 23, 2020.

26 R. Fonger, "Youngest Flint Water Crisis Victims to Get 80 Percent of Historic $600 Million Settlement," *MLive* (2020).

27 D. Bostic, "At Risk: Public Supply Well Vulnerability Under California's Sustainable Groundwater Management Act" (Oakland: Pacific Institute for Studies in Development, Environment, and Security, 2021).

28 L. Feinstein, *Measuring Progress Toward Universal Access to Water and Sanitation in California: Defining Goals, Indicators, and Performance Measures* (Oakland: Pacific Institute for Studies in Development, Environment, and Security, 2018).

29 P. H. Gleick and M. Edwards, "One Step to Help Restore Trust in Flint," *Detroit Free Press*, March 5, 2016.

14장 | 물 빈곤

1 World Health Organization, "World Health Organization: Water Sanitation Hygiene," *Water-Related Diseases, Diarrhoea* (n.d.) (accessed October 9, 2020).

2 A. Jain, A. Wagner, C. Snell-Rood, and I. Ray, "Understanding Open Defecation in the Age of Swachh Bharat Abhiyan: Agency, Accountability, and Anger in Rural Bihar," *International Journal of Environmental Research and Public Health* 17 (2020); World Health Organization and UNICEF, *Progress on Household Drinking Water, Sanitation and Hygiene, 2000–2020: Five Years into the SDGs* (Geneva: World Health Organization and the United Nations Children's Fund, 2021).

3 World Health Organization and UNICEF, *Progress on Household Drinking Water, Sanitation and Hygiene*; United Nations Department of Economic and Social Affairs, SDG 6 Statistics, *Ensure Availability and Sustainable Management of Water and Sanitation for All* (United Nations Department of Economic and Social Affairs Statistics Division, 2017), https://unstats.un.org/sdgs/report/2020/goal-06/; WHO/UNICEF Joint

Water Supply Sanitation Monitoring Programme, *Progress on Drinking Water, Sanitation and Hygiene: 2017 Updateand SDG Baselines* (Geneva: World Health Organization [WHO] and the United Nations Children's Fund [UNICEF], 2017).

4 UN Water, "Sustainable Development Goal 6 Synthesis Report on Water and Sanitation" (UN-Water United Nations, 2018).

5 United Nations Children's Fund (UNICEF) and World Health Organization (WHO), "Progress on Household Drinking Water, Sanitation and Hygiene, 2000–2017: Special Focus on Inequalities" (New York: United Nations Children's Fund and World Health Organization, 2019), https://www.ircwash.org/resources/progress-household-drinking-water-sanitation-and-hygiene-2000-2017-special–focus.

6 "Cholera Outbreak in Kibera—What Are the Facts?," *Chaffinch: Supporting Children in Kenya* (2017); "Cholera Cases Rise in Kenya's Capital, Top Hospital Says," *Reuters*, April 16, 2019; D. Mutonga et al., "National Surveillance Data on the Epidemiology of Cholera in Kenya, 1997–2010," *Journal of Infectious Diseases* 208 (2013): S55–S61; "Kenya Reports Cholera Outbreak, More Than 300 Cases in May," *Outbreak News Today*, June 10, 2022; G. Cowman et al., "Factors Associated with Cholera in Kenya, 2008–2013," *Pan African Medical Journal* 28 (2017); "More Than 30 Patients from Slums Admitted with Cholera in Nairobi—Kenya," ReliefWeb, May 1, 2015.

7 G. Hutton and M. Varughese, "The Costs of Meeting the 2030 Sustainable Development Goal Targets on Drinking Water, Sanitation, and Hygiene," World Bank Group (2016).

8 "Global Military Expenditure Sees Largest Annual Increase in a Decade—Says SIPRI—Reaching $1917 Billion in 2019," Stockholm International Peace Research Institute (SIPRI), April 27, 2020.

9 Pet Food Processing, "US Pet Spending Nears $100 Billion in 2019," March 3, 2020.

10 United Nations Economic and Social Council, "Progress Towards the Sustainable Development Goals: Report of the Secretary-General" (United Nations, 2022).

11 B. F. Rubin and S. Kapur-Gomes, "India Spent $30 Billion to Fix Its Broken Sanitation. It Ended Up with More Problems," CNET, September 11, 2020.

15장 | 생수의 상업화와 수도의 민영화

1 "Statista, Bottled Water—Worldwide: Statista Market Forecast," Statista (2021).

2 P. H. Gleick, *Bottled and Sold: The Story Behind Our Obsession with Bottled Water* (Washington, DC: Island Press, 2010).

3 D. P. Crouch, *Water Management in Ancient Greek Cities* (Oxford: Oxford University Press, 1993).

4 R. Porter, "The Medical History of Waters and Spas: Introduction," *Medical History Supplement* 10 (1990): vii-xii.

5 S. Gianfaldoni et al., "History of the Baths and Thermal Medicine," *Open Access Macedonian Journal of Medical Sciences* 5 (2017): 566-568; Hippocrates, *On Airs, Waters, and Places* (400 BC), http://classics.mit.edu/Hippocrates/airwatpl.html.

6 A. L. Croutier, *Taking the Waters: Spirit, Art, Sensuality* (New York: Abbeville Press, 1992).

7 D. F. Harris, "The Pioneer in the Hygiene of Ventilation," *Lancet* (1910): 906-908.

8 J. Priestley, *Directions for Impregnating Water with Fixed Air: In Order to Communicate to It the Peculiar Spirit and Virtues of Pyrmont Water, and Other Mineral Waters of a Similar Nature* (London: printed for J. Johnson, No. 72, in St. Paul's Church-Yard, 1772).

9 "A Brief History of Bottled Water in America," *Great Lakes Law* (March

2009).

10 B. Rush, *Directions for the Use of the Mineral Water and Cold Bath, at Harrogate, Near Philadelphia* (Philadelphia: printed by Melchior Steiner, 1786).

11 T. Standage, *A History of the World in 6 Glasses* (New York: Bloomsbury USA, 2009).

12 S. Armijo, "Inventors and Patents," *History of the Soda Fountain* (2016).

13 M. G. Humphreys, "The Evolution of the Soda Fountain," *Harper's Weekly* 35 (1891): 923–924.

14 "Bottled Water Advertising," *Bottled Water IBWA* (2019); "Bottled Water Market," *Bottled Water IBWA* (2020).

15 "Water Advertising," Gourmet Ads (2021).

16 Gleick, *Bottled and Sold.*

17 Associated Press, "Cleveland Takes Offense at Fiji Water Ad," *Washington Post,* July 20, 2006.

18 C. Edwards, "Margaret Thatcher's Privatization Legacy," *Cato Journal* 37 (2017).

19 World Bank, "Water and Sewerage Sector Snapshots—Private Participation in Infrastructure (PPI)—World Bank Group," *Private Participation in Infrastructure, Water and Sewerage Sector* (2022), https://ppi.worldbank.org/en/snapshots/sector/water-and-sewerage.

20 A. Kopaskie, "Public vs Private: A National Overview of Water Systems," *Environmental Finance Blog* (blog), October 19, 2016, https://efc.web.unc.edu/2016/10/19/public-vs-private-a-national-overview-of-water-systems.

21 P. H. Gleick et al., *The New Economy of Water: The Risks and Benefits of Globalization and Privatization of Fresh Water* (Oakland: Pacific Institute for Studies in Development, Environment, and Security, 2002); D. A. McDonald, "Innovation and New Public Water," *Journal of Economic Policy Reform* 23 (2020): 67–82; G. Wolff and E. Hallstein, *Beyond*

Privatization: Restructuring Water Systems to Improve Performance (Oakland: Pacific Institute for Studies in Development, Environment, and Security, 2005).

22 S. Laville, "England's Privatised Water Firms Paid £57bn in Dividends Since 1991," *Guardian*, July 1, 2020; S. Laville and A. Leach, "Water Firms' Debts Since Privatisation Hit £54bn as Ofwat Refuses to Impose Limits," *Guardian*, December 1, 2022.

23 "English Water Industry Needs Re-nationalising," *UNISON National*, October 28, 2021.

24 McDonald, "Innovation and New Public Water."

16장 | 물과 분쟁

1 U. Albrecht, "War over Water?," *Journal of European Area Studies* 8 (2000): 11-25; J. K. Cooley, "The War over Water," *Foreign Policy* (Spring 1984): 3-26; B. Otto and S. Böhm, "'The People' and Resistance Against International Business: The Case of the Bolivian 'Water War,'" *Critical Perspectives on International Business* 2 (2006): 299-320.

2 A. T. Wolf, "Conflict and Cooperation Along International Waterways," *Water Policy* 1 (1998): 251-265; A. T. Wolf, "'Water Wars' and Water Reality: Conflict and Cooperation Along International Waterways," in *Environmental Change, Adaptation, and Security*, 251-265 (Dordrecht: Springer, 1999).

3 P. Gleick, "The Water Conflict Chronology," *World's Water: Pacific Institute for Studies in Development, Environment, and Security* (2022).

4 A. T. Wolf et al., "International River Basins of the World," *International Journal of Water Resources Development* 15 (1999): 387-427.

5 J. R. Starr, "Water Wars," *Foreign Policy* (Spring 1991): 17-36.

6 R. Mars, "Barbed Wire's Dark, Deadly History," *Gizmodo*, March 25, 2015.

7 W. Stegner, *Beyond the Hundredth Meridian: John Wesley Powell and the Second Opening of the West* (Lincoln: University of Nebraska Press, 1953).
8 J.-J. Rousseau, *Discourse on Inequality* (1755).
9 M. Bellis, "The History of Barbed Wire: How Barbed Wire Shaped the West," *ThoughtCo*, March 1, 2019.
10 F. T. McCallum and H. D. McCallum, *The Wire That Fenced the West* (Norman: University of Oklahoma Press, 1979).
11 W. Gard, "Fence Cutting" (1952), Texas State Historical Association, updated September 21, 2019.
12 S. Western, "The Wyoming Cattle Boom, 1868-1886," Wyoming State Historical Society, November 8, 2014.
13 "The Trouble in Wyoming: An Attempt to Rid the State of Cattle Thieves," *New York Times*, April 14, 1892.
14 K. Weiser, "Johnson County War," Legends of America, last updated February 2021.
15 H. Herring, "The Johnson County War: How Wyoming Settlers Battled an Illegal Death Squad," *Field and Stream*, April 12, 2013.
16 Associated Press, "Videos Show Gunfire amid Iran Protests over Water Scarcity," CNBC World News, July 1, 2018.
17 US Army Corps of Engineers, "Applications of Hydrology in Military Planning and Operations," *Military Hydrology Bulletin* 1 (June 1957).
18 A. E. Kramer, "Ukrainians Flood Village of Demydiv to Keep Russians at Bay," *New York Times*, April 27, 2022.
19 M. Rodionov, "Russian Troops Destroy Ukrainian Dam That Blocked Water to Crimea," *US News and World Report*, February 26, 2022.
20 P. H. Gleick, "Water, Drought, Climate Change, and Conflict in Syria," *Weather, Climate, and Society* 6 (2014): 331-340.
21 Gleick, "Water, Drought, Climate Change, and Conflict in Syria."
22 P. H. Gleick, "Water as a Weapon and Casualty of Armed Conflict: A Review of Recent Water-Related Violence in Iraq, Syria, and Yemen,"

Wiley Interdisciplinary Reviews: Water 6, no. 4 (2019).

23 F. Pearce, "Mideast Water Wars: In Iraq, a Battle for Control of Water," *Yale Environment 360*, August 25, 2014.

24 Gleick, "Water as a Weapon and Casualty of Armed Conflict"; T. von Lossow, "The Rebirth of Water as a Weapon: IS in Syria and Iraq," *International Spectator* 51 (2016): 82-99; D. MacKenzie, "Extremists in Iraq Now Control the Country's Rivers," *New Scientist*, June 12, 2014.

25 A. J. Rubin and R. Nordland, "Sunni Militants Advance Toward Large Iraqi Dam," *New York Times*, June 25, 2014; A. Vishwanath, "The Water Wars Waged by the Islamic State," Stratfor, November 25, 2015; M. Weaver, "US Hails Recapture of Mosul Dam as Symbol of United Battle Against ISIS," *Guardian*, August 19, 2014.

26 E. Cunningham, "Islamic State Jihadists Are Using Water as a Weapon in Iraq," *Washington Post*, October 7, 2014.

27 United Nations Security Council, "CTED Trends Report. Physical Protection of Critical Infrastructure Against Terrorist Attacks" (Counter-Terrorism Committee, Executive Directorate, 2017).

28 Gleick, "Water as a Weapon and Casualty of Armed Conflict"; Lossow, "Rebirth of Water as a Weapon"; Reuters, "Islamic State Releases Video Urging Muslims to Carry Out Attacks in France," *Indian Express*, November 14, 2015; "Kosovo Cuts Pristina Water Supply over Alleged ISIS Plot to Poison Reservoir," *Guardian*, July 11, 2015.

29 United Nations, "Protocol Additional to the Geneva Conventions of 12 August 1949, and Relating to the Protection of Victims of Non-International Armed Conflicts (Protocol II)" (Geneva, 1977), https://legal.un.org/avl/ha/pagc/pagc.html.

30 Government of the State of Israel and the Government of the Hashemite Kingdom of Jordan, "Treaty of Peace Between the State of Israel and the Hashemite Kingdom of Jordan" (1994), https://peacemaker.un.org/israeljordan-peacetreaty94.

17장 | 청록색 혁명

1 A. Sen, "Ingredients of Famine Analysis: Availability and Entitlements," *Quarterly Journal of Economics* 96 (1981): 433-464.

2 P. L. Pingali, "Green Revolution: Impacts, Limits, and the Path Ahead," *Proceedings of the National Academy of Sciences* 109 (2012): 12302-12308.

3 A. Briney, "History and Overview of the Green Revolution," *ThoughtCo*, January 22, 2020.

4 S. Siebert et al., "A Global Data Set of the Extent of Irrigated Land from 1900 to 2005," *Hydrology and Earth System Sciences* 19 (2015): 1521-1545; J. Meier, F. Zabel, and W. Mauser, "A Global Approach to Estimate Irrigated Areas: A Comparison Between Different Data and Statistics," *Hydrology and Earth System Sciences* 22 (2018): 1119-1133.

5 US Department of Agriculture, "USDA ERS—Irrigation & Water Use," *Irrigation Water Use*, May 6, 2022.

6 "Norton's Patent Tube Wells," *Press* 12 (1868).

7 J. D. Mather and E. P. Rose, "Military Aspects of Hydrogeology: An Introduction and Overview," *Geological Society of London: Special Publications* 362 (2012): 1-18.

8 K. A. Wittfogel, "Developmental Aspects of Hydraulic Societies," in *Irrigation Civilizations: A Comparative Study; A Symposium on Method and Result in Cross-Cultural Regularities*, by Julian H. Steward, 43-52, Social Science Monographs (Washington, DC: Pan American Union, 1955).

9 K. A. Wittfogel, *Oriental Despotism: A Comparative Study of Total Power* (New Haven, CT: Yale University Press, 1957).

10 K. Subramanian, "Revisiting the Green Revolution: Irrigation and Food Production in Twentieth–Century India" (PhD diss., King's College, London, 2015).

11 B. D. Dhawan, *Irrigation in India's Agricultural Development: Productivity, Stability, Equity* (New Delhi: Sage Publications India, 1987).

12 FAO, AQUASTAT Main Database (2020), https://www.fao.org/aquastat/en/.

13 Subramanian, "Revisiting the Green Revolution."

14 P. B. R. Hazell, *The Asian Green Revolution* (Washington, DC: International Food Policy Research Institute, 2009).

15 FAO, AQUASTAT Main Database (2020).

16 "Vanishing Act: NASA Scientist Jay Famiglietti on Our Changing Water Future," H_2O Radio, August 16, 2016.

17 A. S. Qureshi, "Groundwater Governance in Pakistan: From Colossal Development to Neglected Management," *Water* 12 (2020).

18 F. van Steenbergen et al., "A Case of Groundwater Depletion in Balochistan, Pakistan: Enter into the Void," *Journal of Hydrology: Regional Studies* 4 (2015): 36–47.

19 C. Dalin et al., "Groundwater Depletion Embedded in International Food Trade," *Nature* 543 (2017): 700–704.

20 J. S. Perkin et al., "Groundwater Declines Are Linked to Changes in Great Plains Stream Fish Assemblages," *Proceedings of the National Academy of Sciences* 114 (2017): 7373–7378.

21 M. Wines, "Wells Dry, Fertile Plains Turn to Dust," *New York Times*, May 19, 2013.

22 Y. Wada et al., "Global Depletion of Groundwater Resources," *Geophysical Research Letters* 37 (2010); Y. Wada, L. P. H. Beek, and Marc F. P. Bierkens, "Nonsustainable Groundwater Sustaining Irrigation: A Global Assessment," *Water Resources Research* 48 (2012); M. F. Bierkens and Y. Wada, "Non-renewable Groundwater Use and Groundwater Depletion: A Review," *Environmental Research Letters* 14, no. 6 (2019).

23 Robert Glennon, *Unquenchable* (Washington, DC: Island Press, 2009).

18장 | 산업의 고도화와 환경 재해

1 "The Purification of the River Thames," *Standard*, July 5, 1858.

2 "Torrey Canyon Tanker Being Bombed During Oil Spill," BBC News, February 10, 2016.

3 D. Snell, "Iridescent Gift of Death," *Life*, June 13, 1969, 22-27.

4 J. Hartig, *Burning Rivers: Revival of Four Urban Industrial Rivers That Caught on Fire* (n.p.: Multi-Science, 2010).

5 "The River Set on Fire: One Life Lost, Two Men Badly Burned, and a Vessel Damaged," *New York Times*, November 2, 1892.

6 F. D. Roylance, "Troubled Waters: The Sad Fate of the Jones Falls," *Baltimore Sun*, May 17, 1991.

7 E. Buckley, "If Our Water Could Talk, Part I: Buffalo River History," WBFO NPR Buffalo, May 12, 2014.

8 General Services Administration, "Weekly Compilation of Presidential Documents: The President's Remarks at Niagara Square, Buffalo, New York. August 19, 1966" (Office of the Federal Register, National Archives and Records Service, General Services Administration, 1966).

9 "Oil–Caused River Fire Still Probed," *Buffalo Courier-Express*, January 27, 1968.

10 Federal Water Pollution Control Administration, "Lake Erie Report: A Plan for Water Pollution Control" (US Department of the Interior, Federal Water Pollution Control Administration, 1968).

11 "A Great Oil Fire: The Burning Fluid Carried by a Flood into the Midst of Refineries," *New York Times*, February 4, 1883.

12 J. H. Adler, "Fables of the Cuyahoga: Reconstructing a History of Environmental Protection," *Fordham Environmental Law Journal* 14 (2002); L. LaBella, *Not Enough to Drink: Pollution, Drought, and Tainted Water Supplies* (New York: Rosen, 2009).

13 "Oil Slick Fire Damages 2 River Spans," *Cleveland Plain Dealer*, June 23, 1969; D. Stradling and R. Stradling, "Perceptions of the

Burning River: Deindustrialization and Cleveland's Cuyahoga River," *Environmental History* 13 (2008): 515-535.

14 N. M. Maher, "How Many Times Does a River Have to Burn Before It Matters?," *New York Times*, June 22, 2019.

15 "America's Sewage System and the Price of Optimism," *Time*, August 1, 1969.

16 Maher, "How Many Times Does a River Have to Burn Before It Matters?"; L. Johnston, "The Original Report of the 1969 Cuyahoga River Fire," cleveland.com, June 17, 2019.

17 "The Burning Rivers: Editorial," *Detroit Free Press*, October 12, 1969.

18 S. Malm, "Chinese River So Polluted It Bursts into Flame After Lit Cigarette Is Thrown into It," *Daily Mail*, March 6, 2014.

19 M. Laris and P. Hermann, "Train Derails in Downtown Lynchburg, Leaving Crude Burning on James River," *Washington Post*, April 30, 2014.

20 D. Bhasthi, "City of Burning Lakes: Experts Fear Bangalore Will Be Uninhabitable by 2025," *Guardian*, March 1, 2017.

19장 | 자연 파괴

1 J. Anderson, *General View of the Agriculture and Rural Economy of the County of Aberdeen: With Observations on the Means of Its Improvement* (Edinburgh: Board of Agriculture and Internal Improvement, 1794).

2 US Congress, *Congressional Record: Proceedings and Debates of the 81st Congress: First Session*, pt. 13 (Washington, DC: US Government Printing Office, 1949).

3 D. Des Jardins, "Only 1% of Central Valley Flows 'Wasted to the Sea' to Protect Delta Smelt," *California Water Resources* (2020).

4 E. V. Balian et al., *The Freshwater Animal Diversity Assessment*

(Dordrecht: Springer, 2008); M. Grooten and R. E. A. Almond, eds., *Living Planet Report—2018: Aiming Higher* (Gland, Switzerland: WWF, 2018); G. Su et al., "Human Impacts on Global Freshwater Fish Biodiversity," *Science* 371 (2021): 835-838.

5 Grooten and Almond, *Living Planet Report*.

6 "Wetlands Disappearing Three Times Faster Than Forests," *United Nations Climate Change* (2018).

7 C. J. Bradshaw et al., "Global Evidence That Deforestation Amplifies Flood Risk and Severity in the Developing World," *Global Change Biology* 13 (2007): 2379-2395.

8 B. C. Howard and A. Borunda, "8 Major Rivers Run Dry from Overuse Around the World, from Colorado to the Aral Sea," *National Geographic: Environment* (2019); J. Li et al., "Deciphering Human Contributions to Yellow River Flow Reductions and Downstream Drying Using Centuries-Long Tree Ring Records," *Geophysical Resource Letters* 46 (2019): 898-905; D. Yang et al., "Analysis of Water Resources Variability in the Yellow River of China During the Last Half Century Using Historical Data," *Water Resources Research* 40 (2004).

9 S. Solomon, *Water: The Epic Struggle for Wealth, Power, and Civilization* (New York: Harper, 2010).

10 T. E. Dahl and G. J. Allord, "History of Wetlands in the Conterminous United States," US Geological Survey, 1997, https://water.usgs.gov/nwsum/WSP2425/history.html; J. D. Fretwell, J. S. Williams, and P. J. Redman, "National Water Summary on Wetland Resources," US Geological Survey, 1996, https://pubs.er.usgs.gov/publication/wsp2425; M. T. Sucik and E. Marks, "The Status and Recent Trends of Wetlands in the United States," US Department of Agriculture, 2013.

11 N. C. Davidson, "Wetland Losses and the Status of Wetland-Dependent Species," in *The Wetland Book: II: Distribution, Description and Conservation*, ed. C. M. Finlayson et al., 1-14 (Dordrecht: Springer

Netherlands, 2016).

12 "The Biodiversity of Lake Victoria Threatened," *Initiative pour avenir grandes fleuves* (2018).

13 S. M. Haig et al., "Climate-Altered Wetlands Challenge Waterbird Use and Migratory Connectivity in Arid Landscapes," *Scientific Reports* 9 (2019).

14 J. S. Kirby et al., "Key Conservation Issues for Migratory Land-and Waterbird Species on the World's Major Flyways," *Bird Conservation International* 18 (2008): S49-S73; Audubon, "Fighting for Central Valley Birds," Audubon California (2016).

15 R. Larson et al., "Recent Desiccation-Related Ecosystem Changes at Lake Abert, Oregon: A Terminal Alkaline Salt Lake," *Western North American Nationalist* 76 (2016): 389-404.

16 Larson et al., "Recent Desiccation-Related Ecosystem Changes at Lake Abert, Oregon."

17 "Western US Drought Brings Great Salt Lake to Lowest Level on Record," *PhysOrg Scientific News* (2022).

18 J. N. Moore, "Recent Desiccation of Western Great Basin Saline Lakes: Lessons from Lake Abert, Oregon, USA," *Science of the Total Environment* 554 (2016): 142-154; N. R. Senner et al., "A Salt Lake Under Stress: Relationships Among Birds, Water Levels, and Invertebrates at a Great Basin Saline Lake," *Biological Conservation* 220 (2018): 320-329; M. J. Cohen, J. I. Morrison, and E. P. Glenn, *Haven or Hazard: The Ecology and Future of the Salton Sea* (Oakland: Pacific Institute for Studies in Development, Environment, and Security, 1999); A. L. Doede and P. B. DeGuzman, "The Disappearing Lake: A Historical Analysis of Drought and the Salton Sea in the Context of the GeoHealth Framework," *GeoHealth* 4 (2020); S. E. Null and W. A. Wurtsbaugh, "Water Development, Consumptive Water Uses, and Great Salt Lake," in *Great Salt Lake Biology: A Terminal Lake in*

a Time of Change, ed. B. K. Baxter and J. K. Butler, 1-21 (Dordrecht: Springer International, 2020).

19 W. M. Adams, R. D. Small, and J. A. Vickery, "The Impact of Land Use Change on Migrant Birds in the Sahel," *Biodiversity* 15 (2014): 101-108; Y. Xu et al., "Loss of Functional Connectivity in Migration Networks Induces Population Decline in Migratory Birds," *Ecological Applications* 29 (2019); L. Zwarts et al., *Living on the Edge: Wetlands and Birds in a Changing Sahel* (Zeist, Netherlands: KNNV, 2009).

20 Wetlands International, *Waterbird Population Estimates*, 5th ed. (Wageningen, Netherlands: Wetlands International, 2012).

21 Kirby et al., "Key Conservation Issues for Migratory Land-and Waterbird Species."

22 J. Amezaga, L. Santamaría, and A. J. Green, "Biotic Wetland Connectivity—Supporting a New Approach for Wetland Policy," *Acta Oecologica* 23 (2002): 213-222; H. Q. Crick, "The Impact of Climate Change on Birds," *Ibis* 146 (2004): 48-56; Y. Xu et al., "Indicators of Site Loss from a Migration Network: Anthropogenic Factors Influence Waterfowl Movement Patterns at Stopover Sites," *Global Ecology and Conservation* 25 (2021).

23 R. Fricke, W. N. Eschmeyer, and R. Van der Laan, eds., "Eschmeyer's Catalog of Fishes: Genera, Species, References" (2021) (electronic version accessed February 24, 2021), http://researcharchive.calacademy.org/research/ichthyology/catalog/fishcatmain.asp.

24 "IUCN Red List of Threatened Species," *IUCN Red List of Threatened Species* (2021); F. He et al., "The Global Decline of Freshwater Megafauna," *Global Change Biology* 25 (2019): 3883-3892.

25 K. Hughes, "The World's Forgotten Fishes" (WWF, 2021).

26 I. Zohar et al., "Evidence for the Cooking of Fish 780,000 Years Ago at Gesher Benot Ya'aqov, Israel," *Nature, Ecology & Evolution* 6, no. 12 (2022): 2016-2028.

27 N. Bicho et al., "The Upper Paleolithic Rock Art of Iberia," *Journal of Archaeological Method and Theory* 14 (2007): 81-151; F. Berrouet et al., "Sur un poisson gravé Magdalénien de la Grotte Margot (Thorigné-en-Charnie, Mayenne)," *Comptes Rendus Palevol* 13 (2014): 727-736.

28 Hughes, "The World's Forgotten Fishes."

29 S. Funge-Smith and A. Bennett, "A Fresh Look at Inland Fisheries and Their Role in Food Security and Livelihoods," *Fish and Fisheries* 20 (2019): 1176-1195; V. R. Southgate, "Schistosomiasis in the Senegal River Basin: Before and After the Construction of the Dams at Diama, Senegal and Manantali, Mali and Future Prospects," *Journal of Helminthology* 71 (1997): 125-132.

30 "IUCN Red List of Threatened Species."

31 He et al., "Global Decline of Freshwater Megafauna."

32 A. Thorpe and C. Z. Castillo, "The Economic Value of Inland Fisheries," in *Review of the State of the World Fishery Resources: Inland Fisheries,* ed. S. J. Funge-Smith, 214-253, FAO Fisheries and Aquaculture Circular (Rome: Food and Agriculture Organization of the United Nations, 2018).

20장 | 홍수와 가뭄

1 J. Null and J. Hulbert, "California Washed Away: The Great Flood of 1862," *Weatherwise* (January-February 2007): 26-30.

2 Null and Hulbert, "California Washed Away"; B. L. Ingram, "California Megaflood: Lessons from a Forgotten Catastrophe," *Scientific American*, January 1, 2013.

3 Ingram, "California Megaflood."

4 Ingram, "California Megaflood."

5 *Encyclopedia of Water Science*, s.v. "Dust Bowl Era," by R. L. Baumhardt(Boca Raton, FL: CRC Press, 2003); A. Sachs, "Dust to Dust,"

World Watch 7 (1994): 32-35.

6 A. D. Carlson, "Dust," *New Republic* 82 (1935).

7 C. Henderson, *Letters from the Dust Bowl* (Norman: University of Oklahoma Press, 2003).

8 National Drought Mitigation Center, "The Dust Bowl," n.d.

9 D. Worster, *Dust Bowl: The Southern Plains in the 1930s* (New York: Oxford University Press, 2004).

21장 | 기후 변화

1 J. Gleick, *Chaos: Making a New Science* (New York: Viking Penguin, 1987).

2 G. H. Haug et al., "Climate and the Collapse of Maya Civilization," *Science* 299 (2003): 1731-1735; X. Wang et al., "Climate, Desertification, and the Rise and Collapse of China's Historical Dynasties," *Human Ecology* 38 (2010): 157-172; A. Sinha et al., "Role of Climate in the Rise and Fall of the Neo-Assyrian Empire," *Scientific Advances* 5 (2019); A. W. Schneider and S. F. Adalı, "'No Harvest Was Reaped': Demographic and Climatic Factors in the Decline of the Neo-Assyrian Empire," *Climate Change* 127 (2014): 435-446.

3 B. I. Cook et al., "Twenty-First Century Drought Projections in the CMIP6 Forcing Scenarios," *Earth's Future* 8 (2020); I. M. Held and B. J. Soden, "Robust Responses of the Hydrological Cycle to Global Warming," *Journal of Climate* 19 (2006): 5686-5699; IPCC, "Summary for Policymakers," *Climate Change 2014: Impacts, Adaptation, and Vulnerability. Part A: Global and Sectoral Aspects* (Cambridge: Cambridge University Press, 2014); S. Manabe and R. T. Wetherald, "The Effects of Doubling the CO2 Concentration on the Climate of a General Circulation Model," *Journal of Atmospheric Sciences* 32 (1975): 3-15; R. Seager, N. Naik, and G. A. Vecchi, "Thermodynamic and Dynamic Mechanisms for Large-Scale Changes in the Hydrological Cycle in

Response to Global Warming," *Journal of Climate* 23 (2010): 4651-4668; S. Sherwood and Q. Fu, "A Drier Future?," *Science* 343 (2014): 737-739; P. Waggoner, ed., *Climate Change and U.S. Water Resources* (New York: John Wiley & Sons, 1990).

4 P. H. Gleick, "Methods for Evaluating the Regional Hydrologic Impacts of Global Climatic Changes," *Journal of Hydrology* 88 (1986): 97-116; P. H. Gleick, "Regional Hydrologic Consequences of Increases in Atmospheric CO2 and Other Trace Gases," *Climate Change* 10 (1987): 137-160; L. L. Nash and P. H. Gleick, "The Colorado River Basin and Climatic Change: The Sensitivity of Stream flow and Water Supply to Variations in Temperature and Precipitation," US Environmental Protection Agency, 1993, https://www.sciencebase.gov/catalog/item/4f4e4adfe4b07f02db687d33.

5 F. Chiang, O. Mazdiyasni, and A. AghaKouchak, "Evidence of Anthropogenic Impacts on Global Drought Frequency, Duration, and Intensity," *Nature Communications* 12 (2021); B. I. Cook, J. S. Mankin, and K. J. Anchukaitis, "Climate Change and Drought: From Past to Future," *Current Climate Change Report* 4 (2018): 164-179; T. Wang et al., "Global Data Assessment and Analysis of Drought Characteristics Based on CMIP6," *Journal of Hydrology* 596 (2021).

6 J. Spinoni, G. Naumann, and J. V. Vogt, "Pan-European Seasonal Trends and Recent Changes of Drought Frequency and Severity," *Global and Planetary Change* 148 (2017): 113-130; B. H. Strauss et al., "Economic Damages from Hurricane Sandy Attributable to Sea Level Rise Caused by Anthropogenic Climate Change," *Nature Communications* 12 (2021); K. E. Trenberth, J. T. Fasullo, and T. G. Shepherd, "Attribution of Climate Extreme Events," *Nature Climate Change* 5 (2015): 725-730.

7 N. J. Abram et al., "Connections of Climate Change and Variability to Large and Extreme Forest Fires in Southeast Australia," *Communications*

Earth and Environment 2 (2021): 1-17; L. Cui et al., "The Influence of Climate Change on Forest Fires in Yunnan Province, Southwest China Detected by GRACE Satellites," *Remote Sensing* 14 (2022); P. E. Higuera, B. N. Shuman, and K. D. Wolf, "Rocky Mountain Subalpine Forests Now Burning More Than Any Time in Recent Millennia," *Proceedings of the National Academy of Sciences* 118 (2021); P. Jain et al., "Observed Increases in Extreme Fire Weather Driven by Atmospheric Humidity and Temperature," *Nature Climate Change* 12 (2022): 63-70.

8 A. P. Williams, B. I. Cook, and J. E. Smerdon, "Rapid Intensification of the Emerging Southwestern North American Megadrought in 2020-2021," *Nature Climate Change* 12 (2022): 232-234.

9 Y. Sheng and X. Xu, "The Productivity Impact of Climate Change: Evidence from Australia's Millennium Drought," *Economic Modelling* 76 (2019): 182-191.

10 C. C. Ummenhofer et al., "How Did Ocean Warming Affect Australian Rainfall Extremes During the 2010/2011 La Niña Event?," *Geophysical Research Letters* 42 (2015): 9942-9951; C. Iceland, "A Global Tour of 7 Recent Droughts," *World Resources Institute Insights* (2015); A. D. King et al., "The Role of Climate Variability in Australian Drought," *Nature Climate Change* 10 (2020): 177-179.

11 A. Klein, "Australia Votes for Stronger Climate Action in 'Greenslide' Election," *New Scientist* (2022); NASA Earth Sciences, "Applied Sciences, Australia Floods 2022," *Australia Floods* 2022 (2022).

12 P. H. Gleick, "Water, Drought, Climate Change, and Conflict in Syria," *Weather, Climate, and Society* 6 (2014): 331-340; K. Human, "Human-Caused Climate Change Major Factor in More Frequent Mediterranean Droughts," NOAA Physical Sciences Laboratory (2011).

13 O. Alizadeh-Choobari and M. S. Najafi, "Extreme Weather Events in Iran Under a Changing Climate," *Climate Dynamics* 50 (2018): 249-260.

14 Gleick, "Water, Drought, Climate Change, and Conflict in Syria"; M. Hoerling et al., "On the Increased Frequency of Mediterranean Drought," *Journal of Climate* 25 (2012): 2146-2161; S. A. Vaghefi et al., "The Future of Extreme Climate in Iran," *Scientific Reports* 9 (2019); M. Yadollahie, "The Flood in Iran: A Consequence of the Global Warming?," *International Journal of Occupational and Environmental Medicine* 10 (2019): 54-56.

15 D. Carrington, "Climate Crisis: Recent European Droughts 'Worst in 2,000 Years,'" *Guardian*, March 15, 2021.

16 P. A. Stott, D. A. Stone, and M. R. Allen, "Human Contribution to the European Heatwave of 2003," *Nature* 432 (2004): 610-614; N. Christidis, G. S. Jones, and P. A. Stott, "Dramatically Increasing Chance of Extremely Hot Summers Since the 2003 European Heatwave," *Nature Climate Change* 5 (2015): 46-50.

17 M. Ferguson, "State of Water Security in Canada: A Water-Rich Nation Prepares for the Future After Seasons of Disaster," *PhysOrg Science News* (2022).

18 M. Kirchmeier-Young et al., "Attribution of the Influence of Human-Induced Climate Change on an Extreme Fire Season," *Earth's Future* 7 (2019): 2-10.

19 Williams, Cook, and Smerdon, "Rapid Intensification"; D. Griffin and K. J. Anchukaitis, "How Unusual Is the 2012-2014 California Drought?," *Geophysical Research Letters* 41 (2014): 9017-9023.

20 B. Kesslen, "Drought Is Here to Stay in the Western U.S.: How Will States Adapt?," NBC News, June 11, 2021; B. Udall and J. Overpeck, "The Twenty-First Century Colorado River: Hot Drought and Implications for the Future," *Water Resources Research* 53 (2017): 2404-2418.

21 M. Gomez, "California Storms: Wettest Water Year, So Far, in 122 Years of Records," *San Jose Mercury News*, March 8, 2017; M. He,

M. Russo, and M. Anderson, "Hydroclimatic Characteristics of the 2012-2015 California Drought from an Operational Perspective," *Climate* 5 (2017); National Oceanic and Atmospheric Administration, "U.S. Records Wettest Winter Capped by a Cooler, Wetter February 2019," US Department of Commerce, National Oceanic Atmospheric Administration, 2019.

22 National Oceanic and Atmospheric Administration, "U.S. Records Wettest Winter"; USGCRP, "Impacts, Risks, and Adaptation in the United States: Fourth National Climate Assessment" (U.S. Global Change Research Program, 2018).

23 E. Holthaus, "Harvey Is Already the Worst Rainstorm in U.S. History, and It's Still Raining," *Grist*, August 28, 2017.

24 N. Christidis et al., "Record-Breaking Daily Rainfall in the United Kingdom and the Role of Anthropogenic Forcings," *Atmospheric Science Letters* (2021).

25 United Nations Foundation, SIGMA XI, "Confronting Climate Change: Avoiding the Unmanageable and Managing the Unavoidable," *American Scientist* 95 (2007): 1-5.

22장 | 두 번째 물의 시대에서 세 번째 물의 시대로 전환

1 S. L. Postel, G. C. Daily, and P. R. Ehrlich, "Human Appropriation of Renewable Fresh Water," *Science* 271 (1996): 785-788.

2 L. Wang-Erlandsson et al., "A Planetary Boundary for Green Water," *Nature Reviews Earth and Environment* 3 (2022): 380-392.

3 M. K. Hubbert, "Nuclear Energy and the Fossil Fuels," presented for the Spring Meeting of the Southern District, Division of Production, American Petroleum Institute, San Antonio, March 7-9, 1956.

4 P. H. Gleick and M. Palaniappan, "Peak Water Limits to Freshwater Withdrawal and Use," *Proceedings of the National Academy of Sciences*

107 (2010): 11155-11162.
5 Great Lakes Governors and Premiers, Great Lakes St. Lawrence River Basin Sustainable Water Resources Agreement (2005).
6 G. Wilson, "Third Rail Proposal: Selling Great Lakes Water Proposed to Lower Lake Levels," *Great Lakes Now*, February 18, 2020.
7 Gleick and Palaniappan, "Peak Water Limits."

23장 | 앞으로 나아갈 새로운 방법

1 P. H. Gleick, "Water Management: Soft Water Paths," *Nature* 418 (2002); P. H. Gleick, "Global Freshwater Resources: Soft-Path Solutions for the 21st Century," Science 302 (2003): 1524-1528.
2 K. Asmal, "Parting the Waters," *Journal of Water Resources Planning and Management* 128 (2002): 87-90.

24장 | 인간의 기본적인 욕구 충족

1 P. H. Gleick, "Basic Water Requirements for Human Activities: Meeting Basic Needs," *Water International* 21 (1996): 83-92.
2 Republic of South Africa, National Water Act (1998).
3 J. Locke, *The Second Treatise of Government* (1690) (Project Gutenberg, 2010).
4 United Nations, "Report of the United Nations Water Conference" (New York: United Nations Publications, 1977).
5 United Nations General Assembly, Declaration on the Right to Development. General Assembly Resolution 41/128 (1986).
6 S. C. McCaffrey, "A Human Right to Water: Domestic and International Implications," *Georgetown International Environmental Law Review* 5 (1992).
7 P. H. Gleick, "The Human Right to Water," *Water Policy* 1 (1998): 487-

503.

8 United Nations Economic and Social Council, "General Comment No. 15: The Right to Water (Arts. 11 and 12 of the Covenant)," E/C.12/2002/11 (2003).

9 M. Langford et al., *Legal Resources for the Right to Water: International and National Standards* (Geneva: Centre on Housing Rights and Evictions, 2004).

10 F. Higuet, "States Recognizing the Right to Water in Their Constitution," *RAMPEDRE Declaration to the Implementation of the Right to Water* (2014), https://web.archive.org/web/20200225165939/http://www.rampedre.net/implementation/territories/national/world_table_constitution.

11 A. Mittal, "Right to Clean Water," *Academike* (2015).

12 United Nations General Assembly, "The Human Right to Water and Sanitation," Resolution 64/292 (2010).

13 United Nations Human Rights Council, "The Human Right to Safe Drinking Water and Sanitation," Resolution A/HRC/RES/18/1 (2010).

14 C. Acey et al., "Cross-subsidies for Improved Sanitation in Low Income Settlements: Assessing the Willingness to Pay of Water Utility Customers in Kenyan Cities," *World Development* 115 (2019): 160-177; C. Chatterjee et al., "Willingness to Pay for Safe Drinking Water: A Contingent Valuation Study in Jacksonville, FL," *Journal of Environmental Management* 203 (2017): 413-421; W. F. Vásquez et al., "Willingness to Pay for Safe Drinking Water: Evidence from Parral, Mexico," *Journal of Environmental Management* 90 (2009): 3391-3400.

15 S. C. McCaffrey, "The Human Right to Water: A False Promise," *University of the Pacific Law Review* 47 (2015).

16 State of California, State Water Policy, Assembly Bill No. 685 (2012).

25장 | 물의 진정한 가치 인정

1 Elinor Ostrom, Paul C. Stern, and Thomas Dietz, "Water Rights in the Commons," *Water Resources IMPACT* 5 (2003): 9-12; E. Ostrom, "A General Framework for Analyzing Sustainability of Social-Ecological Systems," *Science* 325 (2009): 419-422.

2 P. R. Ehrlich, "Key Issues for Attention from Ecological Economists," *Environment and Development Economics* 13 (2008): 1-20; S. Polasky et al., "Role of Economics in Analyzing the Environment and Sustainable Development," *Proceedings of the National Academy of Sciences* 116 (2019): 5233-5238.

3 P. Dasgupta, *Final Report—the Economics of Biodiversity: The Dasgupta Review* (London: HM Treasury, 2021).

4 E. Carver, "Birding in the United States: A Demographic and Economic Analysis" (US Fish and Wildlife Service, 2013).

5 Dasgupta, *Final Report*; M. D. Davidson, "On the Relation Between Ecosystem Services, Intrinsic Value, Existence Value and Economic Valuation," *Ecological Economics* 95 (2013): 171-177.

6 R. T. Carson and R. C. Mitchell, "The Value of Clean Water: The Public's Willingness to Pay for Boatable, Fishable, and Swimmable Quality Water," *Water Resources Research* 29 (1993): 2445-2454.

7 J. Wang, J. Ge, and Z. Gao, "Consumers' Preferences and Derived Willingness-to-Pay for Water Supply Safety Improvement: The Analysis of Pricing and Incentive Strategies," *Sustainability* 10 (2018).

8 R. T. Carson, "Contingent Valuation: A User's Guide," *Environmental Science and Technology* 34 (2000): 1413-1418; R. T. Carson and W. M. Hanemann, "Chapter 17 Contingent Valuation," in *Handbook of Environmental Economics*, ed. K.-G. Mäler and J. R. Vincent, 821-936 (Boston: Elsevier, 2005); C. Spash et al., "Motives Behind Willingness to Pay for Improving Biodiversity in a Water Ecosystem: Economics, Ethics and Social Psychology," *Ecological Economics* 68 (2009): 955-964.

9 R. Costanza et al., "Changes in the Global Value of Ecosystem Services," *Global Environmental Change* 26 (2014): 152-158.

10 T. Xu et al., "Wetlands of International Importance: Status, Threats, and Future Protection," *International Journal of Environmental Research and Public Health* 16 (2019).

11 G. Hutton and M. Varughese, "The Costs of Meeting the 2030 Sustainable Development Goal Targets on Drinking Water, Sanitation, and Hygiene" (Washington, DC: World Bank, 2016).

12 World Health Organization, "Investing in Water and Sanitation: Increasing Access, Reducing Inequalities; UN-Water Global Analysis and Assessment of Sanitation and Drinking Water (GLAAS)" (Geneva: World Health Organization, 2014).

13 G. McGraw, "Draining: The Economic Impact of America's Hidden Water Crisis" (DigDeep, 2022).

26장 | 보호와 복원

1 G. Su et al., "Human Impacts on Global Freshwater Fish Biodiversity," *Science* 371 (2021): 835-838.

2 M. C. Acreman and M. J. Dunbar, "Defining Environmental River Flow Requirements: A Review," *Hydrology and Earth System Sciences* 8 (2004): 861-876.

3 National People's Congress of the People's Republic of China, Yangtze River Protection Law of the People's Republic of China (2020).

4 P. Barkham, "Should Rivers Have the Same Rights as People?," *Observer*, July 26, 2021.

5 B. Tilt and D. Gerkey, "Dams and Population Displacement on China's Upper Mekong River: Implications for Social Capital and Social-Ecological Resilience," *Global Environmental Change* 36 (2016): 153-162; N. Walicki, M. J. Ioannides, and B. Tilt, "Dams and Internal

Displacement: An Introduction" (IDMC, 2017).

6 American Rivers, "Free Rivers: The State of Dam Removal in the United States" (American Rivers, 2022).

7 NOAA Fisheries, "Dam Removals on the Elwha River" (NOAA Fisheries, 2020).

8 Associated Press, "Dam Removal Uncovers Tribe's Sacred Site," *Spokane (WA) Spokesman-Review*, August 11, 2012; "Dams' Demise Draws School of Dignitaries, Enthusiasts," *Spokane (WA) Spokesman-Review*, September 17, 2011.

9 US National Park Service, "Elwha River Restoration—Olympic National Park" (Olympic National Park, 2020).

10 T. Baurick, "Threatened Fish Makes a Comeback in Restored Elwha," *Kitsap Sun* (Bremerton, WA), February 23, 2015.

11 National Oceanic and Atmospheric Administration (NOAA), "Fisheries, Eulachon" (NOAA, 2022).

12 "Dam Removal Europe, Vezins Dam, Normandy, France" (2020).

13 International Rivers, "Advancing Ecological Civilization? Chinese Hydropower Giants and Their Biodiversity Footprints" (International Rivers, 2021); I. Sample, "Yangtze River Dolphin Driven to Extinction," *Guardian*, August 8, 2007; A. Yan, "Chinese Paddlefish, Native to the Yangtze River, Declared Extinct," *South China Morning Post*, January 3, 2020.

14 P. Glamann and K. Kan, "China Has Thousands of Hydropower Projects It Doesn't Want," Bloomberg.com, August 14, 2021.

15 Convention on Wetlands, "Global Wetland Outlook: Special Edition 2021" (Secretariat of the Convention on Wetlands, 2021).

16 C. Hooper, "The Land Where Birds Are Grown," *Places Journal* (January 2019), https:/doi.org/10.22269/190129.

17 Japan Ministry of Land, Infrastructure, Transport and Tourism, "River Improvement Measures Taken by the MLIT" (2007).

18 T. Osawa, T. Nishida, and T. Oka, "Paddy Fields Located in Water Storage Zones Could Take Over the Wetland Plant Community," *Scientific Reports* 10 (2020).

19 K. Nakamura, K. Tockner, and K. Amano, "River and Wetland Restoration: Lessons from Japan," *BioScience* 56 (2006): 419-429; H. Ohashi and M.Nakatsugawan, "Quantitative Evaluation of Water and Substances Cycle in the Upper River Basin of Kushiro Mire by Using a SWAT Model," in *Proceedings of the 22nd IAHR APD Congress* (2020), 8.

20 L. Keqi, "'Life on Land': The Lao Niu Wetland Protection Project," *Alliance Magazine*, March 26, 2021.

21 T. Xu et al., "Wetlands of International Importance: Status, Threats, and Future Protection," *International Journal of Environmental Research and Public Health* 16 (2019); Q. Shao et al., "Effects of an Ecological Conservation and Restoration Project in the Three-River Source Region, China," *Journal of Geographical Sciences* 27 (2017): 183-204; L. Xuan and L. Li, "China Makes Headway in Wetland Conservation," *XinhuaNet*, February 3, 2021.

27장 | 기후 변화 대응

1 J. Szinai et al., "The Future of California's Water-Energy-Climate Nexus" (Next 10 and the Pacific Institute for Studies in Development, Environment, and Security, 2021).

2 Szinai et al., "Future of California's Water-Energy-Climate Nexus."

3 Pacific Institute, "Water Resilience: Definitions, Characteristics, Relationships to Existing Concepts, and Call to Action for Building a Water Resilient Future" (Oakland: Pacific Institute for Studies in Development, Environment, and Security, 2021).

28장 | 낭비 회피

1 P. H. Gleick and H. Cooley, "Freshwater Scarcity," *Annual Review of Environment and Resources* 46 (2021): 319–348.

2 H. Cooley et al., "The Untapped Potential of California's Urban Water Supply: Water Efficiency, Water Reuse, and Stormwater Capture" (Oakland: Pacific Institute for Studies in Development, Environment, and Security, 2022).

3 P. W. Gerbens-Leenes, A. Y. Hoekstra, and R. Bosman, "The Blue and Grey Water Footprint of Construction Materials: Steel, Cement and Glass," *Water Resources and Industry* 19 (2018): 1–12; P. H. Gleick, "Water Use," *Annual Review of Environment and Resources* 28 (2003): 275–314; M. Kruczek and D. Burchart, "Water Footprint Significance in Steel Supply Chain Management," paper presented at "METAL 2014: 23rd International Conferenceon Metallurgy and Materials," Brno, Czech Republic.

4 W. Den, C.-H. Chen, and Y.-C. Luo, "Revisiting the Water-Use Efficiency Performance for Microelectronics Manufacturing Facilities: Using Taiwan's Science Parks as a Case Study," *Water-Energy Nexus* 1 (2018): 116–133.

5 Gleick, "Water Use."

6 L. B. Johnson, "Remarks to Delegates to the International Conference on Water for Peace," American Presidency Project, 1967.

7 K. A. Kraus and R. P. Hammond, *Abstracts of Papers, Desalination Information Meeting, May 21–22, 1970* (Oak Ridge, TN: Oak Ridge National Laboratory, 1970).

8 Agricultural Institute of Canada, *AIC Review* (Ottawa: Agricultural Institute of Canada, 1970).

9 *Farm and Factory* (Madras, India: K. V. Subbalakshmi, 1993).

10 Agricultural Research Institute, "Proceedings and Minutes" (National Research Council, 1974).

11 S. Postel, *Pillar of Sand: Can the Irrigation Miracle Last?* (New York: W. W. Norton, 1999).

12 FAO, IFAD, UNICEF, WFP, and WHO, *The State of Food Security and Nutrition in the World 2021* (Food and Agriculture Organization of the United Nations, 2021), https://doi.org/10.4060/CB4474EN.

13 J.-M. Faures, J. Hoogeveen, and J. Bruinsma, "The FAO Irrigated Area Forecast for 2030" (Food and Agriculture Organization of the United Nations, 2002).

14 H. Cooley, J. Christian-Smith, and P. H. Gleick, *Sustaining California Agriculture in an Uncertain Future* (Oakland: Pacific Institute, 2009).

15 M. Janssen and B. Lennartz, "Horizontal and Vertical Water and Solute Fluxes in Paddy Rice Fields," *Soil and Tillage Research* 94 (2007): 133-141; Y. Kudo et al., "The Effective Water Management Practice for Mitigating Greenhouse Gas Emissions and Maintaining Rice Yield in Central Japan," *Agriculture, Ecosystems & Environment* 186 (2014): 77-85; X. Lu et al., "Partitioning of Evapotranspiration Using a Stable Isotope Technique in an Arid and High Temperature Agricultural Production System," *Agricultural Water Management* 179 (2017): 103-109; A. Mahindawansha et al., "Investigating Unproductive Water Losses from Irrigated Agricultural Crops in the Humid Tropics Through Analyses of Stable Isotopes of Water," *Hydrology and Earth System Sciences* 24 (2020): 3627-3642; M. M. Mekonnen and A. Y. Hoekstra, "The Green, Blue and Grey Water Footprint of Crops and Derived Crop Products," *Hydrology and Earth System Sciences* 15 (2011): 1577-1600.

16 D. W. Seckler, *The New Era of Water Resources Management* (Colombo, Sri Lanka: International Irrigation Management Institute, 1996).

17 US Department of Agriculture, "USDA ERS—Irrigation & Water Use," *Irrigation Water Use* (2022).

18 Cooley, Christian-Smith, and Gleick, *Sustaining California*

Agriculture; J. Christian-Smith, H. Cooley, and P. H. Gleick, "Potential Water Savings Associated with Agricultural Water Efficiency Improvements: A Case Study of California, USA," *Water Policy* 14 (2011): 194–213; L. Yu et al., "Improving/Maintaining Water-Use Efficiency and Yield of Wheat by Deficit Irrigation: A Global Meta-analysis," *Agricultural Water Management* 228 (2020).

19 US Department of Agriculture, "USDA ERS—Irrigation & Water Use."

20 H. Zhang, X. Sun, and M. Dai, "Improving Crop Drought Resistance with Plant Growth Regulators and Rhizobacteria: Mechanisms, Applications, and Perspectives," *Plant Communications* 3 (2022).

21 A. Y. Hoekstra and M. M. Mekonnen, "The Water Footprint of Humanity," *Proceedings of the National Academy of Sciences* 109 (2012): 3232–3237; M. Falkenmark, "Meeting Water Requirements of an Expanding World Population," *Philosophical Transactions of the Royal Society B: Biological Sciences* 352 (1997): 929–936.

22 Mekonnen and Hoekstra, "Green, Blue and Grey Water Footprint"; A. Y. Hoekstra and M. M. Mekonnen, "The Water Footprint of Humanity," *Proceedings of the National Academy of Sciences* 109 (2012): 3232–3237.

23 L. Aleksandrowicz et al., "The Impacts of Dietary Change on Greenhouse Gas Emissions, Land Use, Water Use, and Health: A Systematic Review," *PLOS One* 11 (2016); F. Harris et al., "The Water Footprint of Diets: A Global Systematic Review and Meta-analysis," *Advances in Nutrition* 11 (2020): 375–386.

29장 | 재활용과 재사용

1 L. Liverpool, "NASA Confirms There Is Water on the Moon That Astronauts Could Use," *New Scientist*, October 26, 2020.

2 J. Stromberg, "The 8 Weirdest Things We've Left on the Moon," Vox,

March 8, 2015.

3 D. Orta et al., "Analysis of Water from the Space Shuttle and Mir Space Station by Ion Chromatography and Capillary Electrophoresis," *Journal of Chromatography A* 804 (1998): 295–304.

4 R. C. Dempsey, ed., *The International Space Station: Operating an Outpost in the New Frontier* (Washington, DC: US Government Printing Office, 2017); R. Feltman, "Why American Astronauts Drink Russian Urine," *Washington Post*, August 28, 2015.

5 P. H. Gleick, "Basic Water Requirements for Human Activities: Meeting Basic Needs," *Water International* 21 (1996): 83–92.

6 Dempsey, *International Space Station*.

7 J. P. Williamson et al., "Upgrades to the International Space Station Urine Processor Assembly" (2019), https://ntrs.nasa.gov/api/citations/20190030381/downloads/20190030381.pdf.

8 Dempsey, *International Space Station*.

9 E. Brait, "US Astronauts Drink Recycled Urine Aboard Space Station but Russians Refuse," *Guardian*, August 26, 2015.

10 M. Qadir et al., "Global and Regional Potential of Wastewater as a Water, Nutrient and Energy Source," *Natural Resources Forum* 44 (2020): 40–51.

11 National Research Council, *Water Reuse: Potential for Expanding the Nation's Water Supply Through Reuse of Municipal Wastewater* (Washington, DC: National Academies Press, 2012).

12 M. Po, J. D. Kaercher, and B. Nancarrow, "Literature Review of Factors Influencing Public Perceptions of Water Reuse" (CSIRO Land and Water, 2003).

13 S. Y. Ong, "Beer Made from Recycled Toilet Water Wins Admirers in Singapore," Bloomberg.com, June 20, 2022.

14 "Israel Reuses Nearly 90% of Its Water," *WaterWorld*, December 2, 2016.

15 D. Newton et al., "Results, Challenges, and Future Approaches to California's Municipal Wastewater Recycling Survey" (California State Water Resources Control Board, 2012).

16 Orange County Water District, "GWRS: Groundwater Replenishment System" (2021).

17 California State Water Resources Control Board, "Wastewater Recycling Targets" (2011).

18 A. Sklar, "From the Archives: The History of 'Toilet-to-Tap' in Los Angeles," California Water Environmental Association (2020).

19 "From Toilet to Tap: The Los Angeles Plan to Recycle Wastewater," MSNBC.com, April 23, 2021; "Shepard's/McGraw-Hill Inc., (···) Meets with Public Opposition," *California Water Law Policy Report* 3 (1992); B. Hudson, "Mixed Reviews for Water Reclamation Plan: Miller Brewery and Other Opponents of the Project Say It Could Pose Health Risks. Environmentalists and Water Agencies Embrace It as a Way to Help 'Drought-Proof' the San Gabriel Valley," *Los Angeles Times*, December 12, 1993; A. Little, "Ready or Not, 'Toiletto Tap' Recycled Wastewater Is Coming to a Spigot Near You," *Kansas City Star*, May 2021.

20 Sklar, "From the Archives"; "Reclamation Project Makes Orange County 'Drought-Proof,'" *Casper (WY) Star-Tribune Online*, October 24, 2004.

21 San Diego County Water Authority, "Telephonic Public Opinion and Awareness Survey, 2004" (2004).

22 San Diego County Water Authority, "Water Issues Public Opinion Poll Report, 2011" (2011).

23 San Diego County Water Authority, "Potable Water Reuse in San Diego County. Safe, Pure. Reliable," *Potable Reuse* (2017).

30장 | 담수화

1 S. T. Coleridge, *The Poetical Works of Samuel Taylor Coleridge: Including Poems and Versions of Poems Now Published for the First Time* (Oxford: Oxford University Press, 1912).

2 Aristotle, *Aristotle Meteorologica, Chapter II*, Loeb Classical Library (Cambridge, MA: Harvard University Press, 1952).

3 G. Nebbia and G. N. Menozzi, "A Short History of Water Desalination," in *Acqua dolce dal mare*, 129-172 (Milan: Federazione della Associazioni Scientifiche e Tecniche, 1966).

4 Nebbia and Menozzi, "Short History of Water Desalination."

5 Nebbia and Menozzi, "Short History of Water Desalination."

6 T. Jefferson, "Enclosure: Report on Desalination of Sea Water, 21 November 1791" (1791).

7 A Member of Parliament, *Naval Economy: Exemplified in Conversations Between a Member of Parliament and the Officers of a Man of War, During a Winter's Cruize* (London: John Dean for William Lindsell, 1811).

8 Water Network Research, "US Navy Ships to Become Desalination Plants?," *Desalination* (2017).

9 T. Padgett, "The Post-quake Water Crisis: Getting Seawater to the Haitians," *Time*, January 18, 2010.

10 E. Jones et al., "The State of Desalination and Brine Production: A Global Outlook," *Science of the Total Environment* 657 (2019): 1343-1356.

11 United Nations Food and Agriculture Organization, "AQUASTAT: FAO Global Information System" (2020).

12 H. Cooley, R. Phurisamban, and P. Gleick, "The Cost of Alternative Urban Water Supply and Efficiency Options in California," *Environmental Research Communications* 1 (2019).

• 찾아보기 •

[ㄴ]

[ㄷ]

[ㄹ]

[ㅁ]

[ㅂ]

[ㅅ]

[ㅇ]

[ㅈ]

[ㅊ]

[ㅋ]

[ㅌ]

[ㅍ]

[ㅎ]